U0934665

现代移动通信技术丛书

HSDPA 技术原理与网络规划实践

徐志宇　韩　玮　蒲迎春　编著

人民邮电出版社
北　京

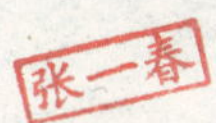

图书在版编目(CIP)数据

HSDPA 技术原理与网络规划实践/徐志宇，韩玮，蒲迎春编著.
—北京：人民邮电出版社，2007.3（2008.9 重印）
ISBN 978-7-115-15394-4

Ⅰ. H...　Ⅱ. ①徐...②韩...③蒲...　Ⅲ. 移动通信—通信网　Ⅳ. TN929.5

中国版本图书馆 CIP 数据核字(2006)第 119839 号

内容提要

本书对高速下行链路分组接入(HSDPA)技术进行了全方位的讨论分析，重点阐述 HSDPA 的技术原理、关键算法、话务模型、无线网络规划原理和无线网络性能等，还探讨了相关热点技术，如传输规划、实时业务承载、网络规划系统仿真平台以及未来移动通信技术发展等。

本书特别注重移动通信新技术与网络运营实践的紧密结合，网络规划理论与仿真、测试相互印证，可供从事电信工作，特别是从事移动通信工作的工程技术人员和管理人员阅读，也可供通信专业大学生、研究生参考。

现代移动通信技术丛书

HSDPA 技术原理与网络规划实践

◆ 编　著　徐志宇　韩　玮　蒲迎春
　责任编辑　陈万寿
◆ 人民邮电出版社出版发行　北京市崇文区夕照寺街 14 号
　邮编　100061　电子函件　315@ptpress.com.cn
　网址　http://www.ptpress.com.cn
　北京鸿佳印刷厂印刷
◆ 开本：787×1092　1/16
　印张：16
　字数：384 千字　　2007 年 3 月第 1 版
　印数：4 001-5 000 册　　2008 年 9 月北京第 2 次印刷

ISBN 978-7-115-15394-4/TN

定价：34.00 元

读者服务热线：(010) 67120142　印装质量热线：(010)67129223
反盗版热线：(010) 67171154

序

HSDPA 作为 3GPP 协议体系 R5 版本在无线侧引入的一种下行增强技术，由于能带来最高 14.4Mbit/s 的下行数据吞吐率，受到全球各大知名移动运营商和通信设备制造商的广泛关注，并从 2006 年下半年开始逐渐进入商用。

本书由国内知名通信设备制造商——中兴通讯技术有限公司的专家撰写，是目前国内外第一本针对 HSDPA 技术研究和网络规划实践的中文图书，填补了技术书籍在该领域的空白。本书从原理、技术到关键算法，从规划、仿真到实践应用，对 HSDPA 进行了全面的阐述。与目前很多以描述技术原理为主的相关书籍不同，本书是以一个通信设备制造商对 HSDPA 技术的深入理解和积累为基础，站在 HSDPA 建网和运营的角度上，对业界普遍关注的 HSDPA 网络规划、建设及组网应用等一系列专题进行了广泛而深入的分析和探讨，对未来 HSDPA 的商用实践有着较强的指导作用。

关注 HSDPA 建网和应用是本书的一大特色，尤其书中介绍的 HSDPA 的关键算法、HSDPA 话务模型、HSDPA 网络规划原理及 HSDPA 无线网络性能等章的内容，其专业的技术论述、严谨的理论推导和翔实的数据分析，都体现了作者在实际 HSDPA 系统设计和开发中对 HSDPA 关键技术、算法和应用的理解和把握。书中根据商用网络运营的实际经验，将网规理论仿真与规划实践相互印证，从实践的角度分析和阐述了未来 HSDPA 商用建网的一系列具有实际应用意义的专题，包括 HSDPA 建网策略、HSDPA 引入后对原有 R99 网络的影响、HSDPA 网络规划及引入 HSDPA 后对 3G 传输建设的影响等，通过对这些专题的研究，为从事 WCDMA/HSDPA 网络建设的工程技术人员提供了有价值的参考依据。本书最后提供了研究 HSDPA 技术的仿真工具 3GSS，可用于进行 HSDPA 的技术研究、课题研究，输出 HSDPA 关于覆盖、容量以及功率方面的资源调配指导。本书可供那些对 WCDMA 感兴趣的技术人员或研究人员作为研究平台工具使用，或供 WCDMA 网络规划人员作为制定 HSDPA 资源分配策略的指导依据。

中国 3G 启动在即，在中国 3G 网络建设全面实施时，对掌握无线通信技术的专业型人才的需求量将非常大，尤其是需要全面掌握 HSDPA 等新技术的专业技术人员。通过对本书的阅读和学习，读者不仅可以全面了解 HSDPA 的技术特性和性能本质，还能够领略未来移动通信技术的发展趋势和方向，对于培养未来 3G 技术型人才是一本很好的教材。

非常感谢本文作者能将自己在 HSDPA 技术领域的研究成果和成功经验与业界分享，这充分体现出我国民族通信企业的历史责任感和使命感，以及为实现民族通信产业腾飞的目标所作出的巨大努力。

信息产业部电信研究院副院长

中国通信标准化协会副理事长

教授级高工

前　言

WCDMA 无线接入技术在不断地发展演进，基于 3GPP R5 协议的高速下行链路分组接入（HSDPA）技术尤其受到世界上众多运营商的青睐。在引入 HSDPA 技术后，网络规划、系统关键算法、无线工程、无线网络运营等方面都会有较大的变化。

对于 HSDPA 这个全新的技术，人们不禁要问，到底是什么使得 HSDPA 达到如此高速的吞吐率呢？HSDPA 对原有的 WCDMA R99 网络规划有影响吗？HSDPA 和 R99 之间如何分配宝贵的资源？HSDPA 有哪些关键算法？HSDPA 的业务模型有什么特点？实际网络中 HSDPA 的无线性能如何？应该使用什么样的仿真工具来研究、规划 HSDPA 网络？未来的无线网络会如何发展？……本书将逐一分析以上问题，结合理论、仿真和测试进行探讨，帮助那些从事第三代移动通信（3G）无线工程的读者提高和加深对 HSDPA 技术的认识和理解。

本书对 HSDPA 技术进行了全方位的讨论分析，内容包含 HSDPA 的技术原理、关键算法、话务模型、无线网络规划原理和无线网络性能等，此外还探讨了相关内容如传输规划、实时业务承载、网络规划系统仿真平台以及未来技术发展等。本书所探讨的内容尽可能涵盖目前业界所关心的热点问题。

此外，本书还用一定的篇幅分析了 WCDMA R99 的技术原理，以及在此基础上的网络规划和优化技术。在 WCDMA 技术积累基础上分析 HSDPA 技术，对于全面指导实际网络建设非常有意义，并且能够使读者更加深刻掌握 HSDPA 技术的精髓。

本书有以下 4 个显著特点：

- 以技术描述为主线；
- 以关键算法为核心；
- 以仿真分析为支撑；
- 以外场实测为验证。

本书各章内容之间的关系如图 0-1 所示。

本书的主线是 WCDMA HSDPA 技术，以及在此基础上延伸发展的 HSDPA 网络规划实践、HSDPA 无线网络性能。本书先介绍了 WCDMA 基本原理，并根据商用网络运营的实际经验，将网络规划技术理论与网络规划实践相互印证，为从事 WCDMA R99/HSDPA 网络建设的工程技术人员提供了可靠的参考依据。在 WCDMA 网络建设全面实施时，对具有无线网络专业技术的人员需求非常大，尤其是需要全面掌握 HSDPA 等新技术的专业技术人员。本书既有理论方面的分析，也有网络建设的经验总结，旨在与业界共享研究成果和建网经验，共同为第三代移动通信发展尽一份力量，这也是本书出版的主要目的。

本书由中兴通讯 3G 产品总经理方晖倡导发起、推动并给予人力、资金和工作安排上的支持和指导。在本书的撰写过程中，蒲迎春总工程师对全书架构、关键技术点进行详细分析与审核，徐志宇总工程师和 HSDPA 网络规划负责人韩玮负责内容的整体策划并汇总、编辑成稿。其中，柯雅珠撰写 WCDMA 基本原理，刘涛撰写 HSDPA 关键技术，徐志宇、彭佛才撰写关键算法，黄萍撰写 WCDMA 网络规划、网络优化技术，韩玮撰写 HSDPA 网络规划原理和仿真软

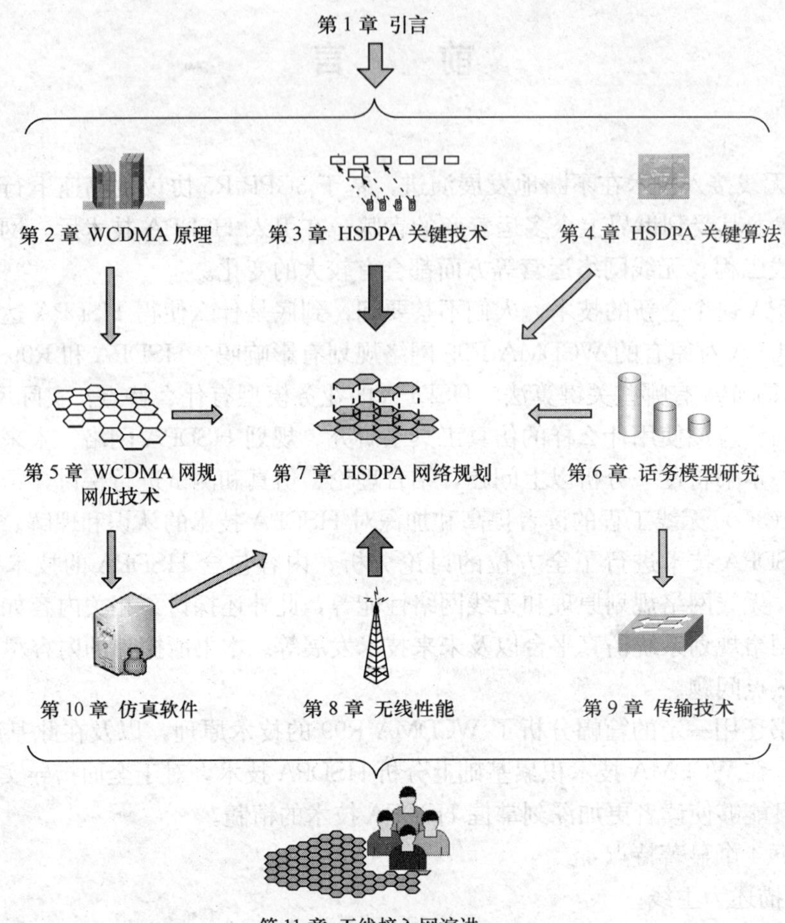

图0-1 各章内容之间的关系图

件，赵禹撰写话务模型研究，宋廷山及其团队撰写无线性能分析，但汉平、袁知贵撰写传输技术，王宗利撰写无线接入网演进和传输等，尹建华、郝瑞晶、陈勇、赵奕、叶策、肖炜丹、刘怀林、窦建武、王琛、夏志远、田涛、周晓华、丁杰伟、杨兵、陈涛、卢彤九、秦剑寒等同志对本书的编撰亦有很大贡献。

除了以上编撰者直接的贡献外，我们还要感谢孙毅、施汉军等专家提出的宝贵意见和建议。

真诚欢迎广大读者对本书提出意见和建议，书中不足之处希望广大同仁共同探讨。

作 者

2006年12月

目　录

第1章　引言 …… 1

1.1　第三代移动通信发展概述 …… 1

1.2　WCDMA无线技术的演进 …… 4

1.2.1　3GPP协议演进 …… 4

1.2.2　无线技术演进 …… 5

1.3　HSDPA技术的引入 …… 6

1.4　新技术与网络规划优化 …… 7

1.5　参考文献 …… 8

第2章　WCDMA基本原理 …… 10

2.1　WCDMA码分多址原理 …… 10

2.2　WCDMA系统架构 …… 13

2.2.1　系统网元与接口 …… 13

2.2.2　核心网 …… 15

2.2.3　无线接入网 …… 16

2.2.4　空中接口信道类型 …… 18

2.3　关键技术介绍 …… 20

2.3.1　功率控制 …… 20

2.3.2　切换技术 …… 24

2.3.3　接纳控制 …… 26

2.3.4　负荷控制 …… 27

2.3.5　用户和业务优先级 …… 28

2.4　WCDMA系统特点 …… 29

2.4.1　自干扰系统 …… 29

2.4.2　容量、覆盖和业务质量的关系 …… 29

2.5　参考文献 …… 31

第3章　HSDPA原理与关键技术 …… 32

3.1　崭新的系统架构 …… 32

3.2　HSDPA新引入的物理信道 …… 33

3.2.1　高速物理下行共享信道（HS-PDSCH） …… 34

3.2.2　高速共享控制信道（HS-SCCH） …… 37

3.2.3　高速专用物理控制信道（HS-DPCCH） …… 38

3.2.4　伴随专用物理控制信道（A-DPCH） …… 39

3.2.5　部分专用物理信道（F-DPCH） …… 40

3.2.6　HSDPA信道之间的定时关系 …… 40

3.3　自适应调制编码（AMC）技术 …… 42
3.4　混合自动重传请求技术（HARQ） …… 47
3.4.1　HARQ 的原理 …… 47
3.4.2　HARQ 的性能 …… 49
3.5　HARQ 多进程处理 …… 50
3.6　HSDPA 系统的优势与不足 …… 51
3.7　参考文献 …… 52
第 4 章　HSDPA 中的关键算法 …… 53
4.1　分组调度算法 …… 53
4.1.1　MAC-hs 分组调度器构架 …… 53
4.1.2　分组调度算法 …… 55
4.1.3　MAC-hs 调度算法性能评价 …… 55
4.1.4　流业务的分组调度 …… 58
4.2　流量控制算法 …… 59
4.2.1　算法原理 …… 59
4.2.2　MAC-hs 流控器组成 …… 61
4.3　功率控制算法 …… 62
4.3.1　HS-PDSCH 的功率控制 …… 62
4.3.2　HS-SCCH 的功率控制 …… 64
4.3.3　HS-DPCCH 的功率控制 …… 69
4.4　码资源分配 …… 70
4.4.1　静态码资源分配 …… 70
4.4.2　动态码资源分配 …… 70
4.5　HSDPA 的切换算法 …… 71
4.5.1　HS-DSCH 同频服务小区变更 …… 71
4.5.2　HS-DSCH←→DCH 的信道迁移 …… 72
4.6　HSDPA 高层算法 …… 72
4.6.1　HSDPA 接纳控制 …… 73
4.6.2　HSDPA 拥塞控制 …… 74
4.6.3　HSDPA 负荷控制 …… 74
4.6.4　HSDPA 负荷均衡 …… 75
4.7　本章小结 …… 76
4.8　参考文献 …… 76
第 5 章　WCDMA 网络规划与优化 …… 78
5.1　WCDMA 网络规划基本流程 …… 78
5.2　WCDMA 覆盖估算 …… 80
5.2.1　无线传播模型 …… 80
5.2.2　链路预算 …… 81
5.2.3　覆盖规模估算 …… 85

5.3 WCDMA容量估算 …… 85
5.3.1 上行容量 …… 85
5.3.2 下行容量 …… 87
5.3.3 混合业务容量估算方法 …… 89
5.4 WCDMA网络优化 …… 91
5.4.1 优化概述 …… 91
5.4.2 优化流程 …… 92
5.4.3 无线网络关键性能指标 …… 93
5.4.4 优化案例分析 …… 95
5.5 参考文献 …… 99
第6章 HSDPA话务模型 …… 101
6.1 业务的QoS分类 …… 101
6.2 业务量估计 …… 102
6.2.1 单用户业务模型参数 …… 102
6.2.2 区域划分和市场预测 …… 104
6.3 HSDPA话务分析 …… 105
6.3.1 承载业务和策略 …… 105
6.3.2 应用场景 …… 106
6.3.3 话务特点 …… 106
6.4 R99＋HSDPA混合组网话务模型预测 …… 107
6.4.1 用户预测 …… 107
6.4.2 CS域话务模型 …… 108
6.4.3 PS域话务模型 …… 109
6.4.4 案例对比 …… 114
6.5 室内HSDPA话务模型预测 …… 114
6.5.1 典型场景 …… 114
6.5.2 用户预测 …… 115
6.5.3 话务模型 …… 116
6.5.4 案例分析 …… 116
6.6 数据业务峰均比特性 …… 116
6.7 参考文献 …… 117
第7章 HSDPA网络规划 …… 119
7.1 HSDPA建网策略 …… 119
7.1.1 HSDPA的引入策略 …… 119
7.1.2 同频与异频组网方案 …… 120
7.2 HSDPA引入后对R99网络的影响 …… 122
7.2.1 引入HSDPA对系统指标的影响 …… 122
7.2.2 HSDPA对资源分配的影响 …… 125
7.2.3 HSDPA对R99覆盖的影响 …… 128

7.2.4 HSDPA 对 R99 容量的影响 …… 130
7.2.5 在线用户数目 …… 133
7.3 HSDPA 链路预算 …… 136
7.3.1 基本参数配置 …… 136
7.3.2 上行链路预算 …… 138
7.3.3 下行链路预算 …… 139
7.4 HSDPA 网络规模估算 …… 142
7.4.1 HSDPA 网络规模估算方法 …… 142
7.4.2 HSDPA 网络规模估算示例 …… 146
7.5 HSDPA 组网方案 …… 151
7.5.1 系列化基站 …… 151
7.5.2 室外 HSDPA 组网解决方案 …… 151
7.5.3 室内 HSDPA 组网解决方案 …… 152
7.6 参考文献 …… 153
第 8 章 HSDPA 网络无线性能 …… 154
8.1 链路性能 …… 154
8.1.1 CQI 与导频质量的关系 …… 154
8.1.2 HS-PDSCH 链路性能 …… 156
8.1.3 HS-SCCH 链路性能 …… 160
8.1.4 HS-DPCCH 链路性能 …… 162
8.2 系统性能 …… 165
8.2.1 多用户分集增益 …… 165
8.2.2 扇区吞吐率 …… 167
8.2.3 用户吞吐率 …… 171
8.2.4 引入 HSDPA 对 R99 网络的影响 …… 174
8.2.5 同频 HS-DSCH 服务小区变更性能分析 …… 176
8.2.6 往返时间（RTT） …… 179
8.3 参考文献 …… 180
第 9 章 HSDPA 中的传输技术探讨 …… 182
9.1 HSDPA 传输概述 …… 182
9.1.1 现有传输组网概况 …… 182
9.1.2 Iub 口传输需求 …… 183
9.2 传输组网技术 …… 187
9.2.1 SDH …… 187
9.2.2 ATM …… 189
9.2.3 IP …… 192
9.2.4 MSTP …… 194
9.3 HSDPA Iub 传输解决方案 …… 196
9.3.1 传输汇聚与统计复用 …… 196

9.3.2 分路传输 …… 200
9.4 Iub 传输带宽的预算 …… 201
9.4.1 传输带宽利用率 …… 201
9.4.2 Iub 传输带宽预算 …… 202
9.4.3 Iub 传输带宽预算示例 …… 204
9.5 本章小结 …… 205
9.6 参考文献 …… 205
第 10 章 WCDMA HSDPA 网络规划软件和 3GSS 仿真平台 …… 206
10.1 网络规划软件工具简介 …… 206
10.2 测试与分析工具软件 …… 207
10.2.1 无线网络测试软件 WiNOM RNT …… 208
10.2.2 无线网络分析软件 WiNOM RNA …… 208
10.3 网络工程仿真软件 …… 209
10.3.1 蒙特卡罗仿真 …… 209
10.3.2 AIRCOM 仿真软件 …… 210
10.3.3 TEMS 仿真软件 …… 212
10.4 网络规划系统仿真平台 3GSS 介绍 …… 214
10.5 3GSS 仿真平台专题研究案例 …… 216
10.5.1 HSDPA 与 R99 动态资源分配 …… 218
10.5.2 功率分配比例对 R99 业务的影响 …… 218
10.5.3 调度算法对网络流量的影响 …… 219
10.6 3GSS 的特点与优势 …… 220
10.7 参考文献 …… 221
第 11 章 无线接入网演进 …… 222
11.1 NGMN 概况 …… 222
11.1.1 NGMN 的需求和目标 …… 223
11.1.2 NGMN 路标 …… 224
11.2 无线接入网网络构架演进 …… 224
11.3 无线接入网技术演进 …… 226
11.3.1 HSUPA 关键技术分析 …… 226
11.3.2 HSPA＋ …… 228
11.3.3 LTE …… 228
11.4 其他无线接入技术 …… 228
11.5 本章小结 …… 229
11.6 参考文献 …… 230
本书缩略语 …… 231
附录 …… 240

第1章 引 言

WCDMA是第三代移动通信三大主流标准之一，协议经历从R99、R4、R5、R6、R7乃至向LTE（Long Term Evolution）的演进，技术的发展使人们享受更先进的移动通信服务成为可能。本章从移动通信的历程、标准演进、无线技术升级等角度阐述了WCDMA标准和技术的发展概况。

1.1 第三代移动通信发展概述

移动通信技术具有移动性、自由性、不受时间与地点限制等特点，正深刻改变着人们的生活和行为方式。近年来，互联网对通信产生了巨大影响，也同样影响和带动了移动通信领域的发展，移动互联网、移动多媒体等将成为移动业务发展的方向，丰富的数据业务需要有一个高数据带宽和服务质量（QoS，Quality of Service）保证的平台[1]。移动网络开始向提供无线宽带业务的新一代移动通信系统演进。

第一代移动通信系统是基于频分多址（FDMA）技术的模拟通信系统，典型代表是美国AMPS系统和后来改进型系统TACS，以及NMT和NTT等，AMPS使用模拟蜂窝传输的800MHz频带，在美洲和部分环太平洋国家广泛使用；TACS是20世纪80年代欧洲的模拟移动通信的制式，也是我国20世纪80年代采用的模拟移动通信制式，使用900MHz频带。第一代移动通信有很多不足之处，比如容量有限、制式太多、互不兼容、保密性差、通话质量不高、不能提供数据业务、系统间不能提供漫游等。

第二代移动通信系统主要采用时分多址（TDMA）和码分多址（CDMA）的数字通信技术，全球主要有GSM和CDMA IS-95两大体制。GSM技术标准是ETSI提出的，目前全球绝大多数国家使用这一标准。第二代移动通信系统的核心业务是语音业务，核心网基于电路交换技术，由TDM线路承载语音与低速数据业务。两种网络制式之间难以实现漫游，不能满足全球通信的需求。同时，数据通信技术的进步特别是互联网的普及，使多媒体移动通信成为大众可望享受的服务，并成为现代通信发展的主要目标之一。提供全球化漫游和移动多媒体业务成为第二代移动通信面临的主要挑战。

以GPRS为代表的2.5G技术能够提供理论峰值171.2kbit/s的无线数据带宽，其实现方法是在原有的基于电路交换的网络中增加一个平行的分组网络。2.5G只是在原有无线技术和通信平台上进行改进，业务速率的提高以及提供业务的灵活性等方面都受到很大限制，不能从根本上改变第二代移动通信系统以语音业务和低速数据业务为主的局面。

面对这些问题，人们开始积极研究新一代移动通信技术，国际电信联盟（ITU）提出的第三代移动通信系统（3rd Generation）成为业界关注的焦点。第三代移动通信系统简称3G，由ITU在1985年提出的工作在2 000MHz频段，预期在2000年左右商用的系统。当时称为未来陆地移动通信系统，1996年正式更名为“2000年国际移动通信计划”（简称IMT-2000）[2]。

与第二代数字移动通信系统相比，第三代移动通信系统最主要的特征是可以提供移动多媒体业务，其设计目标是为了提供比第二代系统更大的系统容量、更好的通信质量，并能在全球范围内更好地实现无缝漫游及为用户提供包括话音、数据及多媒体等在内的多种业务，同时也要考虑与已有第二代系统良好的兼容性。图 1-1 显示了不同阶段移动通信技术的发展情况。

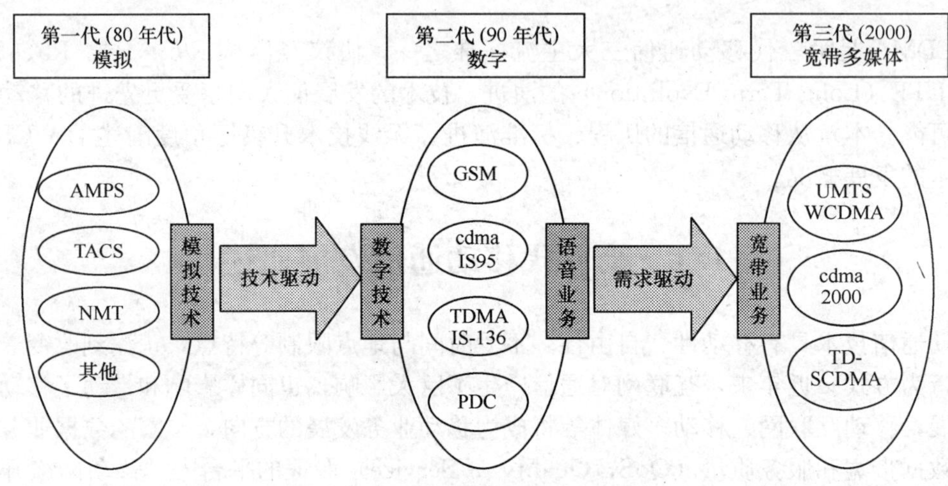

图 1-1　不同阶段移动通信的标准制式

ITU 确定的 IMT-2000 技术标准主要包括 WCDMA、CDMA2000 及 TD-SCDMA 三种技术制式见表 1-1。

表 1-1　WCDMA、CDMA2000、TD-SCDMA 技术比较

	WCDMA	TD-SCDMA	CDMA2000
载频带宽	2×5MHz（双向）	1.6MHz（单向）	2×1.25MHz（双向）
码片速率	3.84Mchip/s	1.28Mchip/s	1.228Mchip/s
双工方式	FDD	TDD	FDD
帧长	10ms	10ms（子帧 5ms）	20ms
信道编码	卷积码、Turbo 码	卷积码、Turbo 码	卷积码、Turbo 码
调制方式	QPSK/BPSK、HSDPA 可采用 16QAM	QPSK/8PSK、HSDPA 可采用 16QAM	QPSK/BPSK
功率控制	快速闭环	闭环	快速闭环
功率控制速率	1 500 次/秒	200 次/秒	800 次/秒
基站同步	同步/异步	同步	同步

WCDMA（Wideband Code Division Multiple Access，宽带码分多址）标准是由 3GPP 组织制定的，采用直接扩频技术，支持 FDD 和 TDD 两种双工方式。目前 WCDMA 已经推出 R99、R4、R5、R6 多个标准版本，其 R99 版本协议支持在高速移动的状态下，可提供 384kbit/s 的传输速率，在低速或是室内环境下，最高传输速率可高达 2Mbit/s。而 GSM/GPRS 系统的最高传输速率只有 171.2kbit/s，GSM/EDGE 采用 8PSK 调制后，可以达到 473kbit/s 的速率。固定线路 Modem 也只能提供 56kbit/s 的传输速率，由此可见 WCDMA

是一种宽带无线通信技术。

TD-SCDMA（Time Division-Synchronous Code Division Multiple Access，时分同步码分多址）标准是由中国提出，采用时分双工制式，并引入智能天线、联合检测和软件无线电等一系列新技术，进一步提高了移动系统的容量、抗干扰能力和灵活性，特别适用于不对称的无线接入业务。

CDMA2000 则是由 3GPP2 组织制定的，是从 IS-95 演进而来第三代移动通信标准。可从原有 IS-95 网络直接升级，建网成本低廉，目前部署的地区主要有日本、韩国和北美等国家和地区。

尽管目前飞速发展的第三代通信系统比以往的通信系统能够提供更高的业务带宽和更好的用户体验，但是人们对无线通信服务的需求是无止境的。在可以预见的未来，移动数据应用需求会像今天的语音业务需求一样强烈，那时的无线网络需要更新更优的技术制式，第四代移动通信（4G）乃至更高级的移动通信系统将出现和发展，同时考虑将当前已有的多种通信系统相互融合，形成多维的网络解决方案。

未来第四代移动通信系统是多功能集成的宽带移动通信系统，如图 1-2 所示，是宽带接入 IP 系统，目前尚处在预研阶段，可提供高达 100Mbit/s 的带宽。第四代移动通信将以宽带、IP 化、具有多种综合功能的系统形态出现，预计最近就会出现相关的实验系统和原型终端。

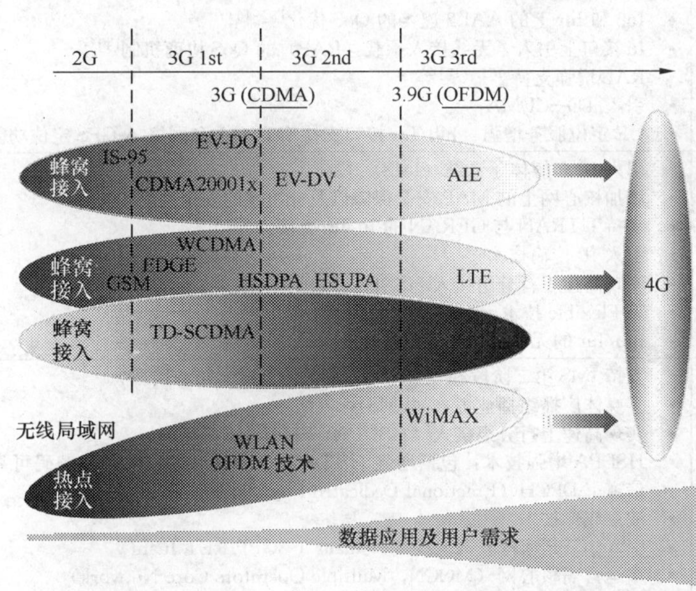

图 1-2 无线技术的发展与融合趋势

移动通信体制一直在不断发展，从今天仍然使用的 IS-95、GSM 等 2G 系统，逐步发展到支持一定数据业务的 EDGE、CDMA1X，以及 3G 的 WCDMA、CDMA EV-DO、TD-SCDMA。为了满足更高的 3G 业务需求，发展了 HSDPA、HSUPA 技术，乃至未来的 LTE、AIE（Air Interface Evolution）等。同时，以 WLAN、WiMAX 技术为代表的无线局域网、城域网技术也在不断发展完善，与 3G 等移动通信技术一起满足不同场景中的快速增长的无线业务尤其是无线数据业务需求。

1.2 WCDMA 无线技术的演进

1.2.1 3GPP 协议演进

3GPP 标准版本分为 R99、R4、R5、R6、R7 等阶段来实现，其中 R99 版本于 2000 年 3 月正式冻结，以后每 3 个月更新一次，目前 R99 的商用版本一般都是基于 R99 2001 年 6 月版本。R4 协议于 2001 年 3 月冻结，2002 年 3 月获得通过，目前已经稳定。R5 版本于 2002 年 3 月冻结。R6 版本于 2005 年 6 月冻结，目前 R7/LTE 的工作已经完成可行性研究，进入规范制定阶段。表 1-2 列举了 3GPP 协议演进中的关键技术。

表 1-2　3GPP 版本演进分析[3]

版　本	演 进 内 容
GSM/GPRS 到 R99	• 全新的 UTRAN 接入网 • QoS 业务模型 • 引入小区同步、高效的信道编译码、功率控制等技术 • 支持发送和接收分集、软切换等功能 • 支持 UE 定位业务
R99 到 R4	• 核心网 CS 域控制层和传输层的分离 • 核心网传输增强 • Iub 和 Iur 上的 AAL2 连接的 QoS 优化[5]~[14] • Iu 接口上引入了无线接入承载（RAB）的 QoS 协商机制[4] • RAB 增强支持[15]~[17]等 • 引入 TD-SCDMA • UE 定位服务增强：Iub/Iur 接口支持 OTDOA 和网络 A-GPS 定位功能
R4 到 R5	• 引入 IP 多媒体子系统（IMS） • 增加核心网上的 MAP 安全保障以及分组域的安全性 • 支持 UTRAN 与 GERAN 的 Iu/Iur-g 接口 • 引入 IP 传输技术[18] • 实现高速下行分组接入 HSDPA[19]~[21] • Iu Flexible 技术 • Iub/Iur 的无线资源管理的优化
R5 到 R6	• 支持 IMS 第二阶段和 WLAN-UMTS 的互通（第一阶段） • 多媒体广播组播业务（MBMS）[23][24] • 实现高速上行分组接入（HSUPA）[22] • HSDPA 增强技术：包括增强 HS-DPCCH 信道 ACK/NACK 解码可靠性和增加下行物理信道 F-DPCH（Fractional Dedicated Physical Channel） • 波束成形技术 • 引入 3GPP 远程电调天线接口 Iuant（ 3GPP RET Iuant） • 多运营商核心网（MOCN，Multiple Operators Core Network）
R7 及未来	• 多入多出天线（MIMO，Multiple Input Multiple Output Antennas）[25][26] • 在 IMS 中引入紧急呼叫业务 • UE 定位服务增强：支持上行 TDOA 定位技术 • IMS 会话业务与 CS 呼叫的组合应用的可行性 • 全 IP 网络的可行性 • 引入 2.6GHz、900MHz、1 700MHz 频段 • 接入安全性增强 • 支持 WLAN-UMTS 互通 • MBMS 增强 • HSPA 增强 • 正交频分复用（OFDM，Orthogonal Frequency Division Multiplexing）[27]

从技术视角可以分为无线技术演进、核心网技术演进、QoS 技术演进等。在下面的章节将分析无线技术在不同协议版本中的演进过程。

1.2.2 无线技术演进

1.2.2.1 高速宽带接入

相对于 GSM/GPSR BSS 而言，R99 引入了全新的无线接入网 UTRAN（Universal Terrestrial Radio Access Network，通用地面无线接入网），无线接口基于 WCDMA，信号带宽为 5MHz，码片速率为 3.84Mchip/s，每小区下行业务带宽支持 2Mbit/s 左右；R4 版本在无线接入方面没有大的改变；R5 版本引入了 HSDPA（High Speed Downlink Packet Access，高速下行链路分组接入）技术，可采用 16QAM 调制方式，较大提高了频谱利用效率，使小区下行峰值速率能达到 13.9Mbit/s 水平，其物理层峰值速率达 14.4Mbit/s；R6 版本则引入了增强型上行链路技术，又可称为 HSUPA（High Speed Uplink Packet Access，高速上行链路分组接入）技术，使小区上行峰值速率能达到 5.76Mbit/s 水平；在 R7 中引入了 MIMO 技术，可以在同一个频带上通过多个发射和接收天线分别同时发送和接收信号，从而成倍提高系统容量和频谱利用效率，适应了未来移动通信系统中高速率业务的需求。在 LTE 研究项目中引入了 OFDM（Orthogonal Frequency Division Multiplexing，正交频分复用）技术，其特点是子载波具有正交性，允许子信道的频谱相互重叠，从而最大限度利用频谱资源，使小区下行峰值速率能达到 100Mbit/s（注意是：100Mbit/s 使用的是 20MHz 带宽，本书中提的 HSDPA 速率都以 5MHz 带宽作为基准），上行能达到 50Mbit/s，将成为 3G 演进型系统（如 Beyond 3G、3.9G、E3G）的核心技术基础。另外未来可能会将 MIMO 技术与 OFDM 技术联合起来使用，目前已经有实验系统测试结果表明：具有两个发射天线和两个接收天线的 MIMO-OFDM 系统能够在 20MHz 频谱带宽内提供几十到一百兆的数据传输速率。

基于以上分析，可以清晰看出无线接入网在接入带宽方面的演进路线如图 1-3 所示。

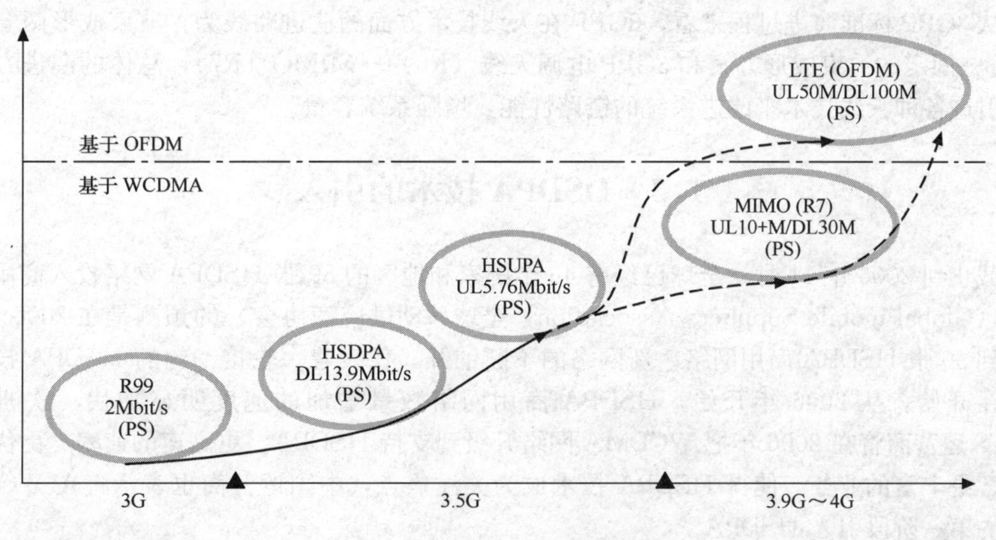

图 1-3 无线接入网演进路线

总的演进方向是通过引入各种技术来最大限度地提高频谱利用效率，从而满足高速数据传输的需求。

1.2.2.2 移动性管理

WCDMA 系统从 R99 开始就在移动性管理上显示出与 GSM/GPRS 的不同，包括软切换、Iur 接口、重定位，以及 2G/3G 之间的切换与重选等。Iur 接口从 R4 开始引入公共测量、拥塞控制等流程，使跨 Iur 口的无线资源管理、负荷控制成为 UTRAN 的有机组成部分。同时，与 GERAN（GSM/EDGE Radio Access Network，GSM/EDGE 无线接入网）融合的规范工作也在不断加强，包括 Iur-g、网络辅助的小区重选等。

1.2.2.3 IP 传输技术

R99 版本的 UTRAN 采用 ATM 传输技术，从 R5 版本开始在 UTRAN 中引入了 IP 传输技术。作为 UTRAN 的可选技术，IP 技术使得 UTRAN 业务能够基于 IP 网进行传输，从而可以提高组网的灵活性和降低运营商网络建设成本，因此可以看出 IP 传输也是 UTRAN 传输的发展趋势；另外 R4/R5 标准在传输方面增加了传输承载修改、重配等功能，进一步优化了传输承载的性能。

IP 传输技术的总体演进方向是有 QoS 和安全性保证的全 IP 分组承载网络。

1.2.2.4 天线技术

3GPP 在 R5 版本中为了提高系统链路性能和容量引入了波束成形技术，并提出了两个波束成形的可选方案，一是固定波束成形，二是用户自适应波束成形。

在演进到 R6 版本时，删除了用户特定的波束成形方案，明确了使用固定的波束成形方案：采用均匀的线性天线阵列，再加上模拟移相器使所需信号在某个特定的到达方向上相干和相加。3GPP 在 R6 版本统一规范了 RET 的接口，使得在多厂家提供天线的条件下实现远程的网络优化成为可能。

在 R7 中，3GPP 提出了 MIMO 技术，能成倍提高系统容量和频谱利用效率，虽然目前该技术还没有完全成熟商用，但这是移动通信领域天线技术的一项重大突破，也是未来智能天线技术的发展方向。

从 3GPP 标准演进过程来看，3GPP 在天线技术方面的演进路线为：波束成形两套方案（R5）→固定的波束成形方案和 3GPP 电调天线（R6）→MIMO（R7），总体的演进方向是通过引进各种天线技术来改进系统的链路性能，增强系统容量。

1.3 HSDPA 技术的引入

截止到 2006 年 11 月，全球已经有 46 个国家和地区的 80 张 HSDPA 网络投入商用，而 GSA（Global mobile Suppliers Association，全球移动供应商协会）的预测是在 2006 年底，将达到 90 张 HSDPA 商用网络。新网络的不断铺开，代表着一轮接一轮的 HSDPA 投资热潮正在开始。从 2006 年开始，HSDPA 商用网络数量增加的速度明显加快，欧洲很多 UMTS 运营商将在 2006 年把 WCDMA 网络升级到支持 HSDPA。更高速的速率、更优质的服务、更丰富的业务，使得 HSDPA 技术成为关注焦点，中国运营商也表示将在 WCDMA 建网的第一阶段引入 HSDPA。

伴随着 HSDPA 网络建设热潮，HSDPA 终端数量和种类也日益丰富。截至 2006 年中期，全球共有 12 家制造商提供的 51 种终端面世，终端类型包含手机和数据卡。目前商用终端的峰值吞吐率在 1.8～3.6Mbit/s，更高速率的终端也有望近期推出。除此之外，还有数家计算机制造商与移动运营商紧密合作，将具有 HSDPA 功能的芯片集成在便携式计算机中，以期在更大范围内提供 HSDPA 服务。

HSDPA 网络发展前景广阔，主要是由于其技术的先进性大大提升了 WCDMA 系统吞吐率，符合用户对高速业务越来越强烈的需求。HSDPA 支持高速分组传输，将业务信道从“专用”转为“共享”方式，提高资源利用率。HSDPA 能够将数据吞吐率提升 2～3 倍，并且可以在现有 R99 网络上平滑升级，这些都是 HSDPA 受到运营商青睐的重要原因。基于 WCDMA 体系的无线通信系统不断进行技术完善，未来的 HSDPA 与 HSUPA 形成 HSPA 网络，向 LTE 演进，将为人们提供更方便快捷的移动通信服务。因此 HSDPA 技术是 WCDMA 必然经历的阶段，符合业务需求和无线技术发展趋势。可以做大胆的预测，在 HSDPA 成熟商用后，大部分的高速 PS 业务都可以承载到 HSDPA 上，而 R99 只需要承载 CS 类业务和有保证速率要求的 PS 业务；在 R6 HSUPA 引入后，高速业务通过 HSDPA、HSUPA 承载，在上下行方向都可以达到较高速率。随着技术发展和协议升级，未来 PS 域上能够很好地承载实时业务。

HSDPA 是 3GPP R5 协议中引入的最重要的无线技术，采用了 AMC、HARQ 等一系列与以前协议版本不同的物理层技术。由于 3GPP R4 协议与 R99 协议相比，主要改动集中在核心网、TD-SCDMA 引入等方面，对 WCDMA 无线侧基本没有升级改动，因此在进行 R5 HSDPA 和以前协议版本的无线技术对比时，通常使用“HSDPA 与 R99”这样的描述方式，本书中就采用这种描述方式。

1.4 新技术与网络规划优化

第三代移动通信系统是以 CDMA 技术为基础，对网络建设运营期间的规划、优化，以及关键技术研究等方面提出了更高的要求。合理的网络规划可以满足运营商对覆盖、容量和质量的需求；有效的网络优化可以解决网络的通信忙点、盲点，保证网络稳定高效运行；精确的话务模型分析，有助于合理设计网络建设规模；关键技术研究分析，可以准确把握网络发展脉搏，促进技术在实际网络中的应用。

以 WCDMA、cdma2000、TD-SCDMA 为代表的第三代移动通信的发展，对无线网络建设带来了全方位的冲击，对于网络的建设者和运营者，都需要建立一个全新的网络运营的整体概念，应对移动通信大发展的挑战。

从图 1-4 中的规划、优化、关键技术、网络运营等几个重要模块关系分析，未来网络是一个闭环反馈的系统。其中网络话务是网络营运商最终提供服务的目标，是新技术发展的重要推动力量，是网络运营需要达到的目标。网络规划和优化的目的都是为了确保既定的业务需求，通过网络实际运营可以对话务模型进行修正和预测。网络规划方案是由覆盖估算、容量估算、网规工程仿真、系统仿真等途径来实施的。通过实际运行发现网络问题，对网络 KPI 进行评估，最后采用网优工具进行网络优化。无线网络关键技术研究是这个闭环系统的助推器，将来源于业务需求的原动力不断转化为新的网络规化与优化技术方案，保证整个无线系统稳定、高效地运行。

随着 HSDPA 的引入，从话务模型、网规方案、优化手段到网络 KPI 等都发生了很大

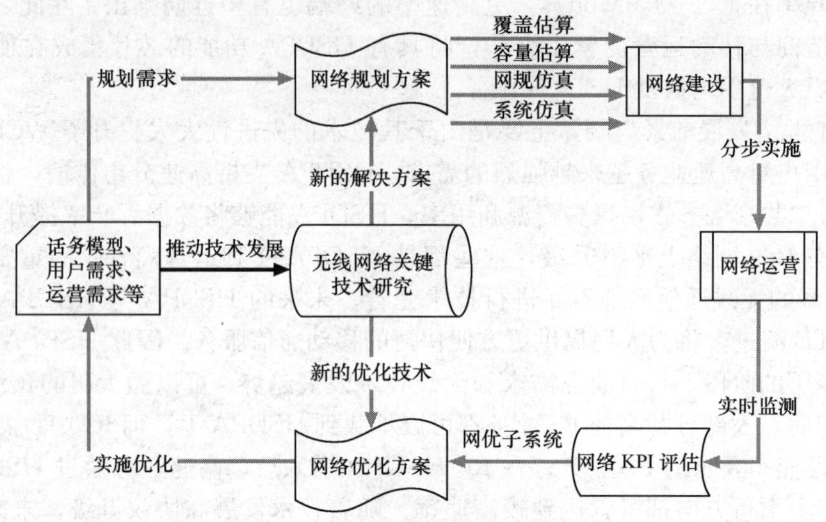

图 1-4　网络规划优化与运营关系图

变化，因此 HSDPA 与 R99 的网络规划技术存在很大差异。在这种情况下，“无线网络关键技术”需要研究和解决 HSDPA 在网络实施过程中遇到的一系列问题，推动图 1-4 的闭环回路不断反馈，最终使得 HSDPA 网络成为一个高效稳定的无线通信系统。

1.5　参考文献

1　储林波，刘淑霞，黄胜华．移动通信与互联网的融合技术．中兴通讯技术，2002.01

2　孙立新，尤肖虎，张萍．第三代移动通信技术．北京：人民邮电出版社，2000

3　http：//www.3gpp.org

4　3GPP．TS25.413 V4.12.0-UTRAN Iu Interface Radio Access Network Application Part (RANAP) Signaling．3GPP，2004.04

5　3GPP．TS25.414 V4.7.0-UTRAN Iu Interface Data Transport & Transport Signalling．3GPP，2004.01

6　3GPP．TS25.415 V4.7.0-UTRAN Iu Interface User Plane Protocols．3GPP，2003.01

7　3GPP．TS25.420 V4.2.0-UTRAN Iur Interface General Aspects and Principles．3GPP，2002.04

8　3GPP．TS25.424 V4.3.0-UTRAN Iur Interface Data Transport & Transport Signalling for Common Transport Channel Data Streams．3GPP，2002.06

9　3GPP．TS25.425 V4.4.0-UTRAN Iur Interface User Plane Protocols for Common Transport Channel Data Streams．3GPP，2004.01

10　3GPP．TS25.426 V4.4.0-UTRAN Iur and Iub Interface Data Transport & Transport Signalling for DCH Data Streams．3GPP，2002.10

11　3GPP．TS25.430 V4.4.0-UTRAN Iub Interface：General Aspects and Principles．3GPP，2002.10

12　3GPP．TS25.434 V4.4.0-UTRAN Iub Interface Data Transport and Transport Signalling for Common Transport Channel Data Streams. 3GPP, 2002.06

13 3GPP. TR25.931 V4.5.0-UTRAN Functions, Examples on Signalling Procedures. 3GPP, 2006.03

14 3GPP. TR25.934 V4.0.0-AAL2 QoS Optimization. 3GPP, 2001.04

15 3GPP. TS25.331 V4.17.0-Radio Resource Control (RRC); Protocol Specification. 3GPP, 2005.03

16 3GPP. TS25.323 V4.6.0-Packet Data Convergence Protocol (PDCP) Specification. 3GPP, 2002.09

17 3GPP. TR25.844 V4.3.0-Radio Acces Bearer Support Enhancements. 3GPP, 2002.09

18 3GPP. TR25.933 V5.4.0-IP Transport in UTRAN. 3GPP, 2004.01

19 3GPP. TS25.308 V5.7.0-High Speed Downlink Packet Access (HSDPA); Overall Description; Stage 2. 3GPP, 2004.12

20 3GPP. TR25.858 V5.0.0-Physical Layer Aspects of UTRA High Speed Downlink Packet Access. 3GPP, 2002.03

21 3GPP. TR25.877 V5.1.0-High Speed Downlink Packet Access (HSDPA) -Iub/Iur Protocol Aspects. 3GPP, 2002.06

22 3GPP. TR25.808 V6.0.0-FDD Enhanced Uplink; Physical Layer Aspects. 3GPP, 2005.03

23 3GPP. TS43.246 V6.8.0-Multimedia Broadcast/Multicast Service (MBMS) in the GERAN; Stage 2. 3GPP, 2006.07

24 3GPP. TR25.992 V6.0.0-Multimedia Broadcast/Multicast Service (MBMS); UTRAN/GERAN Requirements. 3GPP, 2003.10

25 3GPP. TR25.876 V1.8.0-Multiple Input Multiple Output (MIMO) Antenna in UTRA. 3GPP, 2005.12

26 3GPP. TR25.996 V6.1.0-Spacial channel model for Multiple Input Multiple Output (MIMO) Simulations. 3GPP, 2003.09

27 3GPP. TR25.892 V6.0.0-Feasibility Study for Orthogonal Frequency Division Multiplexing (OFDM) for UTRAN Enhancement. 3GPP, 2004.06

第 2 章　WCDMA 基本原理

本章全面介绍了 WCDMA 的技术基础、系统架构，并对 WCDMA 的关键技术，如功率控制、软切换、分组调度、无线资源管理算法等进行分析，向读者展示 WCDMA 的基本原理和系统特点。在 2.1 节介绍扩频原理，这是 WCDMA 系统技术基础；2.2 节介绍 WCDMA 系统结构、接口、空中信道等内容；2.3 节主要阐述 WCDMA 的关键技术，如功率控制、切换技术、接纳控制、负荷控制、优先级策略等；在最后的 2.4 节将对 WCDMA 系统特点的干扰、容量、覆盖、服务质量之间相互关系做分析，这是在 WCDMA 网络规划中重点关注的系统性能。

2.1　WCDMA 码分多址原理

WCDMA 移动通信系统采用双层扩频的码分多址接入技术，即对每个信道的信号用 OVSF（Orthogonal Variable Spreading Factor，正交可变扩频因子）码进行扩频，并用扰码进行加扰，只要 OVSF 码或扰码中有一个不同就可以区分相同频带和时隙内的不同信道。在 WCDMA 系统中，下行链路不同小区用扰码区分，同一小区中的不同信道（包括公共信道和专用信道）主要用 OVSF 码区分；上行链路不同用户信号用扰码区分，同一用户的不同信道主要用 OVSF 码区分。

CDMA 系统接收端的解扰解扩过程就是本地扰码扩频码与接收信号进行共扼相乘并积分的过程。两个函数共扼相乘积分运算也称相关运算，积分长度也称相关积分长度。两个函数 $f(t)$ 和 $g(t)$ 在相关积分长度为 T 时的相关特性可以由归一化互相关函数 $R_{fg,T}(\tau1,\tau2)$ 确定，其定义为：

$$R_{fg,T}(\tau1,\tau2)=\frac{\int_0^T f(t-\tau1)g^*(t-\tau2)\mathrm{d}t}{\int_0^T f(t-\tau1)f^*(t-\tau1)\mathrm{d}t\cdot\int_0^T g(t-\tau2)g^*(t-\tau2)\mathrm{d}t} \tag{2-1}$$

上式中，上标“*”表示复数共扼，$\tau=\tau2-\tau1$ 也称为相关时延，等号右边的分母仅为归一化使用。如果 $g(t)\equiv f(t)$，则 $R_{ff,T}(\tau1,\tau2)$ 称为 $f(t)$ 在相关积分长度为 T 时的归一化自相关函数。其中每个函数值称为特定 $\tau1$ 和 $\tau2$ 时的相关系数。

类似地，对于两个序列 $f(k)$ 和 $g(k)$，可以定义相关积分长度为 L 时的归一化互相关序列 $R_{fg,L}(d1,d2)$（为描述方便，下文也称相关函数）为：

$$R_{fg,L}(d1,d2)=\frac{\sum_{k=1}^{L}f(k-d1)g^*(k-d2)}{\sqrt{\sum_{k=1}^{L}f(k-d1)f^*(k-d1)\cdot\sum_{k=1}^{L}g(k-d2)g^*(k-d2)}} \tag{2-2}$$

同样，$d=d2-d1$ 也称为相关时延。如果 $g(k)\equiv f(k)$，则 $R_{ff,L}(d1,d2)$ 称为 $f(k)$ 在相关积分长度为 L 时的归一化自相关函数。其中每个函数值称为特定 $d1$ 和 $d2$ 时的相关系数。

能用不同 OVSF 码区分信道的原因在于 OVSF 码的互相关特性，不同码树分支上的 OVSF 码在 $d1=d2$ 时是正交的（互相关系数为 0）。不过，移动通信系统的发射信号经过复杂的无线信道会通过不同时延的路径到达接收端，当时延不相等（即 $d1 \neq d2$）时，OVSF 码的互相关系数就很可能不是 0，这样会导致接收端无法完全区分不同的信道，从而带来较严重的码间干扰。即使是同一个 OVSF 码，在 $d1 \neq d2$ 时，其自相关系数也可能比较大，这样就会造成较严重的的多径干扰。不难理解，当相关积分长度 T 为扩频加扰前信息数据符号周期，或者 L 为扩频因子 SF 时，OVSF 码扰码相关特性体现了实际系统中的干扰特性。图 2-1（a）给出了扩频因子为 64 的 16 号 OVSF 码 $C_{ch,64,16}$ 的归一化自相关函数 $R_{c16c16,64}$（0，$d2$），在 d 为 8 和 24 码片（chip）时，相关系数绝对值达到 0.5，甚至在 d 为 32 码片时，相关系数为−1。同时图 2-1（a）也给出了 $C_{ch,64,16}$ 和 $C_{ch,64,32}$ 的归一化互相关函数 $R_{c16c32,64}$（0，$d2$），当相关时延 $d=0$ 时，相关系数等于 0，是正交的。但当相关时延不为 0 时，互相关系数绝对值就可能比较大，比如在时延差为 2 和 30 码片时，相关系数绝对值达到 0.625。

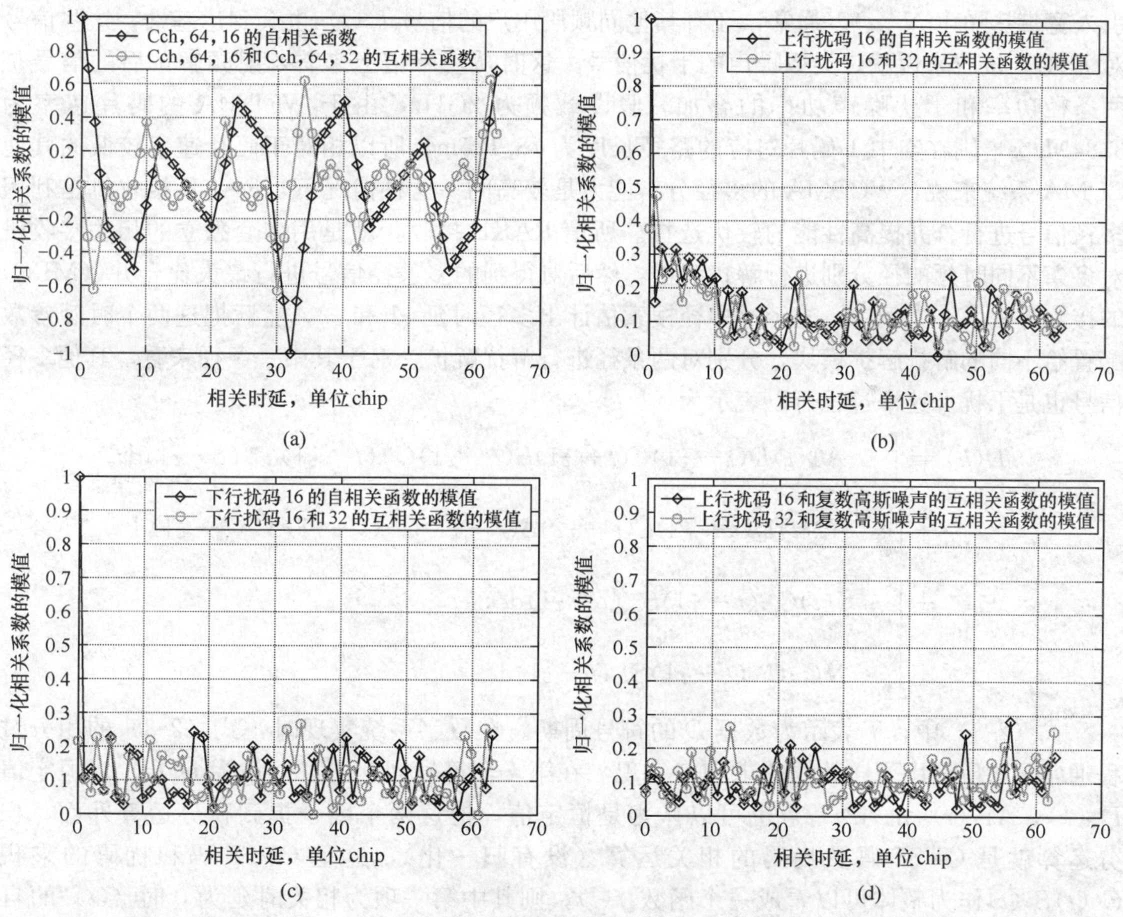

图 2-1　OVSF 码和扰码的相关特性

扰码的引入可以较大程度上弥补 OVSF 码的这些缺陷。图 2-1（b）给出了 16 号上行扰码 $SU16$（k）的自相关函数 $R_{su16su16,64}$（0，$d2$）及其和 32 号上行扰码 $SU32$（k）的互相关函数 $R_{su16su16,64}$（0，$d2$）的模值。图 2-1（c）给出了 16 号下行扰码 $SD16$（k）的自相关特性及其和 32 号下行扰码 $SD32$（k）的互相关特性 $R_{su16su32,64}$（0，$d2$）的模值。因为扰码为复数，其相关函数也是复数，为了图示方便，这里给出了复数函数的模值，模值大小反映了干扰的大小。从图中可见，扰码之间并没有完全正交，除了相关时延 $d=0$ 的自相关系数为 1 之外，其他相关系数一般小于 0.3。图 2-1（d）给出了上行扰码 $SU16$（k）和高斯噪声序列 N（k）的互相关函数 $R_{su16N,64}$（0，$d2$），其函数值一般小于 0.3，可见，不同扰码也可以看成是相互独立（不是相互正交）的不同随机噪声，这也是扰码被称为伪随机码的原因。

另外，QPSK 调制中的 I 路和 Q 路也是正交的，如果两个 BPSK 调制的信号的扰码和 OVSF 码都相同，但分别处于 I 路和 Q 路组成 QPSK 方式，这两路信号也是可以在信道相位能够校准的前提下区分的。

下面以一个 UE 的一条上行信道为例进一步解释 WCDMA 的基本原理。如图 2-2 所示，信道编码后的信号 D（t）经过扩频加扰后，其频谱宽度由原来的 B 变为 $SF\times B$，SF 为扩频因子。假设通过无线信道，有时延分别为 $\tau 1$ 和 $\tau 2$ 两条路径到达基站。基站接收机本身会引入宽带热噪声 N（t）。通常，还有其他同频段用户的信号 I（t）也会到达基站，这些信号对 D（t）接收来说就是类似噪声的干扰信号。这时从功率谱上来看，射频解调后的信号是两条径功率和干扰噪声功率的叠加。假设载频为 2GHz，由于 WCDMA 的码片速率为 3.84Mcps，则在空中 1 码片对应的路径长度为 78.125m，所以相对于码片速率较低的其他 CDMA 系统来说，WCDMA 的多径分辨能力是较高的。这种情况下，RAKE 接收机是利用多径信号进行合并提高性能的较优选择。所谓 RAKE 接收，就是用多套独立的相关接收机对多条不同时延的径分别进行解扰解扩，然后对得到的多条径信号进行最大比合并（MRC）的接收方法。在本例中，先经过多径搜索估计出多径时延 $\tau 1$ 和 $\tau 2$，然后把这两个时延参数配置给不同的解扰解扩模块，分别对两条径进行解扰解扩。对于其中一条径来看，其他多径信号也是干扰。这个过程可以表示为：

$$
\begin{aligned}
D(k) = & \int_{kT}^{kT+T} A1(t)D(t-\tau 1)C(t-\tau 1)S(t-\tau 1)C^{*}(t-\tau 1)S^{*}(t-\tau 1)\mathrm{d}t \\
& + \int_{kT}^{kT+T} A2(t)D(t-\tau 2)C(t-\tau 2)S(t-\tau 1)C^{*}(t-\tau 1)S^{*}(t-\tau 1)\mathrm{d}t \\
& + \int_{kT}^{kT+T} I(t)C^{*}(t-\tau 1)S^{*}(t-\tau 1)\mathrm{d}t \\
& + \int_{kT}^{kT+T} N(t)C^{*}(t-\tau 1)S^{*}(t-\tau 1)\mathrm{d}t
\end{aligned}
\tag{2-3}
$$

式（2-3）中，T 表示为数据 D 的符号周期。在数字系统实现时，式（2-3）的积分过程通常用 SF 码片采样数据的求和来实现。在第 k 个符号周期内可以认为 D（t）为恒定值 D（k），$A1$（t）和 $A2$（t）也可以认为是恒定值，把这两个因子提到积分运算外面，积分运算就是 OVSF 码及扰码的相关运算（没有归一化），这里 OVSF 码和扰码的乘积 C（t）S（t）作为整体可以看成一个函数 $f(t)$，则其中第一项为相关时延为 0 时 $f(t)$ 的自相关；第二项为相关时延为（$\tau 2-\tau 1$）时 $f(t)$ 的自相关，这时相关值较小；同理可知，第三项包含了本 UE 的 OVSF 码及扰码 $f(t)$ 与其他用户的 OVSF 码及扰码的互相关，第四项本 UE 的 OVSF 码及扰码 $f(t)$ 与随机噪声 N（t）的互相关，这时相关值都较小。

如图 2-2 所示，式（2-1）的积分运算或是求和运算（权值都为 1 的 SF 阶 FIR 滤波）可以看成一个低通滤波器。对于正确进行解扰解扩的第一项，其频谱宽度为 B，而第二项和第三项，乘上本 UE 的 OVSF 码和扰码后，其时域信号还是（伪）随机的，其频谱宽度还是 $SF \times B$，所以通过低通滤波之后，留在频谱宽度 B 内的噪声功率只有原来的 1/SF，或是说信噪比提高了 SF 倍，这就是扩频增益。图 2-2 中解扩后和多径加权合并后的信号，其频谱中其实只留下中间的窄带部分，两旁的宽带部分在图上仅供对比方面。

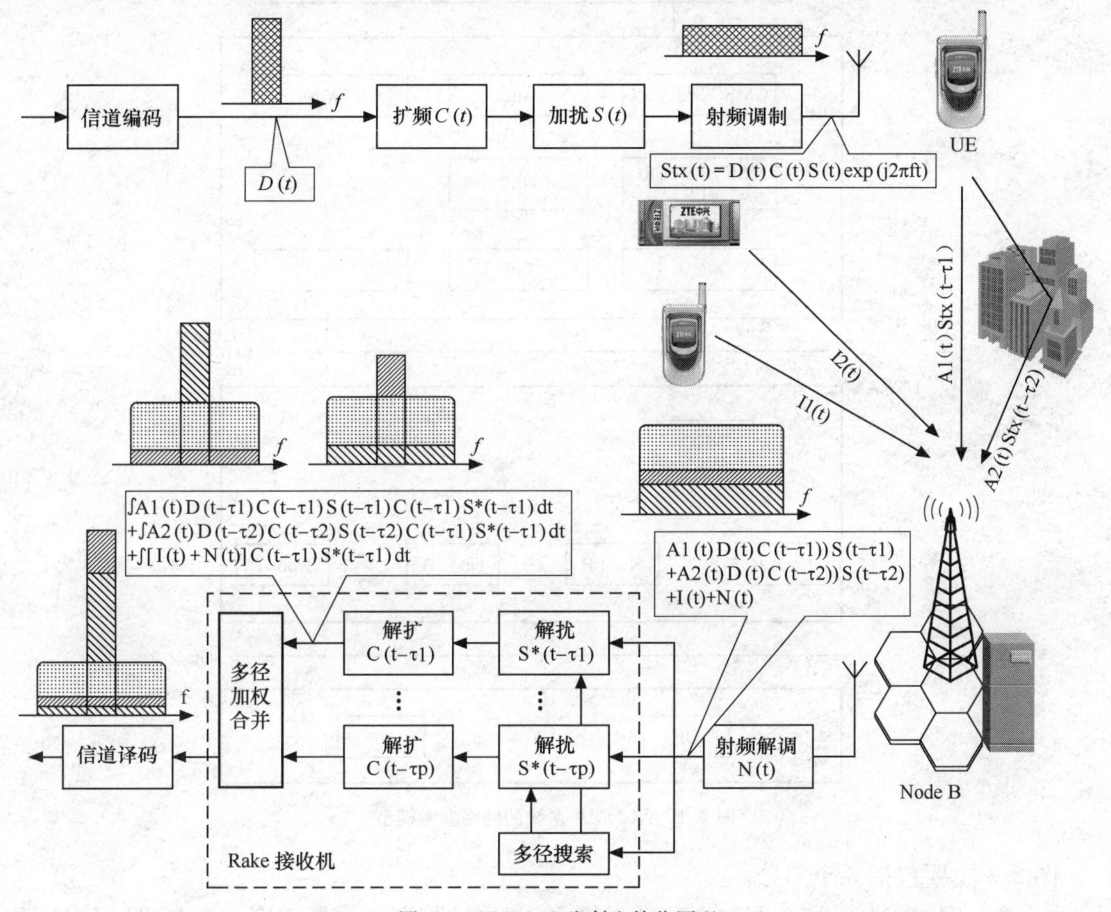

图 2-2　WCDMA 发射和接收原理

通过多径加权合并，各条径的信号能量可以进一步叠加，得到分集增益。其中加权的权值，需要通过信道估计来确定。

2.2　WCDMA 系统架构

WCDMA 系统包括 3 部分：核心网（CN），UMTS 地面无线接入网（UTRAN），用户设备（UE）。

2.2.1　系统网元与接口

依据 WCDMA 系统的网络参考模型（图 2-3）可知，CN、UTRAN、UE 之间的功能模块彼此独立，彼此之间的联系通道通过标准接口来完成。彼此独立的好处是各个系统可以独立部署、演进。另外各个功能实体之间也采用标准接口，利于各个厂商的设备间互连互通。

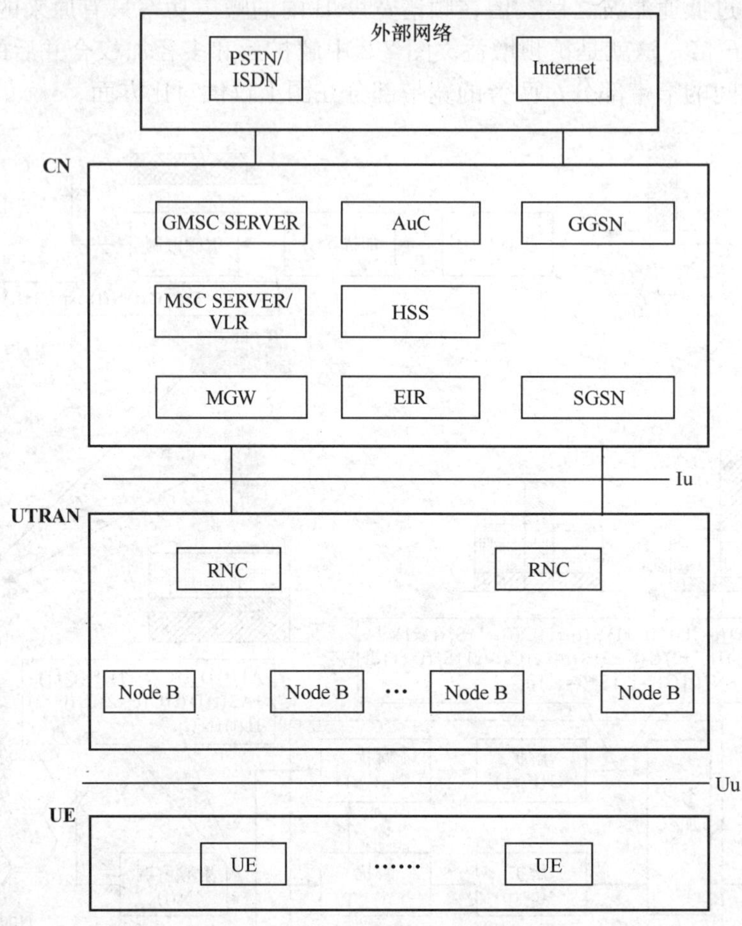

图 2-3　WCDMA 系统的网络参考模型

图 2-3 主要包括 3 个部分。

• 核心网（CN）：核心网包含移动交换中心服务器/拜访位置寄存器（MSC SERVER/VLR），网关移动业务交换中心服务器（GMSC SERVER），媒体网关（MGW），归属签约服务器（HSS），服务 GPRS 支持节点（SGSN），网关 GPRS 支持节点（GGSN），鉴权中心（AuC），移动设备识别寄存器（EIR）等 8 个部分；

• 无线接入网（UTRAN）：UTRAN 包含无线网络控制器（RNC）和基站 Node B，RNC 用于对无线资源进行管理，Node B 用于发送和接收信号；

• 用户设备（UE）：是整个系统中由用户使用的部分，用户使用 UE 来通过网络获得移动服务。UE 可以是独立的设备，也可以是与之相连的终端设备，比如便携式电脑等。

3 个部分之间的接口定义如下[1]。

（1）CN 和 UTRAN 之间的接口为 Iu 接口：由于电路域（CS）和分组域（PS）业

务在核心网内部的功能处理模块分开，因此也可分为 Iu-CS 和 Iu-PS 接口；CN 和 UTRAN 之间的消息交互并不区分 CS 与 PS，至于 CS 和 PS 的消息和数据分发由 CN 内部处理。

(2) 系统和 UE 之间的接口为 Uu 接口：用于系统和 UE 之间进行消息交互和数据传输。

2.2.2 核心网

如 2.2.1 所述，核心网的网元实体包括 MSC SERVER/VLR、MGW、HSS/AuC、EIR、SGSN 和 GGSN。

将图 2-3 中涉及核心网协议架构部分单独摘出，如图 2-4 所示。

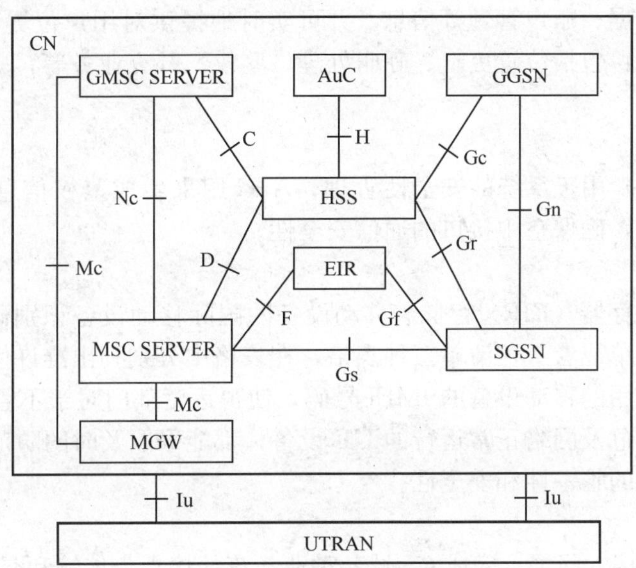

图 2-4 核心网的协议架构

每个功能实体的功能如下。

(1) MSC SERVER

MSC SERVER 是 CS 域的网络核心，提供交换功能，负责完成移动用户寻呼接入、信道分配、呼叫接续、话务量控制、计费等功能，并提供面向系统其他功能实体和面向固定网（PSTN、ISDN）的接口功能。作为 CS 域的网络核心，MSC SERVER 与其他网络单元协同工作，完成移动用户位置登记、越区切换和自动漫游、合法性检验等功能。

(2) GMSC SERVER

GMSC SERVER 是网关移动业务交换中心，是 CS 域间及 CS 域与外部 PSTN/ISDN 网络互连的网关设备，所有出入 CS 域的业务都经过 GMSC SERVER。

(3) VLR

拜访位置寄存器（VLR）是服务于控制区域内的移动用户的，它存储着进入其控制区域内已登记的移动用户的相关信息，是为已登记的移动用户提供建立呼叫接续的必要条件。VLR 从该移动用户的归属位置寄存器获取并存储必要的用户数据。一旦移动用户离开该 VLR 的控制区域，则需要重新在另一个 VLR 登记，原 VLR 将取消临时记录的移动用户数据。因此 VLR 可看作一个动态用户数据库。

(4) SGSN

SGSN 是服务 GPRS 支持节点，是 PS 域的核心。它对 UE 的位置进行跟踪，完成接纳控制，并与 GGSN 共同完成 PDP 连接的建立、维护和删除工作。对于 WCDMA，SGSN 是通过 Iu-PS 接口和 RNS 相连接的。

(5) GGSN

GGSN 是网关 GPRS 支持节点。可以将 GGSN 理解为连接核心网分组域与外部网络的网关，核心网 PS 域通过 GGSN 与外部的分组网相连。

(6) HSS

归属签约服务器（HSS）是系统的数据中心，它存储着所有在该 HSS 签约的移动用户的位置信息、业务数据、账户管理等信息。并可实时地提供对用户位置信息地查询和修改，及实现各类业务操作：包括位置更新、呼叫处理、鉴权、补充业务等，并完成用户的移动性管理。

(7) AuC

鉴权中心（AuC）用于系统的安全性管理，AuC 用来生成鉴权信息和加密密钥。防止非注册用户接入系统，确保空中接口的通信安全性。

(8) EIR

移动设备识别寄存器（EIR）存储着移动设备的国际移动设备识别码（IMEI），通过核查白色清单、黑色清单或者灰色清单三种表格，在表格中分别列出准许使用的、出现故障需监测的、失窃不准使用的移动设备的 IMEI 号码，使得运营部门对于不管是失窃还是由于技术故障或者误操作而危及网络正常运行的 UE 设备，都能采取及时的防范措施，以确保网络内所使用的移动设备的唯一性和安全性。

(9) MGW

MGW 作为媒体接入网关，完成 CS 域各种业务流的接入、传输和交换功能。

2.2.3 无线接入网

下面介绍 UTRAN 系统的协议架构[1]。

UTRAN 无线接入网络包括一个或多个无线网络子系统（RNS），一个 RNS 由 RNC 和 Node B 构成。RNC 和 Node B 之间通过 Iub 口相连，RNC 之间可通过 Iur 接口相连。每个 RNC 负责管理所辖小区的无线资源，并且和其他功能实体进行消息交互和数据传输。

UTRAN 内部的接口包含两部分：a. RNC 与 Node B 之间的 Iub 接口，用于 RNC 和 Node B 之间进行消息交互和数据传输；b. RNC 和 RNC 之间的 Iur 接口，用于两个 RNC 间通过 Iur 口进行消息交互和数据传输。UTRAN 的协议架构如图 2-5 所示。

(1) UTRAN 系统的功能

- 用户数据传输功能；
- 同步功能；
- 系统消息广播；
- 无线资源管理功能：无线资源配置和管理，连接建立和释放，功率控制，无线信道编解码，初始接入检测和处理；

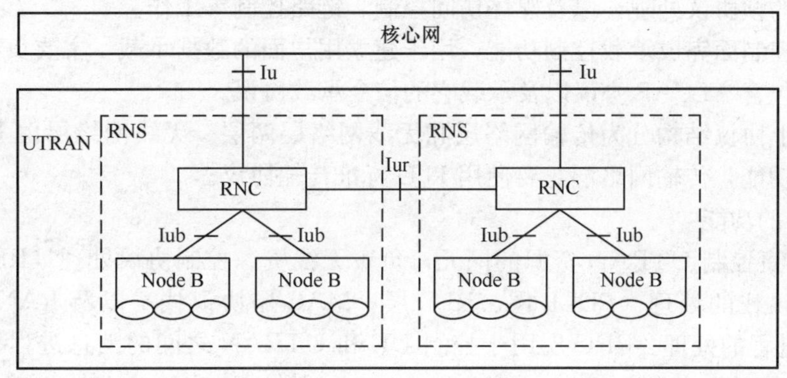

图 2-5　UTRAN 协议架构

- 移动功能：切换，SRNC 重定位，寻呼支持，定位；
- 系统接纳控制功能：接纳控制、拥塞控制等；
- 无线信道加密和解密功能；
- 完整性保护功能；
- 广播和多播功能；
- RAN 消息管理功能。

(2) UTRAN 接口的协议模型

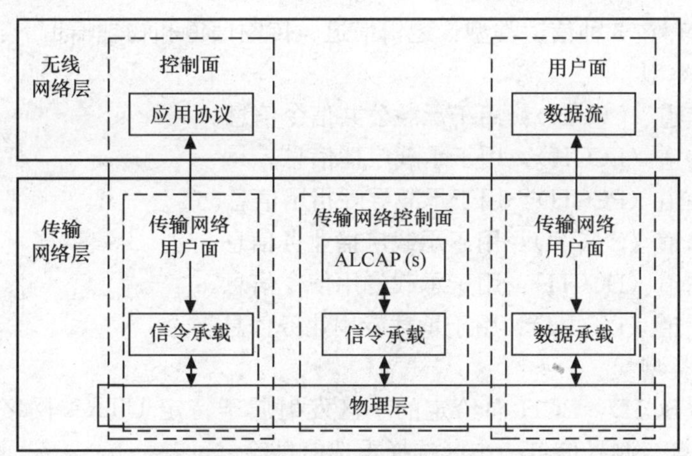

图 2-6　UTRAN 接口的协议模型

从图 2-6 可看出，协议接口模型结构基于层面分离的思想。在垂直平面和水平平面上分层设计。

UTRAN 的协议接口模型分为 3 部分：控制平面（无线控制面、传输网络用户面）、用户平面（无线用户面＋传输网络用户面）、传输网络控制面。

无线控制面使用传输网络用户面提供的信令承载实现信令传输。无线控制面完成呼叫控制相关功能，包含了 UTRAN 有关的控制信令，例如 Iu 口的 RANAP，Iur 口的 RNSAP 以及 Iub 口的 NBAP 等应用部分协议。

无线用户面使用传输网络用户面提供的数据承载实现业务数据的传输。用户面完成用户的业务数据通道功能，主要用于在 UE 和核心网之间转发话音、数据等用户数据，它主要包括各个接口上的帧协议处理，以及媒体访问控制、链路控制等工作。

传输网络控制面完成承载控制功能，用于建立用户面的数据承载，主要负责实现传输层的控制信令，包含 ALCAP 协议以及承载它的信令承载协议。

水平平面上协议结构分为传输网络层和无线网络层两层。无线网络层由 UTRAN 协议规定其标准和功能，传输网络层主要使用 ITU 标准传输协议。

（1）RNC 的功能

RNC 是负责控制 UTRAN 资源的网元，负责无线资源控制协议处理（RRC 层）、用户数据的每层协议栈的处理（PDCP 层、RLC 层、MAC 层协议栈）以及 RANAP/RASAP/Iub 口的消息进程的处理。RRC 层用于控制 UE 和 UTRAN 之间的消息进程、资源控制和移动性管理等。

（2）Node B 的功能

Node B 的主要功能是进行空中接口物理层的处理，如 CRC 校验、信道编解码、速率匹配、交织解交织、分段、扩频/解扩，加扰/去扰等，另外对于专用信道由 Node B 来执行内环功率控制，负责空中接口下行数据的发送和上行数据的接收等功能。对于 HSDPA 系统，Node B 增加了快速分组调度（2ms）、混合自动请求重传（HARQ）和自适应调整码率（AMC）的功能，可以提高系统分组域的容量，降低系统的时延。

2.2.4　空中接口信道类型

WCDMA 系统存在 3 种信道类型：逻辑信道、传输信道和物理信道[2]。

（1）逻辑信道类型

- 公共控制信道（CCCH）：用于承载公共信令信息。
- 广播控制信道（BCCH）：用于承载广播信息。
- 寻呼控制信道（PCCH）：用于承载寻呼指示信息。
- 公共业务信道（CTCH）：用于承载广播业务信息。
- 专用控制信道（DCCH）：用于承载专用信令信息。
- 专用业务信道（DTCH）：用于承载专用业务信息。

（2）传输信道类型

- 广播信道（BCH）：BCH 向给定的小区发射属于特定 UTRA 网络和小区相关的信息，如公共信道信息、测量信息、小区选择重选信息等。
- 寻呼信道（PCH）：PCH 是一条承载寻呼信息相关的下行链路传输信道。
- 随机接入信道（RACH）：RACH 是一条承载 UE 发出的控制信息的上行链路传输信道，例如连接建立请求、开机注册、位置更新，也可发送少量的分组数据。
- 前向接入信道（FACH）：FACH 是一条下行链路的公共传输信道，它既可承载控制信息，也可承载少量的分组数据。
- 高速下行共享信道（HS-DSCH）：HS-DSCH 可以承载用户数据和和控制信息，其 TTI 为 2ms。
- 专用信道（DCH）：DCH 可以承载用户数据和控制信息。

（3）下行物理信道类型

- 主/辅公共导频信道（P-CPICH/S-CPICH）：P-CPICH 可作为信道质量估计、其他物理信道的相位参考。UE利用导频信道提供精确的时间延迟、相位和多径成分幅度的估算。主导频信道的信道质量还可作为切换的依据。主/辅导频信道的扩频因子为256。

• 主/辅同步信道（P-SCH/S-SCH）：主/辅同步信道是UE进行小区搜索时使用的物理信道，P-SCH用于时隙同步，S-SCH用于帧同步和扰码组的确定。主/辅同步信道发送的信息是主/辅同步码，其速率为3.84Mchip/s，无需进行扩频。

• 主公共控制物理信道（P-CCPCH）：P-CCPCH承载BCH传输信道，用于广播小区的系统信息，其信道上带SFN，其扩频因子为256。

• 辅公共控制物理信道（S-CCPCH）：S-CCPCH用于承载FACH和PCH信道信息，FACH上承载用户的信令消息、数据信息，PCH承载寻呼信息。其扩频因子可以为4～256，依据S-CCPCH上所承载的速率来决定。

• 寻呼指示信道（PICH）：PICH信道承载寻呼指示信息，当用户处于空闲状态或者CELL _ PCH、URA _ PCH状态时，若被寻呼，则需要先通过PICH信道发送寻呼指示，UE将以一定的时间间隔读取PICH信道上的信息。其扩频因子为256。

• 捕获指示信道（AICH）：AICH是用户在做随机接入时配合PRACH信道使用的应答信道，用于指示PRACH签名序列的接收。一旦基站检测到PRACH的接入前缀，AICH则会用相同的签名序列作出反馈。其扩频因子为256。

• 专用物理信道（DPCH）：下行DPCCH和DPDCH物理信道是一条物理信道，采用时分复用方式，DPCCH包含导频域（PILOT）、传输格式指示域（TFCI）、功率指示域（TPC）。DPCH用于用户发送数据和信令信息。其扩频因子可以为4～512。DPCH采用闭环功率控制。

• 高速物理下行共享信道（HS-PDSCH）：HS-PDSCH可以被多个用户采用时分方式共享，承载需要发送的数据信息，采用固定的扩频因子16，并且可以采用QPSK和16QAM两种调制方式，因此其速率相比于相同扩频因子的DPCH可提高1倍。

• HS-SCCH的高速共享控制信道（HS-SCCH）：HS-SCCH是配合HS-PDSCH使用的控制信道，承载着HS-PDSCH信道的控制信息，如HS-PDSCH物理信道的信道化码、HARQ相关信息等。UE需要时刻监测HS-SCCH SET，以确定HS-PDSCH物理信道上是否有数据发送给自己。HS-SCCH扩频因子为128。

（4）上行物理信道类型

• 随机接入信道（PRACH）：PRACH采用分时隙的ALOHA技术，每20ms有15个接入时隙，中间间隔为5 120chip。PRACH由几个长为4 096chip的前缀部分和长为10ms或20ms的消息部分组成。当处于空闲状态或者CELL _ FACH/CELL _ PCH/URA _ PCH状态的用户需要发送信令消息或者数据时，则首先发起随机接入过程，此时使用PRACH物理信道，首先发送前缀，当得到AICH确认之后，则发送消息部分，消息部分承载信令信息或者数据信息。PRACH可以使用32～256的扩频因子。

• 专用物理控制信道（DPCCH）和专用物理数据信道（DPDCH）：上行链路方向的用户数据和物理层的控制信息采用I/Q复用方式，物理层的控制信息由DPCCH以固定的扩频因子256发送，用户数据以4～256的扩频因子在一条或者多条DPDCH上发送。DPDCH数据速率可以逐帧改变，DPDCH的数据速率信息可以包含在TFCI中，并在DPCCH上发送。

• HS-DPCCH 专用物理控制信道（HS-DPCCH）：HS-DPCCH 是配合 HS-PDSCH 使用的上行控制信道，承载 ACK/NACK、CQI（质量指示）信息，这些反馈信息用于 Node B 作为该 UE 进行分组调度和分配资源的依据，HS-DPCCH 扩频因子为 256。

逻辑信道、传输信道和物理信道存在映射关系：P-CPICH、S-CPICH、PICH、AICH、P-SCH、S-SCH、HS-SCCH、HS-DPCCH 都是只承载物理层的控制信息，因此不存在其对应的逻辑信道和传输信道。其他类型的逻辑信道、传输信道和物理信道之间的映射关系如图 2-7、图 2-8 所示。

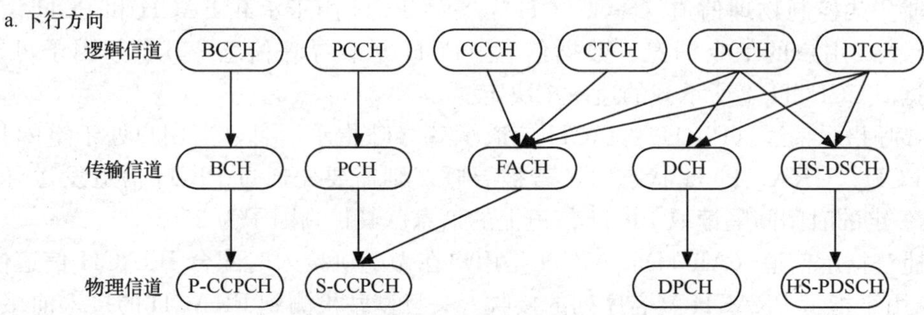

图 2-7　下行方向逻辑信道、传输信道和物理信道之间的映射关系

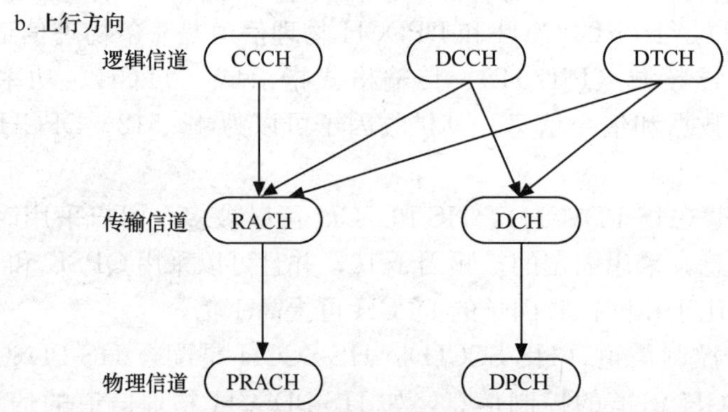

图 2-8　上行方向逻辑信道、传输信道和物理信道之间的映射关系

从图 2-7 可看出，FACH 传输信道的功能最复杂，CCCH、CTCH、DCCH、DTCH 均可以映射到 FACH 信道传输上。另外 DCCH 和 DTCH 的逻辑信道映射最灵活，可以分别映射到 FACH、DCH 或 HS-DSCH 传输信道上，映射的规则需要依据用户的业务类型和发送数据的需求决定。

从图 2-8 可知，上行的逻辑信道、传输信道和物理信道都比较少，其中 DCCH 和 DTCH 可以映射到 RACH 和 DCH 传输信道上，映射的规则也需要依据用户的业务类型和发送数据的需求决定。

2.3 关键技术介绍

2.3.1 功率控制

WCDMA 系统是自干扰系统，其他所有用户（UE）终端和对应的基站发射功率对本

UE 来说都是干扰。因为 UE 在小区中是随机分布的，有的 UE 离基站比较远，有的 UE 离基站比较近，如果所有的 UE 都采用相同的发射功率，则在基站接收到的近距离大功率信号就会掩盖掉接收到的远距离小功率信号，从而使得远距离用户的误码率非常高，这样就形成了远近效应；另一方面，移动通信的无线信道有一个宽带动态频段，这些特性和移动用户的性质有关，并且通常受到无线链路的多普勒（Doppler）频移和瑞利（Rayleigh）衰落的影响。在这样的情况下，需要一个快速而准确的功率控制，以保证每个用户按需要的信号质量发射功率，避免功率耗费以及干扰攀升导致系统容量下降。

功率控制的最终目的是保证用户业务的服务质量和系统的容量，因此评估功率控制好坏的最终依据是在系统容量最大化的基础上保证业务的服务质量。

2.3.1.1 开环功率控制

开环功率控制的目的是设置物理信道的初始发射功率。开环功率控制是一个慢速调整的过程，下面分不同的物理信道说明开环功率控制方法。

（1）下行方向

• 下行公共物理信道（S-CCPCH）的开环功率控制原理[3]：S-CCPCH 信道建立时是按照 FACH、PCH 传输信道分别配置的，且对 FACH 只是配置最大的发射功率（Max Fach Power）；当 S-CCPCH 发送数据时，在每个 FP 帧中 RNC 将会依据传输的比特速率和信道质量情况确定相对于最大发射功率的功率级别（Power Level）[7]，并带给 Node B；Node B 将取当前有数据的传输信道的最大发射功率进行发送。

• 下行专用信道的开环功率控制原理：利用 UE 所测得的 P-CPICH 的信号质量来确定路损，同时需要考虑业务的 QoS、数据速率、品质因子 E_b/N_0、下行链路的实时总发射功率、其他小区对本小区的干扰等因素，从而对下行链路专用信道的初始发射功率作出估计。对于专用信道而言，初始功率设置与实际需求有些差异没有太大的关系，因为后续有闭环功率控制对用户的功率做快速调整以满足用户的需求。

• 其他下行公共物理信道的开环功率控制：依据小区覆盖和容量确定其他公共物理信道的发射功率。

（2）上行方向

上行链路的物理信道包括 PRACH 和 DPCCH/DPDCH/HS-DPCCH 物理信道。

• PRACH 的开环功率控制原理：首先 UE 利用下述公式确定第一个前缀（AP）的发射功率：Preamble _ Initial _ Power = Primary CPICH DL TX power - Primary CPICH _ RSCP + UL interference + Constant value，其中 Primary CPICH _ RSCP 是 UE 实测的值，其他参数均是高层信令参数。当 UE 发出前缀后，在规定的时间未收到 Node B 的应答，则 UE 会在下一个发前缀的时刻把前缀的发射功率在前一个前缀功率的基础上再增加一个调整步长 Power _ Step；当 UE 发出前缀后，在规定的时间收到 Node B 应答，则 UE 在原有功率的基础上增加消息部分与前缀部分的功率偏差（P_p-m）发送消息。

• 上行专用信道的开环功率控制原理：当建立无线链路时，由 RNC 确定 DPCCH 的初始发射功率，然后由 UE 依据增益因子 β_c 和 β_d 确定 DPDCH 的发射功率。同样由于上行专用信道存在快速功率控制，因此在确定专用信道初始发射功率比较粗略影响不大。

• 上行 HS-DPCCH 的开环功率控制原理：对于 HS-DPCCH 信道来说，其发射功率的确定是依赖于 DPCCH 的，即 UE 依据增益因子 β_{hs} 确定 HS-DPCCH 的发射功率；由于

DPCCH 存在快速功率控制，因此 HS-DPCCH 也存在快速功率控制。

2.3.1.2 闭环功率控制

闭环功率控制包括内环功率控制和外环功率控制，在［4］中给出了内环功率控制的方法。

对于上行链路，内环功控的目的是为了调整每个 UE 的发射功率，减小远近效应和信道衰落的影响，尽可能保证基站接收到所有 UE 的功率（同种业务的情况下）都相等，从而使每个用户都能满足传输业务的 QoS。其控制方法为：基站对接收到的无线链路进行信干比（SIR：Signal to Interference Ratio）测量，然后与业务所需满足的目标信干比（SIRtarget：Signal to Interference Ratio target）比较，若 SIR≥SIRtarget，则在下行专用控制信道发送 TPC _ cmd＝－1 的发射功率控制（Transmitted Power Control，TPC）命令；若 SIR＜SIRtarget，则发送 TPC _ cmd＝1 的 TPC 命令；然后 UE 根据接收到的 TPC 命令和网络层指定的功控算法判断是增加发射功率还是减小发射功率。通常，功率调整 dB 数＝ TPC _ cmd×TPC _ STEP _ SIZE。

对于下行链路，闭环功控的目的是适应下行链路损耗和信道衰落，给用户提供合适的功率，保证用户的 QoS，减小对其他用户和其他小区的干扰。下行链路的内环功控方法和上行内环功控类似：UE 对接收到的无线链路进行 SIR 测量，然后与 SIRtarget 比较，若 SIR≥SIRtarget，则在上行的控制信道发送 TPC _ cmd＝－1 的 TPC 命令；若 SIR ＜ SIRtarget，则发送 TPC _ cmd＝1 的 TPC 命令；然后 Node B 根据接收到的 TPC 命令和网络层指定的功控算法判断是增加发射功率还是减小发射功率。通常，功率调整 dB 数 ＝ TPC _ cmd×TPC _ STEP _ SIZE。

内环功率控制是一种快速功率控制方式，上下行链路均支持频率为 1500 次/秒的快速功率控制。

外环功率控制调整内环功率控制所需的 SIRtarget，其目的在于保证用户所需要的 QoS 和系统的吞吐率。无线链路质量既不要太差，也不要太好。太好的质量将浪费容量，太差的质量将不能满足用户的 QoS。图 2-9 是外环功率控制的基本原理图。

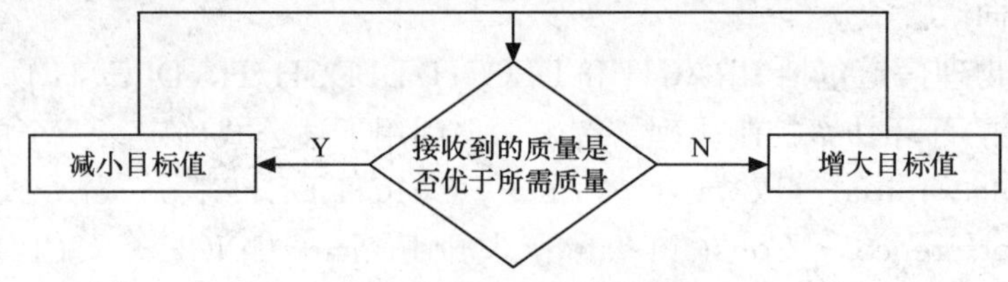

图 2-9 外环功控的原理图

执行外环功控的依据可以是传输信道质量，也可以是物理信道质量。传输信道质量可以用循环冗余校验（CRC：Cyclic Redundancy Check）得到的误块率（BLER：BLock Error Rate）来衡量；物理信道质量可以利用物理信道误码率即 DPCCH 的导频误码率来衡量。

上行链路的内环功控和外环功控总体控制框图如图 2-10 所示。

图 2-11 是上行链路的内环功率控制和外环功率控制作用后，用户的 QoS 和 SIRtarget 的变化曲线。

在图 2-11 的例子中，由于 SIRtarget 的变化较为缓慢，物理信道（Physical Channel）保持在一个比较平稳的误码率，图中的 QE 代表物理信道误码率。

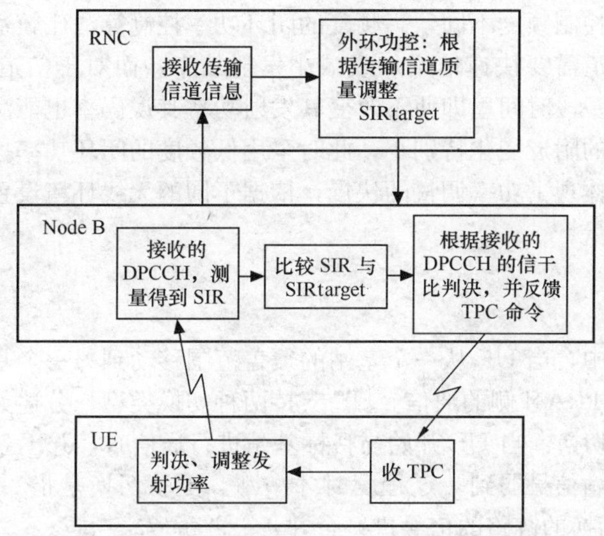

图 2-10　上行链路内环功率控制和外环功率控制的原理框图

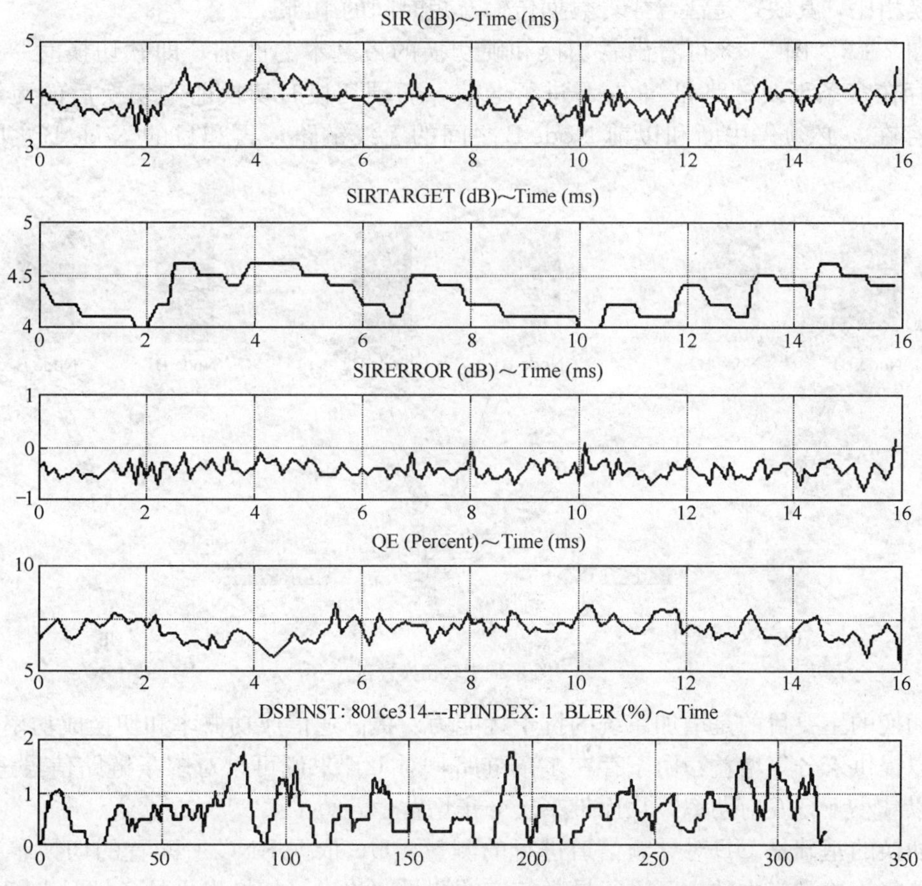

图 2-11　上行链路 BLER、Physical Channel BER（QE）、SIRtarget 的变化曲线

功率控制参数直接影响功率控制的效果，相关的功率控制参数包括闭环功率控制算法类型（参考文献［4］规定的功率控制算法 1/算法 2）、闭环功率控制调整步长等。不同的闭环

功率控制算法的功率控制频度不同，高频度的闭环功率控制算法比较适合于信道衰落变化比较快的情况，此时信道需要快速地增加或减小发射功率。而对于信道衰落变化比较慢的情况，基站在比较长的一段时间里即使不改变其发射功率其误码率也能满足要求，并且测量的信干比在目标信干比的附近变化特别小，此时采用低频度的闭环功率控制算法比较合适。闭环功率控制调整步长体现了功率调整的快慢，依据不同的无线环境设置不同的调整步长，能够提高用户的服务质量。

2.3.2 切换技术

在移动通信系统中，当 UE 从一个基站的覆盖范围移动到另一个基站的覆盖范围时，通过切换技术保持与 UTRAN 侧的通信。UE 支持两种切换类型，分述如下。

- 软切换/更软切换：当 UE 开始与目标基站进行通信时，并不立即中断与原基站的通信链路，而是当原基站信号弱到一定程度时才中断。更软切换是指一个 Node B 下的切换，Node B 可以对更软切换的链路的信号进行合并，一并解码。
- 硬切换：硬切换是指 UE 采取先中断与原基站的通信，再与目标基站建立通信通道。与软切换相比，其缺点是话音或者数据传输有短时间的中断。

从图 2-12、图 2-13 可看出软切换和硬切换的最基本的区别，即软切换时一个 UE 可以同时存在多条无线链路和 Node B 进行通信，而硬切换时切换前和切换后的无线链路不能同时存在，必须先中断和以前 Node B 之间的无线链路，再和目的 Node B 之间建立新链路。

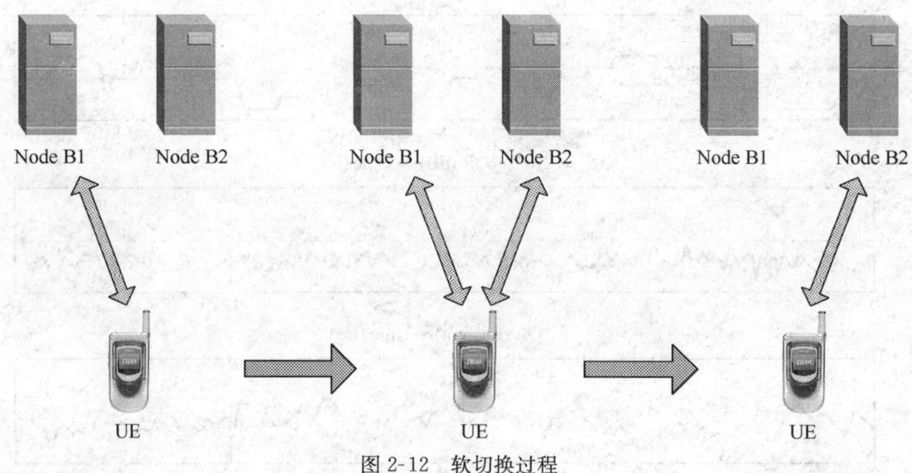

图 2-12 软切换过程

软切换的主要目的是增加系统的抗干扰能力、提高通信成功概率和切换成功率。软切换机制可以提供宏分集增益：由于存在多条链路，对 UE 来说可以对多条链路信号进行合并，因此可以减小下行发射功率，从而带来宏分集增益。

软切换的基础是 UE 对导频信道进行的测量，UE 依据 RNC 所配置的切换参数对激活集、监测集、检测集中的小区进行导频信道的测量，当满足切换报告的条件时，把测量结果上报给 RNC，RNC 通过 UE 上报的测量报告，决定执行切换的动作。因此软切换的过程分为 3 个步骤：（1）UE 对导频信道进行测量，并上报给 RNC；（2）RNC 依据信道质量所触发的事件类型判决（算法）；（3）系统执行切换的动作，如图 2-14 所示。

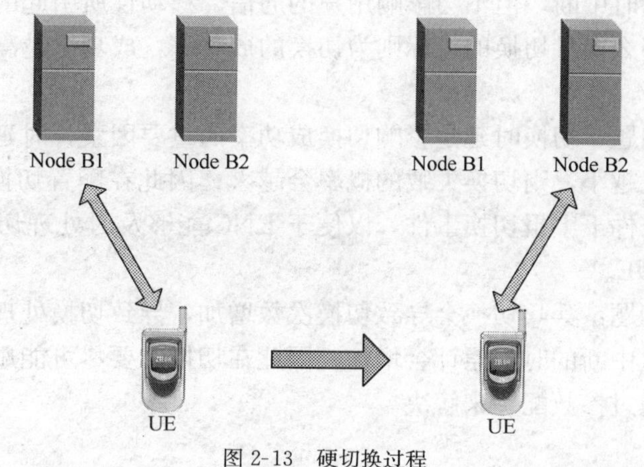

图 2-13　硬切换过程

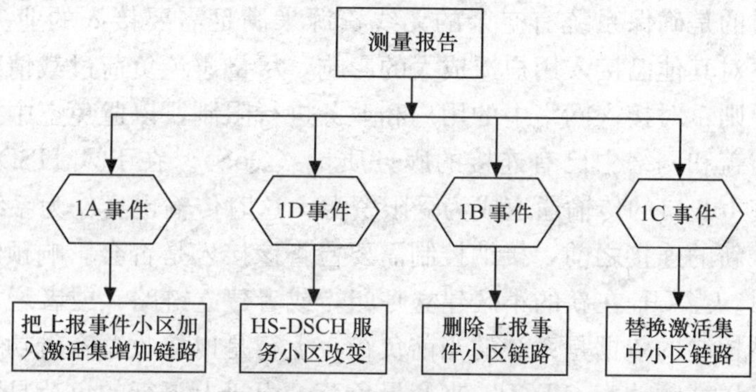

图 2-14　切换主要事件

RNC 根据触发事件类型做相关处理，软切换相关的事件类型如下[5]。

• 1A 事件：当非激活集中的小区导频信道质量超过了一定的报告范围，该报告范围是相对于激活集中小区而言的。1A 事件可作为加入激活集的依据。

• 1B 事件：当激活集中的小区导频信道质量低于一定的报告范围，该报告范围是相对于激活集中小区而言的。1B 事件可作为去除激活集的依据。

• 1C 事件：非激活集中小区的导频信道质量好于激活集中小区导频信道质量；1C 事件可作为激活集和非激活集小区进行替换的依据。

• 1D 事件：最好小区发生了改变；当小区未在激活集内，则 1D 事件可作为加入激活集的依据；另外对于 HSDPA 用户，可作为 HS-DSCH 服务小区改变的依据。

• 1E 事件：导频信道质量高于绝对门限。

• 1F 事件：导频信道质量低于绝对门限。

激活集的概念，是 UE 和 Node B 已经建立无线链路的小区集合。

监测集的概念，是未加入激活集，且是 RNC 所通知的邻接小区集合。

检测集的概念，是未加入激活集，且是 RNC 未通知的小区，而是由 UE 自己监测到一定信号强度的小区集合。

R99 切换技术中需要着重要考虑下面三点。

(1) 用户移动过程中业务质量的保持：软切换可以保证业务的完全连续性，硬切换在切换过程中对业务有瞬时中断，但不会影响用户的通信。移动性所引起的切换主要目的是要保证业务的连续性，那么衡量切换的指标则为切换的成功率，成功率越高，则系统的性能和用户感受度越好。

（2）切换时延问题：切换时延是影响切换成功率的重要因素，时延越大，则 UE 正确接收切换命令的概率就越小，则切换失败的概率会越大；因此在配置切换参数时，要保证 UE 在合适的信道质量条件下上报切换事件，以便于 RNC 能够及时处理切换事件，执行切换判决并能及时通知到 UE。

（3）乒乓切换问题：乒乓切换会导致切换次数增加，导致切换处理的负荷升高；如果切换为硬切换，则瞬时中断的时间累计会增加；因此在切换时要尽可能避免乒乓切换问题；乒乓切换的问题可以通过参数配置来解决。

2.3.3 接纳控制

接纳控制的目的是确保系统有空余的无线资源来满足需要接入的业务的 QoS，以及保证接入该用户后不对其他已接入用户造成大的影响，尽量避免负荷过载情况的发生。

接纳控制的原则：对接入网络中的用户和业务进行限制，以避免空中接口负荷的过度增长，确保小区的覆盖和网络中已有连接的服务质量（QoS）。在引入 HSDPA 之后，由于流量的增加有可能使 Iub 口的传输通道成为受限资源，这时传输也会作为系统控制的一个主要因素。在接入一个新的连接之前，接纳控制需要检查该接入是否会影响预定的覆盖区域或已有连接的服务质量。当 UE 在新的小区建立呼叫，或者建立链路，或者增加新业务时均需要做接纳控制。接纳控制的依据是系统的当前负荷：上行是以接收总宽带功率（RTWP）来衡量负荷，下行以发送载频功率（TCP）来衡量负荷。由于上下行的负荷是独立的，因此接纳控制要区分上、下行，只有在上下行均接纳成功的情况下才可接入，否则接纳拒绝。

接纳控制的原理：当前小区负荷加上新接入业务或者连接的 RAB 所带来的预测增量，然后与接纳门限比较，若大于，则不允许接入；否则，说明当前负荷允许接入。

上行接纳控制的判决公式如下：

$$I_{\mathrm{ul}}+\Delta I_{\mathrm{ul},j}>I_{\mathrm{ul\_Threshold}} \tag{2-4}$$

其中：I_{ul}是当前小区的上行负荷；

$\Delta I_{\mathrm{ul},j}$是第 j 个新用户接入业务或者连接时接纳控制算法所预测的增量；

$I_{\mathrm{ul_Threshold}}$是上行接纳门限。

下行接纳控制的判决公式如下：

$$P_{\mathrm{dl}}+\Delta P_{\mathrm{dl}}>P_{\mathrm{dl\_Threshold}} \tag{2-5}$$

其中：P_{dl}是当前小区的下行负荷；

ΔP_{dl}是新接入业务或者连接时接纳控制算法所预测的增量；

$P_{\mathrm{dl_Threshold}}$是下行接纳门限。

由公式（2-4）和（2-5）可看出，对于接纳控制算法而言，其最重要的步骤是如何预测负荷增量。负荷增量的预估准确与否将直接影响系统的容量。负荷增量是与当前小区负荷、业务类型、业务所需要满足的 QoS 参数（如最大比特速率，保证比特速率等参数）有关。

上行宽带接收功率的负荷增量预测公式如下：

$$\Delta I_{\mathrm{ul},j}=\frac{I_{\mathrm{total}}}{1-\eta-L_j}\cdot L_j \tag{2-6}$$

将公式（2-6）做等式变换，可以得到：

$$L_j=\frac{1}{1+\dfrac{W}{v_j\cdot(E_{\mathrm{b}}/N_0)_j\cdot R_j}} \tag{2-7}$$

其中：I_{total}是当前小区上行负荷；

η为上行链路负荷因子；

W是扩频后信号带宽，WCDMA是3.84MHz；

$(E_{\mathrm{b}}/N_0)_j$是新接入用户j的业务品质因子；

R_j是用户j的比特速率。

v_j是用户j的激活因子。

接纳控制可以针对用户和业务优先级设置不同门限（用户和业务优先级的构建参见2.3.5节），另外由于切换用户优先级比较高，即尽可能减少掉话率，因此需要在小区中给切换用户预留一定的资源，因此小区中切换用户的接纳门限要大于新用户接纳门限。

图2-15是下行接纳控制的一个具体实例，接纳门限为75%。从该图可看出，随着小区负荷的升高，接入业务从接纳到拒绝。

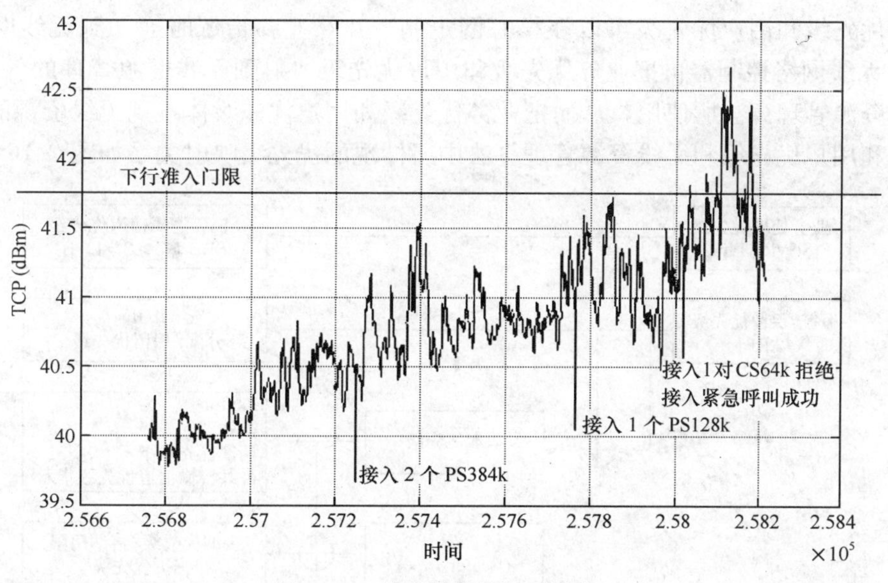

图2-15　下行接纳控制的具体实例

2.3.4　负荷控制

负荷控制的目的是保证系统运行的稳定性。如果系统规划适当，接纳控制和分组调度便可尽量避免负荷过载，但也不能排除无线环境恶化情况下用户的功率突发升高导致系统过载的情况。因此无线资源管理需要通过负荷控制手段使系统快速恢复到稳定状态。

负荷控制过程：系统周期性地测量系统的负荷，当负荷均值在一个设定的时间内超越过载门限时，则认为系统负荷较重，使系统进入不稳定状态，此时需要启动负荷控制策略。

同样由于上下行负荷是独立的，因此负荷控制也要区分上下行。

减少负荷的策略包括：

- 减少分组业务的数据吞吐率；
- 删除宏分集链路；
- 强制切换到另一个载频或GSM/GPRS/EDGE系统；
- 强制一些低优先级的用户掉话。

上述策略是顺序执行的，只有当一种策略都执行完以后，小区仍然过载才执行下一策略，并且需要依据用户和业务优先级来选择。

2.3.5 用户和业务优先级

随着用户对业务的需求和付费方式的不同，运营商可以定制许多应用业务和用户的优先级，使得高优先级的用户可以得到更好的服务。网络侧需要依据运营商所定制的用户和业务优先级进行无线资源的分配和负荷的控制，满足运营商和用户的需求。

分配/保留优先级（ARP，Allocation/Retention Priority）和业务处理优先级（Traffic Handling Priority）用于网络在资源分配和业务处理时对业务提供差异化服务，以满足不同类型业务的QoS和优先级要求，其中业务处理优先级对交互类业务有效，用于对交互类业务中不同承载的SDU的区分处理，以体现不同承载的质量。

业务优先级和用户优先级可以在核心网定制，并在业务指派时通知到无线网络控制器(RNC)，无线网络控制器再把业务优先级和用户优先级映射到无线资源管理的各个算法中，并被无线资源管理算法所使用，从而把业务优先级和用户优先级体现到无线资源的分配上。

业务和用户优先级和无线资源管理算法中所体现的优先级映射关系如图2-16所示。

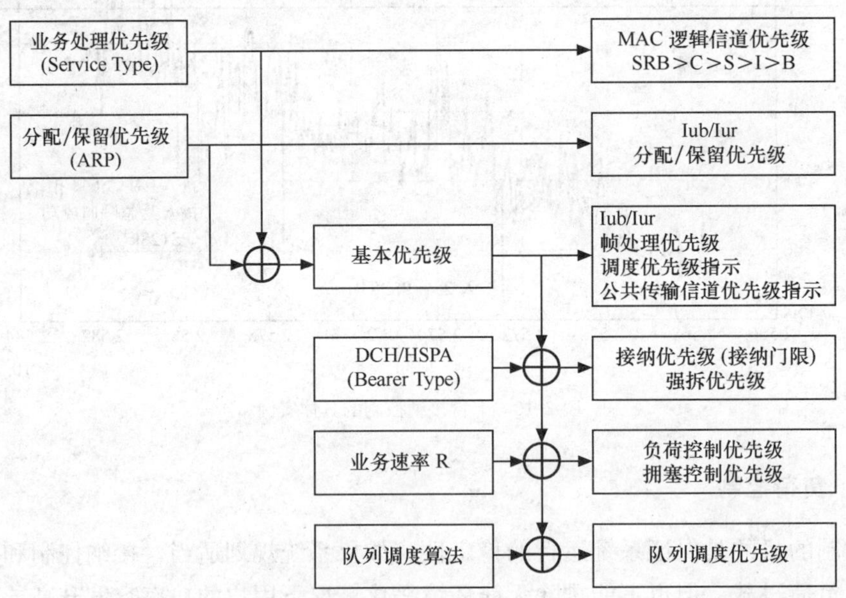

图2-16　业务/用户优先级和无线资源管理算法的关系图

从图2-16中可看出，业务指派时的业务类型和用户优先级（分配/保留优先级）构建成基本优先级，基本优先级是无线资源管理算法中对用户和业务进行差异化处理的基础，如表

2-1 所示。

表 2-1　　基本优先级

用户类型	业务类型			
	C（会话类）	S（流类）	I（交互类）	B（背景类）
1	1	2	4	6
2	2	3	5	7

基于基本优先级、承载信道类型可以构建接纳优先级：针对不同的接纳优先级可以设置不同的接纳门限，从而体现业务/用户优先级的差异化。

基于基本优先级、承载信道类型和业务速率可以构建负荷控制、拥塞控制优先级：当系统负荷拥塞或者过载的情况下可以依据负荷控制、拥塞控制优先级选择用户降负荷，保证更高优先级业务/用户的服务质量和系统的稳定性。

基于基本优先级、队列调度算法则可以确定调度优先级：保证高优先级业务/用户的服务质量。

2.4　WCDMA 系统特点

WCDMA 系统因其具有许多特有的技术，与第二代移动通信系统相比，具有以下特点。

（1）更大的系统容量：WCDMA 系统采用快速功率控制技术，使发射机的发射功率总是处于满足用户 QoS 的最小水平，从而减小了多址干扰；另外由于 WCDMA 自身的频带较宽，抗干扰性好，上下行链路可采用相干解调，大大提高了链路容量。

（2）更多的业务种类：WCDMA 系统可以提供和开展的业务种类非常丰富，除了传统的语音业务，还可以提供可视电话、流媒体、高速数据下载等业务。

（3）更高的数据速率：R99 标准可提供的最高速率为 2Mbit/s，引入 HSDPA 后，最高传输速率可达 13.9Mbit/s。

2.4.1　自干扰系统

WCDMA 系统是自干扰系统，对于上行而言，随着用户数的增多，上行干扰会增加，用户所需要的上行发射功率也随着增加；对于下行而言，同样随着用户数的增多，下行干扰也会增加，用户所需要的下行发射功率也随着增加。因此如果一个用户的功率非常高，则会导致其他用户的功率攀升，因此针对 WCDMA 系统的自干扰特点，采用闭环功率控制、负荷控制等措施，以避免用户的功率攀升。

2.4.2　容量、覆盖和业务质量的关系

WCDMA 系统是上行干扰受限、下行功率受限系统。衡量移动通信的最重要的性能指标包括网络覆盖、容量、业务服务质量。任何资源受限系统都必须通过合理的资源分配和调节来平衡系统中各自矛盾的需求。图 2-17 形象概括了容量、覆盖和业务质量之间的“三角”关系。容量、覆盖和业务质量都有不同的极限，分布在目标三角形的顶点。如图 2-17 所示，为了达到更好的业务质量，会使得容量和覆盖受到影响；同理，为了达到较高的容量，则覆

盖和业务质量会发生一定程度的恶化。网络规划的目标使是网络的覆盖、容量和业务质量达到综合最优。

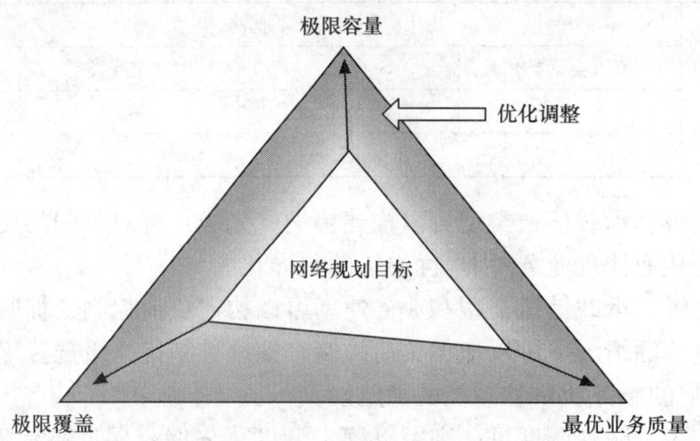

图 2-17　容量、覆盖与服务质量之间的关系

覆盖和容量密切相关。小区容量的增加导致干扰的攀升，从而导致小区覆盖的收缩。反之，小区容量的下降会导致干扰下降和覆盖的增加，这就是所谓的“小区呼吸”效应。通过链路预算，不同业务因覆盖距离不同所需要的发射功率不同。对于宏小区，覆盖距离越远，需要上下行功率越高，小区容量下降。相反，对于微小区，覆盖距离较短，小区能够支持的用户容量显著增加。

业务服务质量与覆盖和容量同样密切相关。业务服务质量对应链路性能上的指标是解调BLER和吞吐率。在WCDMA系统中最终影响这些指标的关键因素是服务链路所消耗的功率和码道等受限资源。一般来说，功率资源配置越高，该业务的服务质量越高，覆盖越远，但容量会下降；相反，当该业务功率配置较低，用户服务质量会下降，覆盖降低，但小区支持的容量会上升。

业务质量也是受限于区域覆盖和容量。比如是否存在覆盖盲区、上下行链路覆盖是否平衡，在容量要求下通信质量是否依然能够满足要求等，其中就涉及到掉话率、呼通率、切换成功率、话音的清晰度、PS域的时延、吞吐率各个方面是否满足要求。

覆盖和容量的关系体现在链路预算中所提到的干扰余量配置。

由于现在以上行干扰受限来考虑覆盖，因此这里仅对上行的干扰余量和覆盖的关系进行说明。

噪声抬升量（*NoiseRise*）和上行负荷（用负荷因子 η_{ul} 来表示）的关系式如下：

$$NoiseRise=\frac{1}{1-\eta_{ul}} \tag{2-8}$$

而干扰余量也就是所允许的噪声抬升量，因此，在一定的容量需求下（负荷因子），其干扰余量是一定的。

根据干扰余量就可以得到不同业务的链路损耗，从而确定业务覆盖范围。

对于不同速率的业务，数据速率越高，则其处理增益越小，所需要的发射功率越高，因此对于WCDMA系统来说，就会出现不同数据速率的业务其覆盖不相同，一般来说，在相同功率资源分配下，低速率业务的覆盖要大，高速率业务的覆盖小，图 2-18 是某城市的郊区环境各业务的覆盖预算，直观描述了这种规律。

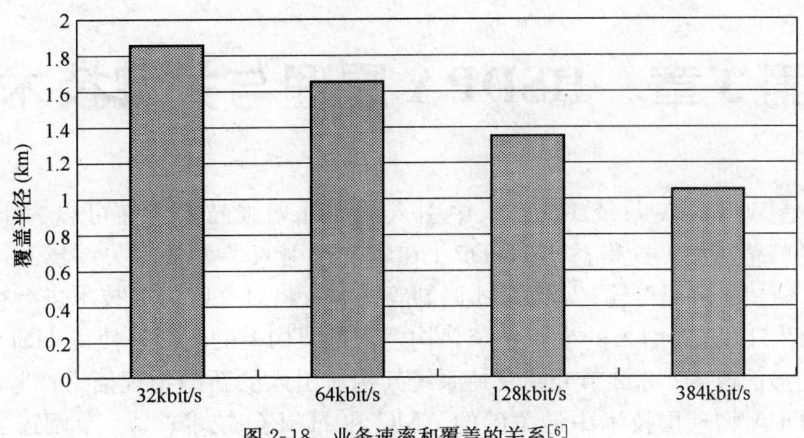

图 2-18　业务速率和覆盖的关系[6]

2.5　参考文献

1　3GPP. TS 25. 401 V5. 10. 0-UTRAN Overall Description. 3GPP，2005. 06

2　3GPP. TS 25. 211 V5. 8. 0-Physical Channels and Mapping of Transport Channels onto Physical Channels（FDD）. 3GPP，2005. 12

3　3GPP. TS 25. 433 V5. 14. 0-UTRAN Iub Interface Node B Application Part（NBAP）Signalling. 3GPP，2006. 03

4　3GPP. TS 25. 214 V5. 11. 0-Physical Layer Procedures（FDD）. 3GPP，2005. 06

5　3GPP. TS 25. 331 V5. 16. 0-Radio Resource Control（RRC）. 3GPP，2006. 03：38

6　Harri Holma，Antti Toskala，WCDMA 技术与系统设计．第三版．北京：机械工业出版社

7　3GPP. TS 25. 435 V5. 8. 0-UTRAN Iub Interface user Plaue Protocol for common Transport Channels data streams. 3GPP. 2005. 06

第 3 章　HSDPA 原理与关键技术

HSDPA 是 WCDMA 系统 R5 协议中引入的无线增强技术，它可以为下行提供高达 13.9Mbit/s 的峰值速率，这得益于 HSDPA 在物理层引入了大量的关键技术，诸如 AMC、HARQ、2ms 短帧、多码传输、16QAM 调制等。本章将对这些关键技术进行详细讨论与分析。3.1 节介绍 HSDPA 引入的崭新系统架构，正是架构上的创新，使得 HSDPA 的环回时延比 R99 有明显的改善；3.2 节介绍支持系统架构所引入的新的物理信道；3.3 节和 3.4 节分别介绍 HSDPA 物理层技术中最关键的 AMC 和 HARQ 技术；3.5 节阐述多进程处理的原理和带来的好处；最后在 3.6 节总结 HSDPA 的优势与不足。

3.1　崭新的系统架构

HSDPA 作为 WCDMA 在下行的增强技术，在体系结构中与 R99 最大的不同是增加了一个新的 MAC 子层，即 MAC-hs 子层，该子层负责调度以及流控处理，如图 3-1 所示。

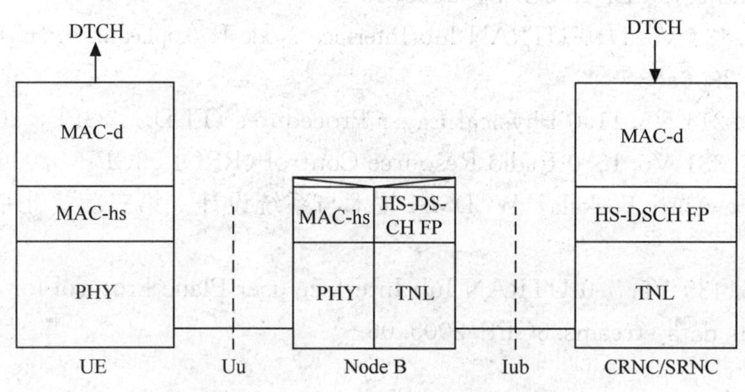

图 3-1　HS-DSCH 传输信道的协议模型

从图 3-1 中可以看出：协议模型与 R99 相比，最大的不同是在 Node B 和 UE 分别引入了 MAC-hs 子层。Node B 的 MAC-hs 实体通过 Uu 口将 MAC-hs PDU 传递给 UE 的对等实体 MAC-hs。RNC 的 MAC-d 实体通过 HS-DSCH FP 将 MAC-d PDU 传递给 Node B 的 MAC-hs 实体。

在 Node B 中引入 MAC-hs 子层的主要原因包括：(1) 多用户的快速调度；(2) 减少重传时延，提升用户的业务感受；(3) 提高 AMC 技术链路自适应性能：该技术根据信道质量来调整调制和编码方式，其性能对信道质量上报的时延非常敏感，时延越大链路自适应性能越差。

HSDPA 除了物理层重传外，同时还支持 RLC 层重传。RLC 层负责对物理层丢包进行重传，可以根据业务特性选择是否进行 RLC 层重传。对于时延要求较高、丢包要求较低的业务不需要 RLC 层重传（RLC UM）；而对于丢包要求较高、时延要求较低的业务则需要

RLC 层重传（RLC AM）。

在 R99 中，最低层的重传为 RLC 层重传。RLC 层重传时延包含了物理层处理时延以及 Iub 口重传的时延，其中 Iub 口的重传时延占的比重较大。HSDPA 和 R99 重传机制对比如图 3-2 所示。物理层重传比 RLC 重传更快速，因此 HSDPA 的业务时延比 R99 更优。

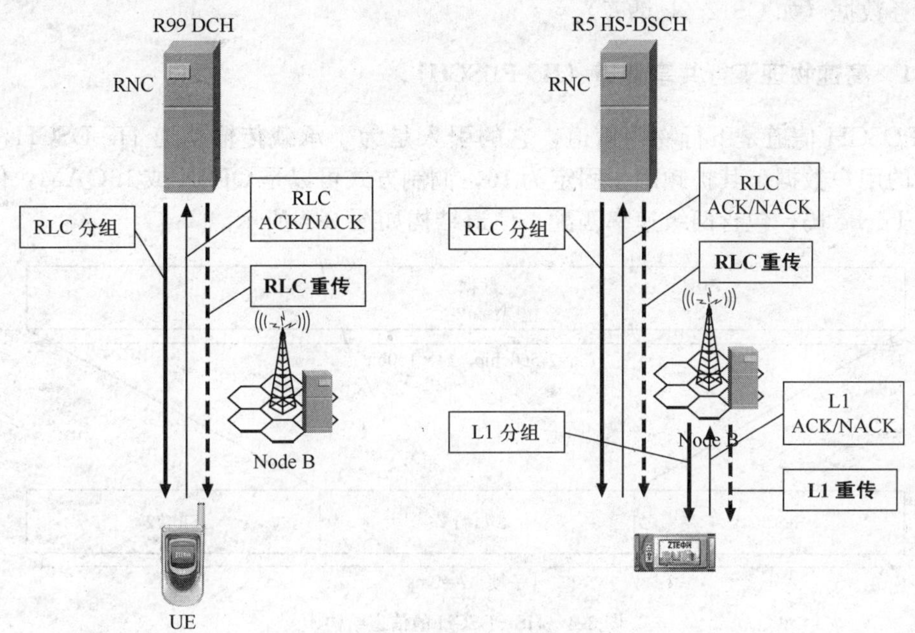

图 3-2　HSDPA 的重传控制

由于 HSDPA 的物理层使用 2ms 的短帧，R99 使用 10ms、20ms、40ms 和 80ms 的长 TTI，所以 HSDPA 物理层时延比 R99 物理层低很多。HSDPA 的环回时延（RTT，Round Trip Time）可以低至 70～80ms 左右，而 R99 的 RTT 在 120～150ms 左右。

3.2　HSDPA 新引入的物理信道

为了实现 HSDPA 的功能特性，3GPP R5 在物理层规范中引入了 3 种新的信道，如图 3-3 所示：

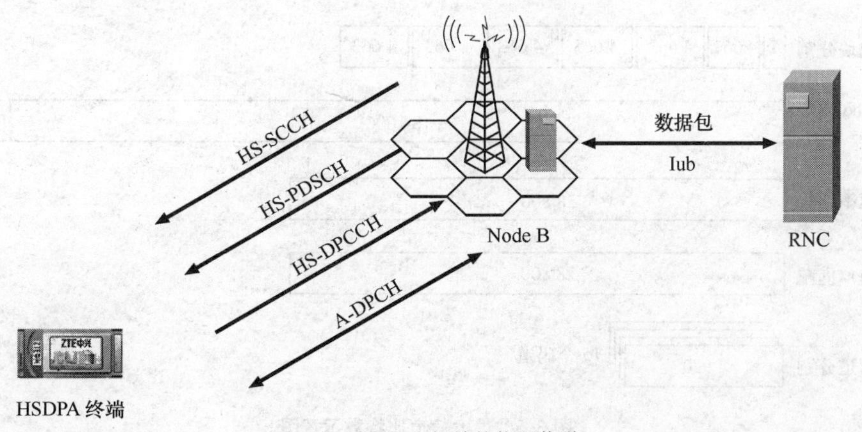

图 3-3　HSDPA 相关的物理信道

- 高速物理下行共享信道（HS-PDSCH），用于传输下行用户数据的物理信道。
- 高速共享控制信道（HS-SCCH），下行物理层信令信道。
- 高速专用物理控制信道（HS-DPCCH），上行物理层信令信道。

除此之外，伴随专用物理信道（A-DPCH）在 R5 中也是必须的，用于承载 RRC 信令或并发业务数据（如 CS12.2k 话音）。

3.2.1 高速物理下行共享信道（HS-PDSCH）

HS-PDSCH 信道是下行物理信道，它的引入是为了承载传输信道 HS-DSCH，也就是承载实际的用户数据。其扩频因子固定为 16，调制方式可以是 QPSK 或 16QAM，信道编码采用 1/3 Turbo 码，包含两级速率匹配。信道结构如图 3-4 所示。

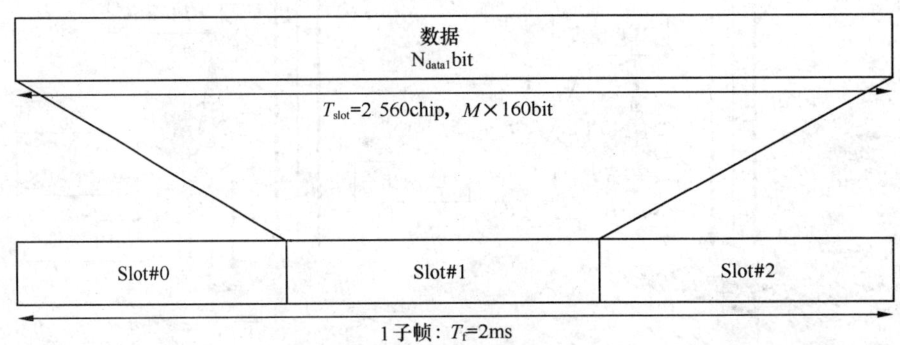

图 3-4　HS-PDSCH 的信道结构[3]

其中，M 为每个调制符号所代表的比特数。对于 QPSK 而言，$M=2$，在 2ms TTI 内物理信道比特数为 960，也就是 480kbit/s；对于 16QAM 而言，$M=4$，在 2ms TTI 内物理信道比特数为 1920，也就是 960kbit/s。如果 15 个码道并行传输，并且采用 16QAM 进行调制，那么物理层峰值速率达 14.4Mbit/s，MAC-hs 层的峰值速率为 13.9Mbit/s，如图 3-5 所示。

图 3-5 所示是 HS-PDSCH 信道在 2ms 内传输最大传输块时的编码过程，从图 3-5 中可

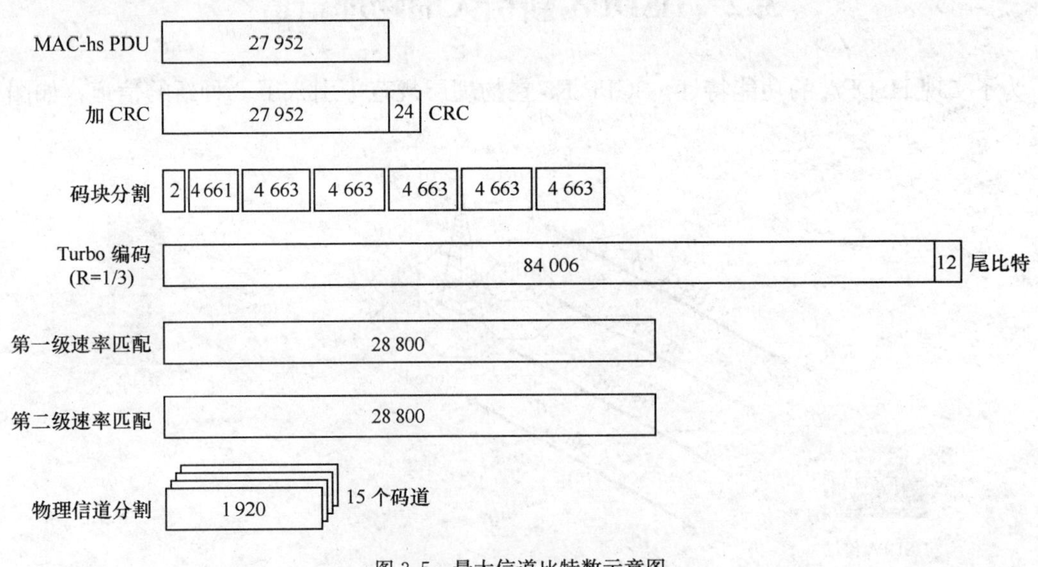

图 3-5　最大信道比特数示意图

以看出：在 2ms TTI 内可以传输的最大的 MAC-hs PDU 为 27 952bit，最大的物理信道比特数为：15（HS-PDSCH 的码道数）×1920（每码道的物理信道比特数）＝28 800bit。所以据此可知，HS-PDSCH 可传的最大的 MAC-hs 速率为 27 952bit/2ms＝13.9Mbit/s，而最大的物理信道速率为：28 800bit/2ms ＝14.4Mbit/s。

R6 与 R5 相比，HS-PDSCH 的信道结构没有变化。

3.2.1.1 HS-PDSCH 信道与 DPCH 信道对比

HS-PDSCH 信道与 R99 已有的 DPCH 信道相比有如下特点[2]：

- 2ms 短帧：HS-PDSCH 采用 2ms TTI，与 R99 支持的 10ms、20ms、40ms、80ms TTI 相比，可减小无线链路自适应时延，提高调度的时间粒度，更好地跟踪时变的无线环境。
- 16QAM 高阶调制：HSDPA 除了支持 QPSK 外，还引入了 16QAM 调制，而 R99 只支持 QPSK。
- 多码传输：HS-PDSCH 信道支持多码传输和用户之间的时分码道复用。而对于 DPCH 来讲，每种业务只能使用一个码道。由于 HS-PDSCH 信道的扩频因子为 16，所以在同一个扰码下共有 16 个 *SF* 为 16 的码道。但是由于下行公共信道、HS-SCCH 信道以及 A-DPCH 信道（伴随专用物理信道）都需要码资源，所以 HS-PDSCH 可用的最大码道数为 15 个。
- 混合自动请求重传（HARQ）：混合自动重传请求要求速率匹配时根据 RV（Redundancy Version）参数进行打孔或重复，当重传时可采用相同或不同的传输格式。当采用不同的传输格式时，对于 QPSK 来讲，RV 参数可以改变打孔和重复的位置，对于 16QAM 来讲，RV 参数除了可以改变打孔和重复的位置外，还可以改变比特映射成符号的顺序（星座重排），以平衡第一次传输中各个比特可靠度的不同。
- 自适应调制编码（AMC）：HS-PDSCH 放弃了快速功率控制的链路自适应策略，而是采用自适应的调制编码技术实现链路自适应。
- 硬切换或小区变更（移动性管理）：UE 同一时刻只与一个小区进行通信，当邻近 HSDPA 小区的信号质量高于 HSDPA 服务小区的信号质量时，可通过移动性管理将 UE 切换到信号质量好的小区。
- HS-PDSCH 仅使用 Turbo 码，而 DPCH 根据业务选择使用卷积码和 Turbo 码。
- HS-PDSCH 在整个 TTI 内连续发射，从而使得无线信道在整个 2ms 范围内充分利用。而 DPCH 在没有数据时其 Data1/Data2/TFCI 域将会有非连续发送（DTX）现象发生，使得 DPCH 不能充分利用码资源。
- 动态资源共享：HS-PDSCH 可以在 2ms 内进行动态资源共享，包括共享码道资源和功率资源。在 DPCH 中，当无线链路建立以后，无论信道的数据量多少，码资源是一直被占用的，这样导致码资源的浪费。而对于 HS-DSCH 信道来说，如果某一用户没有数据，那么就不为该用户分配码道，而是把这些码道分给其他用户用，所以 HS-PDSCH 信道的资源利用率比 DPCH 高。

3.2.1.2 HS-PDSCH 的编码过程

HS-PDSCH 的编码链比 R99 简单，因为它不需要处理 DTX 或压缩模式。如果决定在一个 TTI 内为某个用户服务，那么在这个 TTI 内数据是满的，不存在 DTX。如果某个用户处于下行压缩模式，那么调度器会根据定时关系不调度处于压缩模式的 TTI。同时 HS-

DSCH 只有一个传输信道，省掉了传输信道复用和解复用的操作。另外，编码链中比特加扰、星座重排也是 HSDPA 相对于 R99 所特有的。HS-PDSCH 的信道编码过程如图 3-6 所示。

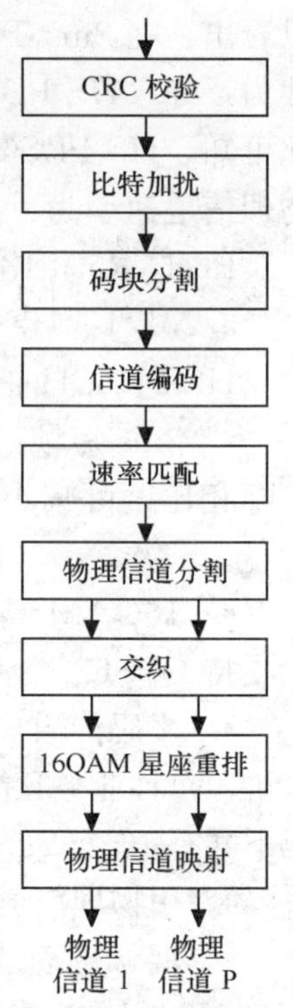

图 3-6 HS-DSCH 的信道编码过程[4]

图 3-6 HS-DSCH 的信道编码过程中的循环冗余校验（CRC）功能是为了检测传输块传输的正确与否。由于 CRC 检错能力较强，并且实现简单，所以经常用来检错。HSDPA 使用 24bit 的 CRC 校验；比特加扰功能是为了避免长时间的出现连‘1’或连‘0’，因为长时间的出现连‘1’或连‘0’会使 16QAM 解调时幅度估计非常困难；码块分割功能将大于 5114bit 的数据块分成若干段，使每段长度小于等于 5114bit，然后输入到 Turbo 编码器分别进行编码使输入 Turbo 编码器的最大传输块为 5114；信道编码与 R99 相比并无改变，仍采用码率为 1/3 的 Turbo 码，编码器内部仍由两个卷积编码器和一个内交织器组成，采用 Turbo 码的主要原因是在处理较大传输块时，它的性能比卷积码优越；速率匹配完成 Turbo 编码器输出比特到物理信道比特的映射。HS-PDSCH 的速率匹配分为两级：第一级完成 Turbo 编码器输出比特到 HARQ 虚拟缓冲器的映射；第二级速率匹配在冗余参数的控制下完成第一级输出的比特到物理信道比特的映射。速率匹配的引入是为了使传输块编码速率的粒度更小，更精确适应信道条件，同时也使重传可以采用与第一次相同或不同的传输格式；物理信道分割功能将速率匹配之后的数据按照码道数对信道编码、速率匹配之后的数据进行分段，然后输入到各个物理信道交织器中；交织功能与 R99 相同，也是为了减少连续的大面积错误，从而提高 Turbo 译码器的译码性能。将每个物理信道分别进行交织，对于 QPSK 使用单交织器，16QAM 使用两个交织器；16QAM 星座重排功能是 16QAM 特有的，用于比特间可靠度的平衡。

3.2.1.3 HS-PDSCH 的调制

HS-PDSCH 的调制技术与 R99 DPCH 不同，除了采用 QPSK 外，还引入了高阶调制技术 16QAM。在 HSDPA 技术可行性研究阶段，还考虑了 8PSK 和 64QAM，由于 64QAM 实现过于复杂，而且 QPSK 和 16QAM 已经能够提供至少 30dB 的信噪比动态范围，所以并没有引入 8PSK 和 64QAM。

QPSK 和 16QAM 的星座图如图 3-7 所示。由于 QPSK 星座图只有 4 个星座点，所以一个符号代表 2 个比特，而 16QAM 星座图有 16 个星座点，所以一个符号代表 4 个比特。HSDPA 的引入并没有改变码片速率，也就是每载波的带宽不变，所以 16QAM 的频谱效率与 QPSK 相比提高一倍。但是由于 16QAM 的星座点距离较近，所以需要的信噪比也比 QPSK 高，同时 16QAM 不仅要求进行幅度估计，而且还要求更精确的相位估计。相位估计可以直接由 CPICH 信道进行估计，幅度估计需要对接收到的 CPICH 与 HS-PDSCH 的功率差进行估计，所以在使用 16QAM 调制时，每个 TTI 内 HS-PDSCH 的发射功率是不能变的，否则会造成解调性能严重下降。

16QAM 调制是使 HSDPA 系统容量提高的重要技术，在小区附近区域使用 16QAM，而在小区中间和边缘使用 QPSK。使得可以充分利用信道条件，显著提高信道质量好时的吞

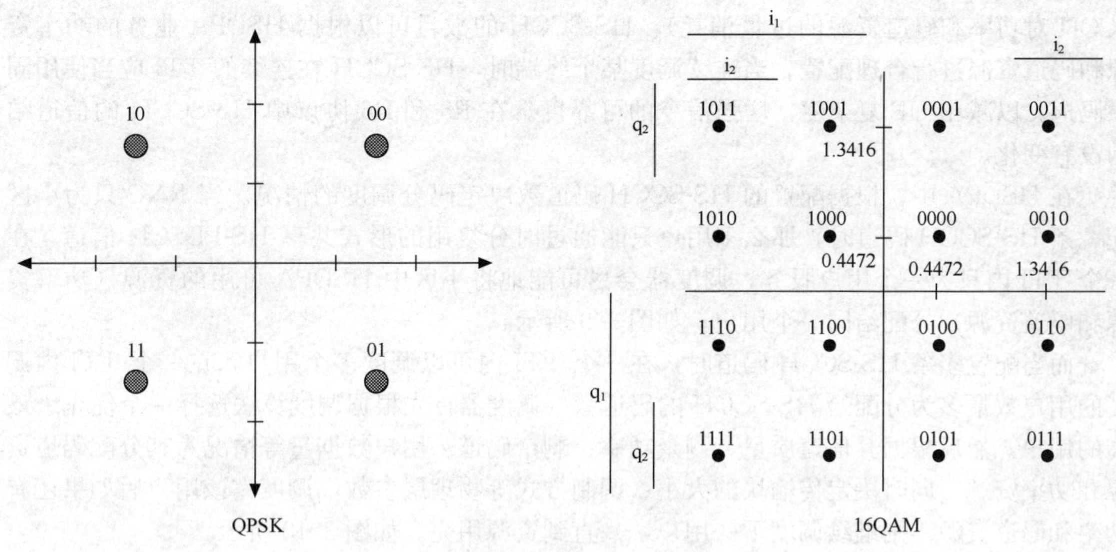

图 3-7 QPSK 与 16QAM 的星座图[5]

吐率，而 R99 在信道质量好时是通过减少功率来适应链路的，把省下来的功率给小区边缘的用户使用，使得 HSDPA 整体的功率利用效率高于 R99。

3.2.2 高速共享控制信道（HS-SCCH）

HS-SCCH 信道是下行的物理信道，它的引入是为了承载译码 HS-PDSCH 信道所需的物理层信令。其扩频因子为 128，调制方式为 QPSK，信道编码为卷积码，采用一级速率匹配。HS-SCCH 信道承载的信令包含两部分，如图 3-8 所示。第一部分（Slot＃0）包括信道化码、调制方式，UE 将在 Slot＃1 内解出这些信息，用于在 Slot＃2 的开始时刻启动 HS-PDSCH 解扰解扩过程，避免 UE 侧码片级的数据缓存；第二部分（Slot＃1 和 Slot＃2）包括传输块大小指示、HARQ 进程号、RV 参数、新数据指示。第二部分信息将会在 Slot＃2 结束后的一段时间内解出来，在没解出之前，要缓存 HS-PDSCH 解码后的符号级数据，等第二部分信息解出之后进行 HS-PDSCH 信道的解速率匹配、软比特合并、Turbo 译码等操作。

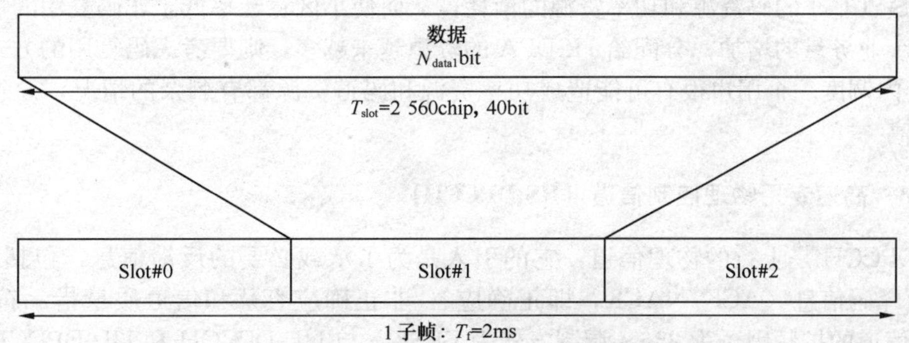

图 3-8 HS-SCCH 的信道结构[3]

从图 3-8 中可以看出：HS-SCCH 在 2ms TTI 内传输的比特数固定不变。

根据码复用所支持的最大用户数，UTRAN 分配相应数目的 HS-SCCH 码道。每个终端最多可以监控 4 条 HS-SCCH 信道。一般在一个 TTI 内调度的用户数不超过 4 个（避免 HS-

SCCH 对功率和码道资源的过量消耗)，HS-SCCH 的数目可以根据 HSDPA 业务的功率资源和码道资源进行合理配置。当连续调度某个终端时，HS-SCCH 在连续的 TTI 应当使用同一码道，以减小 UE 复杂度，增强信令的可靠度。在 R5 和 R6 协议中 HS-SCCH 的信道结构没有变化。

在 HSDPA 中，根据配置的 HS-SCCH 码道数决定码分调度的情况。当 RNC 只为小区配一条 HS-SCCH 码道时，那么多用户只能通过时分复用的形式共享 HS-PDSCH 信道，在一个 TTI 内只为一个用户服务，调度器会尽可能地将小区中 HSDPA 可用的资源（功率资源和码道资源）分配给同一个用户，如图 3-9 所示。

而当配置多条 HS-SCCH 码道时，在一个 TTI 内可以调度多个用户，在一个 TTI 内调度的用户数最多为分配给 HS-SCCH 的码道数。调度器首先根据调度算法选择一个优先级最高的用户，然后根据其信道质量、剩余功率、剩余码道、用户数据量等情况为其分配码道资源和功率资源，同时决定传输块的大小、调制方式等物理层参数，调度完该用户后如果还有功率和码道资源，则继续调度下一用户，一直到资源用完。如图 3-10 所示。

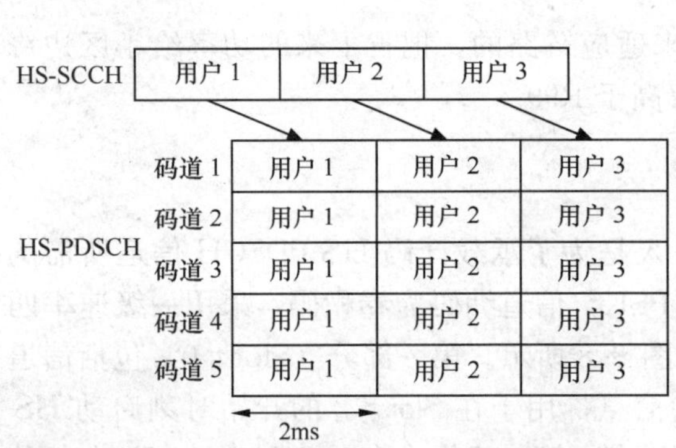

图 3-9　配置单条 HS-SCCH 时 HS-PDSCH 的复用形式

HS-SCCH		用户 1	用户 2	用户 1
		用户 2	用户 3	用户 3
HS-PDSCH	码道 1	用户 1	用户 2	用户 1
	码道 2	用户 1	用户 2	用户 3
	码道 3	用户 2	用户 2	用户 3
	码道 4	用户 2	用户 3	用户 3
	码道 5	用户 2	用户 3	用户 3

2ms

图 3-10　配置多条 HS-SCCH 时 HS-PDSCH 的复用形式

HS-PDSCH 信道码复用是可配置的。当分配给 HSDPA 的资源较少时，一般不需要使用码复用的方式，因为一个用户就可以充分利用码资源和功率资源。如果使用码复用，则必然带来 HS-SCCH 的码资源和功率资源的消耗，从而使小区吞吐率低于非码复用的情况；随着 HSDPA 业务量的增加，分配给 HSDPA 的资源越来越多，则要考虑码复用的方式，因为一个 TTI 内调度一个用户很有可能造成功率资源和码道资源都有剩余的情况，导致资源利用效率不高。

3.2.3　高速专用物理控制信道（HS-DPCCH）

HS-DPCCH 是上行的物理信道，它的引入是为了承载必要的反馈信息，包括 HS-PDSCH 信道译码信息（ACK/NACK，即正确应答/非正确应答）和信道质量指示符（CQI）信息。该信道的扩频因子为 256，调制方式为 BPSK，与 UL-DPCCH 和 UL-DPDCH 是 I/Q 复用和码道复用的，根据 UL-DPDCH 的个数决定 HS-DPCCH 复用在 I 路还是 Q 路，以平衡 I、Q 两路。引入 HS-DPCCH 后 DPCH 的信道结构没有改变。引入 HS-DPCCH 之后的负面影响是 UE 的峰均值比（PAR）增加，导致 UE 的有效发射功率降低，同时也会影响上行覆盖，详见第 7 章以及第 8 章的分析和实测。HS-DPCCH 信道结构如图 3-11 所示。

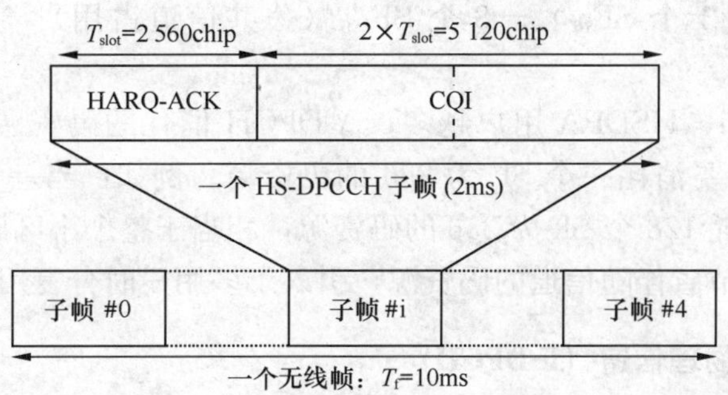

图 3-11　HS-DPCCH 的信道结构[3]

第一部分：ACK/NACK 域，指示 HS-PDSCH 的译码结果。采用简单重复 10 次的编码方法，用 10bit 来表示下行译码信息，包括 ACK/NACK/DTX，基站检测时可以采用三值检测算法。如果译出的是 ACK 则说明下行 HS-SCCH 译码正确，HS-PDSCH 译码正确；如果译出的是 NACK，则说明下行 HS-SCCH 译码正确，但 HS-PDSCH 译码错误；如果译出的是 DTX，则说明下行 HS-SCCH 译码错误，HS-PDSCH 没有解调。

第二部分：CQI 域，指示 UE 的信道质量。CQI 编码采用扩充的（20，5）的 REED-MULLER 编码，用 20bit 表示 5bit 的 CQI 二进制编码，CQI 译码可以采用快速哈达码变换法。CQI 范围是从 0 到 30，其中 0 表示信道质量很差，不允许发送；CQI 从 1 到 30 所表示的信道质量范围支持从单码道的 QPSK 传输到 15 码道的 16QAM 传输（包括多种速率）。在设计 CQI 对应传输格式时，还必须考虑终端的能力限制，当 CQI 超过最大传输格式时，要通过功率缩减因子告知 NodeB 减少发射功率。CQI 的传输受 CQI 的上报周期和 CQI 的重复因子控制。

HS-DPCCH 链路性能是由重复因子以及各个域的功率偏移（相对于 UL-DPCCH）控制的。而重复因子和功率偏移值又可以通过 RNC 或 Node B 修改，从而达到控制 HS-DPCCH 链路性能的目的。

HS-DPCCH 信道在 R6 中已经得到了增强，通过在 ACK/NACK 前后增加 PRE/POST 的方案，使原来的三值检测变为二值检测，并且由原来的一个 TTI 检测变为多个 TTI 检测，所以增强了 HS-DPCCH 的解调性能。译码时，Node B 根据调度情况以及译码结果做出最佳的判决。这种方法能够明显地降低 HS-DPCCH 的峰值功率，从而降低 UE 的峰均值比，提高 UE 的功率效率，同时增加上行覆盖。

3.2.4　伴随专用物理控制信道（A-DPCH）

为了承载 HSDPA 业务，不仅需要 HS-PDSCH、HS-SCCH、HS-DPCCH 信道，而且还需要 A-DPCH（Associated Dedicated Physical CHannel）信道，该信道即是 R99 中的 DPCH。A-DPCH 对于 HSDPA 业务来说是必需的，用于传输 RRC 信令，并且 DL-DPCH 可以辅助 HS-SCCH 信道的功率控制，UL-DPCH 可以辅助 HS-DPCCH 信道的功率控制。

在 R5 中为每个 HSDPA 用户都要分配一条 SF 为 256（256 到 32，根据伴随的业务而定）的下行码道来承载 A-DPCH，导致接入的 HSDPA 用户数在分配较多 HS-PDSCH 码道时受到限制。例如：HS-PDSCH 配置 15 条码道，HS-SCCH 配置 1 条码道，那么在这种情况下只能够接入 6 个 HSDPA 用户，计算如下：

16 个 SF_{256}（等效 1 个 SF_{16}）－8 个 SF_{256}（公共信道占用）－2 个 SF_{256}（1 个 HS-SCCH）＝ 6 个 SF_{256}。

从上面的分析可知，HSDPA 用户越多，A-DPCH 消耗的码资源也越多，每增加一个 HSDPA 用户，至少就要消耗一个 SF 为 256 的码资源。例如：当一个小区有 128 个用户，那么 A-DPCH 就要消耗 128 个 SF 为 256 的码资源，相当于整个小区码资源的一半。所以在 R6 版本协议中，为了节省伴随信道的码资源，引入了多用户时分复用的 F-DPCH 信道。

3.2.5 部分专用物理信道（F-DPCH）

在 R6 协议中，为了节省码资源，新引入了 F-DPCH（Fractional Dedicated Physical CHannel）信道。F-DPCH 并不是取代 A-DPCH，在 R6 协议中两信道是同时存在的，当 HSDPA 用户接入时，网络侧既可以选择 F-DPCH 信道，也可以选择 A-DPCH 信道为 UE 服务。F-DPCH 最大的改进是多用户可以时分复用一个 SF_{256} 的码道，信道结构如图 3-12 所示。

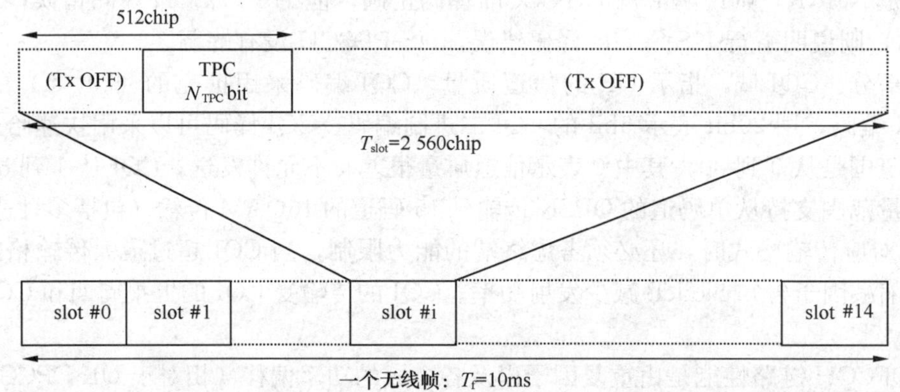

图 3-12　F-DPCH 的信道结构[3]

从图 3-12 中可以看出，每个用户需要占用 256 个码片，用于承载 TPC 命令。每个时隙有 2560 个码片，因此所以一条 F-DPCH 最多可以 10 个用户时分复用，这就大大减少了码资源的消耗。但是，由于 F-DPCH 只承载 TPC 命令，那么原来在 A-DPCH 中承载的 SRB 信令在 R6 中只能在 HS-PDSCH 上承载，因此需要调度器对 SRB 信令的调度进行特殊处理，以保证 SRB 信令的可靠度和时延。由于 HSDPA 比 R99 时延低，所以 SRB 信令在 HSDPA 上承载更有利，可以减小业务的建立时延。由于 F-DPCH 信道不包含导频比特，所以基于导频比特的相位调整不能实现，也就使闭环发射分集不能使用。

从上面分析可知，引入 F-DPCH 的好处包括：（1）减少码资源的消耗；（2）减小业务的建立时延。不足之处包括：（1）不能在 DPCH 上建立 CS 业务，所有业务都要建立在 HS-DSCH 上；（2）不能使用闭环发射分集。

3.2.6 HSDPA 信道之间的定时关系

3.2.6.1　HS-SCCH 与 HS-PDSCH 定时关系

为了避免码片级的数据缓存以及减少接收机的解调时延，HS-SCCH 需提前 HS-PDSCH 两个时隙发射，如图 3-13 所示。

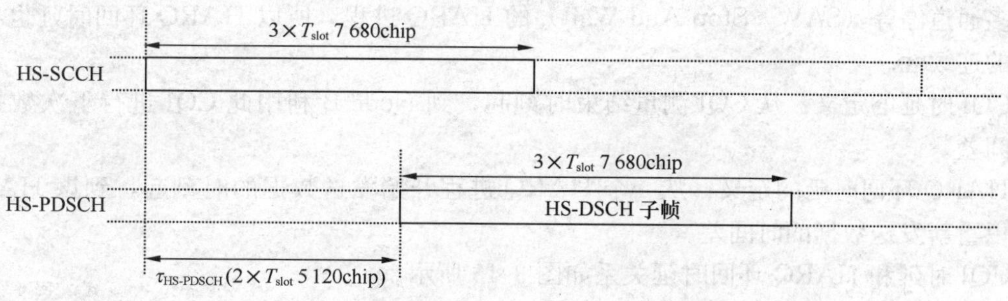

图 3-13 HS-SCCH 与 HS-PDSCH 定时关系[3]

从图 3-13 中可以看出：HS-SCCH 提前 HS-PDSCH 两个时隙发射，提前两个时隙发送的主要目的是当 UE 接收 HS-SCCH 的第一个时隙后，再通过一个时隙的解调就获知了当前信息是否是发给自己的。如果是，则开始解扰、解扩 HS-PDSCH 信息，以避免 HS-PDSCH 码片级的数据缓存，从而减少缓存器的压力以及 HS-PDSCH 解调时延，使上行反馈更加及时，降低了 CQI 的上报时延以及 HARQ 的环回时延。

这两个信道定时关系不同于 R99 DPCH 的 DPDCH 与 DPCCH 之间的定时。因为 R99 的业务建立过程中 DPCH 的码道号和调制方式已经通过 RRC 信令通知接收端，并且不会改变，所以 DPCCH 不提前于 DPDCH 发射，也不会造成码片级的数据缓存。

3.2.6.2 HS-PDSCH 与 HS-DPCCH 之间的定时关系

HS-PDSCH 信道与 HS-DPCCH 信道之间的定时是由 HS-DPCCH 中承载的信息决定的。由于 HS-DPCCH 信道反馈的 ACK/NACK 信息需要在 HS-PDSCH 译码之后才能得知，所以 HS-DPCCH 的反馈必须要等待 HS-PDSCH 译码结束后。由于传输块越大，Turbo 译码时间越长，所以两信道的间隔时间要能够满足最大传输块 27 952bit 的译码时间要求。定时关系如图 3-14 所示。

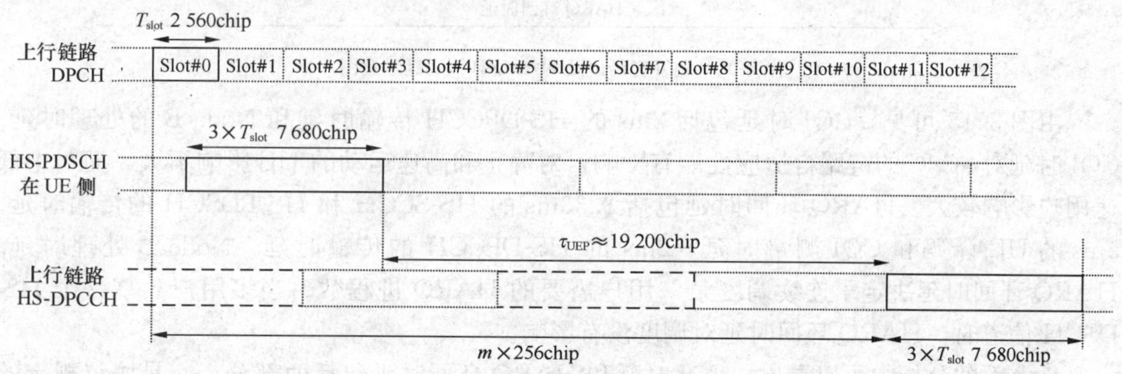

图 3-14 HS-DSCH 与 HS-DPCCH 的定时关系[3]

从图 3-14 中可以看出：HS-DPCCH 信道在 HS-PDSCH 接收后的 7.5 时隙（5ms）左右发送。这 7.5 时隙除了要满足最大传输块 27 952bit 的译码时间要求外，还要能够满足 CQI 的测量、HS-DPCCH 编码等操作。

3.2.6.3 CQI 时延和 HARQ 环回时延

CQI 时延以及 HARQ 环回时延是非常重要的指标，直接影响 HSDPA 的系统性能。HSDPA 系统由于采用了 AMC 机制，所以对 CQI 时延非常敏感。并且由于 HSDPA 系统采用了多通道停等（SAW，Stop And Wait）的HARQ进程，所以HARQ环回时延也会影响调度的连续性。

CQI时延的定义：从CQI测量结束时刻起，到Node B利用此CQI进行下次数据传输的时间差。

HARQ环回时延的定义：从一个HARQ进程开始发送数据的时刻起，到该HARQ进程可以重新发送数据的时间差。

CQI时延和HARQ环回时延关系如图3-15所示。

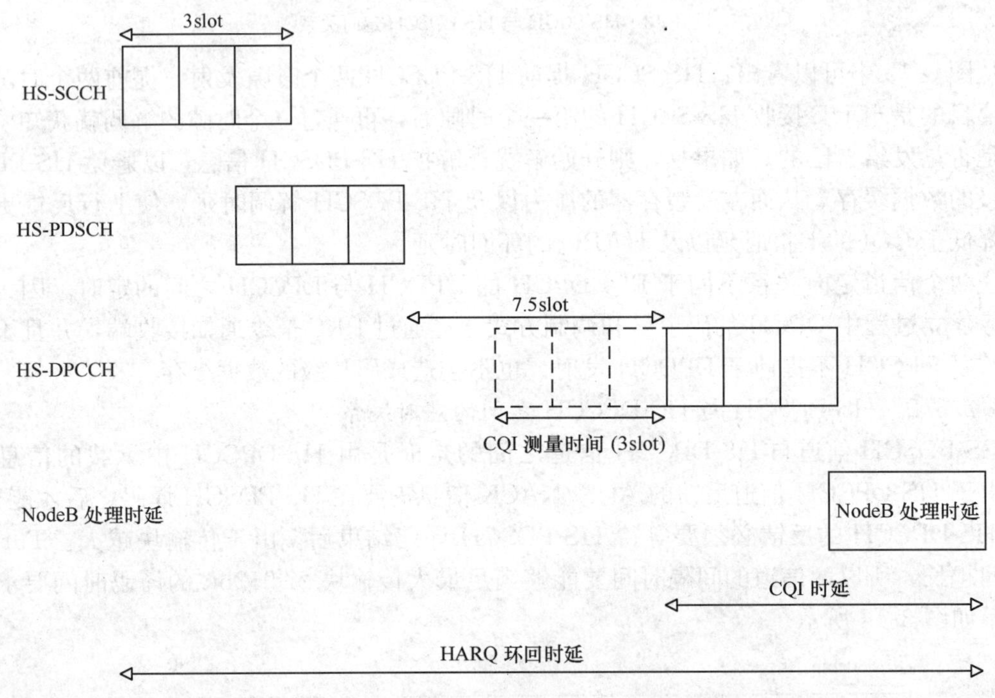

图3-15　CQI时延以及HARQ环回时延示意图

由图3-15可见，CQI时延包括2ms的HS-DPCCH传输时延和Node B的处理时延。CQI时延对AMC的链路自适应性能有影响，对静止和高速运动的UE影响不大，而对中低速用户影响较大。HARQ环回时延包括3.33ms的HS-SCCH和HS-PDSCH的传输时延、5ms的UE译码和CQI测量时延、2ms的HS-DPCCH的传输时延、Node B处理时延。HARQ环回时延决定了连续调度某一用户需要的HARQ进程数。当多用户共享一个HS-DSCH信道时，HARQ环回时延对调度没有影响。

从上面的分析中可以看出：CQI时延和HARQ环回时延包括两部分，一是协议规定的时延，二是Node B的处理时延。所以对于设备商来讲，要尽量减少Node B的处理时延，从而才能减少CQI时延以及HARQ环回时延。

3.3　自适应调制编码（AMC）技术

链路自适应技术是根据时变衰落信道的变化，通过自适应调整发射功率、符号速率、调制阶数、编码速率、编码方案或上述几个因素的组合来实现链路预算的实时平衡，达到增加系统容量和改善通信质量的目的。

在 R99 中广泛采用的链路自适应技术是功率控制技术。AMC 则是 HSDPA 中采用的主要的链路自适应技术，其链路自适应周期为 2ms，链路自适应技术基于 UE 上报的 CQI 以及 HS-DPCCH 反馈的 ACK/NACK 信息。

在 HSDPA 的链路自适应技术中，一般包含内环和外环链路自适应两种，如图 3-16 所示。

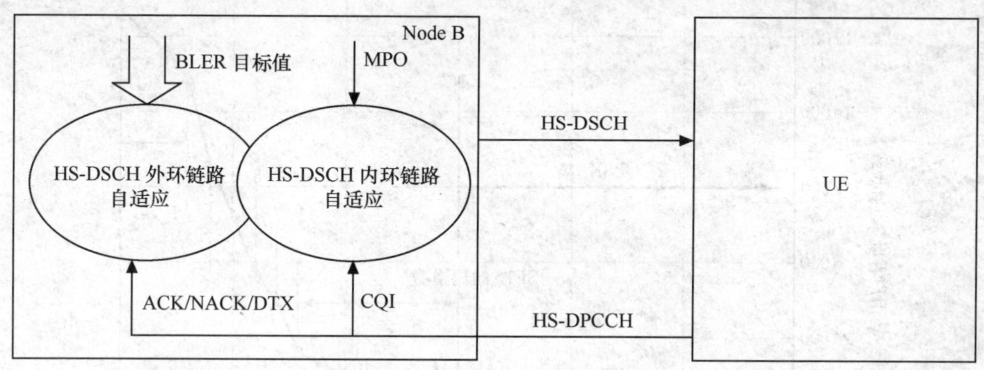

图 3-16　HS-DSCH 的链路自适应原理

内环链路自适应基于 CQI。核心思想是 Node B 根据 UE 上报的 CQI 选择调制编码方式和传输块的大小。当用户处于良好的无线环境（如靠近 Node B 或者有直射径）时，则选择高阶调制和高码率的信道编码方式（如 16QAM，3/4 编码速率）传送用户数据，从而得到较高的传输速率；而当用户处于小区远点、深衰落或者阴影区时，则选取低阶调制方式和低码率（QPSK 调制和 1/4 编码速率），从而保证通信质量，如图 3-17 所示。

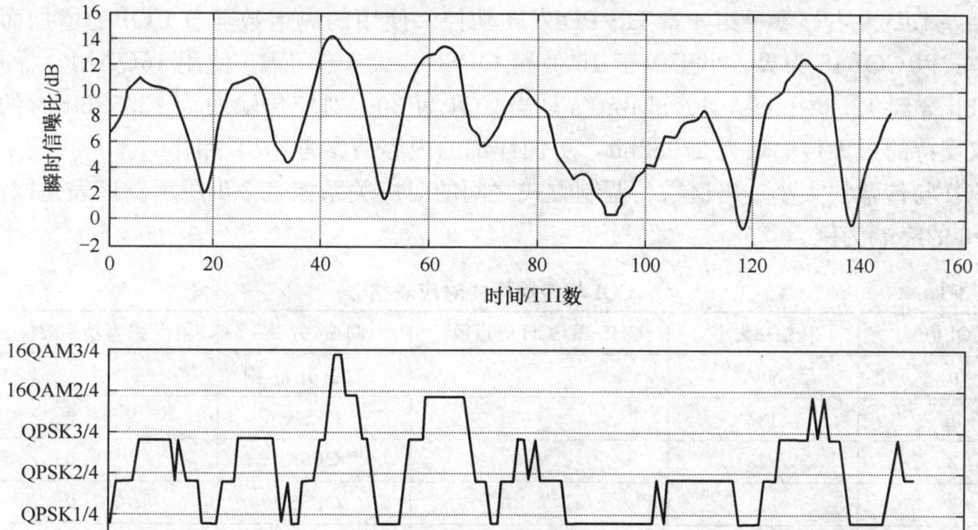

图 3-17　AMC 机制示意图

外环的链路自适应基于 HS-DPCCH 反馈的 ACK/NACK 信息，从 3.2.6.3 节中可知，CQI 的上报存在延时，所以只用内环链路自适应很难在任何情况下都把下行 BLER 控制在目标值附近。因此需要外环进行调整，协议并没有规定一定要用外环链路自适应的机制，外环链路自适应的方法也很多，比如通过 ACK/NACK 值调整 CQI、通过 ACK/NACK 值调整信道编码率等。

下面说明内环链路自适应中，如何根据 CQI 来选择传输格式。图 3-18 说明了能力级为 10 的 UE 的 CQI 与吞吐率、调制方式、码道数的对应关系。

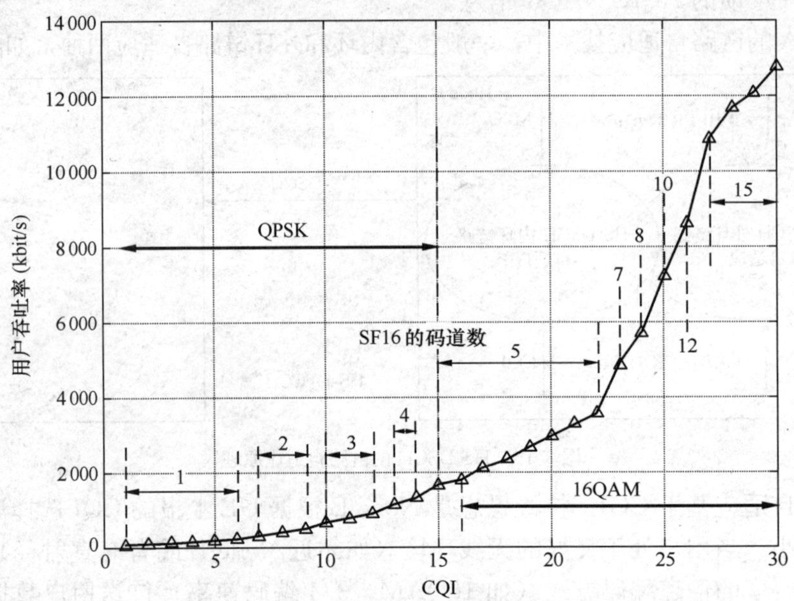

图 3-18　CQI 与吞吐率、调制方式、码道数的对应关系

从图 3-18 中可以看出，有效的 CQI 范围是从 1 到 30，每个 CQI 表示的信道质量（信噪比）相差 1dB 左右，参见第 4 章 HS-PDSCH 功控。使用的码道数随着 CQI 的增加而增加。调制方式以 CQI 15 为界，小于等于 15 使用 QPSK，大于等于 15 使用 16QAM。吞吐率从 68.5kbit/s 到 12.8Mbit/s，12.8Mbit/s 是当 CQI 为 30、对应传输块为 25558bit 时的速率，而协议支持的最大传输块为 27952bit，更加详细的内容请参考 [7] 和 [8]。

CQI 与传输块大小、码道数、调制方式之间的对应关系如表 3-1 所示。该表是以能力级为 1～6 的终端为例。

表 3-1　　CQI 与传输格式对应表格[6]

CQI 值	传输块大小	HS-PDSCH 码道数	调 制 方 案	参考功率调整 Δ
0	N/A	超 出 范 围		
1	137	1	QPSK	0
2	173	1	QPSK	0
3	233	1	QPSK	0
4	317	1	QPSK	0
…	…	…	…	…
13	2279	4	QPSK	0
14	2583	4	QPSK	0
15	3319	5	QPSK	0
16	3565	5	16-QAM	0

续表

CQI 值	传输块大小	HS-PDSCH 码道数	调制方案	参考功率调整 Δ
17	4189	5	16-QAM	0
18	4664	5	16-QAM	0
…	…	…	…	…
28	7168	5	16-QAM	-6
29	7168	5	16-QAM	-7
30	7168	5	16-QAM	-8

表 3-1 中给出了 CQI 与传输块大小、码道数、调制方式以及参考的功率调整 Δ 的对应关系。调度器根据 UE 的 CQI 查表得出相关参数。传输块大小与 HS-SCCH 中的信令 ki、调制方式、码道数之间的关系描述如下：

If $k_t < 40$：

$$L(k_t)=125+12\cdot k_t$$

Else：

$$L(k_t)=\lfloor L_{\min}p^{k_t}\rfloor$$

$$p=2085/2048$$

$$L_{\min}=296$$

End;

上面的关系式中：L 代表传输块的大小；p 和 $L_{\min}$ 为常量；$k_t=k_i+k_{o,i}$，k_i 的取值范围为 0～62，而 $k_{o,i}$ 与调制方式和码道数有关，如表 3-2 所示。

表 3-2　$k_{o,i}$ 与调制方式、码道数之间的关系[8]

组合 i	调制方式	码道数	$k_{o,i}$
0	QPSK	1	1
1		2	40
2		3	63
3		4	79
4		5	92
5		6	102
6		7	111
7		8	118
8		9	125
9		10	131
10		11	136
11		12	141
12		13	145
13		14	150
14		15	153

续表

组 合 i	调制方式	码 道 数	$k_{o,i}$
15	16QAM	1	40
16		2	79
17		3	102
18		4	118
19		5	131
20		6	141
21		7	150
22		8	157
23		9	164
24		10	169
25		11	175
26		12	180
27		13	184
28		14	188
29		15	192

从上面的描述中可以看出，传输块的大小是直接由 k_t 决定的。k_t 的取值种类数＝63（k_i 的取值数）×30（$k_{o,i}$ 的取值数）＝1890。对于一种调制方式和码道数的组合，都存在 63 个 TB 块，下面以 QPSK、4 个码道为例讨论扩展表。

表 3-3　传输块、调制方式、码道数的对应关系扩展表

CQI 值	传输块大小	调制方式（0 为 QPSK）	码 道 数	码 率
	2238	0	4	0.58906
…	…	…	…	…
13	2279	0	4	0.59974
	2320	0	4	0.61042
	2362	0	4	0.62135
	2404	0	4	0.63229
	2448	0	4	0.64375
	2492	0	4	0.65521
	2537	0	4	0.66693
14	2583	0	4	0.67891
	2630	0	4	0.69115
…	…	…	…	…
	3695	0	4	0.96849

表 3-3 给出了 QPSK、4 个码道时的传输块、调制方式、码道数的对应表。其中最后一列码率定义为：

码率=(传输块大小+24)/(码道数×每 TTI 每个码道的符号数×每个符号代表的比特数)；其中 24 为 CRC 校验比特数。

协议中规定，调制方式为 QPSK、码道数为 4 时，传输块有 63 个，但是为了 CQI 之间相差 1dB，所以协议只选择其中的两个写到表 3-1 中。在实际中可以根据需要选择除 CQI 对应值之外的传输块大小，比如由于剩余功率不能满足 MPO 的设置，那么可以在调制方式和 HS-PDSCH 码道数不变的情况下，在 CQI 对应传输块的基础上对传输块大小进行调整，使之与发射功率匹配。

AMC 机制作为 HSDPA 最重要的链路自适应技术，当信道条件好时，采用频谱效率高的 16QAM 调制方式，从而可以提高 UE 和小区的吞吐率。AMC 机制和资源分配是密不可分的，为用户选择传输格式时不仅要考虑信道条件，而且还要考虑可用的无线资源情况以及用户数据缓冲区中数据量的大小。

3.4 混合自动重传请求技术（HARQ）

3.4.1 HARQ 的原理

HARQ（Hybrid Automatic Repeat reQuest）是一种前向纠错 FEC 和自动请求重传 ARQ 相结合的技术。ARQ 技术在 R99 中已有应用，在 R99 中是在 RLC 层实现的，只能进行简单的重传，不能对重传数据进行合并，所以没有合并增益，并且 UTRAN 侧 RLC 层是在 RNC 实现的，所以重传时延较长。而在 HSDPA 中 HARQ 技术是在物理层引入的，所以可以对重传进行合并，而且由于物理层是在 Node B 实现的、并且 HSDPA 采用 2ms，所以还可以使重传时延降低。HARQ 技术是 HSDPA 系统中关键的技术之一，它的引入主要目的有三个：一是通过使用速率匹配，使 AMC 机制的精度更高，更佳匹配信道条件；二是为了补偿 CQI 测量误差和上报时延对 AMC 性能的影响，AMC 技术尽管可以根据 CQI 调整调制和编码方式进行链路自适应，但缺点在于其对 CQI 的测量误差和上报时延敏感，而在移动通信系统中，信道特性的动态变化常常使得准确地进行信道质量估计十分困难。而 HARQ 技术则具有对信道测量误差和上报时延不敏感的特性，它可以对重传的数据进行软比特合并，从而在 AMC 基础上对系统性能加以进一步改善；三是通过软合并利用时间分集技术，减少对第一次传输 E_s/N_0 的要求，从而获得一部分功率增益。

HARQ 技术主要有两种实现方式：一种是在重传时，重传数据与初次传输时相同，这种方式称为 Chase Combine（CC）或软合并；另一种是重传时的数据与初次传输的有所不同，这种方式称为增量冗余（IR，Incremental Redundancy）。IR 又分为部分增量冗余（PIR，Partial Incremental Redundancy）和全增量冗余（FIR，Full Incremental Redundancy）。PIR 指重传时校验比特与初次传输不同，系统比特不变，重传的数据是可以自译码的。FIR 则优先传输校验比特，系统比特不完整，故不可以自译码。

在 HSDPA 中物理层 HARQ 发送功能如图 3-19 所示。

HARQ 发送功能模块主要完成速率匹配的功能，该模块包含两级速率匹配：第一级速率匹配在编码后的数据与虚拟缓冲区（Nir 代表虚拟缓冲区的大小）之间匹配，如果编码后的比特小于等于虚拟缓冲区，则数据第一级速率匹配透传；如果编码后的比特大于虚拟缓冲

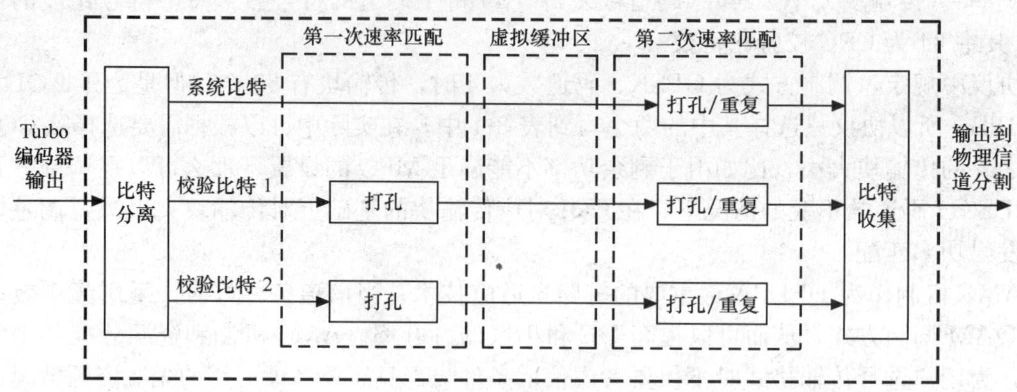

图 3-19　HARQ 发送功能模块[4]

区，则透传系统比特，打孔校验比特；第二次速率匹配在第一次速率匹配之后的数据与物理信道比特之间匹配，系统比特和校验比特都会出现打孔或重复的操作。第二次速率匹配受冗余版本参数 RV 控制，RV 参数决定了重传时使用 CC、PIR 或 FIR 中的哪种合并方式。

下面用一个例子对 HARQ 的合并过程进行阐述。本例中 Nir 取 10bit，信息比特为 4，HARQ 进程数为 1。合并过程如图 3-20 所示。

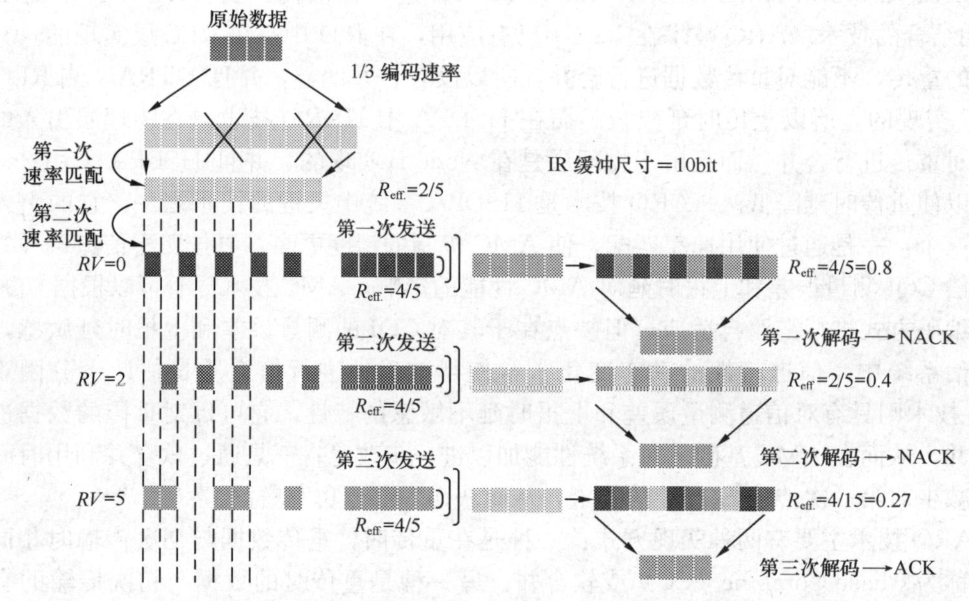

图 3-20　HARQ 处理过程[10]

首先对原始数据进行 1/3 的 Turbo 编码，编码之后为 12bit。然后进行第一次速率匹配，由于编码后的比特数大于 Nir，所以对校验比特进行打孔，使第一次速率匹配之后的比特数等于 Nir。

第二次速率匹配是在第一次速率匹配的输出和物理信道比特之间进行匹配，假设物理信道比特数为 5（实际上物理信道比特数是由 HS-PDSCH 的码道数以及调制方式决定的），那么第二次速率匹配要打掉 5bit，打孔的方式有 8 种，由 RV 参数决定。这 8 种打孔方式又分为两组，一组是只对校验比特打孔，这种打孔方式是可以自译码的，在第一次传输时一定要采取这种方式；另一组优先传校验比特，系统比特不传或只传一部分，是不可以自译码的，这种方式只能用在重传时。

在本例中第一次传输时 RV 参数值为 0，可以自译码，第一次传输之后译码时有效码率为 4/5（原信息比特数/物理信道比特数）。以某种错误概率对其进行译码，得到 4 个信息比特，对其进行 CRC 校验，若发现错误则保存译码前的数据，接下来进行第二次传输的尝试。本例中第二次传输 RV 参数值为 2，是不可以自译码的，必须与第一次的译码结果进行合并。那么第二次传输后，有效码率为 4/10，码率明显降低，这会使其译码成功率大大提高。如果第二次重传后还是误块，则再次进行重传，使码率进一步降低，从而进一步提高译码成功率。

从以上的分析可知，HARQ 正是利用快速重传合并技术，使每次传输都得到充分利用，不仅得到了时间分集增益，而且由于快速重传降低了对首传 BLER 的要求，也就降低首传功率的要求，所以还会得到一部分功率增益，从而提高系统性能和功率利用效率。

3.4.2 HARQ 的性能

下面对 HARQ 中的三种合并方式的性能进行对比。仿真条件如下表所示。

表 3-4 链路级的仿真条件

Ec/Ior	−1dB
Ior/Ioc	可变
传输次数	1 次或 2 次
重传功率	与第一次相等
信道类型	PB3
调制方式	16QAM
星座重排	无
码率	1/2 和 3/4

下面两图分别是码率为 1/2 和 3/4 时，三种合并方式的性能比较。‘第一次传输’代表首次传输情况下的 BLER 与 I_{or}/I_{oc}之间的关系；‘第二次传输 CC’代表重传采用 CC 合并方式的情况下的 BLER 与 I_{or}/I_{oc}之间的关系；‘第二次传输 PIR’代表重传采用 PIR 合并方式的情况下的 BLER 与 I_{or}/I_{oc}之间的关系；‘第二次传输 FIR’代表重传采用 FIR 合并方式的情况下的 BLER 与 I_{or}/I_{oc}之间的关系。

从图 3-21 中可以看出：在 PB3 信道下，10％BLER 时，CC 方式重传一次比不重传有 4dB 的增益，比在 AWGN 信道下的 3dB 高 1dB，因为存在时间分集增益；在 1/2 码率时 IR 方式比 CC 好 0.3dB 左右，因为 IR 方式可以传更多的校验比特。FIR 与 PIR 相差很小，因为码率在 1/2 左右时，FIR 没有比 PIR 传更多的校验比特。

从图 3-22 中可以看出：在 PB3 信道，在 3/4 码率，10％BLER 时，PIR 方式比 CC 好 2dB 左右，因为 PIR 方式可以传更多的校验比特。FIR 方式比 PIR 好 3dB，因为码率高时，FIR 可以比 PIR 传更多的校验比特。

综上所述，在中低码率 IR 方式与 CC 方式相比没有明显优势，在高码率时 IR 方式有显著优势。

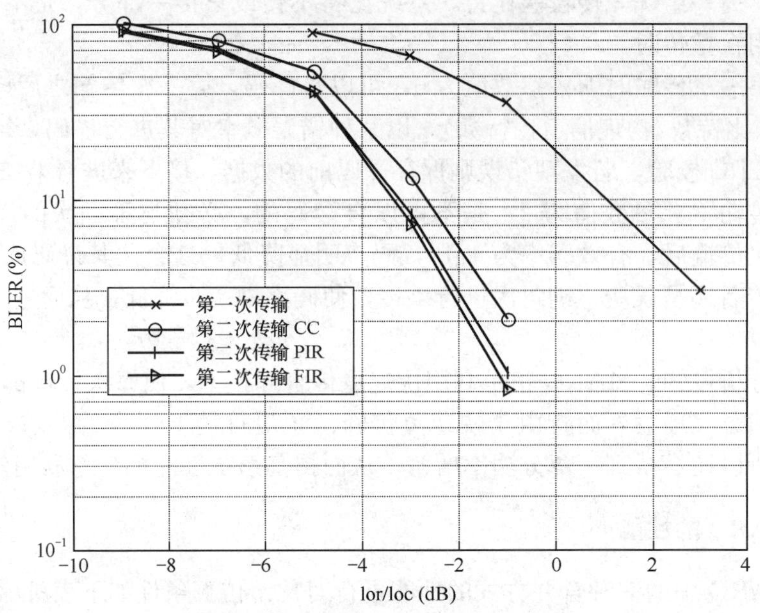

图 3-21　码率为 1/2 时三种合并方式的性能对比

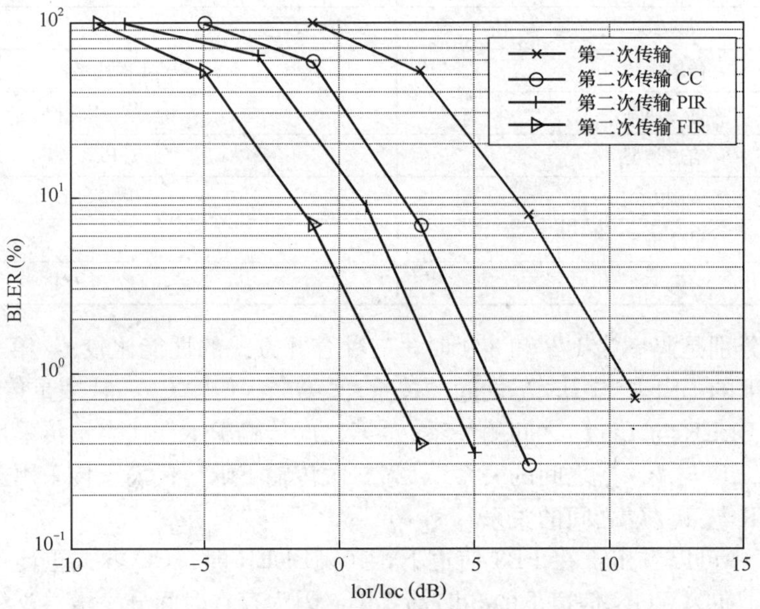

图 3-22　码率为 3/4 时三种合并方式的性能对比

3.5　HARQ 多进程处理

HSDPA 系统支持多个 HARQ 进程并行传输，以连续为某个用户发送数据。每个 HARQ 进程只有收到其反馈信息（ACK/NACK）后，才可以重新传输数据。基站使用一个 HARQ 进程发送数据后，大约在 5 个 TTI 后收到该 HARQ 进程的反馈信息，再加上基站处理时间，需要 6 个 TTI 时间才能重新调度该 HARQ 进程。所以为了连续发送数据至少需要 6 个 HARQ 进程。但在多用户的情况下，实际上是不需要这么多进程的，因为一般不会连续地调度某一个用户进行数据传输。

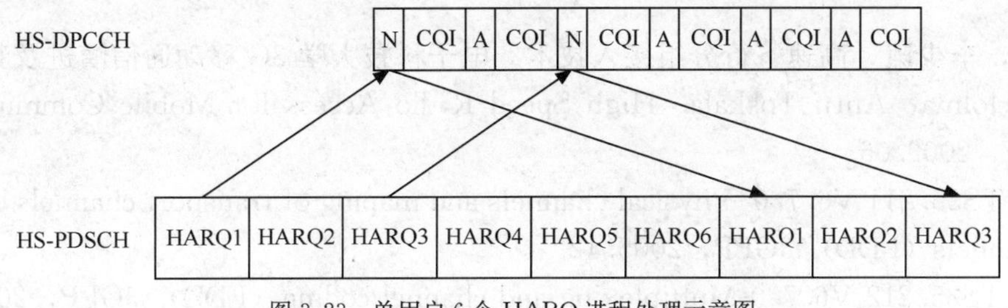

图 3-23　单用户 6 个 HARQ 进程处理示意图

图 3-23 是多 HARQ 进程处理示意图，假设有 6 个 HARQ，并且 HARQ 的反馈时延小于 6 个 TTI。最初的 6 个 TTI 内分别用不同的 HARQ 进程传新数据，当到第 7 个 TTI 时，由于第 1 个 HARQ 进程的反馈信息已经收到，所以可以继续用 HARQ 进程 1 传输：如果反馈的是 ACK，则传新数据，如果反馈的是 NACK，则对上次传输的数据进行重传。第 2 个 HARQ 的反馈会在第 7 个 TTI 收到，所以第 8 个 TTI 又可以用进程 2 传输新数据。由于第 3 个 HARQ 进程返回的是 NACK，所以第 9 个 TTI 要对旧数据进行重传。重传时必须使用与第一次传输时相同的 HARQ 进程号（HARQ Process ID）。

3.6　HSDPA 系统的优势与不足

HSDPA 引入新的技术和高吞吐量的同时，也有技术上的时效性和局限性，根据上面的分析可知，由于 HSDPA 采用了 2ms 的快速调度技术、AMC 技术、16QAM 调制技术、HARQ 技术、多用户分集技术，所以使得 HSDPA 相对 R99 有如下优势。

- 优势

➢ 高用户吞吐率：单用户峰值速率最高可达为 13.9Mbit/s，而 R99 为 384kbit/s。

➢ 高系统容量：HSDPA 系统平均容量（扇区吞吐率）是 R99 的 2～3 倍，峰值容量（扇区吞吐率）是 R99 的 5 倍多，更高的系统容量意味着更低的建网成本。

➢ 低时延：由于 HSDPA 采用了 Node B 与 UE 之间的快速物理层重传机制，并采用 2ms 短帧，所以业务时延与 R99（120～140ms）相比降低 50％左右（约为 70ms）。低业务时延可以提升用户的业务感受，增加用户满意度。

同时又由于 HSDPA 技术正在不断的演进，相对未来的 HSDPA 增强技术有如下不足。

- 不足

➢ 系统容量仍显不够。运营商期望能有 100Mbit/s 甚至更高的扇区吞吐率[11]。

➢ 业务时延和控制面信令时延仍然较高。运营商期望能有 5ms 甚至更低的服务时延[11]。

➢ 系统架构较复杂。运营商期望能有扁平化的网络架构以减少投资成本和运营成本，提升服务质量[12]。

当然，HSDPA 技术也在不断发展，HSDPA 的增强技术（如 HSPA＋和 LTE）将继承

HSDPA的优点，克服其缺点，进一步提升系统性能，这在本书最后一章有详细描述。

3.7 参考文献

1 唐万斌，李少谦．高速下行分组接入技术．电子科技大学3G移动通信演进及其策略

2 Harri Holma，Antti Toskala. High Speed Radio Access for Mobile Communications. WILEY. 2002.06

3 3GPP. TS25.211 V6.7.0 -Physical channels and maping of transport channels onto physical channels（FDD）. 3GPP，2005.12

4 3GPP. TS25.212 V6.7.0-Multiplexing and channel coding（FDD）. 3GPP，2005.12

5 3GPP. TS25.213 V6.5.0-Spreading and modulation （FDD）. 3GPP，2006.03

6 3GPP. TS25.214 V6.8.0-Physical layer procedures（FDD）. 3GPP，2006.03

7 3GPP. TS25.306 V5.9.0-UE Radio Access Capabilities（FDD）. 3GPP，2004.12

8 3GPP. TS25.321 V5.a.0-Media Access Control（MAC）. 3GPP，2004.12

9 3GPP. TR25.848 V4.0.0-Physical layer aspects of UTRA High Speed Downlink Packet Access. 3GPP，2001.03

10 Rudolf Tanner and Nick Hallam-Baker. Scheduler testing is crucial for HSDPA. Aeroflex

11 3GPP. TR 25.913 V7.3.0-Requirements for Evolved UTRA（E-UTRA）and Evolved UTRAN（E-UTRAN）. 3GPP，2006.03

12 Cingular Wireless. RP-060138. Defining the Transition to LTE/SAE through HSPA Evolution. 3GPP RAN Plenary ＃31，Sanya，Hainan，P. R. China 8-10 March，2006

第4章 HSDPA中的关键算法

第3章对HSDPA关键技术进行了较详细的分析和介绍，本章则对HSDPA关键算法进行详细阐述。如果说关键的物理层技术是从理论上保证了HSDPA拥有R99不可比拟的高速下行速率，本章介绍的HSDPA关键算法则从算法实现和资源分配调度方面保证了HSDPA达到最佳效率。4.1节介绍HSDPA的MAC-hs分组调度算法，这是HSDPA最关键的算法之一，负责优先级计算和用户分组数据调度，直接影响着HSDPA的性能。4.2节介绍HSDPA Iub口流量控制技术。这两节是HSDPA相比R99新引入的技术。4.3节到4.6节介绍HSDPA中的无线资源管理（RRM）算法，包括4.3节的功率控制，4.4节的码资源分配算法，4.5节的移动性管理算法和4.6节的HSDPA高层算法。功率控制和码资源分配算法有效地保证了WCDMA系统中最重要的功率和码资源的高效利用。RRM算法作为一个整体，有效利用空中接口资源，确保系统的服务质量、保持规划的覆盖区域和提高容量。

4.1 分组调度算法

与R99将分组调度器放置在RNC侧不同，HSDPA将调度器放在Node B侧，这主要基于以下几点考虑。首先，在不使用快速功率控制方法的情况下，HS-PDSCH如何快速地适应信道的变化；其次，如何减少分组传输时延、提高用户感受；最后，接入网如何有效地利用共享信道来为用户服务。

4.1.1 MAC-hs分组调度器构架

4.1.1.1 总体描述

MAC-hs分组调度器在Node B所处的位置如图4-1所示。从MAC-hs流量控制器输出的优先级队列数据存储到一个缓冲区中，调度器从该缓冲区中读取各个优先级队列的数据。调度器根据各个UE的信道状况、UE的历史吞吐率、UE的等待时间等来调度各个UE的分组数据。

物理层反馈信息的及时获得和使用对于分组调度非常重要。例如，ACK/NACK及时获得后可及时重传错误的进程或发送新进程；根据得到的CQI及时地适应无线链路的变化；根据UL-DPCCH的功率控制命令和DL-DPCCH上的发射功率来及时推算出UE所处的信道状况。

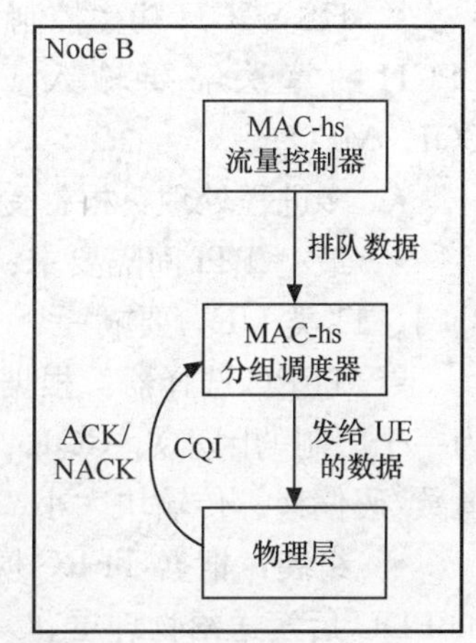

图4-1 MAC-hs分组调度器在系统中的位置

4.1.1.2 调度器组成

一个基本的MAC-hs分组调度器组成如图4-2所示。调度器的核心是根据一定的优先级计算准则来产生各个UE的综合优先级。其余部分都是综合优先级的实际执行机构，执行的结果发送到物理层。

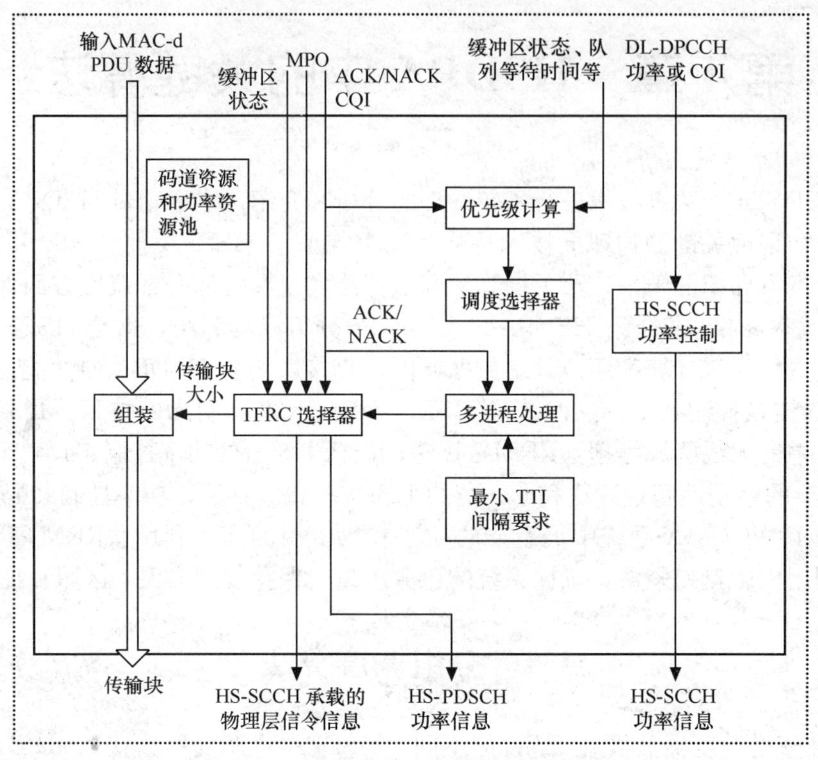

图 4-2　一个基本的 MAC-hs 分组调度器组成

• 调度优先级计算：主要根据用户优先级、CQI、各个 UE 的历史吞吐率、各个 UE 的等待时间等因素来算出各个 UE 的综合优先级。

• 调度选择器：根据各个 UE 的综合优先级选择具有最大优先级的 N 个 UE 来进行调度和分配码资源。N 为码分复用的用户数。

• HS-SCCH 功率控制：根据后台配置的功率控制算法计算 HS-SCCH 的功率。伴随 DPCH 的算法需要输入 DL-DPCCH 的功率。基于 CQI 的功率控制算法需要输入 CQI、MPO。

• 多进程处理：根据受调度 UE 的进程状况和重传是否优先的策略来选择 UE 的进程。

• 最小 TTI 间隔要求：对于第 1、2 类 UE，要隔两个 TTI 才能再为 UE 调度；对于第 3、4、11 类 UE，要隔一个 TTI 才能再为 UE 调度。

• TFRC 选择器：根据可用的功率资源、码道资源（传输资源受限时，传输资源也成为一个限制的因素）、CQI、MPO、缓冲区数据量进行传输格式的选择，包含调制方式、码道数/码偏移、传输块大小、HS-SCCH 的配置信息、HS-PDSCH 的功率信息等。

• 组装：根据 TFRC 模块确定的传输块大小对 MAC-d PDU 进行组装，组装为 MAC-hs PDU 后发送给物理层。

• 码道资源和功率资源池：存放可用的 HS-PDSCH 的功率和码道信息。

调度完成之后，一个 UE（或多个 UE）的进程发送到物理层进行编码调制等操作。

4.1.2 分组调度算法

主要的分组调度算法有以下几类：公平服务时间、最大载干比和比例公平调度算法。这些算法对小区服务的公平性、单用户的吞吐率和小区吞吐率等性能都有很大影响。比例公平调度算法是对公平服务时间算法和最大载干比算法的折衷，该算法能够得到比较大的吞吐率和较好的服务公平性。

- 公平服务时间，轮询调度（RR，Round Robin）

RR 就是 Node B 轮流地为扇区内的 HSDPA 终端提供服务。基本上，RR 算法分成两类：基于 UE 等待时间的 RR 算法和基于 UE ID 的 RR 算法。前者可再拆分出 RR-MAX-C/I 等组合算法。

显然，在 RR 算法中，每个 UE 得到的服务时间（调度次数）是几乎完全一样多的。也就是说，这种调度算法是最公平的。因此，RR 通常作为与其他算法进行比较的基础。

- 最大载干比调度算法（Max-C/I）

Node B 先为具有最佳信号质量的 UE 提供服务，如果有剩余资源，才为信号质量稍差的 UE 服务。

由于 Node B 总为具有最好下行信号质量的 UE 服务，因此，系统可以获得最大吞吐率。但是，信号质量差的 UE 就得不到服务，因此，这种算法是最不公平的。

- 比例公平（PF，Proportional Fair）调度算法

比例公平调度就是 Node B 调度具有最大公平因子 FF（如，$FF=\frac{CQI \cdot TransmissionBlockSize}{Throughput}$）的一个或多个终端。比例公平的得名也因此而来。该算法的扇区吞吐率和服务公平性在 RR 和 MAX-C/I 之间。

4.1.3 MAC-hs 调度算法性能评价

不同的调度算法有不同的系统性能。调度算法的评价标准主要有：扇区吞吐率、UE 吞吐率、服务公平性等。

- 扇区吞吐率：单位时间内 Node B 的服务扇区成功发送给各个 UE 的比特数的总和。
- UE 吞吐率：单位时间内 UE 成功接收到的比特数。
- 服务公平性：一般假定 RR 提供的服务是最公平的。如果某算法提供的系统吞吐率的 CDF（累积分布函数）越接近 RR 的分布，则该算法提供的服务越公平。

表 4-1　几种调度算法性能比较

算　法	扇区吞吐率	UE 吞吐率	服务公平性	高速移动性能	实现复杂度	综合效果
PF	中	中	中	好	复杂	好
RR	低	低	很好	中	简单	差
MAX-C/I	高	有高有低	很差	差	较复杂	中

图 4-3（a）到图 4-3（c）显示了不同算法下的扇区吞吐率，仿真条件为：5 个 HS-PDSCH 码道，25%的小区功率。

从图 4-3（a）到图 4-3（c）可以看出：Max-C/I 算法的扇区吞吐率为 2.05Mbit/s，PF

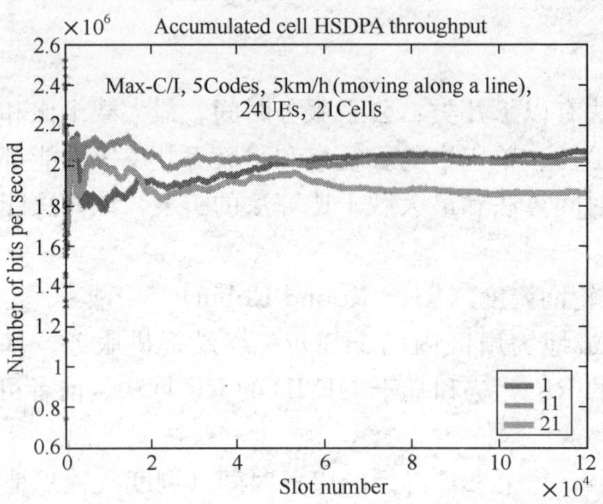

图 4-3（a） Max-C/I 算法的吞吐率：2.05Mbit/s

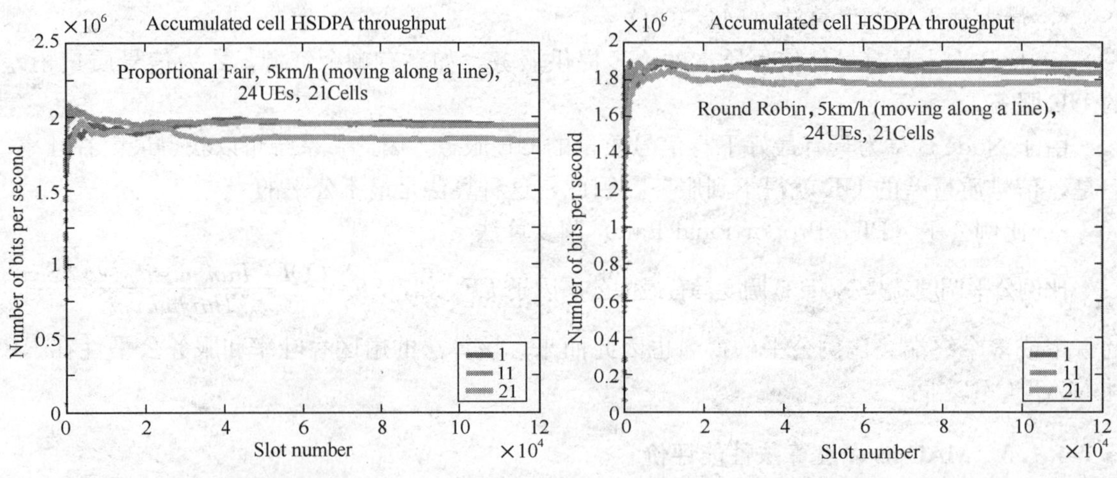

图 4-3（b） PF 算法的吞吐率：1.90Mbit/s　　图 4-3（c） RR 算法的吞吐率：1.85Mbit/s

算法的扇区吞吐率为 1.90Mbit/s，RR 算法的扇区吞吐率为 1.85Mbit/s。从这组图中可以看出，在低速（5km/h）广覆盖场景下，Max-C/I 具有最高的扇区吞吐率，RR 最低，而 PF 居中。

下面介绍调度算法配置及其应用场景。

通过一些简单的配置，下面描述的综合算法可以满足运营商对各种调度算法有丰富选择的需求。

1. 综合算法的基本假定及配置

- 在 t 时刻用户 k 的信道状况 $ChCond_k(t)$。在调度之前，$ChCond_k(t)$ 是无法准确预知的，只能通过预测来确定。对 $ChCond_k(t)$ 进行预测的主要参数有：UE 最近发送的 CQI、UL-DPCCH 上的 TPC 命令、UL-DPCCH 上导频的 SIR 等。$ChCond_k(t)$ 可表示为（其中 α、β、γ 为常数）

$$ChCond_k(t)=\alpha \cdot CQI+\beta \cdot TPC+\gamma \cdot SIR \tag{4-1}$$

- $Th_k(t)$：t 时刻用户 k 的历史吞吐率。
- $T_k(t)$：t 时刻用户 k 从上一次调度以来等待的时间。

- $Priority_k(t)$：t 时刻用户 k 的综合优先级。
- φ_k：与业务有关的常数。
- *PacketFeature*：UE 所申请业务的分组的特性。
- ν、μ、λ：常数，用来选择期望的调度算法。

$$Priority_k(t)=(\lambda \cdot T_k(t) \cdot \varphi_k+\frac{1+\mu \cdot ChCond_k(t)}{1+\nu \cdot Th_k(t)}) \cdot PacketFeature \tag{4-2}$$

当 $Priority_k(t)$ 越大时，用户 k 得以调度的可能性就越大。假定在 t 时刻可以同时调度的 UE 数为 M，那么 $Priority_k(t)$ 排列在前 M 位的 UE 将在 t 时刻得到调度。下面简要介绍其算法配置。

- Max-C/I 算法

令公式（4-2）中 $\lambda=0$，$\mu=1$，$\nu=0$ 即可实现该算法。该算法选择具有最好信道质量的 UE 来进行调度，因此可以为系统提供最大吞吐率，但其公平性最低。这种调度算法对于按吞吐率计费的业务特别适合（如大量数据下载等）。

- 公平服务时间

令公式（4-2）中 $\lambda=1$，$\mu=0$，$\nu=0$ 即可实现该算法。该算法选择等待时间最长的 UE 来进行调度，从长期的结果来看，所有 UE 得到服务的次数都均等，因此这是最公平的调度算法，但其系统吞吐率最小。这种调度算法对于按服务次数计费的业务特别适合（如互动式网络游戏、远程网络教育等）。

- 比例公平调度算法

令公式（4-2）中 $\lambda=0$，$\mu=1$，$\nu=1$ 即可实现该算法。该算法选择具有最大比例公平系数的 UE 来进行调度，因此该算法是上述若干因子的加权折衷。当然，λ 也可以不为零，这样就进一步加强了公平性考虑。该算法具有较大的系统吞吐率和较大的服务公平性。

由以上可知，通过配置不同的 λ、μ、ν 的值，就可以在不同的调度算法之间进行折衷选择。这些参数不同运营商针对不同的营运策略可以配置。

2. 调度算法的自动选择

下面是一个根据业务分布时段来自动选择调度算法配置的例子。

```
// 时间 T 事件触发的调度算法选择举例
      Switch (T)
      {
          case：0 点到 7 点
                调用“Max-C/I 算法”；
                break；
          case：7 点到 19 点
                调用“Round Robin 调度算法”；
                break；
          case：19 点到 23 点
                调用“比例公平调度算法”；
                break；
          Default：
                调用“比例公平调度算法”；
      }
```

系统默认配置使用为比例公平调度算法，但可按运营策略的需要加以选择，可以分时段选择不同的调度算法，实际上可以按事件触发进行调度算法的选择。

上面的例子使用了时间事件（自动处理），当然也可以通过后台来进行配置（手工/自动）。考虑到对用户服务的公平性和系统能达到较大吞吐率，默认情况下，绝大多数 HSDPA 调度器都使用比例公平算法。

4.1.4 流业务的分组调度

为什么要研究流业务的分组调度？首先，在业务数字化、分组化、IP 化的发展趋势下，CS 业务将逐步从无线网络中淡出，取而代之的是 PS 业务；其次，HSDPA 具有吞吐率高的优势，运营商期望它能承载各种业务；最后，已经开始部署 WCDMA/HSDPA 网络的运营商还未找到一种像短信这样的“杀手锏”业务，而流业务普遍被认为是一种很有前途的业务。接下来考察一下流业务是什么，具有什么样的特性。

4.1.4.1 流业务及其特性

流业务是一种具有一定实时要求和服务速率要求的、能保持分组间相对时间关系并符合人类感受特性的单方向数据通信业务。它包括音频流、视频流等。

流业务（如视频流业务、音频流业务）的数据包的大小基本不变，无突发性。流业务对误码率有较高的要求，要求的丢包率较低，对时延和时延抖动的要求较高。

流业务的主要特性如下。

- 数据速率要求低且相对恒定，一般为 64kbit/s～384kbit/s。
- 时延要求较高，一般不超过 5s～10s。
- 时延抖动要求高，一般不超过 2s～5s。
- 较低的 BLER 和较低的 SDU 残留 BER，物理层 BLER 一般不应超过 2%～5%，MAC 层 BER 不超过 0.1%。
- 顺序播放。
- 对上行流量没有要求，上行无需发送太多的数据。

接下来分析一下，在流业务的分组调度上有什么问题。如果没有特别注明，“流业务”与“流媒体业务”在这一小节不再区分。

4.1.4.2 HSDPA 承载流业务时存在的主要问题

流媒体用户在整个网络覆盖区域接入和使用的时候，其业务质量必须保持稳定，不能随着信号质量的恶化或用户数增加而下降。由于 HSDPA 使用了 AMC 技术，用户的吞吐率会随着信号质量的降低而减小；同时还可知，各个 HSDPA 用户共享空中接口的无线资源，用户数目的增加将降低一个或多个用户的吞吐率。而这与流媒体业务的特性相违背。

4.1.4.3 HSDPA 如何解决上述问题

针对上述问题，可以采取由 RNC 对流业务加以一定的参数标识，之后 Node B 以相对有优先的调度算法和流量控制算法对流业务加以特别的服务。其主要思想如下：第一，在调度算法中为流业务用户分配更大的公平因子，这样可以减少非流业务用户的增加对现有流业务用户服务质量的影响；第二，“制造出”弹性，流业务具有较强的实时性要求且其数据速率弹性小，那么调度算法就在允许的时间内“制造出”弹性来而又不会对时延增加过多。这样可以减少信号质量降低对流业务服务质量的影响；第三，控制恰当的等待时间，流业务终端不能等待太久，其服务等待时间要比交互类、背景类小一些以保证业务的实时性。第四，流业务重传优先，以保证其实时性。

4.2 流量控制算法

上一节描述的是 MAC-hs 子层如何有效地把获得的数据发送给终端，本节描述的是 MAC-hs 子层如何有效地从 Iub 接口获得数据来供给 HSDPA 调度使用，即流量控制算法。

HSDPA 为什么需要引入流量控制算法，而 R99 却不需要？HSDPA 的峰值吞吐率比 R99 高得多（$\frac{13.9\text{Mbit/s}}{0.384\text{Mbit/s}\cdot 7}\approx 5.17$ 倍），实际网络中传输配置一般有限制，没必要也不能按最大峰值来建设和配置传输链路。如果不对如此高的吞吐率进行控制，容易导致 MAC-hs 缓冲区溢出、Iub 拥塞和 FP 帧丢失。其次，HSDPA 的吞吐率不是固定的，具有一定的突发性，而 R99 的 DCH 是固定速率发送的。对固定速率的业务，可以预留一定的传输带宽。而对于可变速率的 HSDPA 业务，预留带宽将导致带宽不足或浪费。在这种情况下，需要对带宽的利用加以动态地控制，即流量控制技术。最后，HSDPA 的传输带宽是各个 UE 共享的。当一个 UE 没有数据或者信号质量过差时，可以不给该 UE 分配传输带宽。这就需要流量控制技术来实时地分配各个 UE 需要的带宽。

流量控制机制在 3GPP 媒体接纳控制（MAC）、基站应用部分（NBAP）等协议[1]~[3]中有定义。其基本理念是 Node B 按照一定的准则为 RNC 分配一定的数据传输额度，RNC 在给定的额度和有效期范围内传输一定的数据量。如果 Node B 没有分配数据传输额度或额度过期，则 RNC 不能发送数据过来。在无线链路建立时，Node B 可以在 NBAP 中指定初始分配额度。

这一节重点描述流量控制在 HSDPA 系统中所处的位置、作用、与其他网络实体之间的关系，最后简要说明了一种流控算法的原理。

4.2.1 算法原理

在 WCDMA HSDPA 业务处理中，Node B 侧流量控制是用来控制 Iub 口传输总带宽、减少 MAC-hs 缓冲区溢出、降低 MAC-hs 分组丢弃、减少 MAC-d 分组丢弃、减少 RLC-AM 重传、增加 RNC 和 Node B 缓冲区利用效率等的一种重要手段。流量控制是 HSDPA 中非常关键的一个环节。良好的流量控制技术不但可以减轻 RAN 的负荷，还可以有效地利用有限的网络资源，为用户提供良好的服务。

MAC-hs 流控既要满足 Node B 中有 MAC-d PDU 数据供调度，又要保证 Node B 发起流控的频率低的要求（即信令开销小）。这主要通过流控门限的设置和判断来达到。当 MAC-d PDU 数据的当前总量超过流控上限或者低于流控下限时，Node B 会主动发起流控。

当 RNC 有数据需要发送给 Node B 时，会针对某个优先级队列发起能力请求控制信息（HS-DSCH Capacity Request）给 Node B。Node B 根据缓冲区状况，采取一定的流控算法形成能力分配信息（HS-DSCH Capacity Allocation）发送给 RNC，RNC 根据能力分配信息来发送 HSDPA 数据（Data Frame）给 Node B。MAC-hs 流控原理如图 4-4 所示。

- 与 RLC 模式的关系

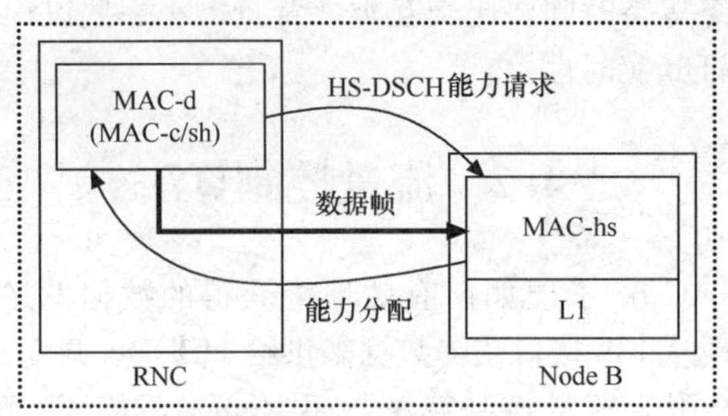

图 4-4　MAC-hs 流控原理

MAC-hs 流量控制与 RLC（以及 RLC 模式）没有直接关系。RLC PDU 对 MAC-hs 是透明的。但是，从图 4-5 的 HSDPA 重传机制上，可以看出，对于 RLC-UM 数据和 RLC-AM 数据，MAC-hs 流量控制算法可以有所不同。

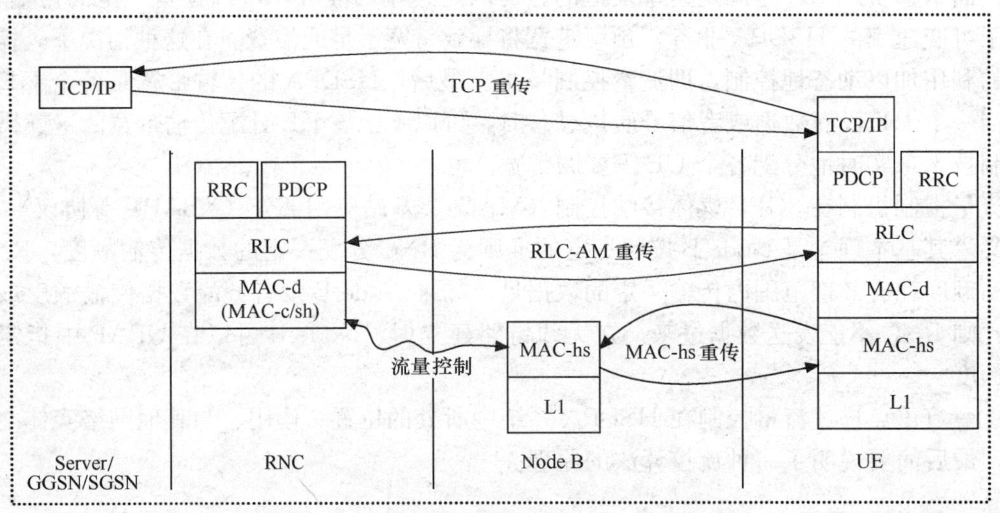

图 4-5　HSDPA 的几种重传与 MAC-hs 流控的关系

对于 RLC-AM 模式的数据，由于这些数据可以通过 RNC 来重传，因此 Node B 可以相对较少地给这些数据分配额度；而对于 RLC-UM 模式的数据，RNC 把这些数据传输完之后就可以删除了，因此 Node B 可以相对较多地把这些数据取过来，存在 MAC-hs 缓冲区中，利用 HARQ 机制来保证这些数据的可靠性。

- 与 MAC-d（MAC-c/sh）的关系

当 CN 发送数据到 RNC 后，RNC 将数据缓存下来。由于 MAC-d 缓冲区有限，以及为满足业务的 QoS 要求等，RNC 必须尽快将数据发送给 Node B。MAC-d 根据一定的策略发送 HS-DSCH 能力请求帧。在收到 Node B 的 HS-DSCH 能力分配帧之后，根据 Node B 分配的额度、现有传输资源等来发送数据帧（Data Frame）。

在配置了 Iur 口的跨 RNC 切换过程中，MAC-d 发出的 HS-DSCH 能力请求帧和数据帧通过 MAC-c/sh 传输到 MAC-hs 上，Node B 发出的 HS-DSCH 能力分配帧也通过 MAC-c/sh 传输给 MAC-d。

- 与 MAC-hs 调度器的关系

从 RNC 传送过来的 MAC-d PDU 数据缓存到 MAC-hs 缓冲区中等待 MAC-hs 调度器的调度。由于 MAC-hs 缓冲区有限，以及为满足业务的 QoS 要求等，MAC-hs 按照一定的策略保留或丢弃 MAC-hs 缓冲区的部分或全部数据。MAC-hs 流量控制器与 MAC-hs 调度器配合完成 UE 的分组数据调度。如图 4-6 所示。

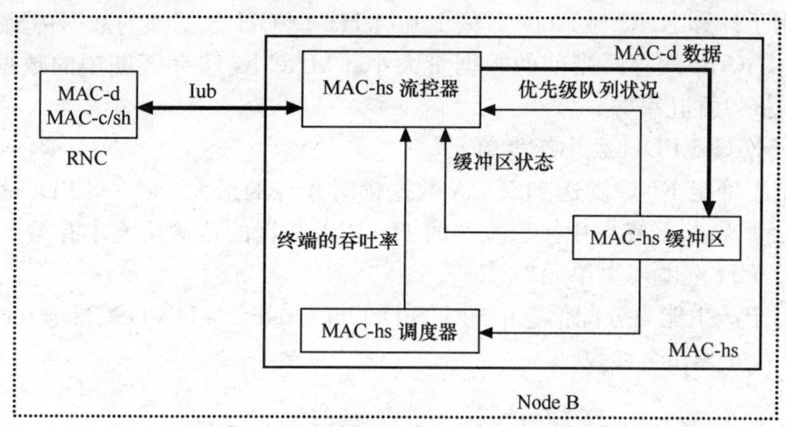

图 4-6　MAC-hs 流控器与 MAC-hs 调度器的关系

从 Iub 接口传输过来的 MAC-d PDU 存储在 MAC-hs 缓冲区中。从调度器送来的 UE 吞吐率、缓冲区状态和优先级队列状况送给 MAC-hs 流控器用来计算流量控制额度分配等。

4.2.2　MAC-hs 流控器组成

Node B 给 RNC 的能力分配信息包括公共传输信道优先级指示（CmCH-PI)、最大 MAC-d PDU 长度（Maximum MAC-d PDU Length)、HS-DSCH 额度（HS-DSCH Credits)、HS-DSCH 传输间隔（HS-DSCH Interval)、HS-DSCH 重复周期（HS-DSCH Repetition Period）等几个重要参数［3］。MAC-hs 流控器也主要由这些参数的生成单元和数据处理组成，如图 4-7 所示。其中最重要的部分是 V_{in} 产生单元和 HS-DSCH Credit 产生单元。

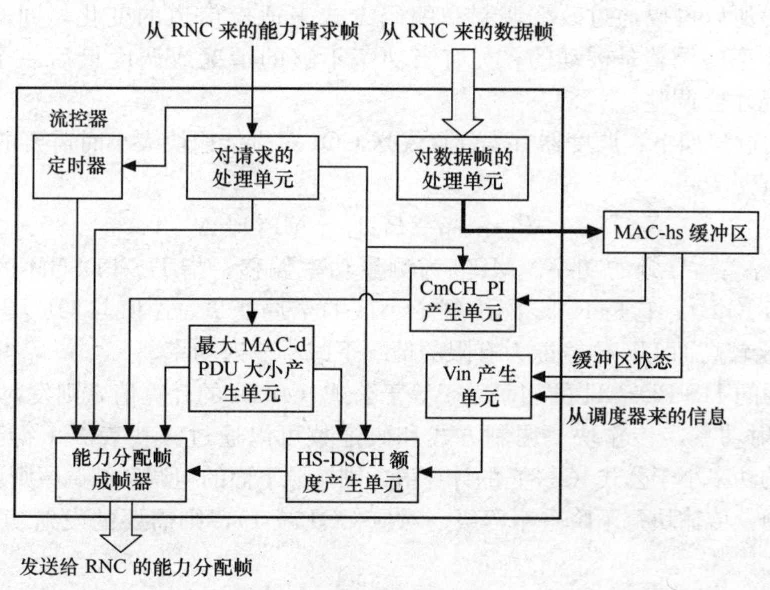

图 4-7　MAC-hs 流控器的组成

• CmCH-PI 产生单元

本单元用于确定流控的 MAC-d 队列优先级指示。RNC 发起流控时 CmCH-PI 来自 RNC 的能力请求控制信息，Node B 发起流控时根据一定的流控算法来确定。

• V_{in}产生单元

本单元用于计算 RNC 与 Node B 间 Iub 口 HS-DSCH 数据帧的数据传输速率 V_{in}。V_{in}的计算依赖于 MAC-hs 缓存区当前的数据量大小、MAC-hs 缓存区期望的数据量大小、Node B 与 UE 空中接口吞吐率等。

• 最大 MAC-d PDU 大小产生单元

本单元用于确定 RNC 发送 HSDPA 数据帧时允许的最大 MAC-d PDU 大小，该参数与 UE 的能力级和 Node B 在空中接口发送的 HSDPA 数据的传输块大小有关。

• HS-DSCH 额度产生单元

本单元用于产生能力分配信息中的 HS-DSCH Credits、HS-DSCH Interval、HS-DSCH Repetition Period 等几个参数。

4.3 功率控制算法

HSDPA 三条物理信道的功率控制非常重要，下行功率控制可以提高下行功率的利用效率，而上行的功率控制在保证性能的同时减少上行的干扰。HSDPA 三条物理信道采用不同的功率控制策略，下面分别予以描述。

4.3.1 HS-PDSCH 的功率控制

HS-PDSCH 信道的功率控制不同于 R99 DPCH 的功率控制。R99 DPCH 信道由于承载的比特速率不变，也就是处理增益不变，所以为了适应信道的快速变化，只能通过改变功率来适应信道的变化。而 HS-PDSCH 则不同，由于 HS-PDSCH 采用了 AMC 的链路自适应技术，所以可以通过改变调制和编码方式来适应信道的变化，同时还可以通过功率来调整，功率的调整是被动的，只有当功率不够的情况或调度最后一个用户后功率还有剩余的情况才会调整。

功率控制过程如下：调度器首先计算发送 CQI 对应传输块大小时需要的 HS-PDSCH 发射功率（dB 值）[16]：

$$P_{\text{HS-PDSCH}}=P_{\text{CPICH}}+\text{MPO}+\Delta \tag{4-3}$$

其中，P_{CPICH}为导频的功率。MPO 为测量功率偏移，指 HS-PDSCH 的功率与 CPICH 的功率的比值（dB)，它是 RNC 配给每个小区的全局变量。Δ 值与 UE 类型及 CQI 有关，用于在 CQI 比较高而 UE 传输能力有限的情况下减小发射功率。

如果可用的 HS-PDSCH 的功率大于等于公式（4-3）的计算值，则发射功率为公式（4-3）确定的发射功率，传输块、调制方式和码道数可以通过查找表 3-1 得到；如果可用的 HS-PDSCH 的功率小于公式（4-3）的计算值，则按照下面的粗调和细调原则调整传输块大小。

（1）粗调：传输块每下降一个等级（对应 CQI 减 1），则需要的发射功率减少 1dB。如图 4-8 所示。

图 4-8 给出了单天线 RAKE 接收机在 3km/h 的平坦瑞利衰落信道下各 CQI 传输格式下

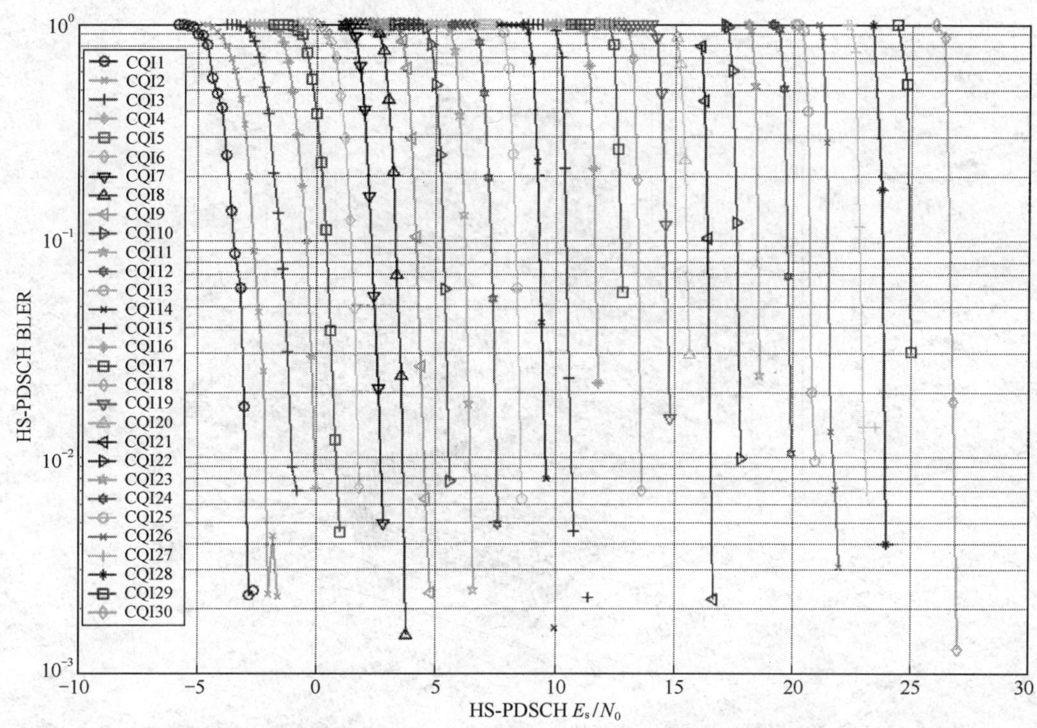

图 4-8 CQI、HS-PDSCH E_s/N_0与 HS-PDSCH 首传 BLER 之间的关系

的 HS-PDSCH 首传 BLER 与 E_s/N_0 的关系图，其他小区的干扰和热噪声建模成 AWGN 信道。从图 4-8 中可以看出，BLER 与 E_s/N_0的关系曲线很陡，BLER 从 100%到 0，跨越了 1dB 左右，这是由 Turbo 译码性能决定的。并且在 BLER 为 10%左右，相邻的 CQI 要求的 E_s/N_0相差 1dB，也就是可以等效为发射功率相差 1dB。从图 4-8 中可以看出，CQI 与 E_s/N_0之间存在如下对应关系：

$$\left(\frac{E_s}{N_0}\right)_{\text{HS-PDSCH}}=-4.5+\text{CQI} \tag{4-4}$$

上面是传统的单天线 RAKE 接收机的仿真结果，对于采用比特均衡、接收分集等高级接收机，那么上式中的常数－4.5 会相应变化。

(2) 微调：在同样调制方式和 HS-PDSCH 码道数的情况下，传输块大小与发射功率成线性关系，那么功率就可以折换成传输块大小。传输块大小与 E_s/N_0之间的关系如图 4-9 所示。

图 4-9 的纵坐标为 E_s/N_0，其它坐标分别为 *ki*（如 3.3 节所述）和调制方式码道数。从图 4-9 中可以看出，在调制方式和码道数固定的情况下，当 *ki* 值较小的时候，*ki* 值与需要的 E_s/N_0 成线性关系，由于 *ki* 值与传输块大小成线性关系，所以传输块大小与 E_s/N_0 成线性关系。由于在同样的信道条件下，E_s/N_0 与功率是成线性正比的。这也就意味着传输块大小与功率是成线性正比的关系，因此可以把功率折算成传输块大小，在调制方式和码道数不变的情况下，也可以根据功率来调整传输块大小。

HS-PDSCH 信道功率的功率控制非常重要，直接决定着功率资源和码道资源的利用效率。通过粗调和微调，使 HS-PDSCH 信道功率的利用精度达到 0.2dB，从而保证了下行 HS-PCSCH 功率资源的充分利用。

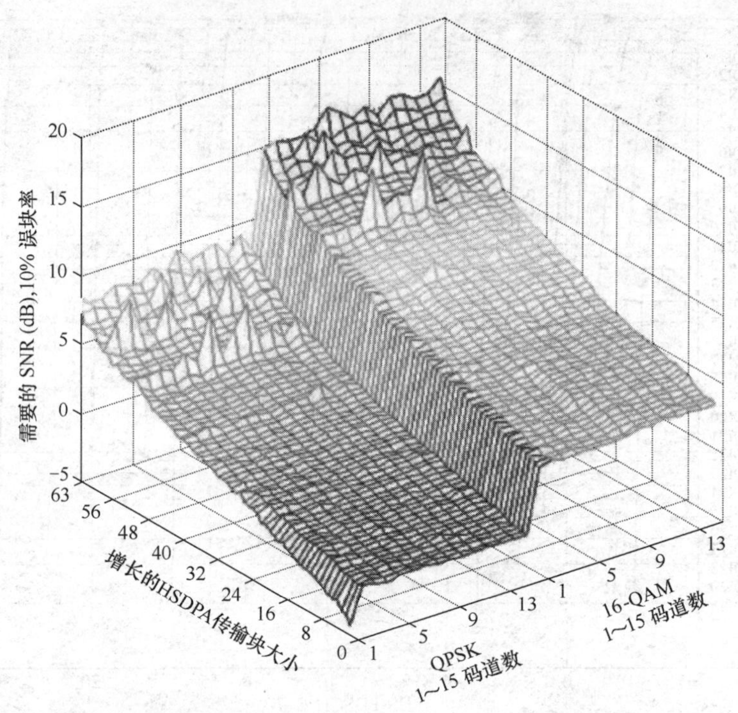

图 4-9 HS-PDSCH 传输块的大小、需要的符号级 SNR（E_s/N_0）和调制方式码道数之间的关系[17]

4.3.2 HS-SCCH 的功率控制

由于 HS-PDSCH 只有在 HS-SCCH 正确接收后才能进行解调、译码，因此 HS-SCCH 的可靠性非常重要，直接影响着 HSDPA 的性能。

HS-SCCH 信道在一个 TTI 内承载的比特数固定，也就是处理增益固定，所以为了有效利用功率，最佳的 HS-SCCH 功控方式为动态的功控，功率随着信道衰落的变化而变化。动态功控既可以保证 HS-SCCH 的可靠性，同时又减少了下行的干扰。3GPP 并未规定 HS-SCCH 的功控方式，常见的 HS-SCCH 功率控制方法有三种，一是固定功率，由于其简单易行，所以也有其存在的意义；二是伴随 DPCH 的功率控制，由于 DPCH 的功率是随着信道的变化而变化的，所以伴随 DPCH 是一种可行的功率控制方式；三是基于 CQI 的 HS-SCCH 功率控制方式，因为 CQI 在任何时候都能够反映信道质量，所以基于 CQI 也是一种 HS-SCCH 功率控制的选择。下面分别予以介绍。

4.3.2.1 固定功率

HS-SCCH 信道使用固定功率方式发射。如果采用固定功率，那么需要的 HS-SCCH 功率等于每个 TTI 内调度的用户数乘以每条 HS-SCCH 信道需要的功率。

随着用户远离小区，衰落随之变大，同时邻小区的干扰也变大，所以需要的 HS-SCCH 的功率越大。采用固定功率发射必须满足小区边缘 HSDPA 用户的需求。由于宏蜂窝情况下 90％区域内的干扰比 I_{or}/I_{oc}（即 G 因子）大于－2dB，所以可以用该值来定义小区边缘。HS-SCCH 仿真结果如图 4-10 所示。

从图 4-10 中可以看出：当 I_{or}/I_{oc}＝－2dB 时，在 PB3 信道下，E_c/I_{or}在－13.5dB（小区

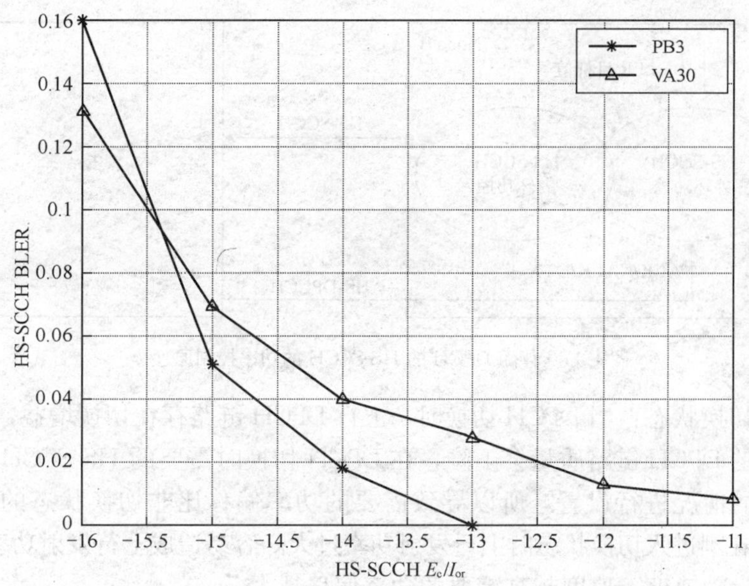

图 4-10 HS-SCCH E_c/I_{or}与 HS-SCCH BLER 之间的关系

总功率的 4.4%）能够达到 1% HS-SCCH 误块率；在 VA30 信道下，E_c/I_{or} 在 −11.5dB（小区总功率的 7%）能够达到 1% HS-SCCH 误块率；综合考虑，满足 1%的误块率，需要的 HS-SCCH 功率为小区功率的 4.4%～7%。以 20W 功放为例，不同信道环境下的 HS-SCCH 的发射功率如表 4-2 所示。

表 4-2　　HS-SCCH 的功率需求

信道类型	PB3	VA30
单 HS-SCCH 信道时需要的功率/W	0.88	1.4

固定功率方案特点：简单，但只适合每 TTI 调度一个用户的情况。对于每个 TTI 调度多个用户的情况，那么一个 TTI 需要的 HS-SCCH 功率会很大，故从功率资源利用的角度来讲是不可接受的。另外固定功率算法还会给下行引入更大的不必要干扰，从而降低下行吞吐率。

4.3.2.2　伴随 DPCH 功率控制

从上一节中可知，固定功率方法具有功率利用率低、对下行带来不必要的干扰的缺点，下面介绍的伴随 DPCH 算法可以解决这两个问题。

伴随 DPCH 的 HS-SCCH 功率控制方法包含内环和外环功控。内环功控使得 HS-SCCH 的功率随着 DPCCH 导频域功率的变化而变化。外环功控根据 HS-SCCH 的目标 BLER 值以及实际的 HS-SCCH BLER 调整 HS-SCCH 与 DPCCH 的功率偏移值。该外环功控的偏移值根据外环功控变化，它直接作用在 HS-SCCH 的内环功控当中，表现为在内环功控的基础上加一个外环功控调整值。伴随 DPCH 的功控算法如图 4-11 所示。

HS-SCCH 的外环功率控制的初始值与下列因素有关：

（1）导频域相对于数据域的偏移值。该值设得越大，则 HS-SCCH 外环功率控制的初始值应越小。

（2）DPCH 承载的业务类型：不同的业务类型有不同的目标 SIR，所以需要的发射功率不同，需要的功率偏移也就不同。

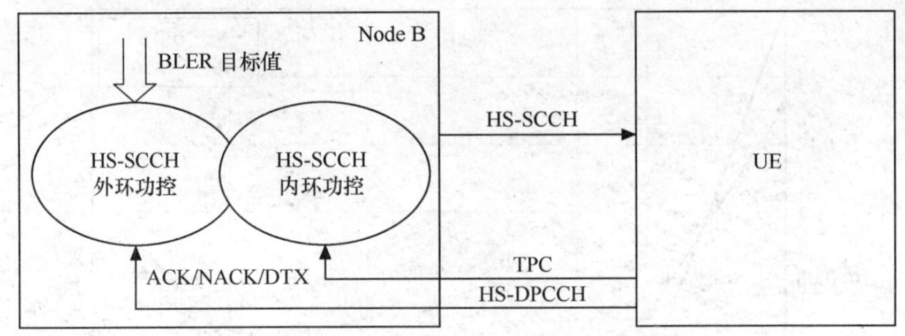

图 4-11 伴随 DPCH 的 HS-SCCH 的功率控制原理

（3）DPCH 切换状态：当 DPCH 切换时，下行 DPCH 链路存在切换增益，所以提供 HSDPA 服务的小区的 DPCH 链路质量会下降，在 DPCH 切换时需要的 HS-SCCH 外环功率控制偏移要按照最差的情况进行设置，所以导致需要的功率偏移比非切换状态的功率偏移要大 10dB 左右，导致在刚进入切换状态时上行发射功率过大，容易造成上行发射功率受限的情况。

（4）用户的运动速度：速度越高需要的功率偏移越大。

外环功控：从以上分析中可知，影响 HS-SCCH 功率偏移有四个因素，若只用内环功控，设置一个固定的功率偏移，则很难适应各种情况，很难保证用最小的功率来满足 HS-SCCH 信道 BLER 的要求。

外环功控原理如下，从第 3 章关于 HS-DPCCH 信道的描述中可知，ACK/NACK 域有三种取值，如果译出的是 ACK 则说明下行 HS-SCCH 译码正确，HS-PDSCH 译码正确；如果译出的是 NACK，则说明下行 HS-SCCH 译码正确，但 HS-PDSCH 译码错误；如果译出的是 DTX，则说明下行 HS-SCCH 译码错误，HS-PDSCH 没有解调。由此 Node B 就可以根据 HS-DPCCH 信道反馈结果统计 HS-SCCH 信道误块数，外环功控就可以根据 HS-SCCH 的 BLER 进行调整 HS-SCCH 的功率。为了使外环功控对信道变差迅速反应，外环功控采用门限算法，即只要达到误块门限值就上调，不管是否达到统计次数。上调原则：在统计周期内，如果误块数已超过了误块门限，立即上调 HS-SCCH 发射功率。下调原则：达到统计周期后，若收到的误块数小于误块门限则进行下调整。外环功控的流程如图 4-12 所示。

伴随 DPCH 功控方案特点，在 DPCH 处于非切换状态时，控制效果较好，实现也比较简单；但在 DPCH 切换时，由于 DPCH 存在切换增益，导致服务 HSDPA 小区的 DPCH 链路质量下降，从而使 HS-SCCH 的功率在 DPCH 处于切换时不易控制。

4.3.2.3 基于 CQI 的功率控制

由上节可知，伴随 DPCH 的 HS-SCCH 的功率控制方式缺点是当 DPCH 处于切换状态时，需要一个较大的偏移来满足切换时最差情况的功率需要。而基于 CQI 的 HS-SCCH 功率控制算法能够很好地解决这一问题。

从 CQI 的定义中可知，CQI 实际上是反映信道的信噪比的。所以利用 CQI 进行 HS-SCCH 功率控制从理论上是可行的。基于 CQI 的 HS-SCCH 功率控制方法也包含内环和外环功率控制。内环功率控制使得 HS-SCCH 的功率随着 CQI 的变化而变化。外环功率控制根据目标 BLER 值以及 HS-SCCH 误块率调整 HS-SCCH 的功率，如图 4-13 所示。

由 CQI 的上报机制可知，存在下面关系：

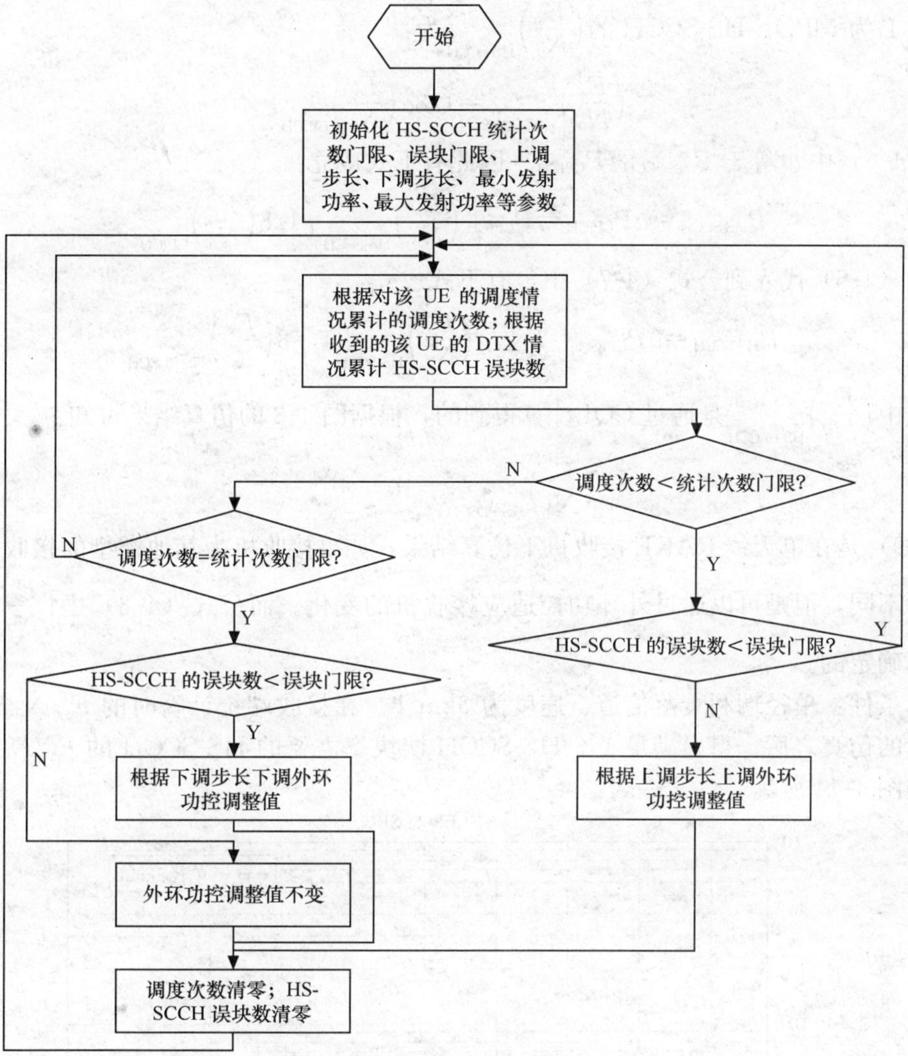

开始

初始化 HS-SCCH 统计次数门限、误块门限、上调步长、下调步长、最小发射功率、最大发射功率等参数

根据对该 UE 的调度情况累计的调度次数；根据收到的该 UE 的 DTX 情况累计 HS-SCCH 误块数

调度次数＜统计次数门限?

N

Y

调度次数=统计次数门限?

N

Y

HS-SCCH 的误块数＜误块门限?

Y

N

HS-SCCH 的误块数＜误块门限?

Y

N

根据下调步长下调外环功控调整值

根据上调步长上调外环功控调整值

外环功控调整值不变

调度次数清零；HS-SCCH 误块数清零

图 4-12　HS-SCCH 外环功控的流程图

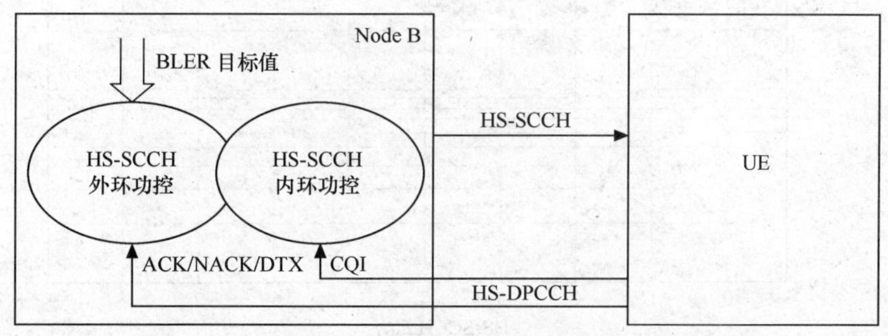

图 4-13　基于 CQI 的功率控制原理图

$$\left(\frac{E_c}{N_0}\right)_{\text{CPICH}}=\frac{\left(\frac{E_s}{N_0}\right)_{\text{HS-PDSCH}}}{16\Gamma} \tag{4-5}$$

其中 Γ 为 MPO。HS-SCCH 的 $\left(\frac{E_s}{N_0}\right)_{HS\text{-}SCCH}$ 为：

$$\left(\frac{E_s}{N_0}\right)_{HS\text{-}SCCH}=128a\left(\frac{E_c}{N_0}\right)_{CPICH} \tag{4-6}$$

式（4-6）中 a 等于 $P_{HS\text{-}SCCH}/P_{CPICH}$。因此有下式成立：

$$P_{HS\text{-}SCCH}=aP_{CPICH}=P_{CPICH}\left(\frac{E_s}{N_0}\right)_{HS\text{-}SCCH}\Big/128\left(\frac{E_c}{N_0}\right)_{CPICH} \tag{4-7}$$

将式（4-5）代入到公式（4-7）中，有下式成立：

$$P_{HS\text{-}SCCH}=aP_{CPICH}=P_{CPICH}\left(\frac{E_s}{N_0}\right)_{HS\text{-}SCCH}\Gamma\Big/8\left(\frac{E_s}{N_0}\right)_{HS\text{-}PDSCH} \tag{4-8}$$

上式中 $\left(\frac{E_s}{N_0}\right)_{HS\text{-}PDSCH}$ 是通过 CQI 计算得到的，根据图 4-8 的仿真结果可知：

$$\left(\frac{E_s}{N_0}\right)_{HS\text{-}PDSCH}=10^{\frac{-4.5+CQI}{10}} \tag{4-9}$$

公式（4-9）是在单天线 RAKE 接收机下仿真结果，如果接收机为其他类型的接收机，那么上式有所不同，但是可以通过外环功控适应接收机的变化。而公式（4-8）中 $\left(\frac{E_s}{N_0}\right)_{HS\text{-}SCCH}$ 是通过仿真确定的。

仿真条件：单径瑞利衰落信道、速度为 3km/h。在接收端统计瞬时的 E_s/N_0 与 BLER，经过大量的仿真之后，得出满足 1% HS-SCCH 误块率需要的 HS-SCCH 的 E_s/N_0 为 1.2dB 左右。如图 4-14 所示。

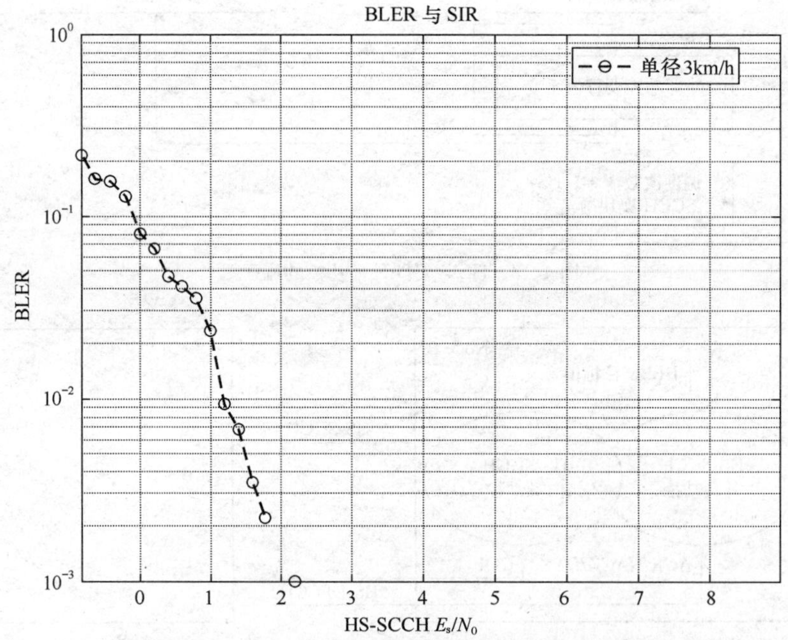

图 4-14　HS-SCCH E_s/N_0 与 HS-SCCH 误块率的关系

外环功控：从以上基于 CQI 的功控原理中可知，由于基站并不知道接收机的类型，在内环功控中是按单天线 RAKE 接收机进行的，所以为了能够适应其他类型的接收机，外环功控是必须的。同时由于 CQI 上报存在误差，也需要外环功控来调整。外环功控的做法与伴随 DPCH 功控中的外环功控相同。

基于 CQI 功控方案特点：CQI 算法不需要区分 DPCH 是否处于切换状态，因为 CQI 在任何时候（包含 DPCH 处于切换状态）都能反映 HSDPA 服务小区链路的信道质量。对于不同的接收机类型可以通过外环功控适应。

4.3.3 HS-DPCCH 的功率控制

HS-DPCCH 信道在一个 TTI 内传输格式不变，也就是处理增益不变，所以也要通过功率控制来适应信道的变化。由于 UL-DPCCH 信道的功率随着信道的变化而变化，所以 HS-DPCCH 的功率控制采用伴随 UL-DPCCH 的方法，这种方法是协议规定的唯一一种 HS-DPCCH 的功率控制方法。

HS-DPCCH 信道有两个域：ACK/NACK 域、CQI 域。两个域都采用伴随 UL-DPCCH 的功率控制策略，两个域相对于 UL-DPCCH 的功率偏移可以由 Node B 或 RNC 更改，同时还可以改变 ACK/NACK 域和 CQI 域的重复因子，通过这两种手段对 HS-DPCCH 的性能进行控制。更新参数的过程如图 4-15 所示。

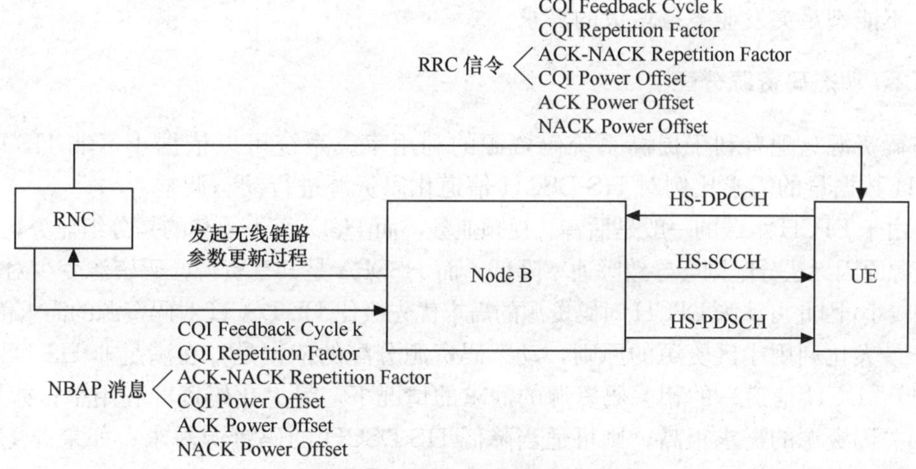

图 4-15　无线链路参数更新过程

Node B 可以通过无线链路参数更新过程向 RNC 建议无线链路参数值，RNC 也可以自行配置。RNC 确定要更新无线链路参数后，通过无线链路重配对 Node B 中的某条无线链路进行参数更新，同时通过 RRC 信令将无线链路参数通知 UE，如图 4-15 所示。

有下面三种情况需要更新 HS-DPCCH 信道的功率偏移或重复因子参数：

(1) UL-DPDCH 的业务类型：业务类型不同，则 UL-DPCCH 的目标信噪比不同，所以需要的 HS-DPCCH 相对于 UL-DPCCH 的功率偏移不同。如果不进行参数更新，则会出现 HS-DPCCH 性能严重下降或者上行干扰显著增加。

(2) UE 运动速度：速度越大，需要的功率偏移越大。

(3) DCH 切换状态：由于 DCH 信道有软切换，而 HS-DPCCH 信道没有软切换，当 DCH 处于软切换状态时，HS-DPCCH 只与服务于 HSDPA 的基站进行通信，此时 UE 与服务于 HSDPA 基站之间的 UL-DPCCH 链路会随着软切换的进行变得越来越差，所以此时必须调整 HS-DPCCH 信道的功率偏移值或重复因子来补偿 UL-DPCCH 链路的变差。

其中，第（2）条基于 UE 运动速度的无线链路参数更新方法比较难，因为 Node B 很难准确估计 UE 的运动速度。第（1）条和第（3）条是必须支持的，否则会使上行的功率配置不合适，影响上行覆盖以及小区的上行容量。具体的需要的参数值可以参见 8.1.4 节。

4.4 码资源分配

4.4.1 静态码资源分配

静态分配码资源是由 OMC 配置 HS-PDSCH 和 HS-SCCH 的信道数目，然后码资源管理功能实体依据信道化码码表占用情况为其分配信道化码。不依据实时用户的需求和资源占用情况对其进行调整。

静态码资源实现简单，但其缺点比较明显，即资源比较浪费，也对系统吞吐量有一定的影响：

（1）因为共享信道是依据该小区预估的业务量需求来配置的，为了达到用户的需求，其配置要依据相对比较高的资源要求，因此当用户较少时，这部分资源不能被重复利用，因此直接影响了系统的容量。

（2）不能满足突发业务量增大的需求。

4.4.2 动态码资源分配

动态码资源分配有利于提高系统码资源的利用率。系统可以依据小区非 HS-DSCH 和 HS-DSCH 数据量的需求比例对 HS-DSCH 信道化码资源进行动态调整。

另外由于 DPCH 承载的一般是话音、视频业务，而 HSDPA 上承载的是分组业务，且 DPCH 因为码资源原因无法分配则会导致呼通率降低，而 HSDPA 是共享资源，码资源变少对用户的呼通率影响较小，因此可认为 DPCH 对码资源的需求优先级比 HS-DSCH 对码资源的需求优先级高。

基于最大化利用小区资源的原则，动态码资源分配的依据是：在满足非 HS-DSCH 信道（公共信道、DCH 信道）的相关码资源的需求的情况下，最大化码资源利用率；如果非 HS-DSCH 相关码资源的需求很高，则可适当降低 HS-DSCH 的码资源需求；如果非 HS-DSCH 相关码资源的需求变小，则可适当升高 HS-DSCH 的码资源需求。图 4-16 是非 HS-DSCH 码资源和 HS-DSCH 码资源占用比例图。

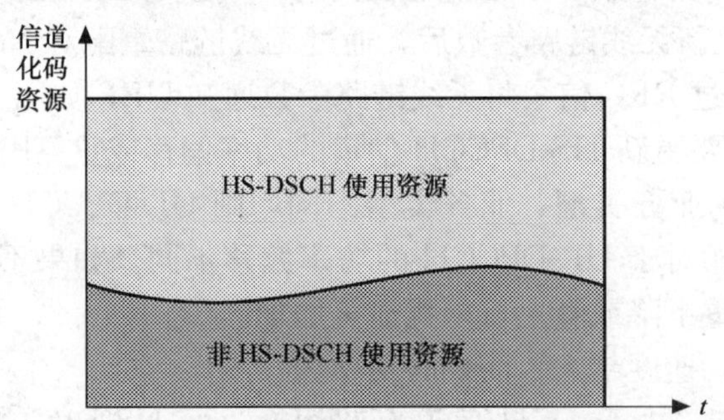

图 4-16 非 HS-DSCH 码资源和 HS-DSCH 码资源占用情况的示例图

非 HS-DSCH 相关码资源的需求可以通过监测非 HS-DSCH 相关的物理信道的码资源占用率（A）得到，HS-DSCH 相关物理信道的码资源占用率（B）反映了当前 HS-DSCH 相关物理信道分配的码资源（除伴随专用信道外）。B 随着 A 的变化而变化，B 和 A 的关系可写成下述关系：

$$B=1-A-\text{DpchCodeHy}$$

其中，A 是非 HS-DSCH 相关物理信道所占用的码资源占用率；B 是 HS-DSCH 相关物理信道所分配的码资源占用率；DpchCodeHy 是给专用信道预留码资源。

图 4-17 是 HS-DSCH 相关物理信道的动态码资源调整框图。

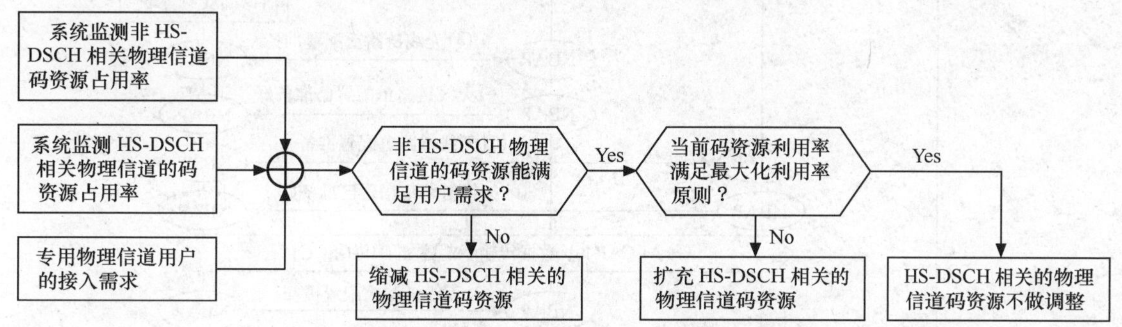

图 4-17　HS-DSCH 相关物理信道的动态码资源调整框图

动态码资源分配的优点是可以应对突发的话音或者数据吞吐率的增加，码资源可以被 HSDPA 相关的物理信道和 DPCH 物理信道之间重复利用，从而使系统码资源利用达到最大化。

4.5　HSDPA 的切换算法

HSDPA 系统的切换相对于 R99 增加了 HS-DSCH 同频/异频服务小区变更和 HS-DSCH⟷DCH 的信道迁移两种切换类型。本节仅对这两种切换类型的流程进行简单介绍，HSDPA 服务小区变更的性能在 8.2.5 节进行了详细的分析和探讨。

4.5.1　HS-DSCH 同频服务小区变更

由于 HSDPA 相关的共享物理信道不支持软切换，但其伴随的专用物理信道支持软切换，因此其切换流程相对于 R99 有所改变，如图 4-18 所示。

HS-DSCH 服务小区改变流程步骤如下：

小区变更前，UE 已与多个小区保持连接：与 Serving Node B 的旧小区有 HSDPA 业务连接，与 Target Node B 的新小区只有 DCH 信令连接。

(1) UE 根据 RNC 的测量控制，测量邻区列表中的同频邻区的质量，并判断同频事件 1D 的发生，上报测量报告 1D 事件给 RNC；

(2) RNC 根据 UE 上报的事件和无线资源情况决定进行 HS-DSCH 服务小区变更；

(3) RNC 发送 NBAP 消息 Radio Link Reconfiguration Prepare 给 Serving Node B；

(4) Serving Node B 的 RL 重配时释放 HS-DSCH 相关资源，返回 NBAP 消息 Radio Link Reconfiguration Ready 给 RNC；

(5) RNC 发送 NBAP 消息 Radio Link Reconfiguration Prepare 给 Target Node B；

(6) Target Node B 的 RL 重配时建立 HS-DSCH 相关资源，返回 NBAP 消息 Radio Link Reconfiguration Ready 给 RNC；

(7) Target Node B 的 RL 的 HS-DSCH 专用的 ALCAP Iub 数据传输承载建立；

(8) RNC 发送 NBAP 消息 Radio Link Reconfiguration Commit 给 Serving Node B；

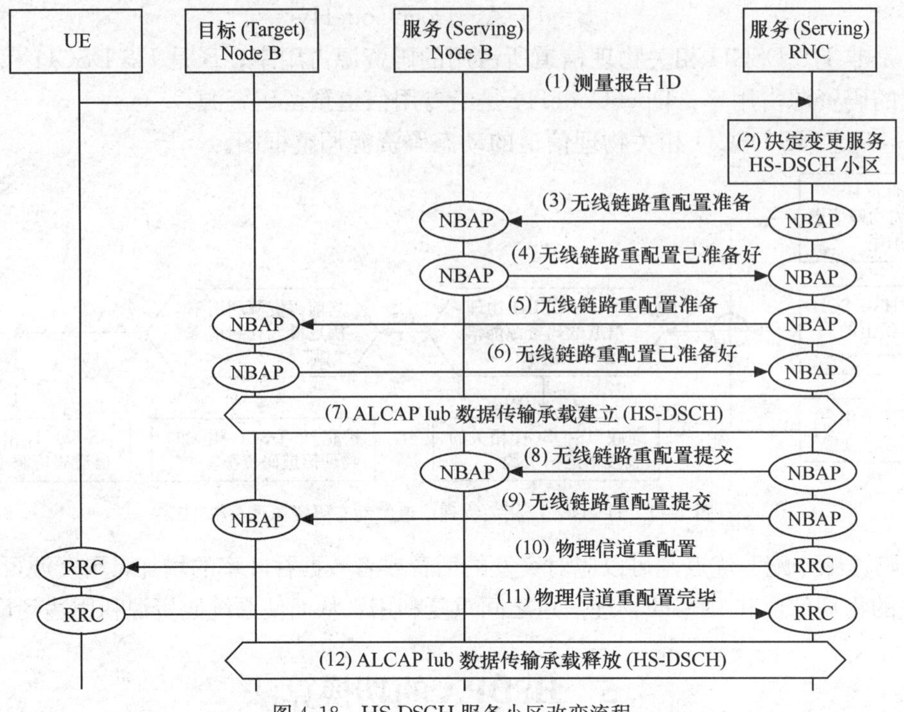

图 4-18　HS-DSCH 服务小区改变流程

(9) RNC 发送 NBAP 消息 Radio Link Reconfiguration Commit 给 Target Node B；

(10) RNC 发送 RRC 消息 Physical Channel Reconfiguration 给 UE；

(11) UE 发送 RRC 消息 Physical Channel Reconfiguration Complete 给 RNC；

(12) Serving Node B 的 RL 的 HS-DSCH 专用的 ALCAP Iub 数据传输承载释放。

4.5.2　HS-DSCH⟷DCH 的信道迁移

当 UE 在 HSDPA 小区和 R99 小区之间移动时会发生小区间的 HS-DSCH⟷DCH 的信道迁移。UE 在 HSDPA 和 R99 混合小区内由于业务量和覆盖质量的变化也会引起小区内的 HS-DSCH⟷DCH 的信道迁移。下面仅介绍小区间信道迁移。

UE 从支持 HSDPA 的小区向不支持 HSDPA 的同频小区移动，当 RNC 监测到 1D，1B 或 1C 同频测量事件上报，并且新的目标服务小区不支持 HSDPA，则 RNC 执行同频软切换，伴随 HS-DSCH→DCH 信道的迁移；信道迁移的信令流程与服务小区改变流程类似，都是通过 RNC 向 Node B 发送 Radio Link Reconfiguration Prepare 消息 和 向 UE 发送 RRC 消息 Physical Channel Reconfiguration 来完成的。

UE 从不支持 HSDPA 的小区向支持 HSDPA 的同频小区移动，当 RNC 监测到 1D 事件发生，且用户的业务类型和当前速率要求都已满足 HS-DSCH 信道选择条件时，则优先请求 HS-DSCH 资源，执行同频硬切换，并伴随 DCH→HS-DSCH 信道的迁移。

4.6　HSDPA 高层算法

HSDPA 高层算法是一个整体的无线资源管理方法，包括接纳控制、拥塞控制、负荷控制和负荷均衡。其中接纳控制可以保证当系统在高负荷的情况下通过拒绝新用户接入来保证已呼通用户的服务质量；当系统拥塞时可以采取降负荷、排队或者抢占等拥塞控制策略来保证高优先级用户的接入；当系统的负荷过载时，则通过负荷控制手段降低系统的负荷，尽可能保证系统的稳定。在这四种无线资源管理策略同时存在的情况下，才能为用户提供最好的服务、保证系统的稳定。

4.6.1 HSDPA 接纳控制

HS-DSCH 信道是下行的共享信道，其接纳控制与专用信道的接纳控制有所不同。适合在 HSDPA 上传输的业务有背景类、交互类和流类业务，流类业务的特点是有保证速率和低时延的要求，而交互类和背景类业务是属于“尽力而为”（best effort）类型的，没有保证速率和传输延迟的要求，交互类和背景类业务的另一个特点就是具有很强的突发性，相比较而言更适合采用 HS-DSCH 共享信道传输数据，可以充分利用 HS-DSCH 信道的时分复用特性，在接纳控制时要充分考虑流类、交互类和背景类业务自身的特点以及 HS-DSCH 的工作特点进行接纳控制，充分发挥 HS-DSCH 共享信道的高速特性。

接纳控制需要考虑下述几个因素：

• Node B 支持能力：只有当用户接入 HSDPA 小区时，才可以为用户分配 HSDPA 资源。

• UE 能力：只有当 UE 支持 HSDPA 时，才可以为用户分配 HSDPA 资源。此因素在呼叫过程中体现。

• 业务特性：依据信道分配原则，对 S/I/B 类在 HS-DSCH 上分别设置最小速率来限制低速率业务占用高速率分组业务资源。此因素在呼叫过程中体现。

• HSDPA 业务用户数：由于用户数影响调度的性能，因此对用户数也要有所限制。

• HSDPA 的功率资源：虽然功率资源对 HSDPA 用户而言是共享资源，但是对于具有保证速率的用户对功率依然是有最小需求的，因此需要对功率资源进行接纳判决，以保证现有的资源满足用户的需求。

• 用户使用 HSDPA 流类业务的数据吞吐率的资源：数据吞吐率是体现 HSDPA 的信道资源上，依据 HSDPA 用户的数据吞吐率需求对新接纳用户进行接纳判决，从而对已存在用户的影响最小。

• 当在资源受限的情况下，触发拥塞控制，充分利用系统资源，提高用户的接通率，降低用户的掉话率。

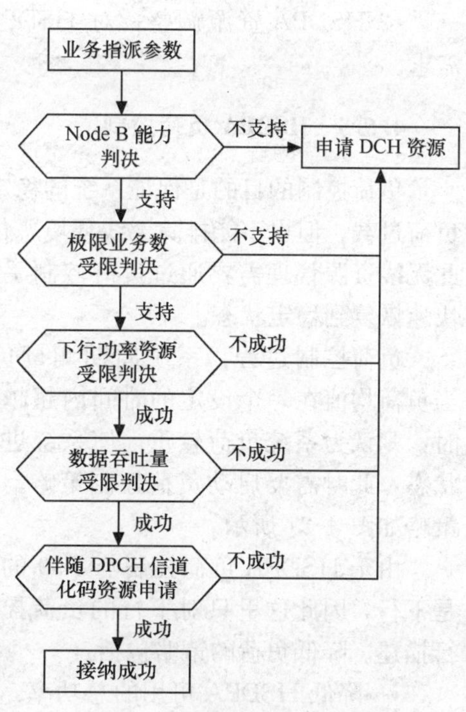

图 4-19 接纳控制判决流程图

图 4-19 是 HSDPA 接纳控制的判决流程图，从图中可看出，只有在所有的接纳判决模块都通过之后，才可以接纳该用户。

4.6.2 HSDPA拥塞控制

HSDPA拥塞控制是指当系统HSDPA资源紧张的情况下，如何去缓解。由于HSDPA的资源是共享资源，且HSDPA资源是尽量最大化利用的，因此其拥塞控制的方法相对于R99小区有一些差异。HS-DSCH相关资源拥塞包括：功率资源拥塞、HS-DSCH的业务数受限、数据吞吐率拥塞、伴随的DPCH信道化码资源拥塞。拥塞控制实体将依据资源拥塞的情况做相应的降拥塞策略，如图4-20所示。

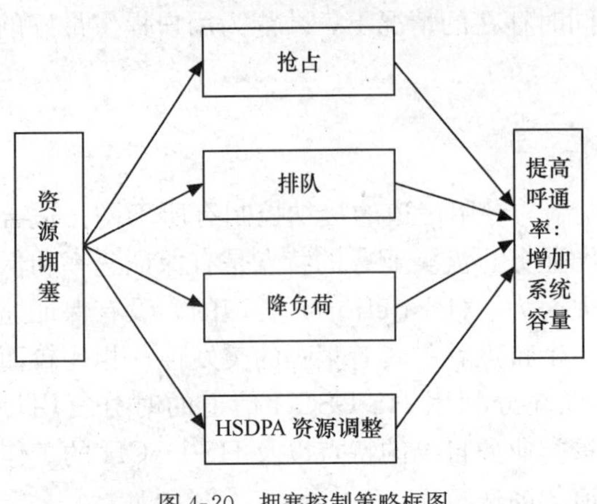

图4-20 拥塞控制策略框图

HSDPA拥塞控制的方法包括以下几种：

- 抢占：对于高优先级的用户，当资源拥塞时，可以抢占那些比自己优先级低的且可以被抢占的用户，即保证较高优先级且具有抢占功能的用户分配到资源。
- 排队：对于抢占不成功或者不具有抢占能力的用户，且该用户具有排队功能，则可以放到队列中进行排队，再做一次接入尝试。
- 降负荷：降负荷的策略是降速率，即对一些高速背景类或者交互类的用户进行降速以空出有效的资源。
- HSDPA资源调整：对HSDPA的码资源或者功率资源进行调整，以满足用户的需求。

4.6.3 HSDPA负荷控制

负荷控制的目的是保证系统的稳定性。如果系统规划适当，那么接纳控制算法可以避免负荷过载，但也不能排除无线环境恶化情况下用户的功率突发升高导致系统过载的情况。因此无线资源管理需要通过负荷控制手段使系统快速恢复到稳定状态。

负荷控制过程：系统周期测量负荷情况，当负荷均值在一个设定的时间内超越过载门限时，则认为系统负荷较重，使系统进入不稳定状态，此时需要启动负荷控制策略。负荷控制策略如图4-21所示。

由于HSDPA负荷控制与R99的区别主要是下行，因此这里只对下行的负荷控制方法进行描述。降低负荷的策略包括：

- 降低HSDPA可用的总功率：其最终目的是减小分组域的数据吞吐率。
- 降低DCH信道上的分组域业务的数据速率。

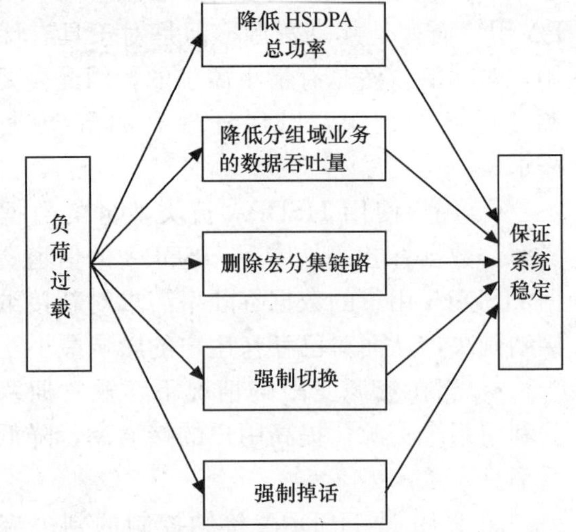

图4-21 负荷控制策略框图

• 删除宏分集链路：减少负荷过载小区的无线链路，从而达到减少负荷的目的。

• 强制切换到另一个载频或 GPRS/EDGE 系统：频间切换和系统间切换可以作为负荷转移的手段，从而达到过载小区减少负荷的目的。

• 强制一些低优先级的用户掉话。

负荷控制的最终目的是在保证系统吞吐率最大化的前提下，确保系统的稳定性。所有可以降低小区负荷的手段都可以作为负荷控制的策略，但要遵循的一个基本原则是仍然要尽可能保证所保持业务的 QoS 需求。

4.6.4 HSDPA 负荷均衡

负荷均衡的目的是当相邻小区的负荷有较大差异时，系统通过调整切换区域、调整呼叫接入时的目标小区和切换到目标小区等方法，在尽可能不影响业务质量的前提下，将系统负荷从负荷重的小区向负荷轻的小区转移，实现小区间负荷平衡的目的。负荷均衡的触发条件有两个：一为小区间负荷差异大，二为负荷较重的小区达到负荷平衡的门限。

HSDPA 的负荷均衡包括 HSDPA 小区和 R99 小区之间的负荷均衡、HSDPA 小区之间的负荷均衡。

(1) HSDPA 小区和 R99 小区之间的负荷均衡（如图 4-22 所示）

• 当用户在 R99 小区发起接入请求，并且业务类型满足接入 HS-DSCH 信道的要求，则可以优选 HSDPA 小区作为接入小区，然后与 R99 小区进行负荷均衡：若 HSDPA 小区负荷较重，而 R99 小区负荷比较轻，则仍可以把该用户指派到 R99 小区；若 HSDPA 小区负荷较轻，则选择 HSDPA 小区作为接入小区，从而起到 HSDPA 小区和 R99 小区负荷均衡的目的。

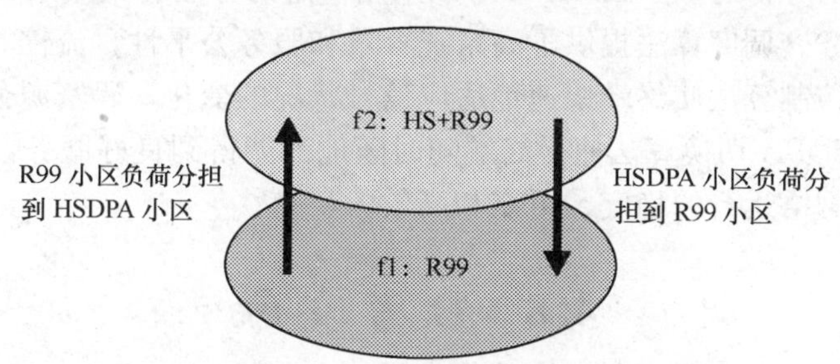

图 4-22　HSDPA 小区和 R99 小区之间的负荷均衡

• 当用户在 HSDPA 小区发起接入请求，而业务类型只能使用 DCH 信道，则可以优选 R99 小区作为接入小区，然后与 HSDPA 小区进行负荷均衡：若 R99 小区负荷较重，而 HS-DSCH 小区负荷比较轻，仍可以把该用户指派到 HSDPA 小区；若 R99 小区负荷较轻，则选择 R99 小区作为接入小区，从而起到 HSDPA 小区和 R99 小区负荷均衡的目的。

• 当用户在呼叫保持过程中，则以当前服务的小区作为源小区，依据源小区和目标小区的负荷情况，决定是否做负荷均衡。

• 当因为负荷控制触发的 HSDPA 用户迁移到 R99 小区，则将触发 HS-DSCH 信道到 DCH 信道的迁移。

优点：

■ 依据业务类型选择合适的小区和信道，可以提高系统的容量。

■ HSDPA 小区和 R99 小区可以进行负荷分担，尽量保证系统容量的最大化。

(2) HSDPA 小区之间的负荷均衡（如图 4-23 所示）

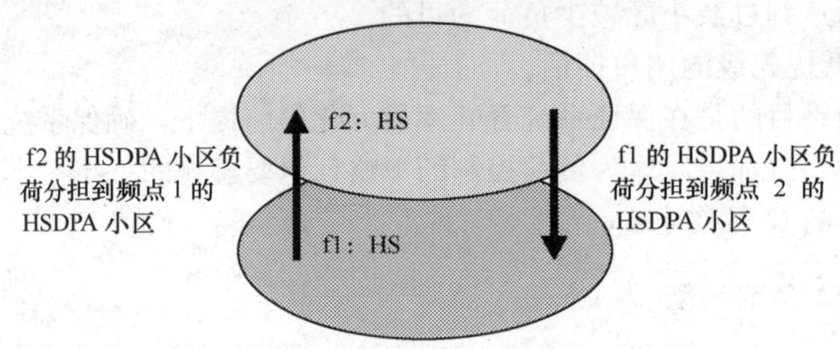

图 4-23 HSDPA 小区和 HSDPA 小区之间的负荷均衡

• 当用户在 f1 频点的 HSDPA 小区发起接入请求，则可以依据 f1 频点和 f2 频点的小区的负荷决定最后接入的小区：若 f1 频点的 HSDPA 小区负荷较重，而 f2 频点的 HSDPA 小区负荷比较轻，则可以把该用户指派到 f2 频点的 HSDPA 小区；从而起到不同载频的 HSDPA 小区之间负荷均衡的目的。

• 当用户在呼叫保持过程中，则以当前服务的小区作为源小区，依据源小区和目标小区的负荷情况，决定是否做负荷均衡。

优点：不同载频的 HSDPA 小区之间可以进行负荷分担，保证整个系统容量的最大化。

4.7 本章小结

通过上述几节的分析可知，HSDPA 可以采用一定的方法和策略来充分利用网络资源和为用户提供良好服务。调度算法提供了高系统容量和服务公平性，流控算法充分利用了有限的传输资源，功率控制算法使终端快速地适应信号状况的变化，码资源分配算法充分利用了有限的码资源，HSDPA 切换算法使得终端随时随地都能得到良好服务，最后，高层算法从全网的高度保证了网络运行的稳定、可靠和高效。

4.8 参考文献

1 3GPP. TS 25.321 V6.9.0-Medium Access Control (MAC) protocol specification. 3GPP，2006.06：22

2 3GPP. TS 25.433 V6.10.0-UTRAN Iub interface Node B Application Part (NBAP) signalling. 3GPP，2006.06：299

3 3GPP. TS 25.435 V6.3.0-UTRAN Iub Interface User Plane Protocols for Common Transport Channel data streams. 3GPP，2005.09：1-43

4 3GPP. TS 25.308 V6.3.0-high Speed Downlink Packet Access (HSDPA) Overall description. 3GPP，2004.12：7

5 Jack M. Holtzman. CDMA Forward Link Waterfilling Power Control [J]. IEEE VTC，2000：1663-1667

6 Cingular Wireless. RP-050106-Support of RT Services over HSDPA-hSDPA Mobility

Enhancement. 3GPP TSG-RAN Meeting ＃27，Tokyo，Japan，From 9th -To 11th March 2005

7 TSG-RAN WG2. Improved support for IMS Real time Services using HSDPA/EDCH. TSG-RAN Meeting ＃29，Saint Julian，Malta，29 November 2005

8 Patrick A. Hosein. QoS Control for WCDMA High Speed Packet Data. IEEE，2002. 10

9 Pablo Ameigeiras. Performance of the M-LWDF scheduling algorithm for streaming services in HSDPA. IEEE，2004

10 Gwen Barriac，Jack Holtzman. Introducing Delay Sensitivity into the Proportional Fair Algorithm for CDMA Downlink Scheduling. IEEE 7th Int. Symp. On Spread-Spectrum Tech. & Appl.，Prague，Czech Republic，2002. 9. 5

11 T J Moulsley. Performance of UMTS High Speed Downlink Packet Access for Data Streaming Applications. IEEE，2002，3G Mobile Communication Technologies，2002. 5. 10

12 Bang Wang. Performance of VoIP on HSDPA. IEEE/VTC 2005

13 HÉCTOR MONTES. DEPLOYMENT OF IP MULTIMEDIA STREAMING SERVICES IN THIRD-GENERATION MOBILE NETWORKS. IEEE Wireless Communications. October 2002

14 3GPP. TS 25. 331 V6. 8. 0-Radio Resource Control (RRC) protocol specification. 3GPP，2005. 12

15 3GPP. TS 23. 060 V6. 8. 0-General Packet Radio Service (GPRS). 3GPP，2005. 03

16 3GPP. TS25. 214 V6. 8. 0-Physical layer procedures (FDD). 3GPP，2006. 03

17 Rudolf Tanner and Nick Hallam-Baker. Scheduler testing is crucial for HSDPA. Aeroflex

第 5 章　WCDMA 网络规划与优化

WCDMA R99 网络是 HSDPA 网络的技术基础，抛开这个基础去单纯讨论 HSDPA 的网络规划是没有意义的。本章将详细介绍 WCDMA R99 网络的规划和优化技术，包含规划流程、链路预算、容量估算，以及 WCDMA 组网中优化案例和关键性能指标（KPI）分析。网络规划流程在 5.1 节介绍，以此流程为基础进行的覆盖预算、容量估算方案作为本章的重点内容在 5.2 节和 5.3 节中进行阐述，在 5.4 节中选择几个优化典型案例，阐明了 KPI 对网络优化的主要意义。

5.1　WCDMA 网络规划基本流程

WCDMA 网络是一个自干扰、软容量的系统，覆盖、容量和质量密切相关，需要在保证覆盖的情况下，合理设计网络负荷，同时又要控制系统干扰，使三者之间达到最佳平衡。网络规划的最终目标是要为运营商提供一张可持续盈利和发展的精品网络，在保证网络覆盖、容量和业务质量的基础上，实现综合的规划成本、建设成本、运维成本最低。

针对 WCDMA 网络的技术特点，“一次规划，分步实施”是一种科学、经济、灵活的无线网络规划策略。一次规划重点确保网络规划总体目标，以规划为起点，优化为手段，在初期就考虑后续扩容时如何降低对现网运行系统的影响，使无线网络易于建设和维护。但是，运营商有限的资金投入和放号用户增长规律，决定了 WCDMA 的网络建设不可能一步到位实现全网覆盖。因此 WCDMA 的网络建设可以分步进行，包括在时间上分期建设，以及根据地域规划有重点有步骤地建设。

合理的规划流程是精品网络建设的开始，网络规划基本流程如图 5-1 所示。

（1）需求分析

在规划前，需要进行需求分析。需求分析的目的是为网络规划提供依据。主要内容包括确定规划区的区域划分，确定话务模型，确定规划设计要达到的覆盖目标、容量目标和质量目标，了解规划区的地物、地貌、话务等特征，表 5-1 给出了国内无线场景类型划分的建议。

表 5-1　无线场景类型划分

场　景	典型人口密度	无线传播环境特点	业务特点
密集城区	30 000～50 000 人/km^2	周围建筑物平均高度>30m（10 层以上），周围建筑物平均楼距约 10～20m；一般在基站附近的建筑物较为密集，周围既有较多 10 层以上的建筑物，也有部分 20 层左右的建筑物，周边道路不算太宽	话务密集；业务速率要求高；数据业务发展的重点区域
一般城区	5 000～15 000 人/km^2	周围建筑物平均高度 15～30m（5～9 层），周围建筑物平均楼距约 10～20m；一般基站附近的建筑物分布比较均匀，周围主要以 9 层以下建筑物为主，也可能有零星的 9 层以上建筑物，周边道路不算太宽	话务量较高；业务速率中等；有数据业务需求

续表

场　景	典型人口密度	无线传播环境特点	业务特点
郊区	1 000～3 000 人/km^2	城市边缘地区或乡镇中心区，周围建筑物平均高度10～15m（3～5层），周围建筑物平均楼距约30～50m；一般基站附近的建筑物分布比较均匀，周围主要以3～4层建筑物为主，也可能有零星的4层以上建筑物，建筑物之间有较宽的空间	话务量较低；只提供低速或不提供数据业务
农村	500 人/km^{2}左右	一般的农村地区，周围建筑物平均高度10m以下（以1～2层房子为主），周围建筑物散落分布，建筑物之间或周围有较大面积的开阔地	话务稀疏；建站的目的是解决覆盖；一般不保证数据业务的质量
室内	结合不同场景具体分析	无线传播环境较为复杂，与具体的楼宇有关	与具体场景有关，参见第6章的6.5节室内预测

（2）传播模型测试和清频测试

为了获得与本地实际环境更为符合的无线传播模型，需要对传播模型进行测试。通常传播模型测试环境分类为密集城区、一般城区、郊区乡镇和农村。不同的环境下电波的传播特性是不一样的，需要对不同的环境类别分别进行测试。

清频测试是为了保证网络建设之后的性能，及时发现可能存在的干扰。

（3）规模估算和预规划仿真

规模估算是根据规划网络的覆盖目标、容量目标和质量目标，估算满足需求所需的设备配置和设备数量的过程。通过规模估算，规划人员可以快速了解实现规划目标大致需要的网络配置，为进一步的决策、规划仿真和详细设计提供参考。WCDMA网络的规模估算需要从覆盖和容量两方面着手，计算满足运营商对网络覆盖、容量和质量要求（如覆盖率、阻塞率等）所需的基站规模。

规模估算完成后，利用专业仿真软件做网络规模估算结果的验证工作。通过仿真来验证估算的基站数量和基站密度能否满足规划区对系统的覆盖和容量要求，以及混合业务可以达到的服务质量。通过仿真还可以大体上给出基站的布局和基站预选站址的大致区域和位置，为勘查工作提供指导。

（4）站址勘查

站址勘查在整个网络规划过程中是非常关键的工作。规划人员根据一定的选址策略和原则，参考规模估算结果，对规划区的实地环境进行考察，选取合适的站点位置，记录站点周围的无线环境，给出建议的站型、天线方向角、天线下倾角等天面参数。WCDMA网络性能的好坏和规划阶段的站址选取密切相关。若站址选择不合理，后期优化的工作量和难度会成倍增加。

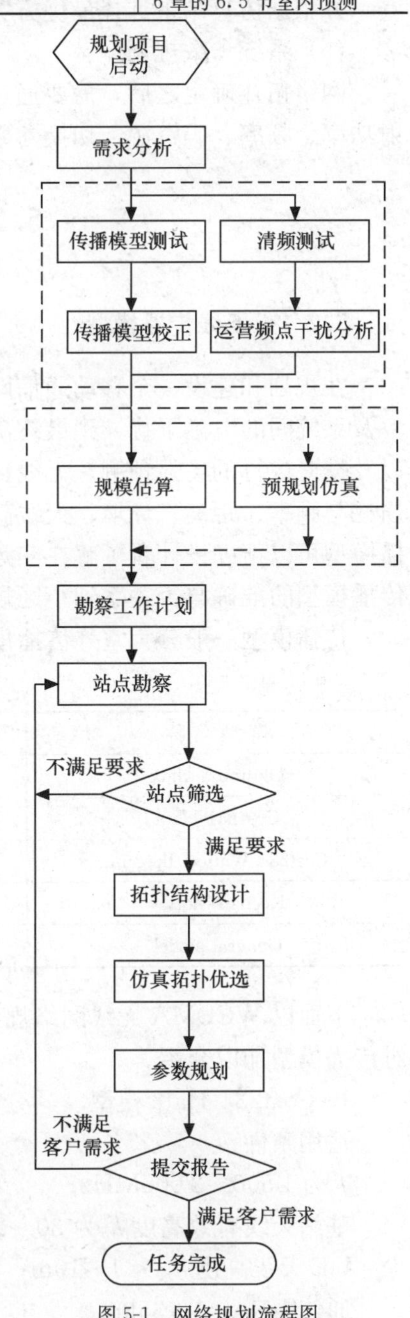

图5-1　网络规划流程图

（5）站点筛选、拓扑结构设计及仿真拓扑优选

站点筛选是结合实地的勘查结果、测试结果和仿真结果，对站点进行合理的筛选，滤除不符合建站条件的站点。拓扑结构设计阶段的任务是从筛选出来的站点中，确定站点的站型和网络整体结构。根据覆盖和容量的需要确定站点的站型，在此基础上搭建合理的网络拓扑结构。在站点分布规划中，根据综合的因素选择站点类型，这些因素包括：地形、地貌、覆盖、容量、机房条件等，组网中常见的站点类型有室内/室外宏基站、室内/室外微基站、微微设备（Pico 设备）、射频拉远单元及直放站等。仿真工程师会对多个拓扑方案进行对比仿真，并根据仿真结果选择最优方案。

（6）系统参数规划

网络拓扑确定之后，需要通过仿真对系统的参数进行规划，包括下行基站各个信道的发射功率、频率、码资源、切换参数、小区重选参数以及邻区关系等。

5.2 WCDMA 覆盖估算

5.2.1 无线传播模型

在规划和建设一个移动通信网时，从确定频段、频点、无线电波覆盖范围、计算通信概率及系统间的电磁干扰，到最终确定无线设备的参数，都必须依靠对电波传播特性的研究，以及据此进行的场强预测。无线传播模型是一种通过理论研究与实际测试归纳出的无线传播损耗与频率、距离、环境、天线高度等变量的数学表达式。在无线网络规划中，通过无线传播模型可以帮助设计者了解在实际传播环境下的大致传播效果，估算空中传播的损耗。因此传播模型的准确与否关系到小区规划是否合理。

传播模型一般分为室外传播模型和室内传播模型，常用的模型如表 5-2 所示。

表 5-2　常见传播模型

模型名称	频率适用范围
Okumura-Hata	适用于 150～1 500MHz 宏蜂窝预测
Cost231-Hata	适用于 1 500～2 000MHz 宏蜂窝预测
Cost231 Walfish-Ikegami	适用于 800～2 000MHz 微蜂窝预测
Keenan-Motley	适用于 900 和 1 800MHz 室内环境预测
General model	适用于 150～2 000MHz 宏蜂窝预测

下面以 WCDMA 无线网络规划中常用的 Cost231-Hata 模型和 General model 模型为例对传播模型加以介绍。

1. Cost231-Hata 模型

适用条件：

f 为 1 500～2 000MHz；

基站天线有效高度 h_b 为 30～200m；

UE 天线高度 h_m 为 1～10m；

通信距离为 1～35km。

无线传播损耗公式：

$$L_b = 46.3 + 33.9\lg(f) - 13.82\lg h_b - a(h_m) + (44.9 - 6.55\lg h_b)\lg(d) + C_m \quad (5\text{-}1)$$

公式说明：

d 为 UE 到基站天线的距离，单位为 km；

f 为工作频率，单位为 MHz；

L_b为城市市区的基本传播损耗中值；

h_b、h_m为基站、UE 天线有效高度，单位为 m。

基站天线有效高度计算：设基站天线离地面的高度为 h_s，基站地面的海拔高度为 h_g，UE 天线离地面的高度为 h_m，UE 所在位置的地面海拔高度为 h_{mg}，因此基站天线的有效高度 $h_b = h_s + h_g - h_{mg}$，UE 天线的有效高度为 h_m。

$$C_m = \begin{cases} 0\text{dB} & \text{树木密度适中的中等城市和郊区的中心} \\ 3\text{dB} & \text{大城市中心} \end{cases}$$

UE 天线高度修正因子：

$$a(h_m) = \begin{cases} (1.1\lg f - 0.7)h_m - (1.56\lg f - 0.8) & \text{中小城市} \\ \begin{cases} 8.29(\lg 1.54h_m)^2 - 1.1 & 150 < f < 200\text{MHz} \\ 3.2(\lg 11.75h_m)^2 - 4.97 & f > 400\text{MHz} \end{cases} & \text{大城市} \\ 0 & h_m = 1.5m \end{cases}$$

远距离传播修正因子：

$$\gamma = \begin{cases} 1 & d \leqslant 20 \\ 1 + (0.14 + 1.87 \times 10^{-4} f + 1.07 \times 10^{-3} h_b)(\lg \frac{d}{20})^{0.8} & d > 20 \end{cases}$$

各种修正因子，请参见参考文献[1]。

2. General 模型

General 模型多用于规划软件中，它的表示式如下[2]：

$$\text{Path loss} = \text{k1} + \text{k2}\ \log_{10}(d) + \text{k3}\ H_{\text{ms}} + \text{k4}\ \log_{10}(H_{\text{ms}}) + \text{k5}\ \log_{10}(H_{\text{eff}}) + \text{k6}\ \log_{10}(H_{\text{eff}})\log(d) + \text{k7}\ (\text{diffraction loss}) + \text{clutter loss}$$

d 为 UE 到基站天线的距离，单位为 km；

H_{eff}为基站发射天线的有效高度，单位为 m；

H_{ms}为 UE 天线的高度，单位为 m；

diffraction loss 为衍射损耗，单位为 dB；

clutter loss 为地物的损耗校正因子，单位为 dB。

在分析不同地区、不同城市的电波传播时，k 值会因地形、地貌的不同以及城市环境的不同而选取不同的值。在实际工程中需要通过传播模型测试和校正来确定不同地区、不同城市、不同区域的 k 值。

5.2.2 链路预算

链路预算是覆盖规划的前提，通过计算业务的最大允许损耗，可以求得一定传播模型下小区的覆盖半径，从而确定满足连续覆盖条件下基站的规模。通常情况下，应该分别从上行（UE 到基站）和下行（基站到 UE）两个方向进行链路预算，并实现上下行链路的平衡。一般而言，基站发射功率都是满足下行覆盖需求的，覆盖往往是受限于上行终端最大发射功率，因此覆盖规划是以上行链路预算为主。表 5-3 给出链路预算的基本算法。

表 5-3　　　　链路预算表

参　　数	代表符号	计算过程
发射机功率（dBm）	A	
发射天线增益（dBi）	B	
发射端人体损耗（dB）	C	
发射端馈线损耗（dB）	D	
发射端有效辐射功率（dBm）	E	$E=A+B-C-D$
热噪声密度（dBm/Hz）	F	
热噪声（dBm）	G	$G=F+10\times\log_{10}(3\,840\,000)$
接收机噪声系数（dB）	H	
接收机噪声（dBm）	I	$I=G+H$
业务比特速率（kbps）	J	
处理增益（dB）	K	$K=10\times\log10\ (3\,840/J)$
E_b/N_0（dB）	L	
接收机灵敏度（dBm）	M	$M=I+L-K$
干扰余量（dB）	N	
接收机天线增益（dBi）	O	
接收机馈线损耗（dB）	P	
接收端人体损耗（dB）	Q	
功率控制余量（dB）	R	
软切换增益（dB）	S	
阴影衰落余量（dB）	T	
穿透损耗（dB）	U	
最大允许的路径损耗（dB）	V	$V=E-M-N+O-P-Q-R+S-T-U$

链路预算的基本参数解释如下：

1. 发射机功率：

- 基站发射功率：

假设最大发射功率为 43dBm，各个信道的常用功率分配如表 5-4 所示。

表 5-4　　　　下行信道功率分配

	Power（dBm）	Power（W）	Proportion
Max Tx Power	43.0	20.0	100.00%
Pilot Power	33.0	2.0	10%
PCCPCH（BCH）	30.0	1.0	5%
SCCPCH（FACH）	30.0	1.0	5%
SCCPCH（PCH）	30.0	1.0	5%

续表

	Power（dBm）	Power（W）	Proportion
AICH	26.0	0.4	2%
PICH	26.0	0.4	2%
P-SCH	29.0	0.8	4%
S-SCH	29.0	0.8	4%
DCH	各业务不同		

＊注：公共信道的功率关系并不是直接累加的关系，这是因为部分信道是分时发射的，如 BCH 和 SCH 信道。

通常，各业务的下行最大发射功率设置不同，需根据业务类型及业务的覆盖需求决定。在网络优化过程中，优化工程师根据网络质量、网络需要提供的业务要求等来调整各信道的功率分配，以使整个网络达到最佳性能。

- UE 发射功率：

根据［3］，数据卡终端最大发射功率为 24dBm，语音终端最大发射功率为 21dBm。

2. 人体损耗

一般取值为语音业务 3dB，数据业务一般取 0dB。

3. 天线增益

语音终端的天线增益一般取 0dBi，数据终端的天线增益一般取 2dBi；基站的定向天线增益一般取 17dBi，全向天线增益取 11～14dBi。实际工程中，可根据不同区域类型和覆盖要求选取不同的基站天线。

4. 馈线损耗

馈线损耗是指包括从机顶到天线接头之间所有馈线、连接器的损耗。常用的 7/8″馈线在 2G 频段的百米损耗约为 6dB。链路预算中馈线损耗的取值和基站天线挂高有关。通常城区基站天线挂高为 30～40m 左右，因此综合馈线损耗取 3dB。郊区和农村基站更高，馈线损耗也会相应增加。馈线损耗过大会影响基站的覆盖，可以用塔放或双向塔顶增强器来弥补。

5. E_b/N_0

链路预算中 E_b/N_0 表示接收机的业务解调品质因素，定义为每比特能量除以噪声功率谱密度。该值与移动设备的收发分集、多径信道条件、业务类型等因素有关，反映了设备的信号解调能力。

6. 接收机灵敏度

接收机灵敏度是接收端达到业务解调要求所需的最小信号接收功率值，它满足以下关系式：

$$\text{接收机灵敏度} = \text{环境热噪声} + \text{接收机噪声系数} + \text{业务解调}\ E_b/N_0 - \text{处理增益}$$
$$= NF + 10\log_{10}(KT) + E_b/N_0 + 10\log_{10}(R_b)$$

其中：NF 为接收机噪声系数；

K 为 Boltzmann 常数，为 1.38×10^{-23}；

T 为开氏温度，取 290K；

R_b 为业务速率；

E_b/N_0为业务解调的信噪比要求。

显然，接收机灵敏度和业务类型相关，不同业务解调要求的 E_b/N_0 值不同，处理增益不同，故相应的业务接收灵敏度亦不同。

7. 干扰余量

干扰余量体现了网络负荷对网络覆盖的影响程度。干扰余量与负荷之间的关系是，干扰余量 $=-10\cdot\log_{10}(1-\eta)$，其中 η 为小区负载。

在网络有负载的情况下，计算业务解调所需的最小接收功率还应考虑用户干扰的影响。这时，业务解调所需的最小接收功率的计算公式为：

业务解调所需的最小接收功率 = 环境热噪声 + 接收机噪声系数 + 业务解调 E_b/N_0 − 处理增益 + 干扰余量 $= NF + 10\log_{10}(KT) + 10\log_{10}(E_b/N_0) + 10\log_{10}(R_b) + IM$

其中，IM 为干扰余量。

WCDMA 网络的小区呼吸效应在链路预算中体现为当小区用户数增多，负载增大，相应的干扰增大，因此小区允许的最大路损减小，覆盖范围收缩，反之亦然。因此进行链路预算时，应根据预计的业务量增长趋势选择合适的上行负载，确保良好覆盖网络规划。通常在密集城区和一般城区，小区上行负载设计为 50%，对应干扰余量为 3dB；郊区为 40%，对应干扰余量为 2.2dB；农村为 30%，对应干扰余量为 1.5dB。

8. 软切换增益

当移动设备位于软切换区域内，软切换多条无线链路同时接收，降低了对阴影衰落余量的要求。通常情况下链路预算中多小区的软切换增益取值为 1～3dB。

9. 功率控制余量（快衰落余量）

慢速移动终端主要通过快速闭环功率控制来保证解调性能。为了保证终端位于小区边缘处时，快速功率控制仍能发挥作用，必须为快速功率控制预留一定的发射功率动态调整范围，一般取定为 3dB；对于中高速移动的终端（终端移动速度≥50km/h），主要由信道编码中的交织对抗快衰落，快速闭环功率控制作用很小，一般不需考虑预留功率控制余量。

10. 穿透损耗

建筑物和车辆的穿透损耗是影响无线覆盖的重要因素。穿透损耗与具体的建筑物和车辆类型、电波入射角度等因素有关，在链路预算中假设穿透损耗服从对数正态分布，用穿透损耗均值及标准差描述。一般设定密集城区的建筑物穿透损耗为 20～25dB，一般城区的设定为 15～20dB，农村一般设定为 10dB。但如果要在建筑物的核心部分接收和发起呼叫，大概需要 30dB 的损耗。与此类似，对车辆内部的覆盖，穿透损耗同样重要。一般的小汽车大约会有 3～6dB 的穿透损耗，因此，在链路预算时应根据规划区域内的实际情况设定一个合理的穿透损耗值，以保证良好的业务质量。

11. 阴影衰落余量

阴影衰落余量是为了克服慢衰落的变化，保证小区中通信的可靠性而预留出来的余量，它与一定的小区边缘通信概率要求相对应。

在无线空间传播中，任何一点接收到的无线信号都是随机波动的，可看作是符合对数正态分布的随机变量。如果该点处的接收信号中值正好是解调门限值的话，则该点处的无线信号在 50%的时间内会大于解调门限值，而另 50%的时间内会小于解调门限值，即该点的覆盖率只有 50%。假设小区边缘处的平均信号接收场强刚好为解调门限值，那么处于小区边缘的用户有一半的机会是难以得到希望的服务质量的。为了提高小区边缘的覆盖率，需要预先留出衰落余量。

5.2.3 覆盖规模估算

通过链路预算求得了 UE 和基站之间最大允许的路径损耗后，结合当地的无线传播模型，即可估算基站覆盖半径。事实上，无线传播模型描述的正是路径传播损耗和覆盖距离之间的关系。获得小区覆盖半径 R 后，可以求出基站的覆盖面积 S，S 与 R 的关系可以表示如下：

$S = K \cdot R^2$，其中 K 是一个常数，与具体站型有关。

表 5-5 列出了常见站型的 K 值[4]。

表 5-5　　基站覆盖面积计算中的 K 值

站型	全向	两扇区	三扇区	六扇区
K 值	2.6	1.3	1.95	2.6

用规划区域面积除以单站覆盖面积就可以得到覆盖该区域内满足覆盖要求大致需要的站点数。

5.3 WCDMA 容量估算

容量估算是规模估算的另一个重要组成部分。容量估算的目的是根据规划网络的业务模型和业务量需求，估算出满足容量大致所需的基站数目。同链路预算一样，容量估算也应从上行和下行两个方向进行。WCDMA 系统容量在上行方向主要受限于干扰，在下行方向主要受限于基站发射功率。在以语音业务为主的 2G CDMA 网络中，上下行的业务流量较为对称，容量主要是上行受限（实际网络中如果室内用户多，深度覆盖需要更多的功率情况下，也会出现下行功率不够的情况），因此容量估算主要关注上行方向。但 WCDMA 网络中，数据业务的比重显著增加，且网络上下行的业务流量普遍呈现出不对称的特性，也会出现下行容量受限的情况。因此，WCDMA 容量估算需从上下行两个方向分别进行。

5.3.1 上行容量

WCDMA 系统，在同频组网情况下，所有的用户都在同一载波内传输数据。在经过编码以后，每个信号对于其他信号而言就成为干扰。因此，每个信号都包含在由其他用户产生的宽带干扰背景中。为了接入一个呼叫，UE 的功率必须大到足以克服带宽内其他 UE 形成的干扰，也就是说，基站的接收信号必须达到业务解调要求的 E_b/N_0（每个用户比特能量除以噪声功率谱密度）[5]。

$$(E_b/N_0)_j = \text{用户 } j \text{ 的处理增益} \times \frac{\text{用户 } j \text{ 的信号}}{\text{总接收功率(除去自身的信号)}}$$

上式可以写成：

$$(E_b/N_0)_j = \frac{W}{\nu_j R_j} \frac{P_j}{I_{\text{total}} - P_j} \tag{5-2}$$

其中，W 是码片速率，3.84Mchip/s；

ν_j是用户 j 的激活因子；

R_j是用户 j 的比特速率；

P_j是来自用户 j 的信号接收功率；

I_{total}是基站处包括热噪声功率在内的总的宽带接收功率。

从上式可知，用户信号要达到解调要求，其在基站接收端的接收功率应满足：

$$P_j = \frac{1}{1 + \frac{W}{(E_b/N_0)_j R_j \nu_j}} I_{total} \tag{5-3}$$

定义一个连接的负荷因子 L_j：

$$L_j = \frac{1}{1 + \frac{W}{(E_b/N_0)_j R_j \nu_j}} \tag{5-4}$$

L_j表示用户信号功率占基站总接收功率的比例，则单个用户信号功率 P_j 可表示为：$P_j = L_j \cdot I_{total}$

来自于同一小区内所有 N 个用户的总接收功率为：

$$\sum_{j=1}^{N} P_j = \sum_{j=1}^{N} L_j I_{total} \tag{5-5}$$

通常，基站接收端的总接收功率由三部分组成：小区内用户干扰功率，小区外用户干扰功率和基站热噪声。即：

$$I_{total} = P_{in} + P_{other} + P_N \tag{5-6}$$

其中，P_{in}为小区内用户总干扰功率；

P_{other}为小区外用户总干扰功率；

P_N为基站热噪声功率。

由于小区外 UE 的干扰不通过本小区基站进行功率控制，其干扰大小难以确定。通常，将来自其他小区的干扰与本小区干扰的比值定义为邻区干扰因子 i：

$$i = \frac{\text{其他小区干扰}}{\text{本小区干扰}}$$

i 反映了在本小区基站接收端处其他小区对本小区的干扰比。通常，采用全向天线的宏小区邻区干扰因子一般取值为 0.55，采用三扇区天线的宏小区邻区干扰因子一般取值为 0.65。

因此，基站总用户接收功率为

$$P_{in} + P_{other} = (1+i)\sum_{j=1}^{N} L_j I_{total} \tag{5-7}$$

定义噪声抬升为基站总的宽带接收功率与噪声功率之比，即

$$NR = \frac{I_{total}}{P_N} = \frac{I_{total}}{I_{total} - P_{in} - P_{other}} = \frac{1}{1-(1+i)\sum_{j=1}^{N} L_j} \tag{5-8}$$

定义上行链路负荷因子 η_{UL}为

$$\eta_{UL} = (1+i)\sum_{j=1}^{N} L_j = (1+i)\sum_{j=1}^{N} \frac{1}{1 + \frac{W}{(E_b/N_0)_j R_j \nu_j}} \tag{5-9}$$

η_{UL}表示基站接收端用户信号功率占宽带总接收功率的比值。

于是，噪声抬升可表示为：

$$NR=\frac{1}{1-\eta_{UL}} \text{ 或 } NR(\mathrm{dB})=-10\cdot\log(1-\eta_{UL}) \tag{5-10}$$

式（5-10）反映了基站接收端由用户干扰引起的热噪声之上的噪声抬升。3dB 的噪声抬升对应 50%的负荷因子，6dB 的噪声抬升对应 75%的负荷因子。通常，网络规划假设上行负荷因子为 50%，在单一业务的情况下，根据式（5-9）可以求出每个小区所能提供的信道数，进而求出满足上行容量需求所需的总基站数。

5.3.2 下行容量

下行链路上，基站发射功率被小区内的所有用户共享。当基站总功率中没有多余部分可以分配给一个新增加的用户时，此时就达到了容量限制。也就是说，当一个基站为使其全部用户正常运行而发送的总功率超过了基站的额定功率时，下行链路就达到了功率受限的容量上限。所以说，下行容量是受限于基站总的发射功率。有关 WCDMA 系统的下行负荷，通常有两种定义方式：其一是从下行干扰角度研究噪声抬升定义的系统下行负荷，其二是从下行功率消耗情况定义的系统下行负荷。以下将分析第一种定义的系统下行负荷，以及在此基础上的下行链路容量。

同上行链路容量分析方法类似，下行链路容量分析的出发点仍是解调信号要求的 E_b/N_0 值。对于下行链路，UE 正确解调有用信号必须克服来自三部分的干扰：小区内由于信道的非正交性引入的干扰，小区外信号干扰和 UE 热噪声。即

$$I_{total}=(1-\gamma)P+P_{other}+P_N \tag{5-11}$$

其中，P 为基站总发射功率；

P_{other}为小区外信号总干扰功率；

P_N为 UE 热噪声功率；

γ 为下行链路正交因子。

在下行链路中，正交因子 γ 是一个非常重要的参数。WCDMA 的下行链路采用正交码区分用户，在没有多径传播条件下，UE 接收基站信号时正交性保持不变。然而，实际信号传播过程中，多径延迟是不可避免的，信道之间的正交性被破坏，从而引入干扰。正交因子为 1 对应完全正交的用户。一般情况下，多径信道中正交因子取值在 0.5～0.8 之间。

参考上行负荷因子的推导方式，下行链路负荷因子 η_{DL} 可表示为：

$$\eta_{DL}=\sum_{j=1}^{N}\nu_j\frac{(E_b/N_0)_j}{W/R_j}[(1-\gamma_j)+i_j] \tag{5-12}$$

其中，γ_j是来自用户 j 的信道正交因子；i_j是用户 j 接收到的其他小区与本小区的基站功率之比。

由于 UE 在小区内是随机分布的，γ_j和 i_j与用户所处的位置有关，为了了解小区负荷因子的平均值，可以用负荷因子在整个小区内的平均值近似，即：

$$\overline{\eta_{DL}}=\sum_{j=1}^{N}\nu_j\frac{(E_b/N_0)_j}{W/R_j}[(1-\bar{\gamma})+\bar{i}] \tag{5-13}$$

其中，$\bar{\gamma}$ 为小区中的平均正交因子，通常多径信道下取值为 60%，非多径信道下取值为

90%。$\bar{i}$ 为用户接收到的其他小区与本小区基站功率的平均比值，通常全向天线宏小区的干扰因子取值为 0.55，三扇区天线宏小区取值为 0.65。

下行链路容量分析中，最重要的是对基站发射功率的估算。估算出的基站发射功率是平均功率而不是小区边缘峰值发射功率，因为基站为每个用户分配的发射功率是由基站到 UE 的平均损耗及 UE 灵敏度决定的，实际网络中，用户随机分布在小区内，而不是全部位于小区边缘，所以在计算基站发射功率时，应采用平均路径损耗值，而不是链路预算中的最大路径损耗值。在宏小区中，最大路径损耗和平均路径损耗间的差值通常是 6dB。

总的基站发射功率可用公式（5-14）表达：

$$BS\_TxP = \frac{N_{rf}W\sum_{j=1}^{N}\nu_j L_j \dfrac{(E_b/N_0)_j}{W/R_j}}{1-\overline{\eta_{DL}}} \tag{5-14}$$

其中，L_j 是用户 j 的路径损耗；N_{rf} 是 UE 接收机前端的噪声功率谱密度，可由下式计算得到，$N_{rf}=KT+NF=-174.0\text{dBm/Hz}+NF$（假设 $T=290\text{K}$），NF 是 UE 接收机的噪声系数，典型值为 5～9dB。将各个用户的路径损耗 L_j 用平均路径损耗$\bar{L}$代替，可以得到公式（5-15）：

$$BS\_TxP = \frac{N_{rf}W\bar{L}\sum_{j=1}^{N}\nu_j \dfrac{(E_b/N_0)_j}{W/R_j}}{1-\overline{\eta_{DL}}} \tag{5-15}$$

在单一业务的情况下，根据公式（5-15）可以求出最大允许发射功率下每个小区所能提供的信道数，进而求出满足下行容量需求所需的总基站数。

从公式（5-15）可以计算扇区功率与容量的关系，通过系统仿真可以进一步研究两者之间关系。在一张 CS64k 连续覆盖的 WCDMA 网络中，考察 CS12.2k 用户数目与下行功率需求的关系曲线，如图 5-2 所示。

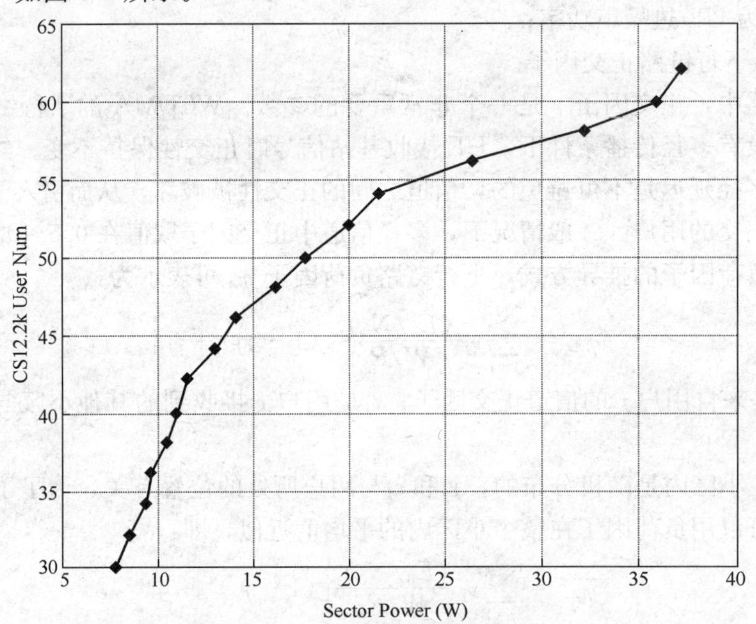

图 5-2　扇区功率与用户数目仿真曲线

从图 5-2 可以看出，片面增加扇区功率不会带来系统容量的明显提升，例如将扇区功率从 20W 提升到 40W，扇区容量仅能够提升 20%左右。这主要是由于 WCDMA 是一个自干扰系统，增加功率会使得网络内部的干扰水平有较大提升，因此依靠增加功率带来的容量增益较小。

事实上下行链路的性能分析是一个比较困难的过程。因为下行链路的性能强烈依赖于许多基本因素，这使下行链路的性能分析难以像上行链路的分析那样简化。下行链路要满足的 E_b/N_0 的取值范围是随移动速度和多径条件变化很强的函数，因此所需要的 E_b/N_0 值随 UE 所处环境的不同而不同。这种变化，加上 UE 位置固有的随机性以及周围小区的干扰电平，都增加了下行链路性能分析的复杂性。在设计中考虑最坏的情况会得出一个过度保守的结论。通常容量估算是在分析了满足上行容量所需的信道数后，考察下行链路是否可以在指定覆盖区内支持 UE 工作并且达到上行链路产生的信道数量。

5.3.3 混合业务容量估算方法

在传统的纯语音网络中，上述容量估算方法是简单适用的。根据上行和下行容量公式不难求出每个小区所支持的最大信道数，并根据 Erlang-B 模型求出每个小区所能容纳的话务量，进而求出满足容量所需的基站数。

但 WCDMA 网络是多业务并存的网络，对小区容量的估算不能再简单沿用纯语音网络中的估算方法。这是因为不同业务的业务速率和所需的 E_b/N_0 不同，对系统负荷产生的影响和消耗的基站资源也不同。混合业务容量估算的一个思路就是在不同业务之间进行等效，其中 Campbell（坎贝尔）方法就是一种比较常用的混合业务容量分析方法。

Campbell 方法的基本思想是将所有业务按一定原则等效成一种虚拟业务，并计算此虚拟业务的总话务量（Erl），然后计算满足此话务量所需的虚拟信道数，进而折算出满足网络容量的实际信道数。

Campbell 模型的等效原理如下：

$$c=\frac{\nu}{\alpha}=\frac{\sum_{i} erl_i a_i^2}{\sum_{i} erl_i a_i} \tag{5-16}$$

$$OfferedTraffic=\frac{\alpha}{c} \tag{5-17}$$

$$Capacity=\frac{(C_i-a_i)}{c} \tag{5-18}$$

式中，c 是容量因子；

ν 是混合业务方差；

α 是混合业务均值；

erl_i 是业务 i 的业务需求；

a_i 是业务 i 的等效强度；

C_i 是业务 i 需要的信道数；

$OfferedTraffic$ 是虚拟业务的业务量；

Capacity 是满足虚拟业务量需要的虚拟信道数。

下面举例说明。

假设业务 A 和业务 B 是网络提供的两种业务，其中，

业务 A：每个连接占用 1 个信道资源，共有 12 个连接（即 12Erl）；

业务 B：每个连接占用 3 个信道资源，共有 6 个连接（即 6Erl）；

则业务 A 的等效强度 $a_1=1$，业务 B 的等效强度 $a_2=3$。

混合业务均值为 $\alpha=\sum_i erl_i a_i=12\times1+6\times3=30$

混合业务方差为 $\nu=\sum_i erl_i a_i^2=12\times1+6\times3^2=66$

容量因子 $c=\frac{\nu}{\alpha}=\frac{66}{30}=2.2$

虚拟业务量 $OfferedTraffic=\frac{\alpha}{c}=\frac{30}{2.2}=13.63$

在 2％的阻塞率下，查询 Erlang-B 表可知，满足虚拟业务量共需要 21 个虚拟信道资源。

根据式（5-18），在 2％的阻塞率下，混合业务需要的信道数为

业务 A：$C_A=(21\times2.2)+1=47$

业务 B：$C_B=(21\times2.2)+3=49$

以上就是 Campbell 定理的折算流程。在 Campbell 方法中，业务等效强度 a 的计算既可以是基于每种业务消耗的信道资源数，也可以是基于每种业务在空中接口引入的干扰。如下所示。

$$\text{Relativeamplitude}=\frac{\text{bit rate for service}\times E_b/N_0\text{ for service}}{\text{bit rate for amplitudel}\times E_b/N_0\text{ for amplitudel}} \tag{5-19}$$

若参考业务为语音业务，并考虑语音业务在物理层的激活性，可将上式修改为：

$$\text{Relativeamplitude}=\frac{\text{bit rate for service}\times E_b/N_0\text{ for service}}{\text{bit rate for voice}\times E_b/N_0\text{ for voice}\times\text{v for voice}} \tag{5-20}$$

Campbell 方法将所有业务统一作为电路域业务进行等效，并运用 Erlang-B 模型进行分析计算，而实际上，分组域数据业务的特性和电路域业务截然不同，而且也不符合 Erlang-B 模型成立的条件，因此这种等效方法本身就存在一些不足，其他混合业务建模及容量分析方法的研究也在不断发展中。

结合以上的 WCDMA 容量估算方法，以下举出一个案例说明 WCDMA 上下行容量性能。表 5-6 给出 CS2.2K 的上行 50％、下行 75％负荷下的单小区和 3 小区容量，网络中按 50％设定上行干扰门限时，上行单小区容量为 57 信道，下行按 75％设定负荷时容量为 86 信道。此容量中没有考虑软切换和更软切换，一般给软切换和更软切换留 30％余量，此时每小区提供业务的信道数降低 30％。

网络实际应用中，由于可能多至 75％～80％的用户在忙时（办公时间或晚上）分布室内，这些用户需要进行深度覆盖。也就是虽然在覆盖有效半径内，但这些用户需要的功率比上述按平均路损的要多，因而，会出现下行功率不够的情况。

这个问题在国外多个网络中已经出现，此问题与室内覆盖问题关联，是 3G 网络的一个热点问题。

表 5-6　　上行容量与下行容量估算表

上行		下行	
等效语音信道	CS12.2k	等效语音信道	CS12.2k
承载速率（kbit/s）	12.2	承载速率（kbit/s）	12.2
E_b/N_0（dB）	4.2	E_b/N_0（dB）	7.2
激活因子	0.67	激活因子	0.58
外来干扰因子	0.65	最大路损（dB）	120
码片速率（Mchip/s）	3 840	码片速率（Mchip/s）	3 840
小区上行负载	50%	外来干扰因子	0.65
定向站单小区支持容量	54	正交因子	0.65
定向站 3 扇区支持容量	162	最大功率	20
		平均路损（dB）	114
		移动台噪声系数（dB）	7
		热噪声（dBm）	−108.2
		总噪声（dBm）	−101.2
		单小区支持容量	78
		定向站 3 扇区支持容量	234
		定向站小区下行负载	75%

5.4　WCDMA 网络优化

5.4.1　优化概述

无线网络优化是指通过对无线通信网络的规划设计进行合理的调整，从而改善网络的覆盖、容量和服务质量，提高网络的资源利用率，使网络更加可靠、经济地运行。

当以下事件发生时，需要进行网络优化：

- 当网络质量不能满足规划设计要求时（多发生在建网初期）。
- 当网络环境发生变化时。如语音和数据用户不断增长，导致现有网络性能下降；城市实际环境不断变化，导致网络局部区域覆盖变差等。网络环境发生变化使得原有设计的网络不能适应当前环境的需要，这时需要进行网络优化和调整，同时提出后续网络扩容的建议。

在 WCDMA 网络建设的不同阶段，网络优化的目标也是有区别的。依据优化实施的时间段、工作目标和工作内容，可将优化分为工程优化和运维优化。

工程优化是在网络建设完成后放号前进行的网络优化。工程优化的主要目标是让网络能够正常工作，同时保证网络达到规划的覆盖及干扰目标。工程优化的主要工作有：

- 检查小区配置与网络规划目标的一致性。
- 排除系统的硬件故障。
- 使覆盖和干扰达到一个满意的水平。

运维优化是在网络运营期间，通过优化手段来改善网络质量，提高客户满意度。运维优化的目标是：

- 提高网络覆盖率，逐步消除覆盖盲点。
- 提高系统容量。
- 提高网络服务质量。
- 为热点地区提供更好的服务。
- 最大化投资回报。

运维优化又包含三个方面的工作：

- 日常维护：主要进行日常的告警信息观测、用户申诉处理等。
- 阶段维护：致力于提高网络的性能，最大程度地减小干扰、提高网络容量、优化参数以使网络 KPI 指标达到更好的水平。
- 网络运营分析：通过定期提取和分析 OMC 性能统计数据，分析可能存在的设备问题或网络问题，为网络调整和优化提供参考。

5.4.2 优化流程

WCDMA 无线网络优化流程如图 5-3 所示。

网络优化流程包括下面几个步骤：准备工作、频谱扫描、单站检查、无线参数检查、网络数据采集、数据分析和问题定位、优化方案制定、优化方案实施、优化验证、优化项目验收和资料归档，具体如下所述。

准备工作：需求分析、制定工作计划、资料调查和收集、优化工具准备。

频谱扫描：在许可的情况下对优化区域进行当前网络使用频率的扫描确认，确保频率干净可用。

单站检查：主要指对基站的天馈系统、前后台配置、功能、性能等方面的检查。其目的是在全网优化前，保证各站点工作正常，避免因设备故障问题影响整网性能。

无线参数检查：主要是检查小区配置参数是否与规划值一致，以及检查业务的相关配置参数，以确保后台参数配置正确，避免出现参数配置不合理影响网络性能的情况。

网络数据采集：其来源通常为路测数据、拨打测试数据、OMC 性能统计数据、用户申诉、告警数据和其他数据等。

数据分析和问题定位：通过分析路测数据、拨打测试数据、OMC 性能统计数据、用户申诉信息、告警数据等，了解网络运行的质量，对网络的性能进行评估，发现和定位网络中可能存在的问题，给出网络优化的建议。

优化方案制定：无线网络问题主要集中在覆盖、干扰、导频污染、接通率、掉话、切换、语音业务质量、数据业务传输速率等方面；另外还有寻呼和登记、接入、负荷及准入控制等参数问题。网络优化的调整策略主要包括调整网络工程参数、调整网络无线参数、调整系统邻区列表、容量分析或疏忙分析后的调整等。

优化方案实施和验证：主要依据优化调整方案进行优化调整。因为优化调整工作通常不会一次成功，是个反复验证的过程，所以要注意保存过程中的优化调整记录，以便随时查阅。

优化项目验收和资料归档：项目验收工作是考察优化后的网络性能指标是否达到优化前设

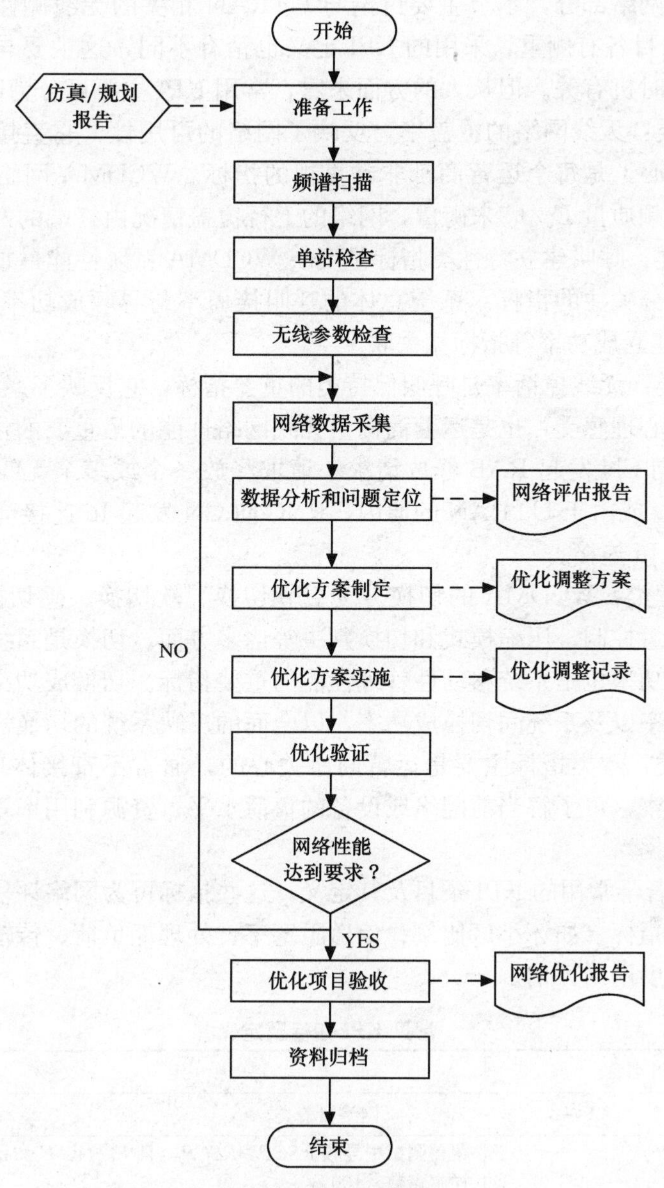

图 5-3　网络优化流程图

定的目标。当项目达标验收完成后，需将优化过程中对问题的分析、定位过程，采取的优化措施，优化前后的指标对比，网络遗留问题或后续建设的建议等以优化报告的形式进行总结。

5.4.3　无线网络关键性能指标

在网络规划阶段，运营商需要给出期望的无线网络质量目标，这些质量目标将直接影响到网络规划的结果。通常来说，量化的质量目标是通过各项关键性能指标（KPI，Key Performance Indicator）定义的。在网络运营阶段，同样需要利用 KPI 对网络运行状况进行日常监控和例行评估，以便决定是否需要对网络进行优化。

KPI 的定义应满足可测性、可比性、完整性、普适性等要求。移动网络的 KPI 包括无线网络部分和核心网络部分，本节主要讨论与 UTRAN 相关的无线侧性能指标。不同运营商所关注的 KPI 条目各有侧重，采用的 KPI 定义也稍有不同，这主要与网管系统中计数器的确切定义和统计时机有关。但从大的方面来看，常用 KPI 主要可分为以下几大类：

- 网络覆盖类：无线网络的覆盖率，反映了网络的可用性。它直接关系到用户的业务使用感受和使用信心，是每个运营商都非常重视的指标。WCDMA 网络的下行覆盖由导频信道的 RSCP 和导频质量 E_c/I_0 来衡量，网络的上行覆盖情况由终端的发射功率来衡量。

- 呼叫建立类：呼叫建立特性类指标是反映 WCDMA 系统性能最重要的指标之一，也是运营商和用户十分关注的指标。系统总体的呼叫接通率与寻呼成功率、RRC 连接建立成功率和 RAB 指配建立成功率等指标相关联。

- 呼叫保持类：无线掉话率是呼叫保持类的重要指标，它反映了系统的通信保持能力，直接关系到用户的心理感受，也是运营商衡量无线网络性能的最重要的指标之一。掉话原因可能是 RNC 通过向 CN 发起 RAB 释放请求，请求释放一个或多个无线接入承载；或是当 UE 丢失或不激活，或由于 UTRAN 的原因，RNC 向 CN 发起 Iu 连接释放请求，请求释放与一个 UE 相连的 Iu 连接。

- 移动性管理类：WCDMA 的切换分为更软切换、软切换、硬切换以及系统间切换。切换过程涉及到测量控制、压缩模式和切换判决等诸多方面。切换是系统移动性管理的重要组成部分，切换成功率也是系统移动性管理性能的重要指标。切换成功率可以分为软切换成功率、硬切换成功率以及系统间切换成功率，以全面的反映系统的切换性能。

- 资源管理类：本类指标主要是运营商所关心的，通常不直接体现用户的使用感受。通过对此指标的考察，可了解当前网络或设备的负荷水平、资源利用率等情况，为网络优化或扩容提供参考依据。

表 5-7 列出了若干常用的 KPI 条目及其定义，这些指标可为网络评估提供量化的参考信息。其他未列出的指标（如坏小区比例、信道阻塞率、处理期负荷、传输占用等）通常可作为一般性能指标辅助网络评估。

表 5-7　　常见 KPI 指标及定义

编　号	KPI 名称	定　　义
		网络覆盖类
1	无线覆盖率	覆盖测试中导频 $RSCP \geqslant RSCP_{\min}$ 且 $E_c/I_0 \geqslant E_c/I_{0\min}$ 的样本点数/总的有效样本点数×100%
		呼叫建立类
2	RRC 连接建立成功率	RRC 连接建立成功次数/RRC 连接建立尝试次数×100%（多次 RRC 建立请求重传记为一次）
3	RAB 建立成功率	（CS 域 RAB 指派建立成功 RAB 数目＋PS 域 RAB 指派建立成功 RAB 数目）/（CS 域 RAB 建立请求的 RAB 数目＋PS 域 RAB 建立请求的 RAB 数目）×100%
4	无线接通率	RAB 建立成功率×业务相关的 RRC 连接建立成功率×100%
		呼叫保持类
5	无线掉话率	（RNC 请求释放的电路域掉话的 RAB 数目＋RNC 请求释放电路域 Iu 连接对应的 RAB 数目＋RNC 请求释放的分组域掉话的 RAB 数目＋RNC 请求释放分组域 Iu 连接对应的 RAB 数目）/（电路域 RAB 指派建立成功的 RAB 数目＋分组域 RAB 指派建立成功的 RAB 数目）×100%

续表

编 号	KPI名称	定 义
		移动性管理类
6	软切换成功率	（软切换请求次数－软切换失败次数）/软切换请求次数×100%
7	硬切换成功率（频间）	RNC内：硬切换成功次数/硬切换尝试次数×100% RNC间：（通过Iur接口的RNC间小区间硬切换成功次数＋核心网控制的RNC间小区间硬切换成功次数）/（通过Iur接口的RNC间小区间硬切换尝试次数＋核心网控制的RNC间小区间硬切换尝试次数）×100%
8	系统间CS域切换成功率（WCDMA→GSM）	CS域系统间切换出成功次数/CS域系统间切换出准备次数×100%
9	系统间PS域切换成功率（WCDMA→GPRS）	PS域系统间切换出成功次数/PS域系统间切换出请求次数×100%
10	系统间PS域切换成功率（GPRS→WCDMA）	PS域系统间切换入成功次数/PS域系统间切换入请求次数×100%
		资源管理类
11	小区载频上行负荷	（载频接收功率平均值－N_0）/载频接收功率平均值×100%，N_0为基站底噪
12	小区载频下行负荷	载频发射功率平均值/配置的载频最大发射功率×100%
13	接纳拒绝率	接纳拒绝的业务数/请求接纳的业务数×100%
14	小区负荷控制掉话率	负荷控制导致掉话的业务数/负荷控制次数×100%

5.4.4 优化案例分析

下面举三个案例简单说明一下WCDMA无线网络优化的问题排查过程和优化措施。

5.4.4.1 *覆盖弱区信号增强（RF优化案例）*

- 问题归属

小区分布不合理出现覆盖弱区。

- 问题描述

S市Medina西北侧路段信号覆盖不好，如图5-4所示。

- 主要参数

天线下倾角、方向角。

- 排查流程

现有站点中，可以对图5-4中区域A和区域B进行覆盖的小区有5个，分别是Sousse Center站的第三扇区（扰码164）、Sousse2站的第一扇区（扰码100）、Cite Hached站的第一扇区（扰码172）和第二扇区（扰码180），以及Kaiser站的第三扇区（扰码228）（东面另有Medina Sousse基站，仅用于古城Medina内部覆盖，无法对道路覆盖作出贡献）。几个基站到此路段的距离如图5-5所示。

由于Cite Hached站的天线挂高只有18m，周边房屋众多，这个站点的两个小区信号都不能对上述区域进行有效覆盖；而Sousse Center的第三扇区（扰码164）信号也由于Medina城墙的遮挡无法到达此路段。这样，可选方案中只剩下Sousse2站点的100扇区和Kaiser站点的228扇区信号可用了。接下来对这两个小区信号进行分析。

Sousse2是S市网络中最高的站点，天线挂高50m。优化前100小区的天线方向角和下

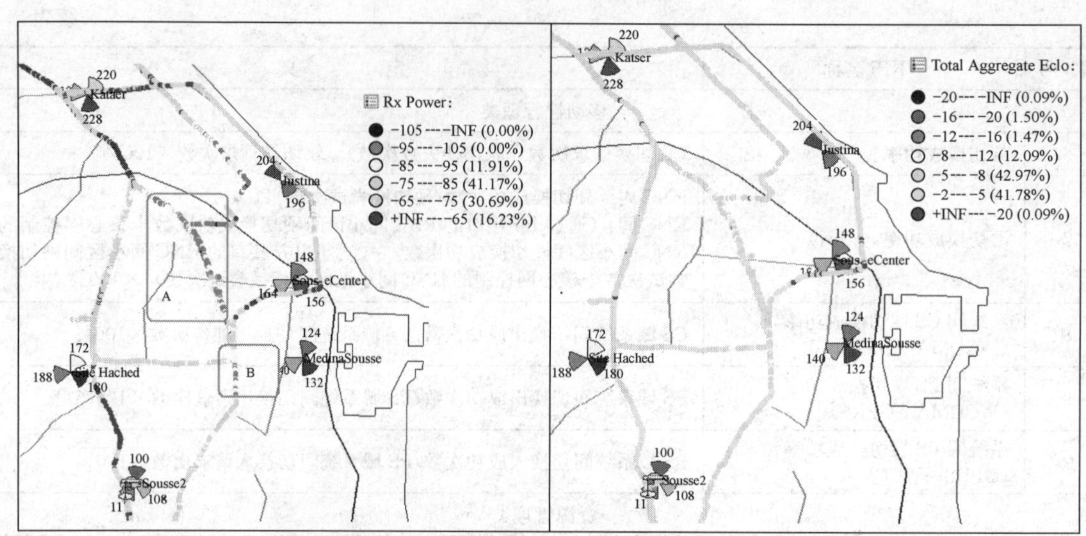

图 5-4　优化前 Medina 西北方路段导频信号强度和信号质量

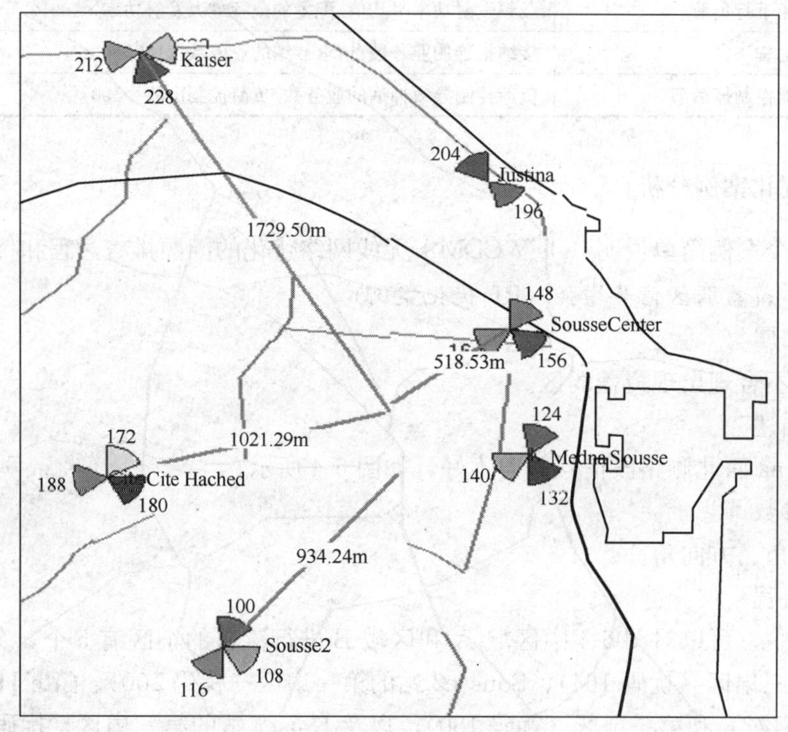

图 5-5　Medina 周边基站距离示意图

倾角参数为（10，6），如果将 6°机械下倾角减小，可以有效增强对区域 A、B 的覆盖，但也会使得网络中的其他小区受到 100 小区信号的严重干扰（Sousse2 站的高度会使 100 小区形成越区覆盖），反而会降低网络的整体性能。

Kaiser 站点的天线挂高为 34m，并且与区域 A 之间没有其他站点，也没有明显的建筑物遮挡。用 Kaiser 站的信号对区域 A 进行覆盖不会对整网产生严重干扰。

- 解决手段

将 Kaiser 站的第三扇区（扰码 228）天线方向角和下倾角由原来的（170，3）调整为（160，0），以完成对区域 A 的覆盖。另外，对 100 扇区的天线做了微调，将天线方向角由 10°调整为 20°，机械下倾角仍然保持 6°。这样不但可以对区域 B 进行有效覆盖，也不会给网络带来很大干扰。

- 优化效果

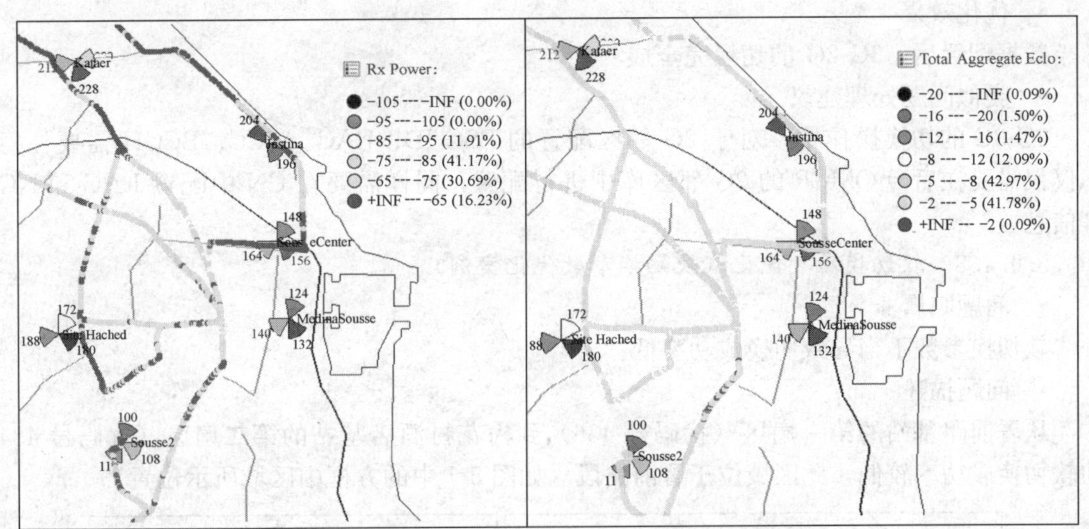

图 5-6 优化后 Medina 西北方路段导频信号强度和信号质量

- 类似问题处理建议

本案例的问题还有其他解决手段：在覆盖弱区 A 附近区域增加信源（可以是微蜂窝或直放站）来直接增强覆盖，这样做的效果可能会更好。具体采用的优化方案会受到一定客观条件的限制，需要根据实际情况完成调整。

5.4.4.2 2G-3G 操作中数据配置优化（2G-3G 参数优化案例）

- 问题归属

数据未正确配置导致切换掉话。

- 问题描述

在 3G 网络覆盖的边缘区域进行 3G-2G 的切换测试，发现一个 3G 小区往周围的 2G 基站进行切换的时候，在自西向东的方向上可以正常切换，但是在自东向西的方向上切换失败。

- 主要参数

2G 邻区配置的 BSC ID、LAC、NCC、BCCH。

- 排查流程

由于在 3G-2G 方向上无法进行切换，第一步的思路是排查是否 2G 邻区未进行配置，检查结果没有发现漏配 2G 邻区。第二步，采用 2G 网络测试的 Sagem 终端，记录在 3G 终端信号质量低于压模启动门限时，终端是否启动压缩模式，同时记录启动压缩模式的地点处 2G 小区的 C/I。

在进行了第二步的测试后，发现终端启动了压缩模式。但是终端在启动压缩模式以后，进行重定位的过程中出现重定位失败，且重定位的失败原因为 unknown target RNC。

通过信令分析，可以推断终端在向 2G 切换的过程中未能识别出 2G 小区所在的 BSC，初步估计是 BSC ID 或者 LAC 区没有配置。

• 解决手段

在 CN 侧对切换的 2G 目标小区的 BSC 和 LAC 进行检查，发现确实是没有配置 LAC 区，于是要求在 CN 重新配置所有 2G 邻区的 LAC 区。

• 优化效果

数据配置后，3G-2G 的切换完全成功。

• 类似问题处理建议

2G-3G 的切换操作中，对于 2G 邻区配置的 BSC ID、LAC、NCC、BCCH 需要注意，不仅仅需要在后台 OMCR 的 2G 邻区库中进行配置，同样需要在 CN 中配置 LAC 和 NCC 等信息。

5.4.4.3 软切换参数优化（软切换参数优化案例）

• 问题归属

软切换参数不当导致切换成功率低。

• 问题描述

从署前路基站的第一扇区（扰码号 436）到梅花村酒店基站的第二扇区（扰码号 434）的软切换成功率较低，此区域位于署前路段（如图 5-7 中的方框中区域所示位置）。

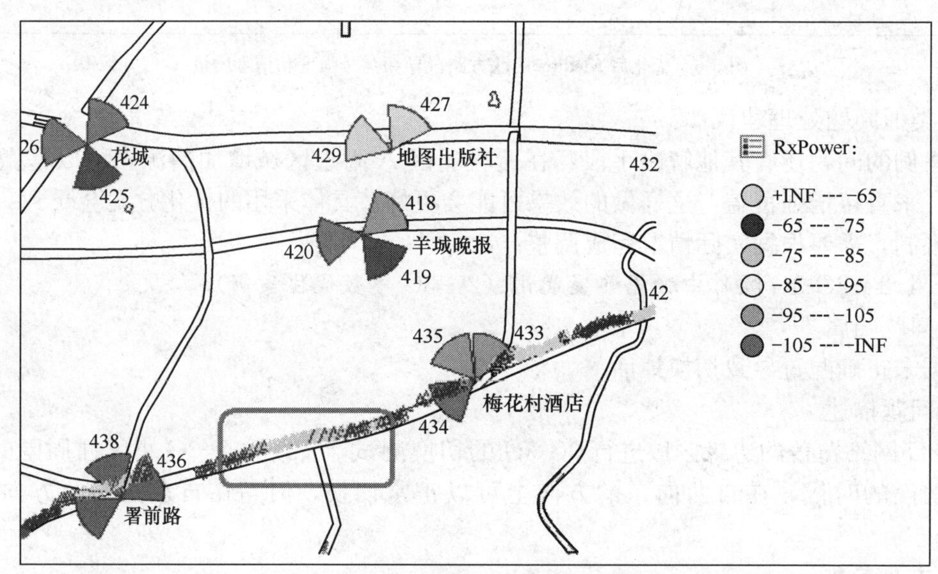

图 5-7 署前路段导频信号强度分布

• 主要参数

软切换 1A/1B 事件切换门限、触发时间。

• 排查流程

署前路段从署前路基站的第一扇区（扰码号 436）到梅花村酒店基站的第二扇区（扰码号 434）的测试道路上导频信号分布情况如图 5-7、图 5-8 所示。

因为有高架桥的遮挡，署前路段上的信号不够好并且起伏较大。当 UE 从 436 小区向 434 小区移动时，还未来得及切换到 434 小区就已发生掉话。

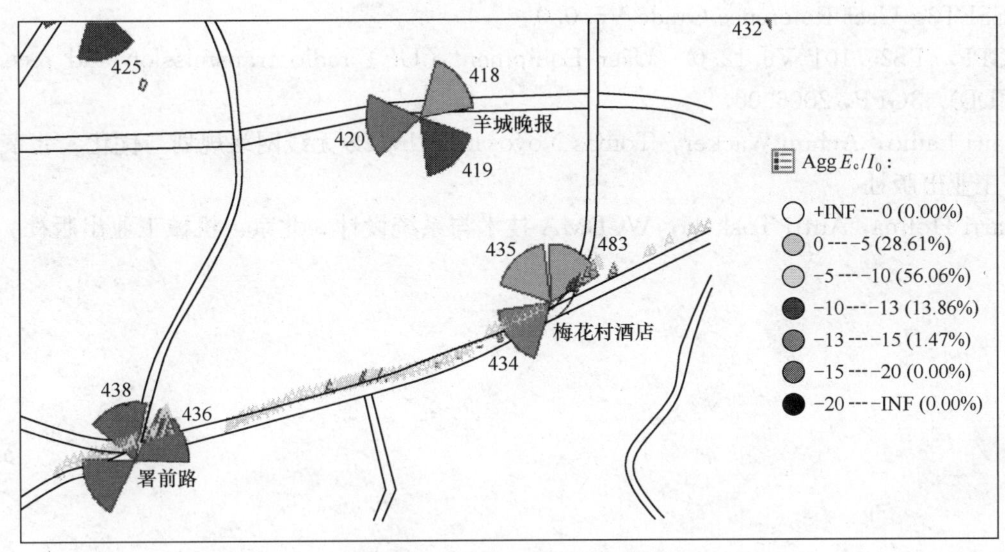

图 5-8　署前路段导频信号质量分布

- 解决手段

调整 436 小区的 1A 事件和 1B 事件的切换门限和触发时间。

降低 1A 事件切换门限，同时缩短触发时间，让质量较好的小区尽早加入激活集；提高 1B 事件的切换门限，同时延长触发时间，防止激活集内小区因为信号突然恶化而过早被删除。

表 5-8　切换参数调整

事　件	参　数	优化前设置	优化后设置
1A 事件	切换门限	2dB	4dB
	触发时间	640ms	200ms
1B 事件	切换门限	5dB	7dB
	触发时间	640ms	1 280ms

- 优化效果

优化切换参数后，梅花村基站 434 小区能够较快加入激活集，并且由于 1B 事件切换门限的修改，避免了 434 小区从激活集中被过早删除。切换参数调整后的路测结果表明署前路与梅花村酒店之间的切换成功率提高到了 100%（超过 1 000 次切换尝试）。

- 类似问题处理建议

对于由建筑物遮挡造成的信号位于切换区域中时，会发生本案例描述的切换失败。如果无法进一步加强该小区的覆盖效果，则可以考虑修改切换参数。修改原则是让目标小区的信号“快进、慢出”。

由于不同小区可能有不同的无线环境，因此，在移动性管理中，要求切换参数可以要按小区进行调整，这样，优化调整一个特定区域的参数时，不会对其他区域产生影响。

5.5　参考文献

1　杨峰义，覃燕敏，胡强．WCDMA 无线网络工程．北京：人民邮电出版社，2004.

2　ASSET3g User Reference Guide V5.0.0

3　3GPP. TS25.101 V6.12.0 - User Equipment（UE）radio transmission and reception（FDD）. 3GPP，2006.06

4　Jaana Laiho，Achim Wacker，Tomas Novosad，UMTS无线网络规划与优化．北京：电子工业出版社

5　Harri Holma，Antti Toskala，WCDMA技术与系统设计．北京：机械工业出版社

第 6 章 HSDPA 话务模型

应用和业务是 3G 的灵魂，而用户则是 3G 成功运营的决定因素。HSDPA 主要满足高速无线通信需求，在网络部署中尤其要细分目标用户群体，针对不同的用户特点准确进行市场定位和业务推广。国内运营商可在借鉴国外成功经验的基础上，更多地结合国内用户特点和实际需求，探寻符合国内市场的业务模式，开发可能的“杀手锏”业务引领 3G 市场。

相较于 2G 网络，3G 网络最显著的特点就是不仅承载传统的语音业务，而且能够提供种类繁多的数据业务，特别是引入 HSDPA 技术后，将会为用户提供更高数据速率、更低延迟的业务（如流类业务、在线游戏和内容丰富的互联网业务），为运营商带来新的收入空间。不同类型的业务，特别是数据业务各自具有不同的特性，会给网络带来不同的业务负荷，描述业务特征的业务模型将影响整个网络性能的评估；描述业务量的话务模型直接决定了整个网络规划的价值。因此，建立科学适用的业务模型和话务模型在 3G 无线网络规划中具有重要意义。

本章首先给出了 3G 网络中业务的 QoS 分类，使读者对 3G 业务有一个总体的印象；然后介绍网络规划中的业务量估计流程，包括单用户业务模型、区域划分和市场预测方法；接着重点分析 HSDPA 承载的业务类型和策略、应用场景、不同用户群的话务特点；随后以国内一类特大城市为例介绍了 R99＋HSDPA 混合组网时话务建模的方法，并对引入 HSDPA 前后的话务模型差异做了对比；最后对网络建设初期 HSDPA 重要应用场景中的室内场景进行话务预测。

6.1 业务的 QoS 分类

不同的业务有不同的特点，所要求的 QoS 也不同。3GPP 中将业务按 QoS 分为四大类，分别是会话类（Conversational）、流类（Streaming）、交互类（Interactive）和背景类(Background)。在参考文献［1］中举例说明了各类业务的典型应用和它们的 QoS 品质要求。

参考文献［2］中总结了 UMTS 的四种 QoS 类别的主要参数，见表 6-1。这四种业务类别最主要的区别在于业务对时延的敏感性，会话类业务如语音业务对时延最敏感，而背景类业务最不敏感。会话类和流类都有保证比特速率的要求，保证比特速率是满足一定概率内业务时延要求的速率。有关业务处理优先级和分配/保留优先级，请参见 2.3.5 节。

表 6-1 UMTS QoS 类别及主要特点[2]

	会话类	流类	交互类	背景类
传输延迟	80ms-	250ms-	-	-
保证比特速率	高达 2Mbit/s	高达 2Mbit/s	-	-
业务处理优先级	-	-	1，2，3	-
分配/保留优先级	1，2，3	1，2，3	1，2，3	1，2，3

6.2 业务量估计

图 6-1 描述了实际工程设计中进行业务量估计的一个流程。业务量估计主要包括以下两方面内容：

（1）预期用户数：根据规划地区的历史数据、经济水平、居民行为特点等预测不同发展时期的用户数，并由覆盖确定扇区用户数。

（2）单用户业务模型：根据规划地区现网数据、业务发展规律预测不同发展时期的单用户业务模型，包括语音话务量和数据吞吐率。

由以上两项可以得到不同发展时期扇区忙时的平均业务容量，继而进行容量估算、传输配置等。通常业务模型用以描述用户业务的特性，如 6.2.1 节所述；而话务模型则是在结合一定用户数基础上给出的业务容量。根据习惯，本章分别用话务量和吞吐率来对 CS 域和 PS 域业务进行描述，而业务量则是指一定范围内（比如一个扇区）CS 域和 PS 域业务的总容量。

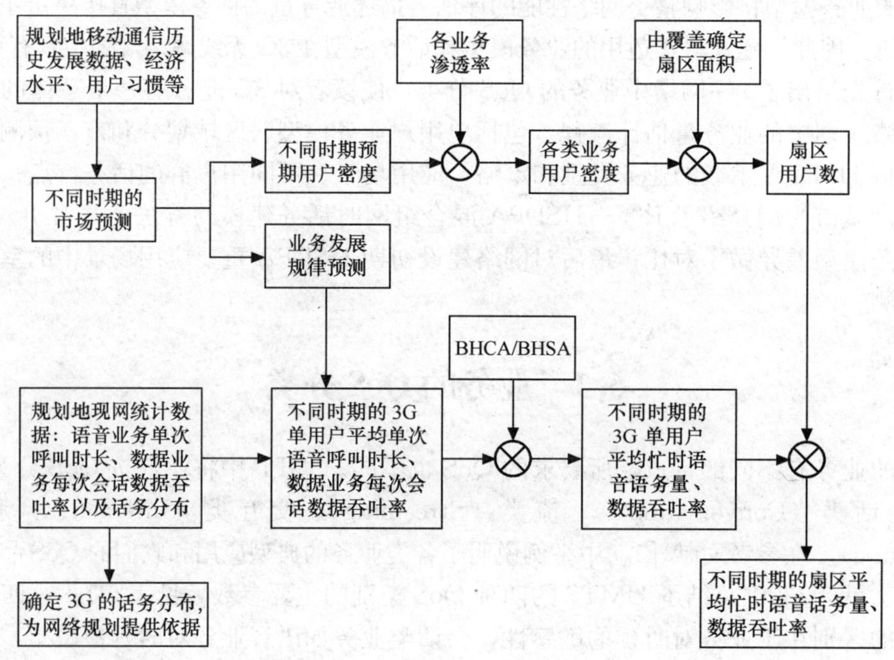

图 6-1 业务量估计流程图

6.2.1 单用户业务模型参数

6.2.1.1 CS 业务模型

CS 域业务采用传统的语音呼叫模型，通常以忙时爱尔兰量（Erl）表示，主要涉及以下参数：

（1）BHCA（A）：忙时发起呼叫的次数；

（2）Holding Time（B）：每次呼叫持续的时间，单位为 s。

这样，单用户忙时平均话务量 $= A \times B/3\,600$(Erl)。

6.2.1.2 PS 业务模型

通常无线分组数据业务源模型包括两部分：用户业务的到达过程和业务行为的描述。后者与具体业务密切相关，而到达过程一般使用负指数分布的泊松过程。ETSI 给出了描述无线移动网络分组业务源的一个参考模型[3]，如图 6-2 所示。

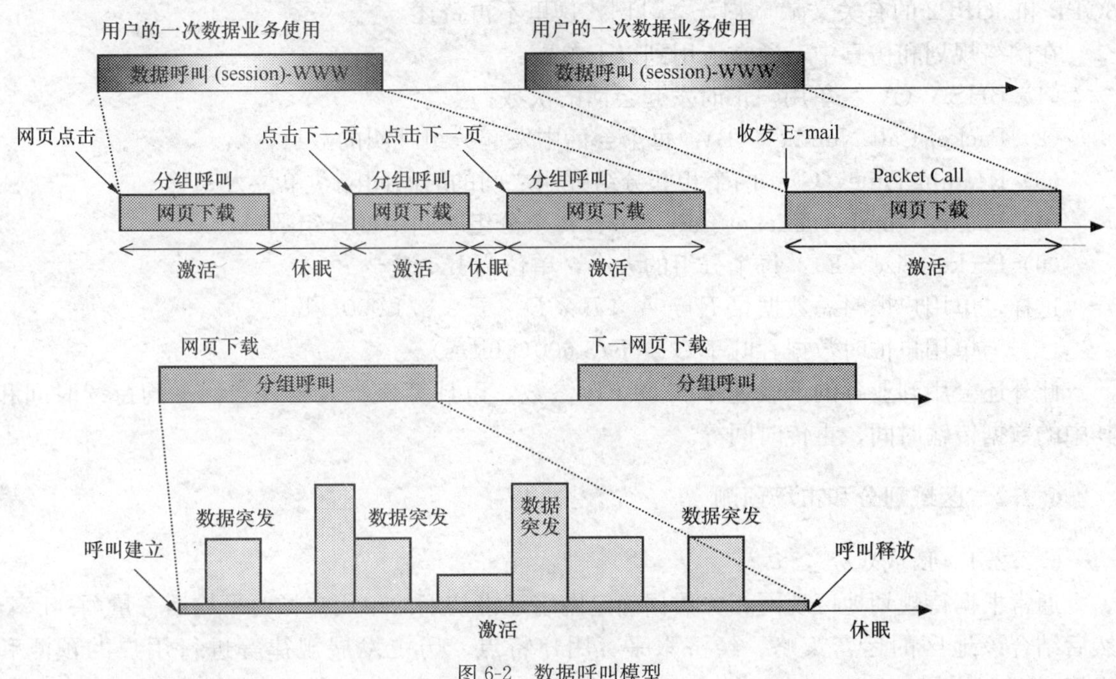

图 6-2 数据呼叫模型

分组业务会话（Session）的特征参数如下：

（1）会话到达过程：服从泊松分布；与业务有关；由业务呼叫的起始时间决定，与呼叫结束无关。

（2）每个会话中的分组呼叫数目（N_{pc}）：服从几何分布。

（3）分组呼叫间的间隔（D_{pc}）：服从几何分布。

（4）一个分组呼叫中的数据包数 Packet Number（N_d）：服从几何分布。

（5）数据包之间的到达时间间隔（D_d）：服从几何分布，当只有一个分组时不需要考虑。

（6）数据包大小（S_d）：服从截断 Pareto 分布。

➢ 数据包分组大小定义为 Packet size = $\min(P,m)$，其中，P 为标准 Pareto 分布（$\alpha=1.1$，$k=81.5$byte）的随机变量，m 为最大允许的分组大小（$m=6\,666$byte）。

➢ 数据包分组大小的概率密度为：

$$f_n(x)=\begin{cases} f_x=\dfrac{\alpha k^{\alpha}}{x^{\alpha+1}} & k \leqslant x < m \\ \beta & x=m \end{cases}$$

➢ 数据包分组大小的均值为：$\mu_n = \int_{-\infty}^{\infty} x f_n(x) \mathrm{d}x = \frac{\alpha k - m\left(\frac{k}{m}\right)^{\alpha}}{\alpha - 1}$

其中，$\alpha=1.1$，$k=81.5$byte，故 $\mu_n=480$byte，这也是在工程规划中通常使用的数据包大小。

对于不同的分组业务，由于有不同的特性，因此业务模型也不同。详细内容可参见3GPP 和 3GPP2 的有关文献［4］～［11］，这里不再赘述。

在网络规划和仿真中，通常应用到以下参数：

(1) BHSA (A)：单用户忙时发起会话的次数；

(2) Packet Call Number (B)：每个会话中发起分组呼叫的数目；

(3) ReadingTime (C)：两个相邻分组呼叫之间的时间间隔，单位为 s；

(4) Packet Number/Packet Call (D)：每个分组呼叫中的分组数目；

(5) Packet Size (E)：每个分组的大小，单位为 byte。

这样，单用户忙时总数据量 $F = A \times B \times D \times E \times 8/1\,000(\text{kbit})$ 。

单用户忙时数据吞吐率 $G = F/3\,600(\text{kbit/s})$ 。

此外还会用到业务的承载速率和 BLER 参数，以计算该类业务每会话平均持续时间和其中的数据传输时间、重传时间等。

6.2.2 区域划分和市场预测

6.2.2.1 区域划分

通常根据待规划地区现网相关数据确定网络建设初期的单用户忙时平均话务量/吞吐率，然后结合该地区的运营策略、经济水平、用户特点、历史发展规律等进行用户的预测和规划。

研究表明，对于中国内地，同一类地区各省市在电信业上的发展具有很大的相似性，可以综合考虑。中国内地的 31 个省市主要可以分为四类地区[12][13]，这四类地区分布如下：

第一类：广东、上海、北京等；

第二类：天津、福建、山东等；

第三类：黑龙江、海南、湖南等；

第四类：新疆、西藏、甘肃等。

对上述四类地区，根据当前的发展情况并分别结合网络的建设进程、人均消费水平、人均通信费用支出、人均 GDP 等进行分析，预测出相关移动用户数。

对于具体待规划城市，一般综合无线传播环境和业务分布特点将规划区域划分为密集城区、一般城区、郊区、农村以及室内热点[15]，详见第 5 章的表 5-1。

6.2.2.2 市场预测

市场预测主要包括用户数的预测和业务发展的预测。实际规划时需要结合当地经济发展水平、居民消费习惯、现网发展规律等多种因素综合给出。

预期用户总数涉及到国家、城市的总体发展战略、各区域经济发展水平及发展前景、运营商的策略等各种因素，预测的方法主要有增长趋势法、人口普及率法、瑞利分布多因素法、曲线拟合法、成长曲线法等。业务预测需要针对不同的业务特点分别考虑，主要应用线性曲线、S 曲线、快速渗透曲线和慢速渗透曲线进行预测。

6.3 HSDPA 话务分析

6.3.1 承载业务和策略

参考文献［1］给出了不同类别业务对时延和误码的要求，如图 6-3 所示。

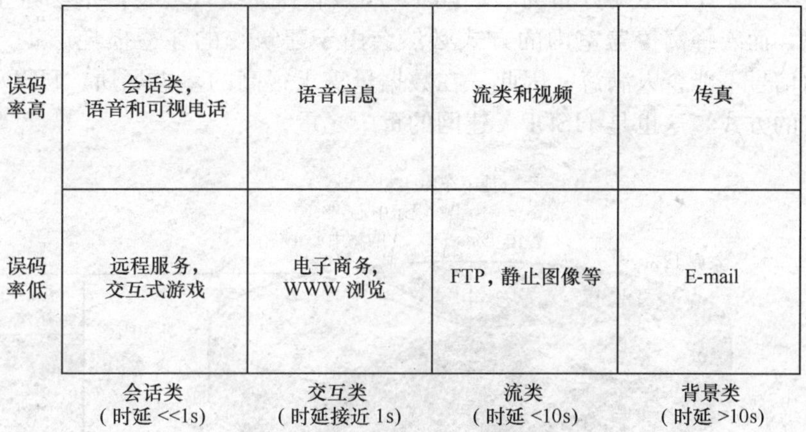

	会话类 （时延 <<1s）	交互类 （时延接近 1s）	流类 （时延 <10s）	背景类 （时延 >10s）
误码率高	会话类，语音和可视电话	语音信息	流类和视频	传真
误码率低	远程服务，交互式游戏	电子商务，WWW 浏览	FTP，静止图像等	E-mail

图 6-3 业务类型及其时延要求

由于 HSDPA 主要在 MAC 和 PHY 层增强了 RAN 的下行发送能力，因此引入 HSDPA 之后对业务的接入质量、链路保持方面的 QoS 没有大的影响。它的影响主要是在 RTT（往返）时延、平均下行吞吐率和峰值速率方面。一般来说，HSDPA 的共享信道和分组调度特性使得 HSDPA 最合适承载非实时业务。根据目前最新的研究结果，实时业务中的流类业务在特定场景下也可以承载在 HSDPA 上，详细情况参见 4.1.4 节；实时业务中会话类业务目前只能由 R99 DCH 承载。综合考虑时延和业务速率的因素，表 6-2 描述了典型业务在 HSDPA 上的承载策略。

表 6-2 HSDPA 承载策略

类 别	实 际 业 务	时延要求（单向）	承 载 速 率	是否适合 HSDPA 承载	承 载 策 略
实时类	语音	＜150ms	12.2kbit/s	否	不承载
	可视电话	＜150ms	64kbit/s		
	互动游戏	＜250ms	N/A	部分	部分承载
流类	实时音频流	＜2s	4.7～25kbit/s	是	考虑一定的策略，与 DCH 共同承载
	实时视频流	＜2s	64kbit/s～2Mbit/s		
交互类	Web 浏览	＜4s	N/A		承载
	WAP 浏览	＜4s	N/A		
	电子商务	＜4s	N/A		
背景类	E-mail	无严格要求	N/A		

6.3.2 应用场景

由于 HSDPA 的高速特性和终端在初期的高端特性，一般在初期不考虑郊区和农村的覆盖，只在城区按“一次规划、按需开通”的策略实现连续覆盖。根据规划地区的 CDMA 1x 和 GPRS 的现网统计数据，考虑用户的数据流量需求，初期只进行密集城区的广覆盖和热点、重点地区的室内覆盖，尽可能做到密集城区的连续覆盖。

图 6-4 是移动用户在各种场景的分布统计。其中有 70%的用户集中在室内，可以预见，室内也必将是 HSDPA 的主要分布场景。HSDPA 只有在无线环境良好的场景下才能充分发挥其技术优势，而宏蜂窝覆盖室内的方式必然会由于建筑物的穿透损耗产生一定的信号衰减，导致室内信号不能令人满意。因此，在数据量需求很高的室内场所，HSDPA 需要重点考虑室内覆盖的方式，这也是 HSDPA 建网的重中之重。

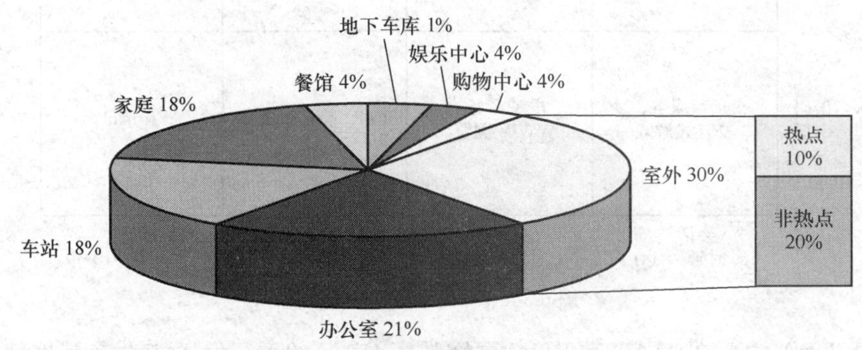

图 6-4　移动用户的地理分布

6.3.3 话务特点

对 3G 时代的通信网络，明确需要提供的服务主要有以下两类：

(1) 宏覆盖下的移动终端用户。这是移动网络传统的终端用户，在 3G 网络中有数据业务的需求和能力。终端类型包括 PDA 和一般手持终端。

(2) 宏覆盖下和室内覆盖下的移动便携机用户，也即 3G 数据卡用户。这个服务给便携机提供了一个随时随地接入并可以移动、漫游、切换的数据业务能力。

3G 时代通信网络未来可能扩展渗透到的覆盖领域有以下两类：

(1) 办公接入。企业、集团、公司用户在办公固定使用计算机的情况下需要的数据流量很大，这是 3G 可能需要扩展或融合的一个领域。

(2) 家庭宽带接入。计算机已经成为家庭的必备生活设施之一，计算机提供的数据业务(上网、邮件、下载等)也成为家庭生活非常重要的一部分。家庭用户可以考虑采用 HSDPA 的无线接入方式实现家庭的宽带接入。例如，在欧洲，采用 HSDPA 转 WiFi 实现了无线宽带接入，适合流量要求不高的家庭用户。

表 6-3 总结了 HSDPA 潜在用户群的划分、应用场景、话务特点及关注的业务类型。对于处于固定位置的公司和家庭用户，由于数据流量通常较大，基本只能由有线宽带解决。这样，HSDPA 的主要用户群就是有移动办公需求的数据卡用户和一些手持终端用户。后面的所有分析将只针对这两类用户，处于固定位置的公司和家庭用户暂不作为考虑对象。

表 6-3　　　　　　　　　　**HSDPA 潜在用户的话务特点**

用户群划分	应用场景	话务特点	关注业务类型	备注
公司/企业固定用户	集中在高档写字楼、高科技开发区等室内	话务主要产生在工作时间（9:00—18:00 左右 午休时间会有一个高峰期）	重点关注快速地收发外部邮件和处理私人事务的背景式业务。接入企业内部互联网和因特网等主要依靠企业内部网解决	这两类用户的数据量需求非常大，主要采用有线宽带解决。HSDPA 可以作为补充方式
家庭用户	居民楼、住宅小区等室内场景	话务主要产生在晚上（20:00—24:00 左右）	重点关注 FTP 的流量型业务，然后是互联网信息型业务，以及少量的 FTP 背景类业务。大型下载业务主要由有线宽带解决	
公司/企业移动用户、商旅人士	集中在宾馆、民航机场、会议中心、会展中心等室内	满足用户在移动时或地点变更时的数据需求，集中在宾馆、民航机场、会议中心、会展中心等地，类似于游牧接入，但对漫游要求也较高	重点关注快速地收发邮件、接入企业内部互联网和因特网等，但使用频率低于固定位置的公司/企业用户	HSDPA 重点用户群，主要由数据卡解决
时尚一族	随时随地，室外覆盖解决	以 DCH 承载的话音和可视电话为主，数据业务需求仍以中低速为主	重点关注 MMS、WAP、Java 等信息型业务以及在线观看等流类业务	主要应用手持终端

6.4　R99＋HSDPA 混合组网话务模型预测

下面参考国内各地规划案例，以一类特大型城市为例，针对网络发展不同时期给出 R99 和 HSDPA 混合组网的话务模型。需要注意的是，这里只是给出一种建模方法，具体数据需要针对实际规划地区结合当地经济发展水平、居民消费习惯、现网发展规律等多种因素综合给出。

3G 商用初期，语音业务仍是主要的用户需求，移动高速数据和多媒体业务将主要面向少数的商业用户。可以预计，在相当长的时间内，仍然面临着以高速增长的语音业务为主的用户需求。图 6-5 分别描述了不同城区忙时各类业务的比例。可以看出，密集城区数据业务的比例要高于一般城区，语音业务的比例则要相应低一些。

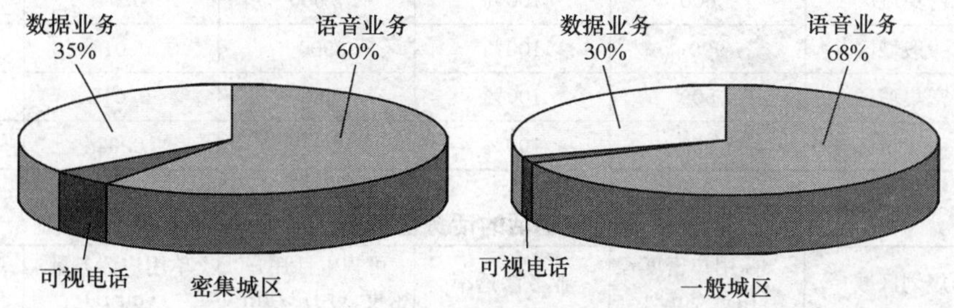

图 6-5　3G 初期不同城区各类业务激活比例

6.4.1　用户预测

结合 6.3 节的内容，HSDPA 网络部署可以按以下原则进行：网络建设初期，采用“密集城区全网引入、一般城区热点覆盖”的 HSDPA 建网原则，需要重点预测密集城区用户数；而在一般城区，建网初期的 HSDPA 用户集中在室内等热点区域。网络发展中后期再扩展到全部城区，郊区和农村不做 HSDPA 规划。表 6-4 是以 6.2.2.1 节中定义的第一类地区为例预测了在采用宏蜂窝覆盖时密集城区和一般城区在不同时期的 3G 用户数。按照表 6-3 的分析，这里的 HSDPA 用户主要是手持终端用户，而数据卡用户则主要在 6.5 节作详细描述。这样，到网络建设的稳定期，HSDPA 用户可以占到 3G 用户的 20%。需要注意的是，在 3G 建网初期，HSDPA 的用户规模会比较小，即使在密集城区，大约只有 5%左右，原因在于新技术的普及和终端的发展还需要一定时间。

表 6-4　用户数预测

发展时期和规划区域		3G 用户密度（用户/km^2）	HSDPA 用户密度		纯 R99 用户密度	
			比例	用户密度（用户/km^2）	比例	用户密度（用户/km^2）
初期	密集城区	1 200	5%	60	95%	1 140
	一般城区	300	0%	0	100%	300
发展期	密集城区	3 600	15%	540	85%	3 060
	一般城区	900	5%	45	95%	855
稳定期	密集城区	7 500	20%	1 500	80%	6 000
	一般城区	1 950	10%	195	90%	1 755

6.4.2　CS 域话务模型

对于传统的语音业务和可视电话业务，仍使用 DCH 信道承载，因此不属于 HSDPA 用户。结合表 6-4，表 6-5 和表 6-6 分别计算了语音业务和可视电话的话务量密度。其中，单用户忙时话务量参见参考文献［15］。

表 6-5　语音业务的话务量密度

发展时期和规划区域		3G 用户密度（用户/km^2）	业务渗透率	3G 语音用户密度（用户/km^2）	单用户话务量（Erl）	话务量密度（Erl/km^2）
初期	密集城区	1 200	100%	1 200	0.03	36
	一般城区	300	100%	300	0.013	3.9
发展期	密集城区	3 600	100%	3 600	0.04	144
	一般城区	900	100%	900	0.018	16.2
稳定期	密集城区	7 500	100%	7 500	0.045	337.5
	一般城区	1 950	100%	1 950	0.02	39

表 6-6　可视电话的话务量密度

发展时期和规划区域		3G 用户密度（用户/km^2）	业务渗透率	可视电话用户密度（用户/km^2）	单用户话务量（mErl）	话务量密度（mErl/km^2）
初期	密集城区	1 200	5%	60	0.75	45
	一般城区	300	2%	6	0.35	2.1
发展期	密集城区	3 600	8%	288	1.5	432
	一般城区	900	5%	45	0.7	31.5
稳定期	密集城区	7 500	10%	750	3.4	2 550
	一般城区	1 950	8%	156	1.5	234

根据网络规划经验，在采用三扇区站型时，一般城区每个基站的覆盖半径为0.60～1.2km，密集城区为0.45～0.55km，对于某些无线场景复杂、话务量需求高的密集城区，覆盖半径可能会进一步降低到0.30～0.40km。这样，就可以由每个基站的覆盖面积结合话务量密度计算得到每个基站的CS域业务在不同时期的话务需求，见表6-7。

表6-7　单站CS话务需求

时　期	区　域	基站半径（km）	基站面积（km^2/基站）	话音话务需求（Erl/基站）	可视电话话务需求（mErl/基站）
初期	密集城区	0.45～0.55	0.39～0.59	14.22～21.44	17.77～26.54
	一般城区	0.6～1.2	0.70～2.81	2.74～10.95	1.47～5.90
发展期	密集城区	0.45～0.55	0.39～0.59	56.86～84.94	170.59～254.83
	一般城区	0.6～1.2	0.70～2.81	11.37～45.49	22.11～88.45
稳定期	密集城区	0.45～0.55	0.39～0.59	133.27～199.08	1 006.93～1 504.18
	一般城区	0.6～1.2	0.70～2.81	27.38～109.51	164.27～657.07

6.4.3　PS域话务模型

6.4.3.1　R99话务模型

由于R99存在最高速率的限制，数据卡用户将主要由HSDPA承载，在R99中只考虑手持终端用户，而不考虑数据卡用户。R99主要承载低速数据业务，不同业务的承载速率和应用比例见表6-8。可以看出，手持终端用户主要关注MMS、Java和WAP等中低速业务。

表6-8　R99数据业务应用比例

业　务	承载速率（kbit/s）		应用比例
	上　行	下　行	
E-mail	64	64	10%
MMS	64	64	34%
Java	64	128	20%
WAP	64	128	24%
Intranet/ Internet	64	128	6%
流类业务	64	128	4%
FTP	64	384	2%
总和			100%

表6-9以密集城区为例给出了初期的平均每PS用户忙时吞吐率的预测，然后在此基础上按二次曲线模型预测了发展期和稳定期的数据，如图6-6所示，一般城区方法相同，这里不再赘述。根据现网的统计，可以设定规划区域存在90%的低负载站和10%的高负载站。

这里每激活数据流量主要参考了IEEE 802.20协议和CDMA2000、GPRS现网相关数据。这样可以推出如下数据：

忙时用户平均会话次数 $N_{ps} = \sum_i N_h = 0.0774$

忙时用户平均激活次数 $N_{ACT} = \sum_i N_h \times N_0 = 0.26$

忙时用户平均会话时长 $t_{ps} = \sum_i N_h \times t = 11.17s$

忙时用户平均数据流量 $D_{AvPs} = \sum_i N_h \times N_0 \times D_o = 172\,944bit$

激活用户平均吞吐率 $V_{ACT} = D_{AvPs}/t_{ps} = 15\,478.05bit/s$

忙时 PS 用户平均吞吐率 $V_U = D_{AvPs}/(3\,600 \times R_{PS}) = 0.32kbit/s$

表 6-9　　　　密集城区初期数据流特性

业务类型	交互类			背景类			流类
	信息点播	E-COMMERCE	WWW/WAP	MMS	E-mail	FTP	VOD/AOD
业务渗透率 R_{PS}	15%						
业务使用比例 R_u（某项业务的使用用户数/PS 业务的使用用户数）	40%	30%	40%	40%	30%	6%	20%
渗透用户平均每月使用次数 N_m	60	30	60	60	60	20	15
忙日集中系数 R_d	5%	5%	5%	5%	5%	5%	5%
业务签约用户忙日使用次数 $N_d=N_m \times R_d$	3	1.5	3	3	3	1	0.75
忙时集中系数 R_h	10%	10%	10%	10%	10%	10%	10%
忙时每用户使用次数 $N_h=N_d \times R_h \times R_u \times R_{PS}$	0.018	0.00675	0.018	0.018	0.0135	0.0009	0.00225
每次使用时间 t（s）	24	120	300	50	240	60	150
激活次数/次 PS 呼叫 N_0	3	10	5	1	2	1	1
每激活数据流量 D_o（bit）	1 536 000	80 000	436 000	400 000	80 000	16 000 000	9 600 000
平均数据速率（bit/s）$=N_h \times N_0 \times D_o/3\,600$	23.04	1.5	10.9	2	0.6	4	6
上行数据量:下行数据量 R_{ud}	1:4	1:1	1:10	1:1	1:1	1:10	1:10

根据上述话务模型预测的 R99 数据业务模型如图 6-6 所示。该预测假定随网络的发展，网络中提供的业务类型越来越丰富，同时运营商也愿意通过资费等策略吸引用户更多地使用业务，由此预测平均每用户的业务量总体呈现快速增长的趋势。不同市场上各个运营商的网

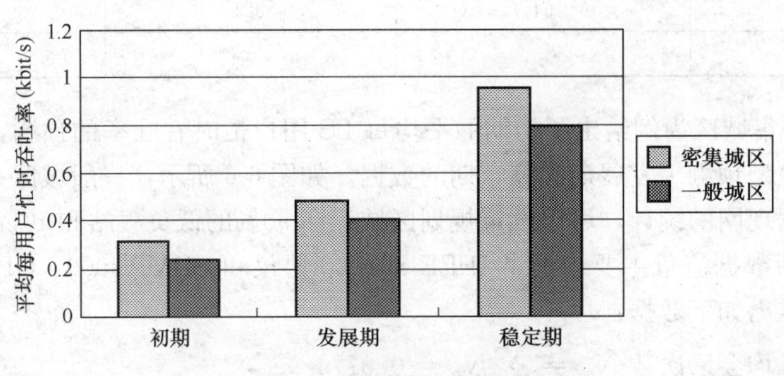

图 6-6　R99 数据业务模型

络定位和业务发展策略会有一定的差异，话务模型预测的平均每用户的业务量发展趋势可能完全不同，比如一个定位为中低端用户群的网络中每用户的业务量甚至可能是先下降然后缓慢上升的趋势，我国的GPRS网络的发展过程即是这种情况。

由纯R99用户密度和业务渗透率可以得到R99 PS用户密度，结合图6-6的平均每用户忙时吞吐率，可以计算出每平方公里的忙时吞吐率，即吞吐率密度，见表6-10。为简化处理，这里没有考虑PS业务在R99和HSDPA两个网络间的分担问题。

表6-10　　R99数据业务的吞吐率密度

发展时期和规划区域		纯R99用户密度（用户/km²）	业务渗透率	R99 PS用户密度（用户/km²）	平均每用户忙时吞吐率（kbit/s）	吞吐率密度（kbps/km²）
初期	密集城区	1 140	15%	171	0.32	55
	一般城区	300	5%	15	0.24	4
发展期	密集城区	3 060	30%	918	0.48	441
	一般城区	855	10%	85.5	0.4	34
稳定期	密集城区	6 000	50%	3 000	0.96	2 880
	一般城区	1 755	20%	351	0.8	281

根据上面计算出的R99数据业务吞吐率密度，可以进一步计算单基站R99数据业务平均吞吐率需求，见表6-11。

表6-11　　平均每个基站的R99数据业务吞吐率需求

时　期	区　　域	基站半径（km）	基站面积（km²/基站）	吞吐率密度（kbps/km²）	单基站R99 PS平均吞吐率需求（kbps/基站）
初期	密集城区	0.45～0.55	0.39～0.59	55	21.61～32.28
	一般城区	0.6～1.2	0.70～2.81	4	2.53～10.11
发展期	密集城区	0.45～0.55	0.39～0.59	441	174.00～259.92
	一般城区	0.6～1.2	0.70～2.81	34	24.00～96.03
稳定期	密集城区	0.45～0.55	0.39～0.59	2 880	1 137.24～1 698.84
	一般城区	0.6～1.2	0.70～2.81	281	197.12～788.47

网络进入稳定期后，用户规模和业务需求达到一个比较高的水准。随着网络的平稳运行，整个网络进入一个良性发展阶段，越来越多的高速PS业务将转由HSDPA承载，单用户的忙时吞吐率也将逐步平稳。

6.4.3.2　HSDPA话务模型和码道分配

根据前面分析，建网初期HSDPA将主要在密集城区和一般城区的热点以及室内引入。本节主要分析密集城区和一般城区的话务模型（室内HSDPA的话务模型将在6.5节中分析）。

对于HSDPA业务，表6-12分别给出了本节讨论的HSDPA手持终端用户和将在6.5节讨论的数据卡用户（主要是移动办公用户）的业务应用比例。这里考虑HSDPA的手持终端用户和R99手持终端用户在业务应用比例上相同（单用户吞吐率会提高），而数据卡用户则有明显不同（详见6.3.3节不同用户的话务特点），见表6-12和表6-8。

表 6-12　　**HSDPA 业务应用比例**

业　务	承载速率（kbit/s）	应用比例	
		手持终端用户	移动数据卡用户
E-mail	低速	10%	30%
MMS		34%	0
Java	中速	20%	0
WAP		24%	0
Intranet/ Internet		6%	30%
Streaming	中高速	4%	10%
FTP		2%	30%
总和		100%	100%

根据 HSDPA 的特点，可以设定初期 HSDPA 平均每用户忙时吞吐率是 R99 的 3 倍，后期的发展速率明显高于 R99 数据业务，这样就得到了图 6-7 中的 HSDPA 数据业务的模型。在规划区域同样考虑 90%的低负载站和 10%的高负载站。

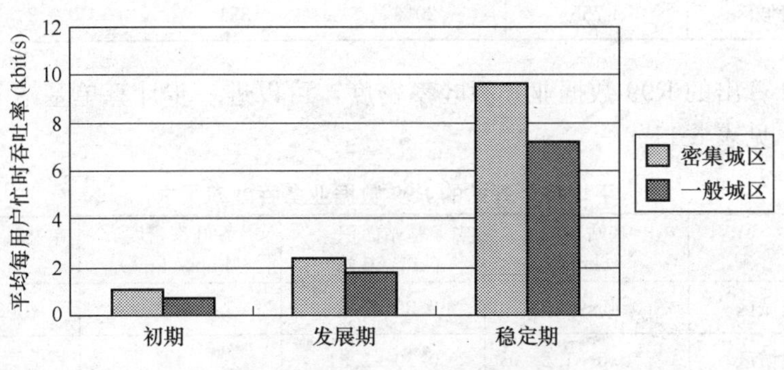

图 6-7　HSDPA 数据业务模型

表 6-13 描述了宏基站、广覆盖的 HSDPA 数据业务的吞吐率密度。表中的吞吐率密度＝ HSDPA 用户密度×平均每用户忙时吞吐率。

表 6-13　　**HSDPA 数据业务的吞吐率密度**

发展时期和规划区域		HSDPA 用户密度（用户/km²）	平均每用户忙时吞吐率（kbit/s）	吞吐率密度（kbps/ km²）
初期	密集城区	60	0.96	58
	一般城区	0	0.72	0
发展期	密集城区	540	2.4	1 296
	一般城区	45	1.8	81
稳定期	密集城区	1 500	9.6	14 400
	一般城区	195	7.2	1 404

根据上面计算出的 HSDPA 数据业务吞吐率密度，可以进一步计算单基站 HSDPA 平均容量需求，见表 6-14。对比表 6-11 中单基站 R99 数据业务吞吐率需求，可以看出，在初期虽然 HSDPA 单用户的吞吐率是 R99 的 3 倍，但由于用户数很少，所以每个基站的吞吐率

和R99 PS基本持平；中后期，随着单用户吞吐率的迅速增加和用户数的增多，每个基站HSDPA的吞吐率已经显著高于R99 PS，稳定期大约为R99 PS的5倍。最后一列是平均每个扇区的吞吐率。

表6-14　　HSDPA平均每个基站的容量需求

时　期	区　域	基站半径（km）	基站面积（km^2/基站）	吞吐率密度（kbps/ km^2）	单基站HSDPA平均吞吐率需求（kbps/基站）	每扇区HSDPA平均吞吐率需求（kbps/扇区）
初期	密集城区	0.45～0.55	0.39～0.59	58	22.90～34.21	7.63～11.40
	一般城区	0.6～1.2	0.70～2.81	0	0	0
发展期	密集城区	0.45～0.55	0.39～0.59	1 296	511.76～764.48	170.25～254.62
	一般城区	0.6～1.2	0.70～2.81	81	56.86～227.45	18.95～75.82
稳定期	密集城区	0.45～0.55	0.39～0.59	14 400	5 686.20～8 494.20	1 895.40～2 831.40
	一般城区	0.6～1.2	0.70～2.81	1 404	985.61～3 942.23	328.54～1 314.07

需要注意的是，这里每基站的容量需求是考虑规划区域有10%的高负载站和90%的低负载站的平均结果。考虑具体的情况，对于密集城区和一般城区基站的覆盖面积分别为0.5km^2和1.5km^2的情况，设定高负载站的容量需求是低负载站的3倍，则可以得到表6-15中每个高负载站和低负载站的扇区吞吐率。根据网络仿真和测试结果，按如下原则分配HS-PDSCH码道数：

- 单基站每小区流量为0.5～1.2Mbit/s时：分配5个码道（建议的HSDPA最低分配码道数）；
- 单基站每小区流量为1.5～2.5Mbit/s时：分配7～10个码道；
- 单基站每小区流量>2.5Mbit/s时：应当考虑增加第二载频。

这样可以得到表6-15中高负载站和低负载站的码道数分配建议。可以看出，在建网初期，用户对HSDPA业务还需要一段了解和认知过程，初期HSDPA用户极少，因此表6-15中的相关预测比较低。在发展期，随着运营商业务的拓展，HSDPA需求开始上升。到网络建设的稳定期时，密集城区的高负载站每扇区的吞吐率可以达到6Mbit/s，此时需要引入第二载频，此载频可单独承载HSDPA用户，而原有的第一载频则承载R99和HSDPA混合用户。

表6-15　　HSDPA码道数分配

时　期	区　域	高负载站		低负载站	
		扇区吞吐率（kbit/s）	分配码道数	扇区吞吐率（kbit/s）	分配码道数
初期	密集城区	24	5	8	5
	一般城区	0	0	0	0
发展期	密集城区	540	5	180	5
	一般城区	101.25	5	33.75	5
稳定期	密集城区	6 000	引入第二载频	2 000	7
	一般城区	1 755	5～7	585	5

6.4.4 案例对比

本节以密集城区为例，对比是否引入 HSDPA 的基站信道需求的差异，考虑基站的覆盖面积为 0.5km^2。

如果不引入 HSDPA 技术，则 R99 用户数就是 3G 用户数，这样每个基站的吞吐率和下行吞吐率见表 6-16。利用 Campbell 方法计算出每个基站数据业务需要的信道数在初期、发展期和稳定期分别为 7、27、115。

表 6-16　　无 HSDPA 时 R99 数据业务的吞吐率

时　期	R99 用户密度（用户/km^2）	业务渗透率	R99 PS 用户密度（用户/km^2）	每用户忙时吞吐率（kbit/s）	吞吐率密度（kbps/km^2）	每基站吞吐率（kbps/基站）	每基站下行吞吐率（kbps/基站）
初期	1 200	15%	180	0.32	58	29	23.2
发展期	3 600	30%	1 080	0.48	518	259	207.2
稳定期	7 500	50%	3 750	0.96	3 600	1 800	1 440

引入 HSDPA 技术，将有部分高端用户转为 HSDPA 用户，HSDPA 与纯 R99 用户比例见表 6-4，R99 PS 和 HSDPA 的用户吞吐率密度分别见表 6-10 和表 6-13。这种情况下，每个基站的 R99 吞吐率和下行吞吐率、HSDPA 吞吐率见表 6-17。同样利用 Campbell 方法计算出每个基站 R99 数据业务需要的信道数在初期、发展期和稳定期分别为 7、27、95。

对比不引入 HSDPA 的情况可以看出，引入 HSDPA 后，R99 数据业务在达到稳定期时对信道的需求降低了 100%×(115－95)/115＝17.4%，而基站可以容纳的下行吞吐率在初期、发展期和稳定期则分别提高了约 120%、298%、420%。

表 6-17　　有 HSDPA 时基站数据业务的吞吐率

时　期	R99 吞吐率密度（kbps/ km^2）	每基站 R99 吞吐率（kbps/基站）	每基站 R99 下行吞吐率（kbps/基站）	HSDPA 吞吐率密度（kbps/ km^2）	每基站 HSDPA 吞吐率（kbps/基站）	每基站总下行吞吐率（kbps/基站）
初期	55	27.5	22	58	29	51
发展期	441	220.5	176.4	1 296	648	824.4
稳定期	2 880	1 440	1 152	14 400	7 200	8 352

6.5 室内 HSDPA 话务模型预测

室内分布系统是 3G 网络的重要组成部分，也是 HSDPA 的主要应用场所，重点针对室内信号覆盖差、话务量大、对通信质量要求高的大型建筑进行点覆盖。这里主要依据现网的数据对网络建设初期的话务模型进行一个预测，发展期和成熟期的话务模型可在此基础上采用各种数学模型进行推测。室内场景下的 CS 业务可以采用 6.4 节相似的方法进行预测，因此本节不再赘述。

6.5.1 典型场景

室内场景从容量、覆盖上主要分为以下两类：

- 室内高话务区
  - ➢ 写字楼/办公楼；
  - ➢ 大商场；
  - ➢ 酒店；
  - ➢ 机场；
  - ➢ 火车站/汽车站；
  - ➢ 室内体育场馆。
- 室内弱覆盖区
  - ➢ 地下室，地下停车场；
  - ➢ 电梯；
  - ➢ 地铁。

表 6-18 描述了不同室内分布情况下的场合特征和用户业务分布特征。

表 6-18　　室内分布的业务特征

场合条件	场合特征	用户业务	备　注
民航机场	漫游用户比例较高； 高端用户比例较高； 数据业务比重较大	语音业务； 数据业务	候机大厅、VIP 候机厅需要考虑数据业务接入能力
会展中心/会议中心/室内体育场馆	话务以事件触发；平时几乎没有话务，但有展览、会议、赛事举行时，话务量会出现浪涌高峰	语音业务； 数据业务	其新闻中心会有大量的数据业务需求
商场，超市	高峰时段话务密度较大	语音业务	数据业务需求较少
写字楼	高端用户比重较大，数据业务需求较大	语音业务； 数据业务	FTP、E-mail 业务需求较高
宾馆，酒店	高端用户比重较大	语音业务； 数据业务	酒店低层的商务区和消费区话务比重较大，高层客房话务比重较小
地下停车场	话务量很小	语音业务	数据业务需求较少

6.5.2　用户预测

表 6-19 给出了不同室内场景下的用户数的计算，并推出相应的人口密度和用户密度，其中数据参考了国外有关资料和国内的工程经验，并统一按高峰时段给出。

表 6-19　　室内情况下的人口密度与用户密度

区　域	人口密度（人/1 000m²建筑面积）	业务渗透率	3G 用户总数计算	3G 用户密度（用户/1 000m²）
写字楼	200	40%	用户总数＝建筑面积×75%（实用面积）×1/5（人均5m²）×40%	80
会展中心	167	50%	用户总数＝建筑面积×80%（实用面积）×50%（有效面积）×1/3×50%	84
室内体育场馆/会议中心	500	50%	用户总数＝建筑面积×80%（实用面积）×50%（有效面积）×1×50%	250
民航机场	100	50%	用户总数＝建筑面积×80%（实用面积）×50%（有效面积）×1/5×50%	50
宾馆，酒店	8 人/10 客房	50%	用户总数＝客房数×2（按每标间2人）×40%（入住率）×50%	4 用户/10 客房
地下停车场	50	50%	用户总数＝建筑面积×50%（实用面积）×1/20×50%	25

6.5.3 话务模型

参照欧洲现网数据，同时考虑建设室内覆盖的场所数据需求应高于室外，因此初期不同场景的数据模型见表 6-20。这里，吞吐率密度＝3G 用户密度×HSDPA 用户比例×平均每用户忙时吞吐率。这里的 HSDPA 用户主要指数据卡用户。

表 6-20　不同室内场景的数据模型

区　域	3G 用户密度（用户/1 000m²）	HSDPA 用户比例	平均每用户忙时吞吐率（kbps/BH）	吞吐率密度（kbps/1 000m²）
写字楼	80	75%	2.4	144
会展中心	84	50%	2.4	100.8
室内体育场馆/会议中心	250	50%	2.4	300
民航机场	126	50%	2.4	151.2
宾馆，酒店	4 用户/10 客房	50%	2.4	4.8/10 客房
娱乐场所	133	10%	0.96	10.83

6.5.4 案例分析

本节根据表 6-20 中预测的吞吐率密度，结合实例，给出不同场景的数据模型。在网络规划时，可以根据设备性能和网络建设要求采用相应的组网方案。

表 6-21　不同室内场景的数据模型（案例）

场　景	实　例	层数	吞吐率密度（kbps/1 000m²）	每层楼覆盖面积（m²）	每层吞吐率（kbps/层）
写字楼	中兴通讯上海研发中心	5	144	8 000	1 152
会展中心	上海科技馆	4	100.8	1 000	100.8
室内体育场馆/会议中心	上海万人体育馆	1	300	15 000	4 500
民航机场	浦东机场（主楼＋候机长廊）	3	151.2	3 750	567
宾馆，酒店	中兴通讯学院	3	4.8/10 客房	每层客房数：22	10.56
娱乐场所	上岛咖啡	2	10.83	1 000	10.83

6.6 数据业务峰均比特性

由于数据业务的随机分组传送特性（见 6.2.1.2 节中 PS 业务模型）、用户业务呼叫的随机到达特性以及网络环境变化造成的网络数据传送能力时变特性，实际网络中的瞬时业务量存在一定的波动性，这种波动性既表现在一天内不同时段的业务量的高低，还表现在短时内的快速波动。以上所分析的话务模型给出的不同场景下的忙时每用户吞吐率可以用于计算忙时网络的平均业务量。下面分析一下数据业务的峰均比特性。

数据业务的峰均比主要受统计区域中的用户数、数据业务模型和话务模型以及网络性能等因素影响。峰均比特性可以通过实际网络统计得到，也可以通过仿真做一定的评估。

此外统计了典型的办公楼内的局域网数据业务量，图 6-8 是对中兴通讯上海研发中心办公楼局域网一周内的流量统计结果（数据来自局域网内 Cisco 交换机上的统计）。

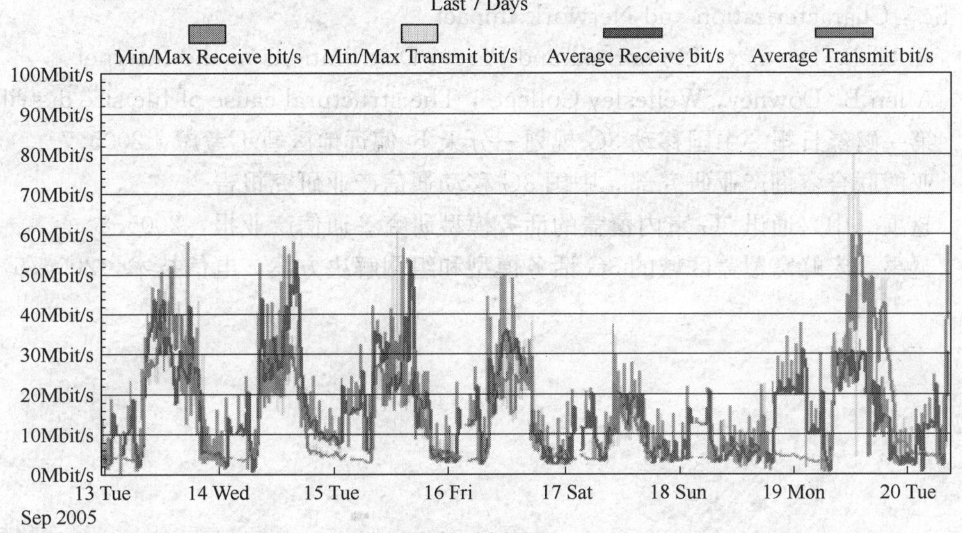

图 6-8 局域网数据流量统计

从图 6-8 可以看出，业务量峰均比在 2～3 倍左右。目前对移动网络中的数据业务峰均比的统计较少，因而可以考虑参考有线网络的数据业务特性对其进行估计。结合上述章节中对业务模型和话务模型的分析，通过对一个典型的小区进行仿真，得到的峰均比在 3～4 倍左右。综上所述，可以对移动网络中的数据业务峰均比进行估计，取值基本在 2～3 倍左右。

数据业务的峰均比在网络规划中具有重要意义，在网络的无线容量规划和传输网规划中都需要考虑此特性。在无线容量规划中，峰均比特性主要反映在基于一定阻塞率的 Erlang-B 信道资源计算中；在传输网规划中则反映为对传输带宽的冗余度规划。冗余度的取值对用户数据业务的服务质量有直接影响，冗余度低，则用户的峰值速率被削减。建议对有高端重点客户的重点区域的传输带宽规划较高的冗余度。

6.7 参考文献

1 3GPP. TS22. 105 V6. 3. 0 - Services and service capabilities. 3GPP，2005. 03

2 Harri Holma WCDMA 技术与系统设计（第三版）. 北京：机械工业出版社，2005

3 ETSI document TR 101 112，1998，33-35

4 IEEE 802. 20 Working Group on Mobile BroadBand Wireless Access IEEE 802. 20 E-valuation Criteria（Ver 15/17）

5 IEEE 802.20 Working Group on Mobile BroadBand Wireless Access , Traffic Models for IEEE 802.20 MBWA System Simulations
6 Farooq Khan and Sanjiv Nanda, TCP over Wireless Networks
7 3GPP TR 25.848, Physical layer aspects of UTRA High Speed Downlink Packet Access
8 3GPP TR 101 112, Selection procedures for the choice of radio transmission technologies of the UMTS
9 Jacobus van der Merwe, Subhabrata Sen, Charles Kalmanek, Streaming Video Traffic : Characterization and Network Impact
10 Allen B. Downey, Lognormal and Pareto Distributions in the Internet
11 Allen B. Downey, Wellesley College , The structural cause of file size distributions
12 第一财经日报．中国移动 3G 规划三分天下 偏远地区暂不考虑，2005.7
13 亚博联合咨询产业研究部．中国 3G 移动通信产业研究报告
14 赵禹．中兴通讯 3G 室内覆盖的话务模型研究．通信产业报，2005.8
15 赵禹．宏蜂窝覆盖区域的 3G 话务模型和组网解决方案．电信技术，2006.5

第 7 章　HSDPA 网络规划

HSDPA 网络规划技术是 WCDMA R99 网络规划技术的发展，只有通过良好的规划，才能发挥 HSDPA 技术的先进性。HSDPA 与 R99 混合组网需要研究其组网频率使用策略、资源分配策略、HSDPA 链路预算、HSDPA 的容量估算方法。由于 HSDPA 与 R99 网络共存，因此需要研究引入 HSDPA 后 R99 网络在容量覆盖等方面受到的影响。

7.1 节重点讨论 HSDPA 的建网策略、升级策略；对引入 HSDPA 后对原有 R99 网络的影响将在 7.2 节中进行分析；7.3、7.4 节阐述 HSDPA 的覆盖和容量估算，并结合仿真结果和测试数据验证 HSDPA 的网络规划理论；根据 HSDPA 与 R99 组网特性，在 7.5 节中分析 HSDPA 室内、室外的组网方案。

7.1　HSDPA 建网策略

7.1.1　HSDPA 的引入策略

HSDPA 最显著的特点是能够充分利用下行的功率，提供高速率的数据业务服务，制定合理的 HSDPA 建网策略是发挥其高吞吐率优势的前提。引入 HSDPA 是为了解决高速数据业务需求。在 3G 网络中，语音业务仍将是最基本的业务，具有最大的用户群，但是在密集城区和一般城区，存在大量的高速数据业务的需求，引入 HSDPA，在吸收大量原有网络的 R99 的数据业务基础上，会带来更为丰富的数据业务，通过引入 HSDPA 会进一步提高网络运营收益，这些区域需要重点规划。在 HSDPA 规划上，要优先确保用户的语音等基本业务。因此，针对数据业务比重的高低，选择不同的引入策略，并且由于 HSDPA 的升级是采用全软件的升级方式，引入 HSDPA 并不会带来全网成本的提高。因此在密集城区和数据业务丰富的一般城区，全网引入 HSDPA，对于以语音业务为主的一般城区，数据业务热点引入 HSDPA。该方案可以称为“密集城区全网引入，一般城区重点引入”，此外，数据业务需求大的地区，在初期建网亦可全网引入。其网络拓扑示意图如图 7-1 所示。

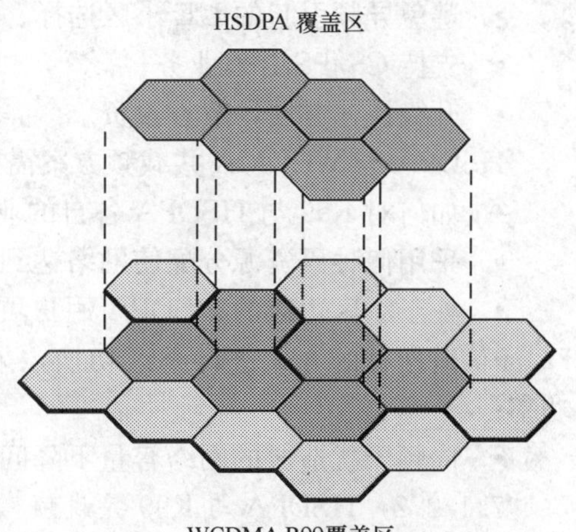

图 7-1　城区引入 HSDPA 网络

R99 网络覆盖范围非常广，包含了密集城区、一般城区到郊区、农村的整网覆盖。在郊区和农村等通信欠发达地区，话务量比较低，R99 网络完全可以满足该类区域的 CS 和 PS 业务需求，没有必要建设 HSDPA 网络。

另外还存在单独引入 HSDPA 网络的组网方式，满足特定场景下的单纯高速数据业务需求。这种方式网络规划相对简单，但是不适合在有语音等 CS 业务需求的区域实施。

表 7-1 对几种不同的引入策略的特点进行了分析对比。

表 7-1　　HSDPA 引入策略对比分析

引入策略	优点	缺点	结论
HSDPA 单独建网	规划简单	成本开销巨大，不支持 CS/PS 并发业务	此方案适用于特定场景下的无线数据业务组网
全网的 R99 和 HSDPA 混合组网	较上一种方式节约建网成本，支持多种业务并发	对以语音业务为主的偏远地区，引入会浪费资源，增加运营成本	没有必要在建网初期进行全网的 HSDPA 引入
密集城区全网引入，一般城区重点引入	同上	一般城区后期升级到全网覆盖，需要网络优化	节约成本，升级方便，建设精品网络，可行性高

在做 HSDPA 引入方案中，关键是考察引入 HSDPA 的"度"，即在规划区域为用户提供 HSDPA 服务等级和该区域的 HSDPA 用户规模。这个度取决于规划区域的数据业务的需求。

7.1.2　同频与异频组网方案

HSDPA 与 R99 频率使用策略有两种：HSDPA 与 R99 共载频建网；HSDPA 与 R99 使用异载频建网。

7.1.2.1　HSDPA 与 R99 共载频

HSDPA 与 R99 工作在同一个频点，共同使用频率、基站功率、信道化码等资源，在系统统一调度下发挥各自优势，让用户轻松享受全面的网络服务。HSDPA 与 R99 共载频方案的优势有以下几方面：

- R99 支持的 CS、PS 业务与 HSDPA 支持的高速数据业务共享频率及功率，做到资源利用最大化；
- 避免异频引起的 UE 小区选择、驻留等问题；
- 支持 CS/PS 并发业务；
- 升级快速方便，节省投资。

HSDPA 与 WCDMA 共载频方案需要解决的问题主要有：

- 如何对 R99 与 HSDPA 各自的业务进行合适的功率分配；
- 采用何种码资源分配使网络达到最优；
- 处于小区边缘的 HSDPA 用户可以使用 HS-DSCH 小区变更或者使用 HS-DSCH 到 DCH 信道迁移的方式进行小区切换，采用何种切换策略来保证不同切换条件下的切换成功率；
- 同频干扰造成的网络容量下降问题。

7.1.2.2　HSDPA 与 R99 异载频

HSDPA 采用与 R99 不同的载频进行独立组网，这就是 HSDPA 异频建网。HSDPA 频点仅能够为用户提供 PS 业务服务，不支持 CS 业务的接入。对于话音等 CS 业务，需要由 R99 频点承载解决。PS 业务的引导策略是，低速率 PS 业务优先选择 R99 频点，高速业务优先集中在 HSDPA 频点上。

HSDPA 与 R99 异载频组网的优势在于：独立组网，规划简单，邻频干扰较小[6]，有助于提升网络容量。但是，网络建设初期采用 HSDPA 与 R99 异载频方案，存在以下问题：

• HSDPA 需要单独分配占用一个宝贵的频点资源以及相关资源，网络建设成本高；

• 初期用户数量有限，R99 与 HSDPA 各自占用一个载频，共享程度低，不能灵活利用资源；

• 在只支持 HSDPA 小区的频点上，现阶段无法解决用户 CS 与 PS 并发的业务需求；

• 多载频下的小区重选和驻留机制比较复杂；

• 根据业务需要在多个频点间切换，不仅增加了系统处理开销、时延，同时也降低了网络可靠性和用户感受。

在网络建设初期，不推荐采用 HSDPA 与 R99 异载频方案进行网络建设。当网络发展到一定程度，或者是室内组网场景，随着 PS 业务量的逐渐增加，可以使用单独的频点建设一个仅支持 HSDPA 的网络，同时在其他频点采用 HSDPA 和 R99 共载频的方式。

7.1.2.3 HSDPA 频点使用方案

考虑到 WCDMA 网络同频自干扰，以及覆盖与容量负载密不可分等特点，HSDPA 网络建设需要遵循以下方案[2]：

(1) 网络初始建设运营阶段，使用同一载频进行密集地区的 WCDMA R99 与 HSDPA 全覆盖。在网络建设初期，用户业务需求相对还不高，通过无线资源管理算法统一协调 R99 和 HSDPA 资源分配，能够满足运营需求。

(2) 在网络逐步发展期，当用户发展到一定阶段之后，通过资源调节已经不能同时满足 R99 用户和 HSDPA 用户的需求，就需要增加载频进行扩容（网络建设时基站需具备多载频平滑升级能力）。第二载频仍然采用 R99 DCH ＋ R5 HSDPA 方式。可以根据被覆盖区域的业务需求，配置每个载频上 R99 与 HSDPA 对资源占用的比例。

(3) 3G 网络发展稳定期，市场培育成熟，3G 网络拥有数量庞大的用户群，数据业务量急速上升，此时使用第三个载频专门提供数据业务。此载频的用户以数据卡用户为主，不支持与 R99 业务并发。

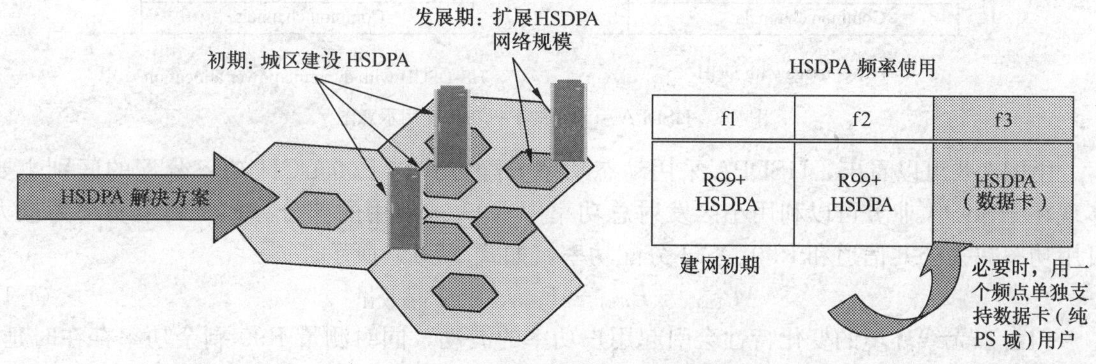

图 7-2 HSDPA 频率使用演进策略

在为新增载频配置 HSDPA 和 R99 的比例时，需要考察被覆盖区域的用户业务需求情况。对无线数据业务需求较多的场景，其新增载频以 HSDPA 业务为主，但是也需要预留一定的 R99 信道，以备并发业务需求；对语音业务需求较多的区域，其新增载频以语音用户配置为主，辅以少量的 HSDPA 配置；对于一般的场景，调整不同载频的资源配置，一个载频重点解决语音等 R99 业务，另一个载频重点解决 HSDPA 数据业务，但是每个载频都要支持 R99 DCH ＋ R5 HSDPA 方式，以便解决业务并发问题。对于室内系统，以及 HSDPA

数据业务需求量极大的区域，采用单独频点建设 HSDPA 网络。

7.2　HSDPA 引入后对 R99 网络的影响

7.2.1　引入 HSDPA 对系统指标的影响

7.2.1.1　网络负荷

HSDPA 引入后，对 WCDMA 网络的影响主要体现在下行网络负荷的提升和下行干扰余量的改变。

有关网络负荷的两个定义：第一个是指从上行干扰角度考虑的网络负荷，见 5.3.1 节的式（5-9）；第二种是从占用基站最大下行发射功率比例方面定义的下行网络负荷 $\eta_{\text{Power}}=\frac{P_{\text{tx}}}{P_{\text{Max}}}$。由于在同频配置情况下，HSDPA 和 R99 是共享功率资源，其下行功率消耗百分比设置在一个较高的水平，对应的干扰余量为下行干扰余量。本节中的下行负荷都是按照第二种的定义进行讨论分析，是下行功率占用百分比。

HSDPA 可以采用动态功率分配策略，小区总发射功率能够保持在一个相对平稳的水平。HSDPA 引入后使系统下行干扰更稳定，有助于提升下行发射功率的使用性能。

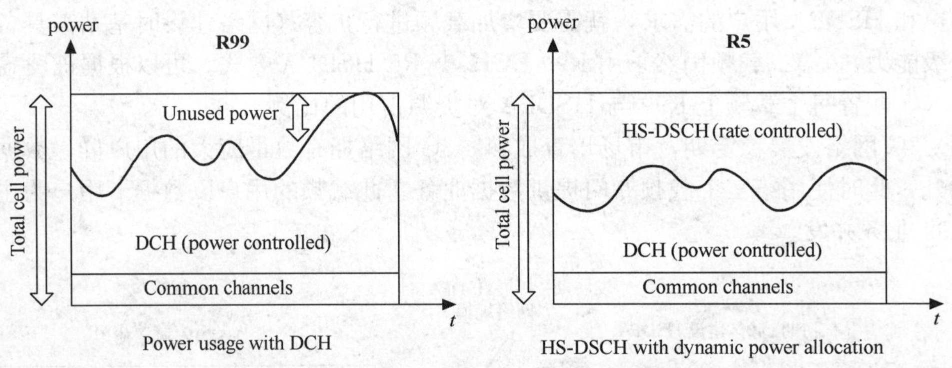

图 7-3　HSDPA 引入后的下行功率使用示意图

由图 7-3 可以看出，HSDPA 采用动态功率分配方式与 R99 DCH 功率分配的区别主要体现在 HSDPA 业务可以利用小区发射总功率中 R99 未使用的部分。R99 剩余功率为最大可用功率减去公共信道和 R99 DCH 分配功率，如式（7-1）所示。

$$P_{\text{R99}}=P_{\text{total}}-P_{\text{common}}-P_{\text{R99 DCH}} \tag{7-1}$$

但由于无线环境的变化特性会引起用户功率的波动，同时测量 R99 剩余功率存在时延，如果按照 100%的小区最大发射总功率计算 HSDPA 可用功率，很可能会导致下行总发射峰值功率超过功放的最大值，因此，即使使用 HSDPA 后，提高下行负荷也应该控制在 90%～95%内。测量 R99 剩余功率的时延越小，下行的发射总功率就可以越接近小区下行的最大发射功率，下行负荷 η_{Power} 越接近 100%。以下介绍几种 HSDPA 功率分配策略。

(1) HSDPA 采用功率固定分配策略

如果 HSDPA 采用固定功率分配，HSDPA 没有使用的功率不能被 R99 使用，同时 R99 剩余功率也不能被 HSDPA 使用。此外，R99 需要一部分预留功率作为功率控制余量，因此扇区功率资源不能被充分利用。

(2) HSDPA 采用慢速功率分配策略

HSDPA 的功率由 RNC 周期性分配指定，实质上是一种慢速功率分配方式。由于 R99 DCH 功率变化较快（每秒 1500 次功率控制），必然需要预留一定的缓冲，避免超过功放上限而造成失真。RNC 配置的功率反馈时延较大，所以需要很大的功放的缓冲预留，导致下行功率利用效率严重下降，所以不推荐使用这种策略。

(3) HSDPA 采用快速功率分配策略

Node B 可以根据当前 HS-PDSCH 发射功率的快速测量，在 2ms 内做一次 HS-PDSCH 快速功率分配，将剩余的功率资源尽量分配给 HSDPA 使用，如图 7-3 中右图所示。

设置较高的下行负荷工作点对于充分利用宝贵的功放资源、提高吞吐率非常有利。考虑到 R99 的 DCH 的功率控制、功率测量的时延，以及 HSDPA 的下行伴随信道 A-DPCH 的功率控制波动，将密集城区的下行功率负荷设计在 90%～95%之间是一个较合理的值。

7.2.1.2　下行干扰余量

HSDPA 引入后，对 WCDMA 网络上行干扰余量影响不大，对下行干扰余量存在一定影响，主要原因是下行网络负荷的提升会抬升下行干扰余量。

下行网络负荷 η_{DL} 有两种定义，η_{Power} 是指下行发射总功率占基站发射总功率的比值，即下行功率负荷；$\eta_{\mathrm{Interfere}}$ 是考虑邻区干扰、正交因子等计算的下行网络干扰负荷；在 5.3.2 节有相关公式的详细分析和推导，选择其中几个关键公式如下：

$$\eta_{\mathrm{Power}} = \frac{P_{\mathrm{tx}}}{P_{\mathrm{Max}}} \tag{7-2}$$

$$\eta_{\mathrm{Interfere}} = \sum_{j=1}^{N} v_j \frac{(E_{\mathrm{b}}/N_0)_j}{W/R_j}[(1-\bar{\gamma}_j)+\bar{i}_j] \tag{7-3}$$

$$P_{\mathrm{tx}} = \frac{P_{\mathrm{N}} \cdot \bar{L} \cdot \sum_{j=1}^{N} v_j \cdot \frac{(E_{\mathrm{b}}/N_0)_j}{W/R_j}}{1-\eta_{\mathrm{Interfere}}} \tag{7-4}$$

$$NoiseRise = 10 \cdot \log_{10}\left(\frac{1}{1-\eta_{\mathrm{Interfere}}}\right) \tag{7-5}$$

其中，W 是码片速率，3.84Mchip/s；

v_j 是用户 j 的激活因子；

R_j 是用户 j 的比特速率；

$\bar{\gamma}_j$ 为用户 j 的正交因子；

$\bar{i}_j$ 为用户 j 的邻区干扰因子；

$(E_{\mathrm{b}}/N_0)_j$ 是用户 j 的解调目标信噪比；

$\bar{L}$ 是平均路径损耗；

P_N 是 UE 接收机噪声；

P_{Max} 是小区最大发射功率；

P_{tx} 是小区实际发射功率；

$NoiseRise$ 是噪声抬升量。

将式（7-2）、式（7-3）、式（7-4）代入式（7-5）可得：

$$NoiseRise = 10 \cdot \log_{10}\left(1 + \frac{(1-\gamma+i) \cdot \eta_{\text{Power}} \cdot P_{\text{Max}}}{P_{\text{N}} \cdot \overline{L}}\right) \tag{7-6}$$

由于在本节提到下行负荷是指下行功率负荷，而在下行链路预算中的干扰余量是通过干扰攀升计算，这就容易造成混淆。通过式（7-6）就把功率负荷、干扰余量结合起来，不同的 γ、i、$\overline{L}$等参数的取值，会影响 *NoiseRise* 计算结果。绘制两者关系曲线如图 7-4 所示，作为举例说明引入 HSDPA 后由于功率负荷升高而带来的干扰余量变化趋势。

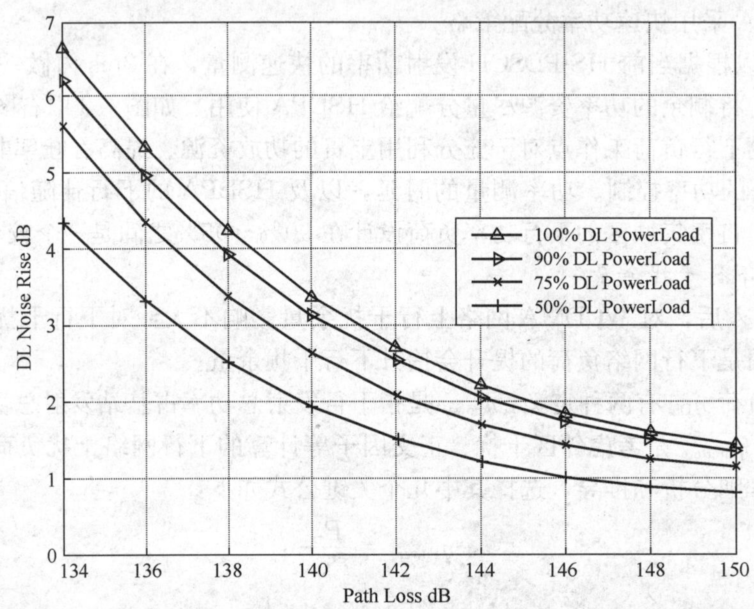

图 7-4　下行功率消耗与下行接收噪声抬升关系曲线

从图 7-4 可以看出，不同位置的用户，由于其路径损耗（包含了传播模型损耗、穿透损耗等因素，是端到端经历的衰减总和）不同，下行功率负荷攀升造成的干扰余量攀升也是不同的。对于处于靠近小区中心的用户，由于其路损较小，因此下行功率负荷上升会带来较大的噪声攀升；对于处于小区边缘的用户，基站的下行功率对其接收噪声贡献较小，因此下行功率攀升带来的噪声抬升影响较小。网络覆盖的优劣主要取决于边缘用户，从图 7-4 可以发现，下行功率攀升对边缘用户噪声抬升实际影响有限。

通常在 R99 网络中，一般下行功率大约是 15W 左右，即 R99 小区的下行功率负荷为 75%左右。引入 HSDPA 后会抬升下行发射功率，这就会引起网络内的干扰电平上升。因此可以根据不同的下行网络功率负荷，在链路预算表中设置不同干扰余量。例如当边缘用户的路径损耗为 140dB 左右、正交因子和外来干扰因子都在 0.4～0.6 时：

- 下行功率负荷从 75%上升到 90%，小区边缘的下行噪声抬升 0.5～0.8dB 左右；
- 下行功率负荷从 75%抬升到 100%，小区边缘的下行噪声抬升 0.7～1.0dB 左右；

对于一个 75%功率负荷的 R99 网络，如果在引入 HSDPA 后，功率达到 90%，此情况下处于小区边缘用户的干扰余量仅需要增加预留 0.5～0.8dB，影响比较小。不同的场景会得到不同的噪声抬升结果，但是对于处于小区边缘的用户，下行功率负荷攀升对其带来的噪声抬升有限，通常情况下小于 1dB。

对于资源受限的 WCDMA 下行链路，干扰余量攀升会导致用户对下行功率需求加大，因此进而引起下行容量有所下降。例如采用增加公共信道功率方式克服边缘用户噪声抬升，这会引起分配给专用信道的功率减小，而引起容量变化，可以通过 7.2.4.2 节的图 7-9，分析不同功率分配方式对 R99 的容量影响，在此不在赘述。

7.2.2 HSDPA 对资源分配的影响

由于 HSDPA 具有时分、码分特点，在与 R99 同频配置时具有资源竞争，因此需要详细考虑 HSDPA 的资源设置问题[4]。

7.2.2.1 码资源分配

HS-PDSCH 的码资源分配按照扩频码树从右至左的方式分配，可占用的 SF_{16} 的个数为 1～15。小区公共信道占用了 8 个 SF_{256}。在同一个 TTI，每个正在进行 HSDPA 传输的码分 UE 需要一条 HS-SCCH（消耗 1 条 SF_{128}，相当于 2 条 SF_{256}），每个 UE 需要一条伴随 DPCH（通常为 SF_{256}，最大为 SF_{32}）。

当 HSDPA 与 R99 同频组网时，两者共享扩频码资源，如图 7-5 所示。对于每个小区，其扩频码资源由公共信道、R99 业务信道、HSDPA 相关信道共同占用。其中 HSDPA 码资源由其业务信道、信令信道、伴随信道等开销占用。

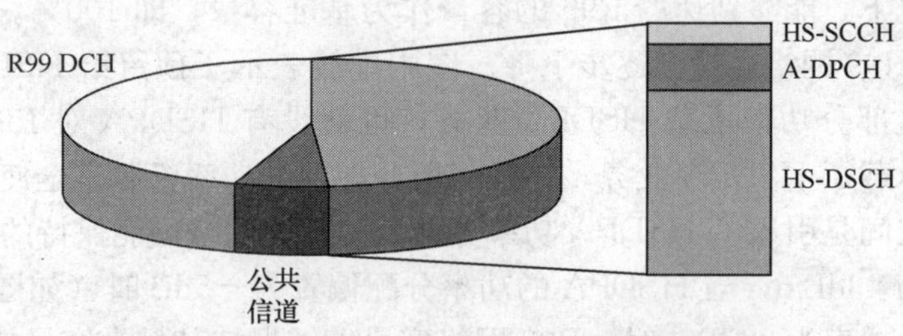

图 7-5 同载频组网下，HSDPA 与 R99 共享扩频码资源

在 HSDPA 系统中，如果有 M 个 HSDPA 在线用户，则系统需要配置 M 条 A-DPCH，使得每个 UE 有专用的伴随 DPCH 信道；如果每个 TTI 内允许参与发送的 HSDPA 用户数目是 N，则需要配置 N 条 HS-SCCH 信道。每个 R99 语音用户需要一条 SF_{128} 的信道化码，通过对比 HSDPA SF_{16} 的分配比例，得到对 R99 语音用户的影响，如图 7-6 所示。

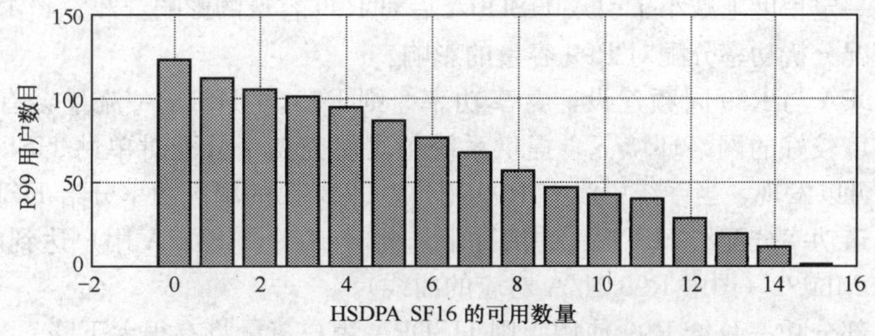

图 7-6 HSDPA 码资源分配对 R99 用户数目的影响

从码资源分配得到，R99 与 HSDPA 在码资源上基本是呈线性关系，可以互换。一般在 WCDMA 建网初期，无论是 R99 的语音业务，还是 HSDPA 的数据业务，需求都不是非常强烈，分配给 HSDPA 业务较少的信道化码资源。码资源分配方式采用静态配置方案进行码

资源分配，或者前台依据小区数据吞吐率的变化和用户数的变化等因素进行动态调整。

在 HSDPA 网络建设初期，采用静态码资源分配，为 HSDPA 分配 5 个 SF_{16} 的码道，其余码道由 R99 使用。5 码道分配方案可以为 HSDPA 提供 3.6Mbit/s 的峰值吞吐率/扇区，在实际组网中也能够提供 1.0～2.0Mbps/扇区，因此这种方案完全能够满足大部分网络场景下的初期运营需求。

7.2.2.2　功率资源分配

引入 HSDPA 后，尤其是在采用动态功率分配的情况下，系统能够将功放使用 90%甚至 100%，大大提高了功放的使用效能。在建网初期，采用以静态资源配置为基础，辅以动态调整，为系统配置最佳功率、码资源分配方案，使得 R99 和 HSDPA 业务适应各个场景。由于 WCDMA 是一个自干扰系统，因此功率分配对容量影响至关重要，下面将从功率分配角度研究 HSDPA 对 R99 的容量影响。为了研究最恶劣情况下的功率资源分配对 R99 容量的影响，本仿真假定网络中的所有功率资源都被使用，即 20W 功率资源被 100%耗尽这种极端情况。

图 7-7 清楚地显示了分配给 HSDPA 不同的功率对 R99 网络容量的影响。假设 R99 网络容量使用 CS 12.2k 的语音用户数目来衡量，在 HSDPA 功率分配为 0W 时，所有功率都分配给 R99 使用（20W 的扇区功放，其中 4W 分配给公共信道开销，其余 16W 全部由 R99 业务使用）的情况下，能够到达的 R99 的容量作为基准容量，即 100%。随着分配给 HSDPA 的功率加大，R99 网络容量会逐步下降。图中虚线表示了预留给 HSDPA 的一定功率资源，但没有使用这部分功率承载 HSDPA 业务，也就没有 HSDPA 对 R99 的同频干扰；图中实线表示网络承载了 HSDPA 业务，并且将所分配到的功率资源完全使用。这是两种极端情况，两条曲线之间是引入了 HSDPA 功率分配后，R99 网络可能保持的容量大小。假设小区最大发射功率为 43dBm，当 HSDPA 的功率分配偏置为－5dB 时（如图 7-7 所示），即分给 HSDPA 业务的功率为 38dBm 时，R99 网络容量能够保持其最大容量的 60%～85%左右。导致 R99 容量下降有两个原因：一方面是因为 R99 分配得到的功率资源减少，另一方面是因为 HSDPA 对 R99 产生同频干扰。可见，HSDPA 会对 R99 网络造成影响，这种影响与 HSDPA 实际占有的功率比例有关。

在实际组网中，R99 容量下降幅度有可能不会如图 7-7 所示如此剧烈，原因是实际网络中 R99 网络负荷一般为 75%或者更低一些，因此存在一定的功率冗余可以提供给 HSDPA 使用，因此在一定程度上减小了引入 HSDPA 后对 R99 容量的影响。7.2.4 节将结合现实网络真实负荷情况分析功率分配对 R99 容量的影响。

如果 HSDPA 与 R99 同频建设，共享功率，则 R99 对 HSDPA 流量会有一定的影响。假设在无线环境较好的网络环境下，提供系统仿真研究功率分配对单站 HSDPA 流量的影响。由图 7-8 可以发现，当系统中没有 R99 用户，即 80%的扇区功率分给 HSDPA，也就是全部的业务信道功率分配给 HSDPA 的情况下，此时 10 个 HSDPA 用户达到的总系统流量能够达到 3.40Mbit/s（图中 R99 N/A 对应的曲线）。

如果把一部分功率分给 R99 使用，则 HSDPA 用户流量将有很大下降。当 20%的基站功率分给 R99 时，此时 10 个 HSDPA 用户的总流量下降为 2.81Mbit/s（图中 R99 36dBm 对应的曲线），相比没有 R99 用户时下降了 17.4%；当 30%的基站功率分给 R99 时，此时 10 个 HSDPA 用户的流量下降为 2.45 Mbit/s（图中 R99 37.8dBm 对应的曲线），相比没有 R99 用户时下降了 27.9%；当 50%的基站功率分给 R99 时，此时 10 个 HSDPA 用户的流量下降

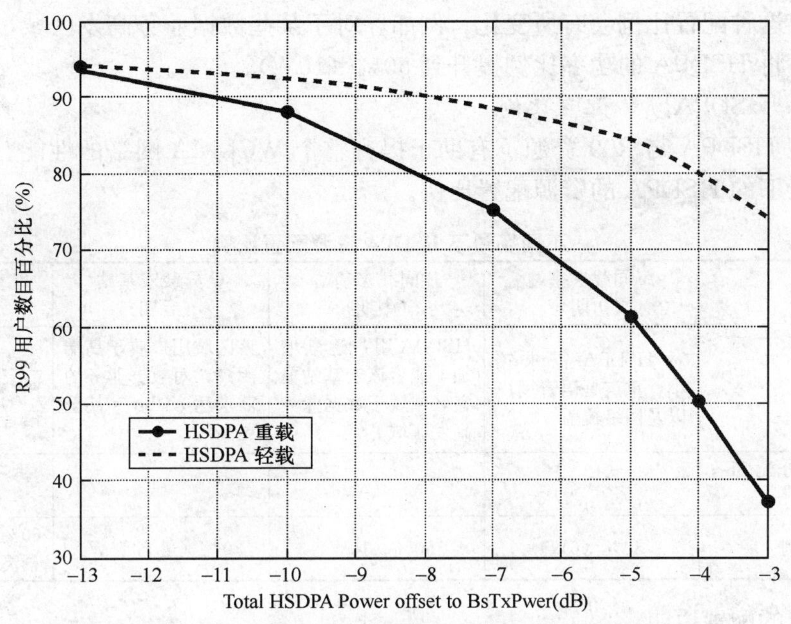

图 7-7 HSDPA 功率分配对 R99 网络容量的影响（R99 网络重载情况下）

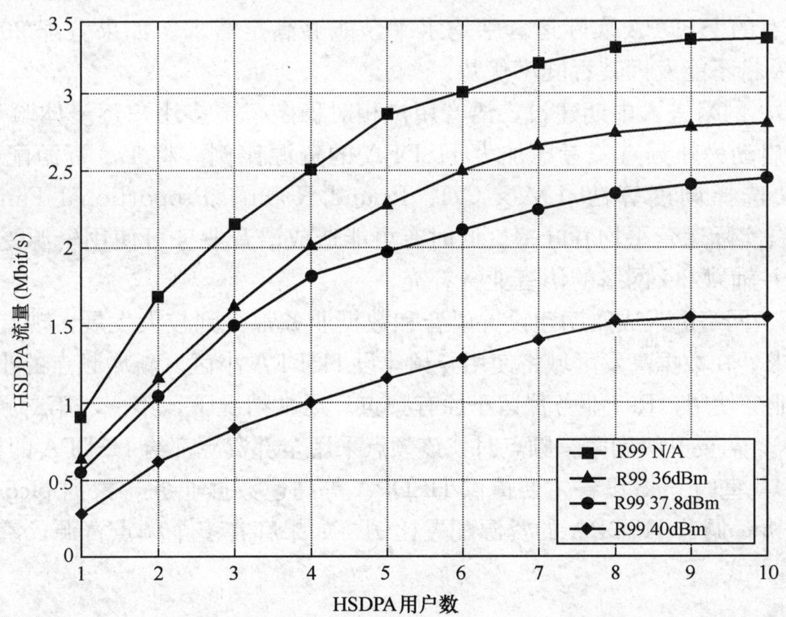

图 7-8 R99 对 HSDPA 流量的影响（单站情况）

为 1.55 Mbit/s (图中 R99 40dBm 对应的曲线)，相比没有 R99 用户时下降了 54.4%。

由于 HSDPA 与 R99 共载频是应用于建网初期，因此 HSDPA 的流量需求不是很大，一般 1.55Mbit/s 的 HSDPA 平均流量是能够满足运营需求的，因此在 HSDPA 建网初期的分配方案为：基站 20%功率（4W）是公共开销，将 50%功率（10W）分给 R99 用户，30%功率（6W）分配给 HSDPA 用户。这时，R99 的用户能够达到其最大值的 65%～85%（如图 7-7 所示），HSDPA 流量能够维持在 1Mbit/s 以上（如图 7-8 所示），使得 R99 和 HSDPA 都能够达到折衷利益最大化，满足 HSDPA 和 R99 网络初期的业务需求。随着 HSDPA 应用场景的不同，这种配置比例会有所变化。例如，对于某些数据业务高发区域，或者由于无线环境较差，可将 HSDPA 的功率比例提升到 50%（10W）。

7.2.2.3　HSDPA 资源配置比例

合理分配 HSDPA 与 R99 资源，有助于提升整个 WCDMA 网络的性能。表 7-2 分析了不同典型场景下的 HSDPA 的资源配置比例。

表 7-2　不同场景下 HSDPA 资源配置比例

场景	A 同载宏基站（初期）	B 同载宏基站（中期）	C 异载宏基站（后期）	D 室内 HSDPA pico 设备
场景特点	对 HSDPA 需求较小，重点是语音用户以及网络覆盖	HSDPA 用户逐渐增加，或者该宏基站覆盖区域属于数据业务高发区域	该区域用户属于高端用户，对数据业务的需求达 3Mbit/s 甚至更高	室内重点房间的 HSDPA 覆盖，同时有一些语音业务
HSDPA 码资源分配 SF_{16} 数目	5	7	14	10
HSDPA 功率比例	30%（6W）	50%（10W）	80%（最高 16W）	60%～70%，根据场景灵活配置

不同场景的配置说明：

- 场景 A，初期同载频建设，HSDPA 业务需求较小，分配 1/3 的资源就能够提供大约 1Mbit/s 左右的 HSDPA 实际运营平均水平，能够满足需求。如果分配 20%以下的业务功率，HSDPA 将不能发挥其吞吐率优势。
- 场景 B，网络进入中期建设，语音用户相对稳定，更多用户逐步体验 HSDPA 业务，此时还不足以启动另外频点。考虑加大 HSDPA 的资源比例。将 1/2 资源配置给 HSDPA，根据不同场景选择调度算法（Max C/I、Round Robin、Proportional Fair），能够提供 1.5Mbit/s 左右实际运营平均吞吐率。此时有可能造成语音业务可使用资源受限，应考虑功率动态配置，并辅以 2G 网络的语音业务补充。
- 场景 C，网络进入成熟期建设，语音和数据业务都得到较大发展，现有频点资源不足以满足业务需求，在数据高发区域将使用异频建设 HSDPA 小区。新增频点的小区所有资源均可被 HSDPA 业务使用，R99 业务保留于原有频点。通常情况下，第一、第二频点都采用 R99＋HSDPA 形式，需要升级到第三频点时，该频点采用全部资源都给 HSDPA 的异频建网模式。
- 场景 D，室内 pico 设备主要提供 HSDPA 等高速数据业务。根据 pico 设备覆盖区域的话务需求分析，调节 HSDPA 的资源配置比例。如果存在多个频点资源，室内可采用 HSDPA 异频建网方式。

7.2.3　HSDPA 对 R99 覆盖的影响

从以上分析可以看到，引入了 HSDPA 后，由于整个网络的最大发射功率得到了充分的利用，带来了干扰余量的提高，因而造成小区信号覆盖和质量有一定恶化。

从链路预算分析，假设采用 COST231 模型，可以计算路损恶化 ΔL(dB) 后对小区半径的缩减程度。假设小区原有半径为 R(m)，则有：

$$\Delta L = 35.2 \cdot \log_{10}(1 + \frac{\Delta R}{R}) \tag{7-7}$$

因此可以获得，$\Delta R = (10^{\frac{\Delta L}{35.2}} - 1) \cdot R$，随着路损恶化 ΔL 的加剧，小区收缩情况也越

明显。

在 R99 系统负荷 75%情况下，全网引入 HSDPA 后，扇区发射功率攀升至 90%。在这种情况下，网络内导频 E_c/I_0 下降大约 0.5～0.8dB，如果以相同的 E_c/I_0 为小区边缘指标，暂时不考虑其他指标影响，则根据上面公式可以计算得到覆盖半径大约收缩了 3%～5%。

在实际网络规划中，需要引入 HSDPA 的区域，通常都是数据业务高发的密集城区，原有的 R99 网络通常都是容量受限情况，而覆盖都是有一定余量的。在这类区域引入 HSDPA 导致下行干扰余量恶化 1dB 左右，通常不会对覆盖产生重大影响。但是不排除某些区域无线场景复杂，原有 R99 网络的下行覆盖比较差，干扰余量轻微抬升就可能影响原有规划的下行覆盖，在这种情况下，通常有以下手段：

- 通过网络优化控制导频覆盖，增加网络稳健性：此方法适用于网络整体覆盖较好，其中部分区域的覆盖在引入 HSDPA 后略有影响的情况，仅通过常规的网络规划与优化手段就可以弥补信号质量恶化问题。

- 适当增加公共信道、R99 专用信道的发射功率，保证小区边缘的网络覆盖：由于网络负荷从 75%上升到 90%～100%时，干扰余量抬升大约 0.5～1dB，因此如果将公共信道、R99 专用信道的发射功率也提高相应比例，就可以避免覆盖恶化问题。表 7-3 是一个 R99 升级 HSDPA 前后的功率设置对比说明，其中，各业务的功率是指最大功率。

表 7-3　　　　公共信道、专用信道功率调整方案

	R99 最大功率（dBm）	加入 HSDPA 后功率（dBm）
最大发射功率	43.0	—
导频功率	33.0	33.5
PCCPCH（BCH）	30.0	30.5
SCCPCH（FACH）	30.0	30.5
SCCPCH（PCH）	30.0	30.5
AICH	26.0	26.5
PICH	26.0	26.5
P-SCH	29.0	29.5
S-SCH	29.0	29.5
CS 12.2k	27.0	27.5
CS 64k	30.0	31.5
PS 64k	29.0	29.5
PS 128k	33.0	33.5
PS 384k	36.0	36.5

- 控制网络负荷门限，即控制小区下行发射功率的工作点：通过控制网络负荷，减小由此带来的信号质量恶化问题。在此基础上采用前两种优化方法可以较为容易地达到保持边缘覆盖的目的。

- 对于潜在扩容大的地区，如高话务量密集区域，及早启动第二载频分担网络负荷：某些区域的数据业务密集，单靠一个频点无法解决网络容量与覆盖的矛盾，需要引入第二载频，这样每个载频上的功率负荷门限可以降低，有利于保持原有覆盖规划。

总之，对于密集城区和一般城区，引入 HSDPA，通过调整后不会影响到原有 R99 的网络规划。

7.2.4 HSDPA 对 R99 容量的影响

7.2.4.1 下行容量公式推导

引入 HSDPA 会提升小区的发射功率，此时小区的下行发射功率分为三部分：公共信道功率开销，R99 功率开销，HSDPA 功率开销。从下行容量公式分析，不同的功率配置会引起 R99 下行容量的变化，如何评估一定配置下的 R99 容量，是 R99 与 HSDPA 同频建网时的一个非常重要的问题。本节将从下行容量公式入手，从理论上分析引入 HSDPA 后不同的功率配置对 R99 容量的影响。

为了更好地分析 WCDMA 下行容量，研究 UE 平均路损及其方差、热噪对容量的影响，以孤岛小区为模型进行理论分析和仿真，并做以下假设：

E_{ci}：第 i 个 R99 用户需要的基站发射功率；

ρ_i：第 i 个 R99 用户需要的目标信噪比；

γ：正交因子；

$pathloss\_dB\_i$：第 i 个 R99 用户到基站的路径损耗；

P_{BS}：基站的总发射功率，微基站为 37dBm，宏基站为 43dBm；

N_0：高斯白噪声，考虑接收机的噪声系数之后的底噪；

M：系统实际支持的 R99 用户容量，为了研究方便，采用 CS 12.2k 用户代表 R99 用户；

i：外来干扰因子，在本节由于研究目标是孤岛站，因此在公式推导中暂时不予考虑；

PG：处理增益；

A：R99 业务占用扇区总功率百分比；

B：HSDPA 业务占用扇区总功率百分比；

C：公共信道占用扇区总功率百分比。

由于研究孤岛基站，所以不存在外来干扰因子。为了研究问题方便，假设 E_{ci}、ρ_i、P_{BS} 都采用线性值；$pathloss\_dB\_i$、N_0 采用 dB 值。

当 UE 路损不同时，对于某一个 R99 用户 i，有

$$\frac{\dfrac{E_{ci}}{10^{\frac{pathloss\_dB\_i}{10}}}}{\dfrac{(A+B+C)P_{BS}-E_{ci}}{10^{\frac{pathloss\_dB\_i}{10}}}\cdot(1-\gamma)+10^{\frac{N_0}{10}}}=\frac{E_{bi}}{N_0}\cdot\frac{1}{PG}=\rho_i \tag{7-8}$$

通过等式变换可得：

$$E_{ci}=\frac{\rho_i}{1+\rho_i\cdot(1-\gamma)}\cdot\left((1-\gamma)\cdot(A+B+C)\cdot P_{BS}+10^{\frac{pathloss\_dB\_i+N_0}{10}}\right) \tag{7-9}$$

又因为在基站侧 R99 总的业务信道功率是所有 E_{ci} 之和，

$$A\cdot P_{BS}=\sum_{i=1}^{M}E_{ci} \tag{7-10}$$

其中 A 是业务信道功率占总功率的比例。由于所有 R99 用户都假设为 CS 12.2k 用户，所以码片级目标信噪比 $\rho_1=\rho_2=\cdots=\rho_M$。将式（7-9）代入式（7-10），得：

$$M=\frac{A\cdot[1+\rho\cdot(1-\gamma)]}{\rho\cdot(1-\gamma)\cdot(A+B+C)}-\frac{\sum_{i=1}^{M}10^{\frac{pathloss\_dB\_i+N_0}{10}}}{(1-\gamma)\cdot(A+B+C)\cdot P_{BS}} \tag{7-11}$$

当 $A=1$，且 $N_0\rightarrow-\infty$，即底噪为 0 时，M 接近系统极限容量 $1+\frac{1}{\rho\cdot(1-\gamma)}$。

由式（7-11）可以看出，实际容量 M 在等式两端是相互制约的，尤其是等式右端的累加项。如果所有的 UE 的位置接近，则所有 UE 的路损都近似相同，所以 $pathloss\_dB\_1=pathloss\_dB\_2=\cdots=pathloss\_dB\_i$，统一假设为 $pathloss\_dB$，则式（7-11）简化变形为：

$$M=\frac{A\cdot[(1+\rho\cdot(1-\gamma)]}{\rho\cdot(1-\gamma)\cdot(A+B+C)+\frac{\rho\cdot 10^{\frac{pathloss\_dB+N_0}{10}}}{P_{BS}}} \tag{7-12}$$

从式（7-11）、式（7-12）分析可知，R99 容量 M 与 R99 功率百分比 A、R99 用户所在位置的路损 $pathloss\_dB\_i$ 直接相关，同时也与功率分配比例 A、B、C，扇区功率 P_{BS}、R99 业务 ρ 值、正交因子 γ 有关。

因此，把预规划的网络功率分配、环境、用户路损等信息输入，就能够得到 R99 容量 M。改变这些预设参数信息，就可以进一步比较 M。

以上的理论推导本身是枯燥的，其目的在于指导网络规划人员如何快速地评估不同的网络状况下，不同的资源分配方案对原有 R99 网络容量的影响。下面将通过仿真分别讨论 R99 网络在轻载、重载情况下引入 HSDPA 后的网络容量变化。

7.2.4.2 全网引入 HSDPA 后的 R99 容量损失

在上一小节中的式（7-12）是对单小区的 R99 容量公式推导，其中有关路损、用户分布等关键因素都采用了理想化处理，例如假设所有用户都处于同一位置，每个用户路损都是一个定值，不存在信道波动等。但是在实际网络的具体情况，与 7.2.4.1 节所示的理论情况存在一定差异。例如原 R99 网络通常规划为下行负荷 75%，R99 网络是全网运营，需要分析全网情况下引入 HSDPA 后对 R99 容量造成的损失，这对 HSDPA 与 R99 混合建网有直接指导意义。

以下将采用系统仿真分析在不同场景下（原有 R99 网络负载 75%，引入 HSDPA 后负载分别上升到 90%和 100%的情况），全网引入 HSDPA 后对 R99 的容量影响。假设仿真场景为一张 CS 64k 业务连续覆盖网络，小区半径 350m，75%的用户处于室内，研究在该密集城区引入 HSDPA 后的 R99 容量变化。

图 7-9 的左图是在原有 R99 网络负荷 75%时，引入 HSDPA 后功率负荷攀升到 90%的情况下，不同的 HSDPA 功率资源分配比例对 R99 容量的影响。该图纵轴的 R99 容量 100%表示在原有 R99 网络 75%负荷下对应的 R99 容量。横轴是分配给 HSDPA 的功率占功放总功率的比例。从图中可以看到，随着分配给 HSDPA 的功率越多，则 R99 容量损失会逐步增加。这是由于当 HSDPA 业务发送时，会占用一部分原有属于 R99 使用的功率，并且会对 R99 用户产生一定的同频干扰，这就会造成明显 R99 容量损失。与 7.2.2.2 节的图 7-7 分析方法类似，HSDPA 可能带来的 R99 容量损失与实际使用于 HSDPA 业务的功率多少有关。图 7-9 的右图是在引入 HSDPA 后网络到达极限重载（100%负荷）时，HSDPA 功率占用对 R99 容量的影响，同图 7-9 的左图相比，由于网络负荷工作点达到 100%，能够更加

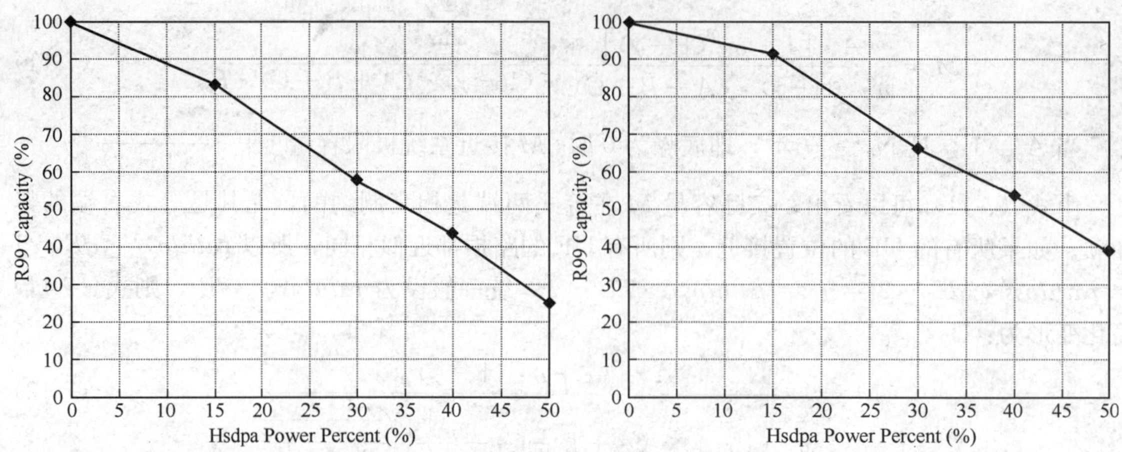

图 7-9　HSDPA 功率分配对 R99 网络容量的影响（左图：负载 90%；右图：负载 100%）

充分的利用功率资源，因此可以在一定程度上补偿 R99 的容量损失。

将图 7-9 的不同网络目标负载情况下，HSDPA 占用功率对 R99 容量造成最恶劣的损失比例做成柱状图如图 7-10 所示。其中 R99 容量损失是以 75%负荷下的 R99 容量值为基准。

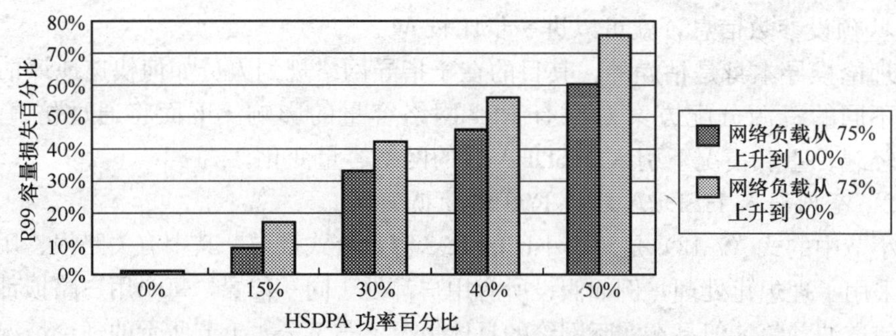

图 7-10　HSDPA 功率占用比例对 R99 容量造成损失的影响柱状图（不同目标负载下）

图 7-10 的横轴是分配给 HSDPA 的功率比例，纵轴是由于 HSDPA 占用分配的功率给 R99 造成的容量损失比例。从图中可以看到，当 R99 初始规划是 75%负荷，引入 HSDPA 后抬升到 90%时，如果将扇区功率的 40%划分给 HSDPA 业务使用，则对 R99 网络造成的影响损失约 56%；当 R99 初始规划是 75%负荷，引入 HSDPA 后抬升到 100%时，如果将扇区功率的 40%划分给 HSDPA 业务使用，对 R99 网络造成的影响损失约 46%。

因此，在网络覆盖不变的情况下，引入 HSDPA 后的目标负荷抬升越高，意味着有更多的功率投入使用，因此对 R99 造成的容量损失越小。在某些现实网络中，R99 的实际运营负荷可能没有达到 75%的设计负载，例如仅为 50%，由于有较多功率冗余，在此情况下引入 HSDPA 对原有 R99 容量影响较小；如果原有 R99 网络已经是重载情况，已经没有多余功率可以投入使用，则在引入 HSDPA 后对 R99 造成的容量损失会加剧。

虽然引入 HSDPA 后会对 R99 容量承载能力造成影响，但是 HSDPA 确实能够更好解决网络内的数据业务，缓解 R99 PS 业务承载压力。根据理论分析和外场实测，HSDPA 网络能够比原有 R99 网络容量提升 200%～250%。因此引入 HSDPA 后，对网络整体容量有较大增益。例如在 7.4.2 节的规划案例中，在相同的总话务需求下，引入 HSDPA 后对站点数目需求下降了，也就是说在原有 R99 规划方案基础上，引入 HSDPA 可以解决更大的 PS 话务需求。

7.2.5 在线用户数目

引入 HSDPA 后，较多的 PS 业务将由 HSDPA 承载。R99 DCH 采用信道化码的独占方式，因此 R99 的极限容量受限于扩频码道数目，例如每个小区只能支持 7 个 PS 384k 或 15 个 PS 128k。HSDPA 具有共享特性，通过用户之间的时分和码分方式，允许更多的用户使用相同的 HS-PDSCH 码资源。相对于 R99，HSDPA 能够使得更多用户接入系统，在系统用户数目配置上与原有 R99 系统在线用户规模是不同的。

7.2.5.1 HSDPA 用户的时分与码分调度

每个小区支持的 HSDPA 最大在线用户配置为多少是合理的？这是网络运营中需要确定的重要参数，首先需要考察 HSDPA 在线用户数目与系统配置的关系。HSDPA 使用时分复用（TDM）或码分复用（CDM）的方式来调度用户，因此它具有接入用户数多、调度灵活的优点，能够接入很多 UE。

如 7.2.2.1 节所述，公共信道占用了 8 个 SF_{256}。在每个 TTI，每个进行 HSDPA 传输的 UE 至少需要一条 HS-SCCH（1 个 SF_{128}），每个在线 UE 需要一条伴随 DPCH（SF_{256}）。

从码资源的角度可知，如果将所有信道需要的码资源都折算为 SF_{256}，可以得到：230（伴随 DPCH 信道）＋16（1 个 HS-PDSCH 码道）＋2（HS-SCCH 码道）＋8（公共信道开销）＝ 256。刚好把整个码树全部占完。这就表明，每个 HSDPA 小区理论上能够支持 230 个 HSDPA 用户同时在线连接。这种情况是非常极端的例子，在假定没有发射功率的限制，没有 DPDCH 的数据承载（R99 业务），HSDPA 用户没有最低保证服务速率的限制等因素影响的情况下，才会实现这种情况。

码资源消耗情况见表 7-4，假设在 T_0 时刻开始调度 UE（在此之前没有任何 UE 受到调度），那么在 T_0 开始的第一个子帧内最多只有 13 个 UE 可以得到调度（此时每个 UE 只能获得 1 个 SF_{16} 码字作为 HS-PDSCH 信道使用），这 13 个用户依靠码分区别，需要 13 条 HS-SCCH 信道，并且每个用户有一条专用伴随 DPCH 信道。如果在下一个 TTI 内引入了新的 12 个 HSDPA 用户进行数据传输，则此 12 个用户需要消耗 12 条 HS-SCCH 信道，以及 12 条伴随 DPCH 信道。这样，此组 12 个用户之间是码分，与前一个 TTI 的 13 个用户之间是时分，因此系统中同时在线 25 个用户。依此类推，在接下来的 T_2、T_3、T_4、T_5 时刻，通过时分和码分，可以达到 36、47、57、67 乃至更多的用户数目。需要注意的是，同时在线的用户数目越多，总的伴随 DPCH 信道码资源开销越大，并且每个用户等待调度的时间间隔也会越长。

表 7-4 HSDPA 用户码资源分配示意表

HSDPA 子帧号	−1	0	1	2	3	4	5
剩余的 SF256 码道数	248	1	7	14	3	10	0
剩余的 SF16 码道数	15	0	0	0	0	0	0
A-DPCH 码道数	0	13	25	36	47	58	67
HS-SCCH 码道数	0	13	12	11	11	10	10

续表

HSDPA 子帧号	−1	0	1	2	3	4	5
HS-PDSCH 码道数	15	13	12	11	11	10	10
每 TTI 内的用户数	0	13	12	11	11	10	10
激活的 HSDPA 用户数	0	13	25	36	47	57	67
物理层平均速率（kbit/s）	1/4；QPSK	108	54	36	27	21	17.9
	1/3；QPSK	146	73	48	36	29	24.5
	1/2；QPSK	228	114	76	57	45	37.8
	2/3；QPSK	308	154	102	77	61	51.1
	3/4；QPSK	348	174	116	87	69	57.7
	调度之前	第一个子帧	第二个子帧	第三个子帧	第四个子帧	第五个子帧	第六个子帧
备注	• A-DPCH 使用 SF256 的扩频因子。 • 这里假定使用了 4 个 HS-SCCH 集，每个 HS-SCCH 集有 4 个 HS-SCCH。 • 假定码资源可以以 2ms 的时间粒度动态使用。 • 一个无线帧之后，最多只能调度 57 个 UE。 • 为了调度 64 个 UE，至少得使用 6 个子帧。						

7.2.5.2 用户数目与服务速率之间的关系

HSDPA 网络运营中配置的在线用户数与平均数据目标服务速率、发射功率分配、码资源分配等因素相关。不同的场景有不同的在线用户配置数目，每个 HSDPA 小区配置最大支持 64 个激活的 HSDPA 用户，常规配置为每小区 16～32 个 HSDPA 用户。

根据表 7-4 中的数据，假设采用 64 个在线用户配置，平均每个接入用户每 6 个子帧获得一次调度，意味着每个用户获得的服务速率是其峰值速率的 1/6。通过传输帧计算可以得到表 7-5。

表 7-5　　64 个 HSDPA 用户得到服务速率表

N_0	编码速率	调制方式	单用户峰值速率（kbit/s）	所有 UE 的平均速率（kbit/s）
1	1/4	QPSK	107.5	17.9
2	1/3	QPSK	147.0	24.5
3	1/3	QPSK	227.0	37.8
4	2/3	QPSK	306.7	51.1
5	3/4	QPSK	346.5	57.7
6	1/4	16QAM	227.5	37.9
7	1/3	16QAM	307.0	51.2
8	1/2	16QAM	467.0	77.8
9	2/3	16QAM	626.5	104.4
10	3/4	16QAM	706.5	117.7

在 60 个左右 HSDPA 用户接入，假设每个用户仅获得 1 个 SF_{16} 码字的情况下，平均用

户速率是 20～120kbit/s 左右，这与编码速率和调制方式有关。由于 16QAM 调制对环境要求苛刻，如果只考虑 QPSK 调制，那么平均速率为 20～60kbit/s。这种数据速率对在 UE 屏幕上进行传统型的网页浏览是足够的。表 7-6 是从码资源角度，在一定的调度分配方式下得到的用户数目与用户速率的关系。

由表 7-6 可见，虽然小区支持较多的在线用户数目，使得用户有业务需求时能很快得到服务。但是另一方面，随着同时发生业务的 HSDPA 用户数目的增加，会使得 HSDPA 用户能够享受的服务等级降低。HSDPA 的典型业务是高速下载和流媒体业务，过低的用户速率是不能容忍的。如果片面追求用户数目，例如将 HSDPA 在线用户数目配置成 128 个，与 R99 CS 12.2kbit/s 用户数目相当，则每个用户只能享受到 MMS 等低速业务，无法发挥 HSDPA 的业务优势，如图 7-11 所示。在实际网络中，应该从被覆盖区域的用户业务需求出发，确定 HSDPA 的具体配置方案。

表 7-6　　HSDPA 在线用户数目与服务速率的关系

HSDPA 用户数目	13	36	67	85	108	128
每用户使用的 SF_{16} 码字数目	1	1	1	1	1	1
平均用户速率 (kbit/s)	107.5～706.5	36.0～235.5	17.9～117.7	12.0～78.5	9.0～58.9	7.2～47.1
适用的场景业务	高速 FTP 下载，高质量视频流	在线视频流；高质量音频；Intranet；网络教育	一般流媒体业务；监控；数字图像；FTP；WWW；信息服务	E-mail；娱乐活动	Ecommerce；位置服务	MMS

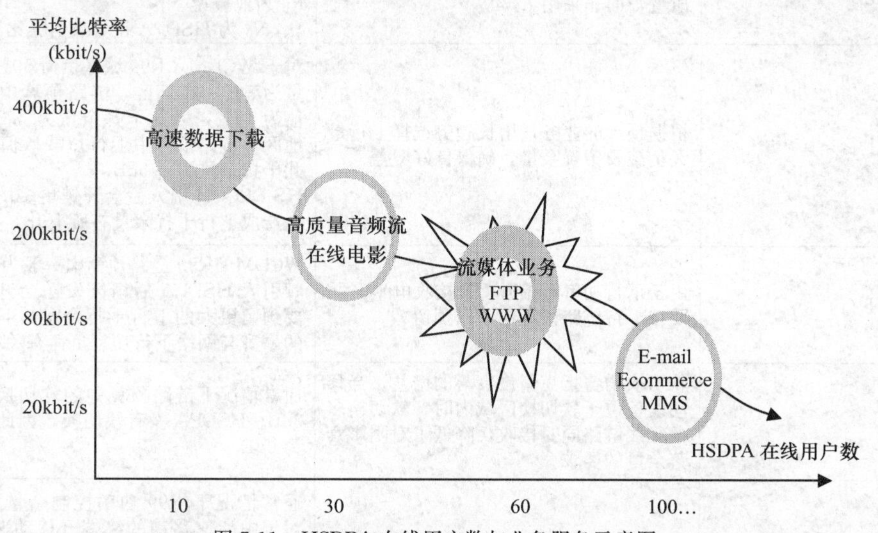

图 7-11　HSDPA 在线用户数与业务服务示意图

在 HSDPA 初始部署期间，WCDMA 网络的主要功能还是以语音和低速数据业务为主。在 HSDPA 与 R99 同载频情况下，初期配置 16～32 个 HSDPA，满足用户业务需求，是非常富余的，故一般运营商要求每扇区配置的 HSDPA 在线用户数为 16～32 个。随着 WCDMA HSDPA 的成熟，越来越多的用户会使用 HSDPA 承载，成熟期 64 个在线用户数目配置依然是能够满足要求的，可提供丰富的数据下载和流媒体业务。

7.3 HSDPA 链路预算

HSDPA 在 R99 的基础上引入了 HS-PDSCH、HS-SCCH 下行信道，以及 HS-DPCCH 上行信道，会对原有的链路预算产生一定的影响。本节将分析 HSDPA 的链路预算需要关注的关键点，为 HSDPA 覆盖规划提供技术参考。

7.3.1 基本参数配置

结合 5.2.2 节对 WCDMA 的链路预算参数的分析，进一步将涉及 HSDPA 链路预算的参数归类，见表 7-7。5.2.2 节主要讨论了 WCDMA R99 上行链路预算参数，表 7-7 中归纳了 HSDPA 引入对原有的链路预算参数的影响，包含上行链路和下行链路。从表中可知，引入 HSDPA 后的影响主要体现在上行 HS-DPCCH 功率开销影响、下行 HSDPA 功率分配、下行干扰余量攀升、功率控制和切换等参数上。这些影响在 7.2.1 节中已经做了较为详细的讨论。

表 7-7　　WCDMA HSDPA 链路预算参数说明表

参数名称	参数意义	取值范围
发射功率配置	扇区功放大小、公共信道功率开销、R99 各个业务的下行功率配置、HSDPA 的 HS-SCCH 功率、HS-PDSCH 功率等信息	一般情况下，扇区功放配置 20W；公共信道开销配置 4W；HS-SCCH 功率预留 2W；HS-PDSCH 配置 4～8W，或者更高；R99 各个业务配置 2W～8W 不等
接收灵敏度	灵敏度 $= NF + 10\log(KT) + 10\log(E_b/N_0) + 10\log(R_b)$。引入 HSDPA 后，采用 E_s/N_0 评估 HS-PDSCH 信号质量，而非采用 E_b/N_0	NF 为基站/UE 噪声系数； K 为玻尔兹曼常数， 为 1.38×10^{-23}； T 为开氏温度，取 290K； R_b 为业务速率； E_s/N_0 为 HSDPA 符号级信噪比
干扰余量（上行）	根据预计的业务量增长趋势选择上行最大负载及干扰余量，确保良好覆盖	对于 WCDMA R99 城区负荷 50%时，干扰余量为 3dB；在郊区，链路预算中上行负载取值为 40%，因此干扰余量为 2.2dB；在农村地区，链路预算中上行负载取值为 30%，因此干扰余量为 1.5dB。 HS-DPCCH 引入后会开销更多的功率，因此会造成上行干扰余量有所上升
干扰余量（下行）	由于下行功率会抬升 UE 接收电平，需要在下行链路预算中予以预留	WCDMA R99 链路预算中一般为 3～5dB；同频引入 HSDPA 后扇区发送会升高，因此需要预留更大的下行干扰余量。下行干扰余量的攀升与网络下行功率负荷有关
软切换增益	软切换增益指克服慢衰落的增益。当移动设备位于软切换区域内时，软切换多条无线链路同时接收，降低了对阴影衰落余量的要求	通常情况下链路预算中的软切换增益取定为 3dB。HSDPA 没有软切换，因此该部分增益为 0dB
功率控制余量（快衰落余量）	慢速移动终端主要通过快速闭环功率控制来保证解调性能，必须为快速闭环功率控制预留一定的发射功率动态调整范围	通常情况下 R99 功率控制余量取定为 3dB。对于中高速移动的终端（移动速度≥50km/h），主要由信道编码中的交织对抗快衰落，快速闭环功率控制作用很小，一般不需考虑预留功率控制余量。 HSDPA 依靠 AMC 而非快速功率控制来克服信道快衰落，因此其功率控制余量为 0dB
信道化码	该业务占用的信道化数目	对于 R99 用户，一般占用 1 个 SF_{128}～SF_8 的信道化码；对于 HSDPA 用户，可占用多个 SF_{16} 信道化码

在链路预算中经常涉及到 E_c/I_0 、E_b/N_0 、E_s/N_0 表示信噪比的参数，为了澄清这些概念，简要说明如下。

E_c/I_0 ：每码片能量与干扰功率谱密度之比。在 WCDMA 中，E_c 是信号的每码片能量，I_0 包含了噪声和干扰两部分，正确的表达式应该是 $E_c/(I_0+N_0)$。在实际情况下，通常根据实际情况是干扰（Interfere）起主导还是噪声（Noise）起主导，可近似地表示为 E_c/I_0 或者 E_c/N_0 。该参数可以称之为码片级信噪比。

E_s/N_0 ：每符号（symbol）能量与噪声功率谱密度之比。在 WCDMA 中，1 个符号被扩为多个码片进行发送，在接收端多个码片解扩后形成 1 个符号，该参数可以称之为符号（symbol）级信噪比。

E_b/N_0 ：每比特用户数据能量与噪声功率谱密度之比。在 WCDMA 中，该参数是解扩、解码之后的信号与噪声之比，直接反映了误码率的大小，该参数可以称之为比特级信噪比。

SNR/ SIR：信噪比/信干比，没有明确是码片级、符号级还是比特级的信噪比/信干比。在使用中需要注意区别，例如码片级 SIR 就是 E_c/I_0 。

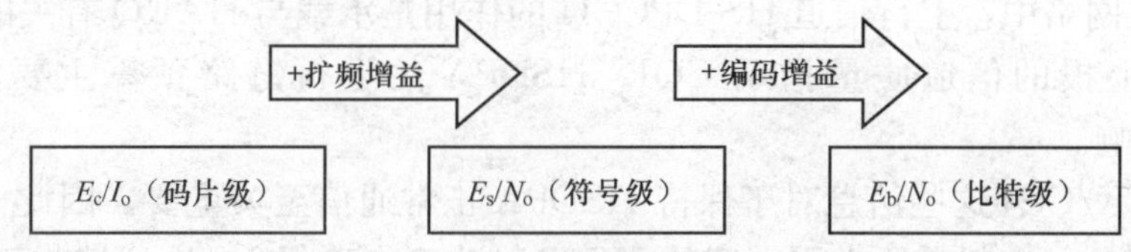

图 7-12　不同级别信噪比之间的关系

其中，$E_b/N_0=E_c/I_0+10\log_{10}(W/R)$，$W$ 是码片速率，取 3.84Mcps，R 是用户业务速率，如语音用户取 12.2kbit/s，W/R 即为该种业务的处理增益。处理增益由扩频增益和编码增益两部分组成，符号级信噪比 E_s/N_0 是在码片级信噪比的基础上增加了扩频增益而来，即 $E_s/N_0=E_c/I_0+10\log_{10}(SF)$，$SF$ 为扩频码长度。需要特别说明的是，在表现形式上，N 和 I 分别代表噪声和干扰，但是在工程应用中噪声和干扰叠加在一起影响有用信号质量，可以不作严格区分，因此在无线系统中通常在接收前的信噪比分母常采用 I（如 E_c/I_0 ），接收后的信噪比分母常采用 N（如 E_b/N_0 ）。

在 R99 系统中，采用 E_b/N_0 评估业务信道的接收能力，因此 E_b/N_0 称为 R99 中非常关键的指标之一，在链路预算中直接决定了接收机的灵敏度：接收机灵敏度 ＝ 接收噪声电平值 － 处理增益 ＋ E_b/N_0 。

对于 HSDPA 系统，由于引入了 HARQ、AMC 技术，不再适合使用 E_b/N_0 评估系统性能。对于 R99 系统，如果第一次接收失败，由于 R99 不能利用第一次接收冗余信息增加第二次接收的解码能力，所以在重传时必须增加 Node B 的发射功率，使用户能够达到较高的 E_b/N_0 值才有可能接收成功；而 HSDPA 的 HARQ 重传合并带来软合并增益：如果第一次接收错误，假设信道环境不变，并且在重传时 Node B 采用相同的发射功率，由于存在软合并增益，提高了第二次成功接收的可能性，此时两次传输的 E_b/N_0 值是一样的。因此 R99 系统的接收性能与 E_b/N_0 直接相关，而 HSDPA 由于存在 HARQ 重传软合并增益，即使不提高 E_b/N_0 也可以在重传时正确接收。在 HSDPA 研究中，通常采用 E_s/N_0 作为衡量 HSDPA 解调性能的基本参数。

此外，AMC 也会影响 HSDPA 的接收 E_b/N_0 值。如果 HSDPA 的接收信噪比 E_b/N_0 比

较低，造成BLER较差，此情况下UE会上报较低的CQI值，使得系统在下次发送时采用较小的传输块，也就是降低了用户服务速率。如果Node B对HSDPA用户的发射功率一直保持不变，那么在空中接口接收到的 E_c/I_0 不变，由于 $E_b/N_0 = E_c/I_0 + W/R$，相当于通过调低速率 R 来提高 E_b/N_0 值，提高传输块正确接收的能力。HSDPA采用变速传输的方式提高正确接收能力，这与其 E_b/N_0 值不存在直接关系。

基于以上原因，HSDPA中的 E_b/N_0 不能像R99一样直接体现系统性能，因此在HSDPA的链路预算和容量估算中需要引入其他参数取代 E_b/N_0。HSDPA系统的一个关键特点是采用变速率、软合并提升系统性能，涉及到的调制方式、编码速率、码道数目、重传合并等是与HSDPA用户所处的环境有关的，因此需要采用与环境直接相关的信噪比参数来体现HSDPA的链路性能。因为 $E_s/N_0 = E_c/I_0 + 10\log_{10}(SF)$，所以 E_s/N_0 直接与空中接口信噪比 E_c/I_0 相关，可以作为HSDPA网规研究的关键参数。

7.3.2 上行链路预算

在HSDPA网络中，上行信道HS-DPCCH的作用是承载与HARQ有关的ACK/NACK信息以及UE上报的信道质量指示CQI。HSDPA的上行链路预算主要考虑引入HS-DPCCH后的影响。

ACK/NACK/CQI这些信息对于保持HSDPA正常通信至关重要，因此HS-DPCCH的误码率要求较苛刻，这就需要占用一定的UE发射功率来确保Node B接收正确，从而引入HSDPA后会对R99上行产生影响，主要是由于HSDPA在上行引入了新的信道，需要消耗的UE功率有所增加。

表 7-8　　**ACK/NACK/CQI域功率偏置**

Δ ACK，ΔNACK，ΔCQI信令取值	$10^{\left(\frac{\Delta_{HS\text{-}DPCCH}}{20}\right)}$
8	30/15
7	24/15
6	19/15
5	15/15
4	12/15
3	9/15
2	8/15
1	6/15
0	5/15

在表7-8中，不同的信令取值对应不同的HS-DPCCH的功率偏置，例如当选取8时，相当于HS-DPCCH信道功率是DPCCH信道功率的 $(30/15)^2$ 倍。采用的功率配置越高，对UE的发射功率占用就越大，进而会导致引入HSDPA后上行覆盖加剧收缩。反之，如果为ACK/NACK/CQI域配置的功率较小，则对UE发射功率的占用较少，从而不会造成明显的上行覆盖收缩。

在WCDMA实际规划中，小区的覆盖通常是按照满足CS 64k业务连续覆盖设计的。引入HSDPA后，使用HSDPA下行业务的用户通常在上行采用PS 64k业务。考虑到CS 64k业务和PS 64k业务之间 E_b/N_0 的差别（PS 64k的目标 E_b/N_0 比CS 64k的目标 E_b/N_0 低），从这个角度分析，当HSDPA用户在上行是PS 64k业务的情况下，其上行覆盖范围大于原来按照上行CS 64k业务规划得到的网络；但是，如前面提到，HSDPA的引入会使上行的HS-DPCCH耗费UE功率，又会造成用户上行覆盖收缩。综合以上两个因素影响，引入HSDPA后，不会使得原有上行覆盖规划有大的变化，具体分析如下所述。

对于上行CS 64k业务来说，满足其服务质量需要的E_b/N_0为2.87dB，而PS 64k需要的E_b/N_0为1.6dB，相差1.27dB。由此可知，引入HS-DPCCH后只要增加的E_b/N_0不超过这个值，就可以达到PS 64k+HS-DPCCH的覆盖不小于CS 64k业务的覆盖。在PS 64k的前提下，引入HS-DPCCH，此时需要的E_b/N_0与纯PS 64k业务需要的E_b/N_0存在如下关系：

$$E_b/N_{0\_\text{HS-DPCCH}} - E_b/N_{0\_\text{R99}} = 10\log_{10}\left(\frac{\beta_c^2+\beta_d^2+\beta_{hs}^2}{\beta_c^2+\beta_d^2}\right) \tag{7-13}$$

其中，$E_b/N_{0_\text{HS-DPCCH}}$表示引入HS-DPCCH后PS 64k业务需要的总解调信噪比，E_b/N_{0_R99}是未引入HS-DPCCH的情况下纯PS 64k业务需要的E_b/N_0。对于PS 64k业务，β_c、β_d分别取8/15、1。而对于HS-DPCCH来说，仿真结果表明为了满足其解调性能，在典型的3km/h环境和PS 64k业务的情况下，CQI功率偏移为－2dB（线性值为12/15），ACK/NACK功率偏移为0 dB（线性值为15/15）左右，这个偏移是CQI域和ACK/NACK域相对于UL-DPCCH的，所以可得在CQI域和ACK/NACK域β_{hs}分别为0.426和0.533，然后根据CQI域和ACK/NACK域的所占的时隙关系（CQI占2/3的时间，ACK/NACK占1/3的时间）加权平均得到等效的β_{hs}^2值为0.216。将以上计算的β_{hs}^2结果带入到式（7-13）可得引入HSDPA后上行PS 64k业务的E_b/N_0提高了0.68dB。以上推算是在比较恶劣的情况下得到，而一般情况下，引入HSDPA后对E_b/N_0的影响在0.3dB～0.68dB之间。可见增加值远小于1.27dB，所以引入HS-DPCCH后，可以满足上行覆盖不收缩。

通过外场实测，R99用户采用上下行CS 64k业务，HSDPA用户采用上行PS 64k业务，同时下行采用HSDPA高速下载，相当于HSDPA用户上行同时存在PS 64k业务和HS-DPCCH信道，两者对上行功率的消耗与距离关系如8.1.4节的图8-14 HSDPA用户同R99 CS 64k用户上行覆盖对比所示。从该图中可以看到，两者基本在相同位置达到最大值，而且上行功率消耗基本一致，因此两者上行覆盖基本一致。

总之，引入HSDPA后对上行的功率值的期望会升高，如果考虑HSDPA用户上行采用PS 64k，那么从上面的理论分析和测试结果可以看出：引入HSDPA后的上行覆盖可以达到R99上行CS 64k的覆盖，HSDPA与R99混合网络仍然按CS 64k做规划。因此，引入HSDPA后，原有规划不会发生上行覆盖受限情况，完全可继续沿用CS 64k作上行链路预算。

7.3.3 下行链路预算

HSDPA采用AMC技术不断调整其吞吐率以适应无线环境的变化，而R99的DCH则是固定服务速率，因此对HSDPA进行链路预算时需要和边缘吞吐率紧密结合，考察HSDPA在何种无线环境下，支持何种速率所能够达到的距离。

HS-PDSCH是HSDPA的数据业务信道，可占用多个SF_{16}码道，可根据实际信道条件选择不同的调制方式和编码方式，可承载不同大小的传输块。由于HSDPA没有固定的下行服务速率，因此在链路预算中需要首先确定被规划区域的小区边缘的用户服务速率需求，进而确定HSDPA下行信噪比（E_s/N_0）取值，随后按照与R99类似的链路预算过程获得最后的结果。如果已知需要达到的边缘覆盖距离，可以反推能够达到的下行信噪比值，进而可以获得能够达到的 HSDPA 边缘速率。

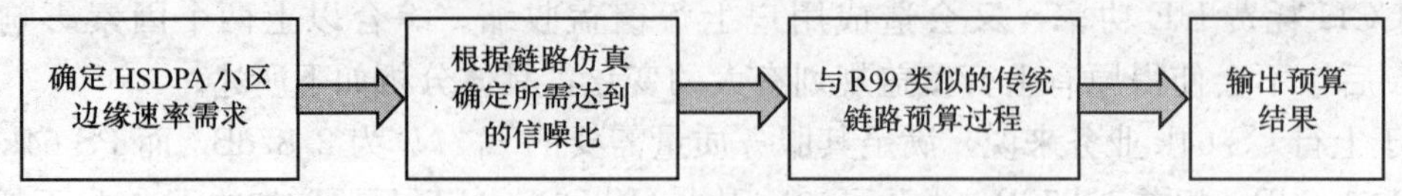

图 7-13　HSDPA 下行链路预算流程图

在表 7-9 的示例中，假设为 HS-PDSCH 分配的功率上限是 36dBm（4W）。依据下行链路预算参数设定，包括发射路径上（HSDPA 功率、馈线损耗、天线增益等）、传输路径上（穿透损耗等）、接收路径上（UE 噪声、热噪声、干扰余量、符号级信噪比 E_s/N_0 和其他因素）的数据，最终得到 HSDPA 的最大允许的路径损耗是 124dB。

表 7-9　　HSDPA/R99 小区下行覆盖半径预算示例

HSDPA 功率 (dBm)	36.0	R99 PS 128k 功率 (dBm)	36.0	R99 PS 384k 功率 (dBm)	36.0
馈线损耗 (dB)	3.0	馈线损耗 (dB)	3.0	馈线损耗 (dB)	3.0
发送天线增益 (dBi)	18.0	发送天线增益 (dBi)	18.0	发送天线增益 (dBi)	18.0
有效发射功率 (dBm)	51.0	有效发射功率 (dBm)	51.0	有效发射功率 (dBm)	51.0
UE 侧噪声系数 (dB)	7.0	UE 侧噪声系数 (dB)	7.0	UE 侧噪声系数 (dB)	7.0
5MHz 带宽内的热噪声 (dBm)	−108.0	5MHz 带宽内的热噪声 (dBm)	−108.0	5MHz 带宽内的热噪声 (dBm)	−108.0
接收机噪声 RSSI (dBm)	−101.0	接收机噪声 RSSI (dBm)	−101.0	接收机噪声 RSSI (dBm)	−101.0
下行干扰余量 (dB)	7.0	下行干扰余量 (dB)	7.0*	下行干扰余量 (dB)	7.0*
承载速率（kbit/s）	600	承载速率（kbit/s）	128	承载速率（kbit/s）	384
E_s/N_0 (dB)	5	E_b/N_0 (dB)	5.7	E_b/N_0 (dB)	6.4
扩频增益 (dB)	12	处理增益 (dB)	14.8	处理增益 (dB)	10
接收灵敏度 (dBm)	−101.0	接收灵敏度 (dBm)	−103.1	接收灵敏度 (dBm)	−97.6
功率控制余量 (dB)	0	功率控制余量 (dB)	2	功率控制余量 (dB)	2
切换增益 (dB)	0	切换增益 (dB)	3	切换增益 (dB)	3
阴影衰落余量 (dB)	10	阴影衰落余量 (dB)	10	阴影衰落余量 (dB)	10
穿透损耗 (dB)	18	穿透损耗 (dB)	18	穿透损耗 (dB)	18
最大支持路损 (dB)	124.0	最大支持路损 (dB)	127.1	最大支持路损 (dB)	121.6

（*表中的干扰余量是针对 R99 和 HSDPA 共载频下的配置参数）

如 7.3.1 节所述，E_s/N_0 与 HS-PDSCH 可用功率、扩频因子、正交因子、信道环境，以及小区外来干扰比有关，体现了 HSDPA 性能与环境紧密相关的特性，因此可作为评估 HS-PDSCH 的重要指标。

E_s/N_0 和 HSDPA 发射功率的关系可从式（7-14）中看出：

$$\text{HS-DSCH } E_s/N_0 = \text{CPICH } E_c/N_0 + \text{MPO} + 10\log_{10}(16) \tag{7-14}$$

该公式中所有项都是 dB 值。其中，MPO 是 HS-PDSCH 获得的发射功率与导频信道的偏置，$10\log_{10}$（16）为 HS-PDSCH 的扩频增益，其中 CPICH E_c/N_0 + MPO 相当于 HS-DSCH 的 E_c/I_0。

E_s/N_0 和数据传输速率的仿真曲线如图 7-14 所示，通过查询该图仿真数据，确定链路预算表中的关键参数取值。例如，在表 7-9 的链路预算中，需要达到处于小区边缘的 HSDPA 用户目标速率为 600kbit/s，通过查询图 7-14 的仿真曲线，对应 HSDPA 用户数据传输速率大约是 600kbit/s 时，需要达到平均 E_s/N_0 为 5dB。因此，在链路预算表 7-9 中，设置目标 E_s/N_0 为 5dB，进而通过链路预算得到 HS-PDSCH 的下行覆盖是 124dB。如果 R99 PS 128k 和 384k 业务获得与 HSDPA 相同的功率资源（36dBm），则它们的下行覆盖路损分别为 127.1dB、121.6dB，见表 7-9。这样，R99 与 HSDPA 的预算路损基本接近，但是 R99 的吞吐率远远小于 HSDPA 的 600kbit/s 的吞吐率。

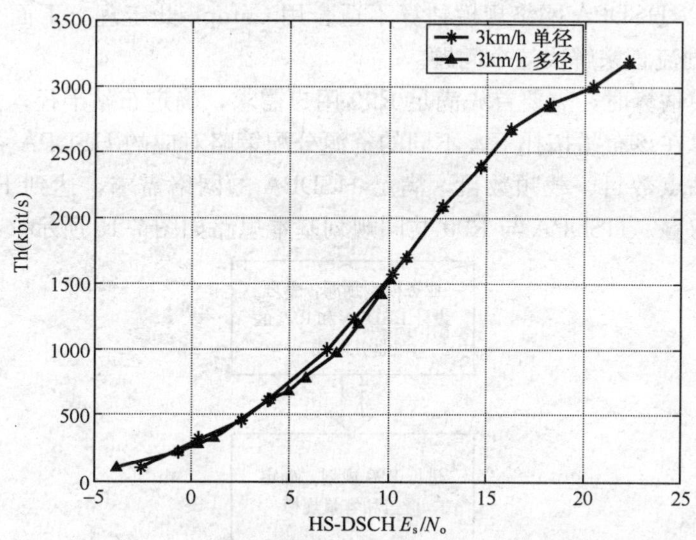

图 7-14　E_s/N_0 和数据传输速率对应曲线（UE 为 6 类终端）

通过 E_s/N_0 这个参数，就将 HSDPA 的基带性能、环境状况、下行覆盖、边缘速率等一系列变量联系起来。对于不同的无线环境，E_s/N_0 和 HSDPA 业务数据速率的对应曲线会有差异。基本原则是要达到较高的平均流量，下行需较高的 HS-PDSCH 功率，以便达到较高的 E_s/N_0。

从下行业务信道 HS-PDSCH 的链路预算分析，通过调整 E_s/N_0 目标值从而达到不同的链路预算结果，在一定功率资源和一定边缘吞吐率需求的情况下，HS-PDSCH 可以与原有的共站 R99 网络实现同覆盖。

HS-SCCH 承载着物理层信令，因此 HS-SCCH 的覆盖要不小于 HS-PDSCH 覆盖才能保证 HSDPA 业务性能。有关 HS-SCCH 的链路性能，在 4.3.2 节中有详细分析，在 8.1.3 节有外场实测数据，在此不再赘述。

7.4 HSDPA 网络规模估算

R99、HSDPA 的混合网络规模估算比单纯的 R99 网络规模估算要复杂很多，尤其是在同频规划时，需要详细分析两者对资源的分配，以及两者之间的相互干扰。码资源的分配策略和比例决定了 R99、HSDPA 的单小区理论极限容量，功率资源的分配比例则决定了 R99、HSDPA 是否能够达到其规划目标，因此功率资源与码资源的分配是互相影响的，需要合理配置。

7.4.1 HSDPA 网络规模估算方法

网络规模估算是网络规划的关键部分，HSDPA 网络规划与 R99 网络规划不同。在 R99 中，常见的估算方法是 Campbell 定理。Campbell 定理需要目标业务的服务速率、E_b/N_0 等，以便将其折算为等效信道，再将所有业务按照等效信道为基础进行估算，最终确定整个网络规模。由于 HSDPA 采用 AMC 技术，使得其用户速率随信道质量的变化而变化调整；由于 HSDPA 可以依靠 HARQ 重传合并增益来改变其对信号质量的需求，因此很难确定目标 E_b/N_0 值。所以 HSDPA 网络规模估算不适合用 Campbell 定理。下面介绍一种 HSDPA 与 R99 的混合规划流程来解决这个问题。

在做网络规模估算时，需要首先满足 R99 用户需求，确定布站半径，接着按照 HSDPA 系统仿真方式预算在该布站拓扑下，不同的资源分配策略对应的 HSDPA 吞吐率。通过调整资源配置比率、站点数目、载频数目，满足 HSDPA 的网络需求，达到 HSDPA 与 R99 的混合规划方案的双赢。HSDPA 与 R99 共同规划基本思路如图 7-15 所示。

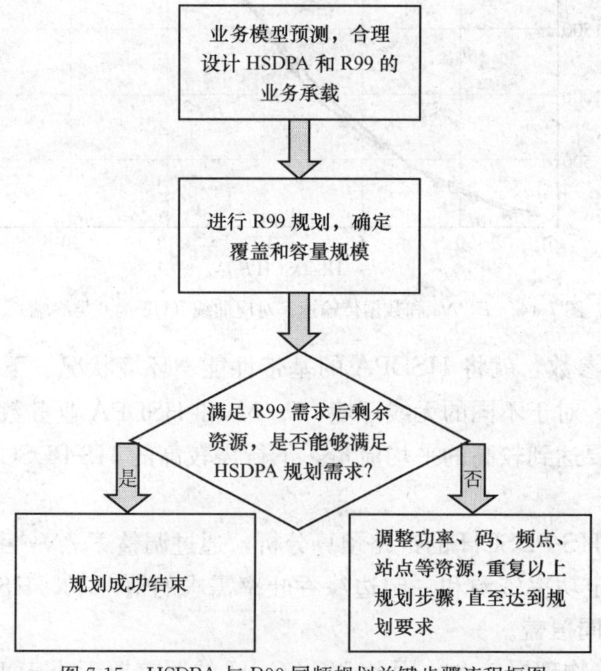

图 7-15 HSDPA 与 R99 同频规划关键步骤流程框图

• 以 R99 规划为先，由 R99 确定单站用户规模、小区半径、基站数目；

• HSDPA 网络规划方案分别设置同频、异频两种情况做相应处理，确定不同的资源配置方案；

• 通过资源配置比例、小区半径等条件，预算或者仿真 HSDPA 的单小区峰值吞吐率；

• 结合以上步骤，在既定的 R99 用户规模下的网络布站拓扑下，判断是否满足 HSDPA 的流量要求；

• 通过调整资源配置比例、用户规模、基站数目、频点等一系列因素，满足运营商既定需求，达到 R99 与 HSDPA 的双赢。

这其中的关键步骤是如何评估满足 R99 需求后剩余资源是否满足 HSDPA 的业务需求，以及在不能同时满足 R99 和 HSDPA 规划业务需求的情况下，如何调整资源使系统达到规划目的。

HSDPA 与 R99 混合规划的详细流程如图 7-16 所示[3]。

步骤说明如下。

STEP1：R99 传统业务的上行链路预算。分别设置 CS 12.2k、CS 64k、PS 64k 三种基本业务。HSDPA 一般只覆盖密集城区和一般城区，对郊区和农村不作规划要求，因此只要对密集城区（dense urban）、城区（urban）中的业务做规划即可，以下皆同。

STEP2：R99 传统业务的下行链路预算。分别设置 CS 12.2k、CS 64k、PS 64k、PS 128k、PS 384k 五种常见下行业务。

STEP3：根据 STEP1、STEP2 的覆盖预算半径，选取 CS 64k 业务的上下行链路预算半径做比较，选定较小的半径作为 WCDMA 小区的覆盖预算半径。在随后的规划步骤中有可能会返回 STEP3，根据容量估算重新设定小区半径。这是因为在规划中，覆盖预算半径和容量估算半径一般不是相互符合的。

STEP4：在 HSDPA 网络规划中，存在 HSDPA 与 R99 同频建网和异频建网两种方式。如果是异频建网，则直接将小区全部资源分配给 HSDPA：42dBm 的业务功率、15 个 SF_{16} 码资源。

STEP5：如果 HSDPA 与 R99 同频组网，将一定比例的资源划分给 HSDPA，例如 40dBm 的功率、10 个 SF_{16} 码资源；或者 38dBm 的功率、5 个 SF_{16} 码资源。

STEP6：由于 R99 与 HSDPA 是共基站建设，因此 R99 的小区半径与 HSDPA 小区半径相符。在既定的 R99 网络拓扑下，估算 HSDPA 业务在一定资源配置下，达到与 R99 同覆盖的目标时实现的 HSDPA 业务流量速率。这个流量就是此种小区拓扑条件下，HSDPA 小区的流量。本步骤采用系统仿真工具进行具体估算过程。

STEP7：从 STEP7 开始，做 R99 的容量估算和 HSDPA 的流量估算。首先输入 R99 每个基站的用户规模（可能由运营商确定，或者由规划方估计）、业务量需求、基站类型，以及设备参数（E_b/N_0、NF）。

STEP8：利用坎贝尔定理，将 R99 业务全部折算为等效语音用户，查爱尔兰表得到在既定的用户规模下的 require capacity per cell（由于业务需求，每小区需要支持的容量）。

STEP9：利用上行容量计算公式，在既定系统负荷下，估计空中接口极限上行容量 supplied capacity per cell（由于空中接口能力限制，每小区能够支持的容量）：

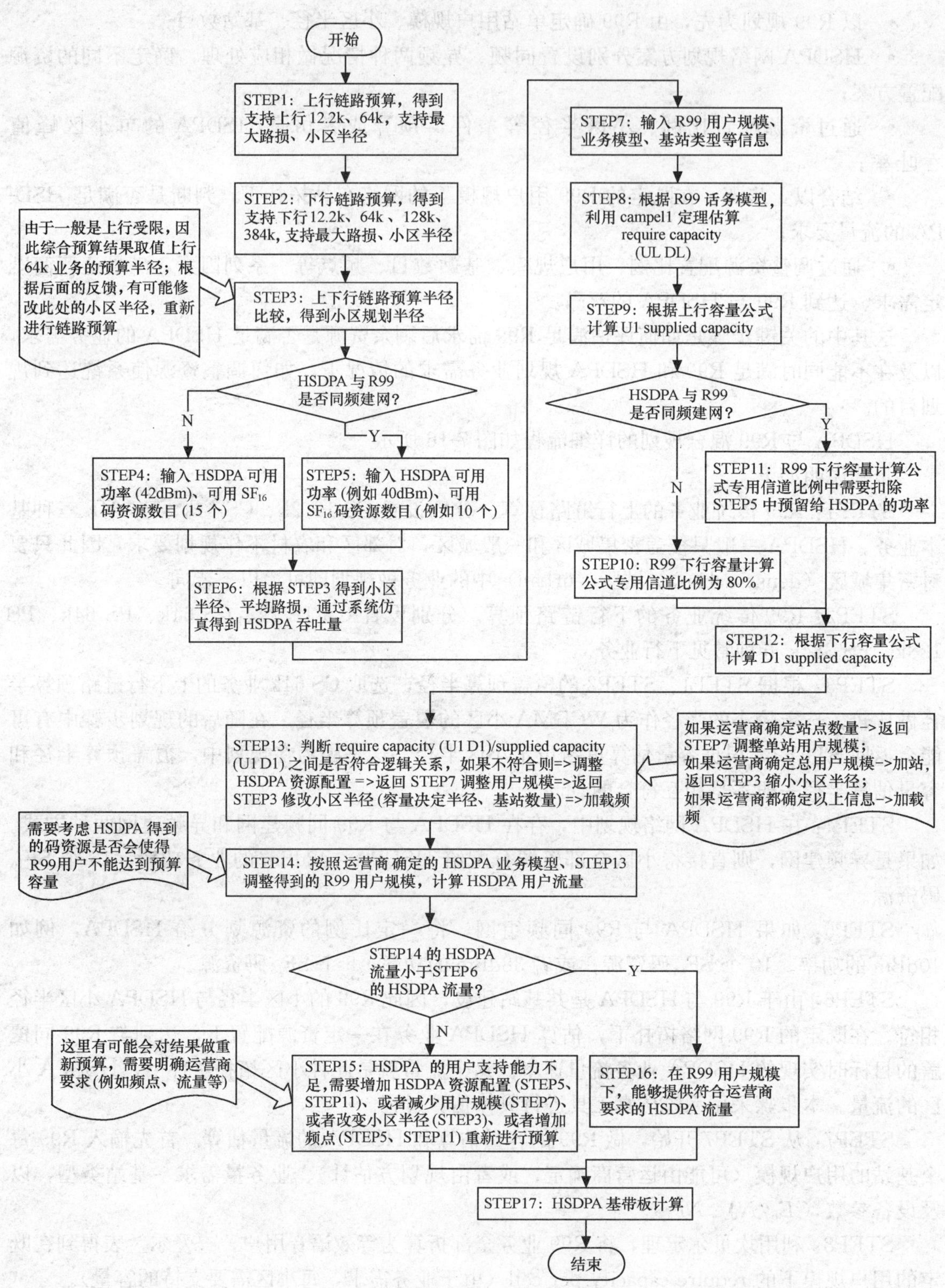

图7-16　HSDPA与R99混合规划流程

$$\eta_{UL} = (1+i)\sum_{j=1}^{N} L_j = (1+i)\sum_{j=1}^{N} \frac{1}{1+\dfrac{W}{(E_b/N_0)_j R_j v_j}} \tag{7-15}$$

STEP10：A 是业务信道功率资源比例，在基站发射功率中用于业务信道的功率与基站总功率的比值。如果是异频建网，当公共信道是 4W 配置时，A 为 80%。该参数使用于 STEP12 的下行容量推算公式。

STEP11：假如是同频建网，由于 HSDPA 对功率的占用，会导致留给 R99 的业务功率比例 A 降低。当分给 HSDPA 40dBm 功率时，R99 的 A 为 30%；当分给 HSDPA 38dBm 功率时，R99 的 A 为 50%。

STEP12：采用下行容量公式，R99 基站支持的最大下行用户数目 Dl supplied capacity。该公式的详细推导请见 7.2.4 节。

$$M = \frac{\dfrac{A}{(1-\gamma)\cdot\rho}}{1+\dfrac{1}{(1-\gamma)}\cdot\left(\dfrac{10^{\frac{pathloss\_dB+N_0}{10}}}{P_{BS}}+i\right)} \tag{7-16}$$

STEP13：通过 STEP10、STEP11、STEP12，分别计算出上下行链路 require capacity、supplied capacity 的容量。通过对 HSDPA/R99 资源配置的调整、单站用户规模调整，使得 Ul require capacity per cell 刚好略小于空中接口容量 Ul supplied capacity，并且有足够下行功率支持，即 Dl require capacity per cell 小于 Dl supplied capacity 即可。具体推导过程可以参考 5.3 节。

当出现不符合的情况时，首先调整 HSDPA/R99 资源配置（同频组网）；如果仍不能满足 R99 容量需求，接着返回 STEP7 调整单站用户规模，这样就意味着在规划基站数目不变的情况下，降低了整个网络的用户总规模；如果运营商事先确定了用户总规模不变，就需要在热点区域加站，意味着要削减小区半径。返回 STEP3，按照容量规划的小区半径重新设置，重复以上的 STEP3～STEP12。另外，根据实际规划要求，与运营商协商，重新配置基站类型，采用 HSDPA/R99 异频配置或者增加 R99 频点等方法。

STEP14：通过以上的流程，能够满足 R99 的规划需求。根据运营商的 HSDPA 用户业务模型和业务量需求，计算在 R99 用户规模已定的情况下，按照 HSDPA 渗透率，计算每个小区覆盖范围内用户对 HSDPA 总的流量需求。

例如，一个 3 载 3 扇的基站，其中 R99 占 2 个载频（f_1、f_2），并且与 HSDPA 共享一个载频 f_3，HSDPA 的业务渗透率是 70%，平均忙时呼叫吞吐率是每用户 2kbit/s，该基站总共覆盖 9 000 个 WCDMA 用户，则对 HSDPA 的单小区流量需求是：9 000×70%×2kbit/s/3cell = 4 200kbit/s。

STEP15：如果 STEP6 计算出来的 HSDPA 峰值吞吐率不能满足 4 200kbit/s + Delta (Delta 是 HSDPA 吞吐率规划冗余量)，就需要进行反馈调节。调节方式一般有改变资源配置比例、修改单站用户规模、加站、增加载频等。最有效的方式是增加载频承载 HSDPA，这样基本上不对 R99 的站点规划结果做大的改变，但是会消耗宝贵的频率资源。

STEP16：如果 STEP6 计算出来的 HSDPA 峰值吞吐率能满足 4 200kbit/s + Delta，说明小区有足够的资源满足运营商的需求，还会有流量冗余。

STEP17：HSDPA 业务和 R99 的其他 PS 业务一样要消耗基带板资源，估算建网成本。

7.4.2 HSDPA网络规模估算示例

本节举例说明 HSDPA 与 R99 同频组网的估算详细步骤，分析 HSDPA 承载数据业务的优势。所举案例是在假定某数据业务需求较大的密集城区，采用传统 R99 组网方案，或者采用 R99＋HSDPA 组网方案，对比最终得到的网络规模估算结果的差别。

7.4.2.1 基本信息

假设某运营商计划采用一个载频建设 WCDMA 网络，假设该地区规划需求如下：

1. 基本设计要求

系统设计上行负载：50％；

系统下行功率使用百分比：若采用 R99 组网，设置 75％功率门限；若采用 R99＋HSDPA 组网，设置 95％功率门限；

语音业务阻塞率：2％；

邻区干扰因子：0.6；

正交因子：0.6；

软切换比例：30％；

基站类型：三扇区定向站（65°水平波瓣角）；

覆盖要求

城区面积：20km²；

业务覆盖要求：可视电话业务连续覆盖；

规划区域的传播模型：在表 7-10 中给出了各参数取值。

表 7-10 传播模型参数值

路损参数	密集城区	路损参数	密集城区
k_1	148.11	k_6	−6.55
k_2	44.9	Clutter loss	4.0
k_5	−13.82	基站高度（m）	30

2. 容量要求

假设该城区属于数据业务需求较大的区域，参考第 6 章的表 6-5、表 6-6、表 6-17 中对不同发展阶段的话务密度预测，确定本案例中密集城区中长期各种业务量需求见表 7-11。

表 7-11 话务规划需求模型

	语音业务（Erl/km²）	可视电话业务（Erl/km²）	数据业务（kbps/km²）
话务密度	288	0.9	16800

语音业务总业务量：5760Erl；

可视电话业务总业务量：18Erl；

数据业务总吞吐率：336000kbit/s；

3. 业务解调信噪比要求

上下行业务承载解调信噪比要求见表 7-12 和表 7-13。

表 7-12 **上行业务承载**

	CS 12.2kbit/s	CS 64kbit/s	PS 64kbit/s
业务速率（kbit/s）	12.2	64	64
激活因子	0.67	1	1
E_b/N_0（dB）	4.2	2.87	1.6

表 7-13 **下行业务承载**

	CS 12.2kbit/s	CS 64kbit/s	PS 64kbit/s	PS 128kbit/s	PS 384kbit/s
业务速率（kbit/s）	12.2	64	64	128	384
激活因子	0.58	1	1	1	1
E_b/N_0（dB）	7.2	4.9	3.8	2.8	2

由上述容量需求可知，该地区数据业务需求量很大，可考虑两种组网方案：一种是传统的 R99 组网方案，数据业务全部承载在 PS 64k、PS 128k 和 PS 384k 承载上；另一种是 R99＋HSDPA 的混合组网方案，将承载在 PS 128k 和 PS 384k 上的大部分数据业务转用 HSDPA 承载，其他少量低速数据仍用 R99 承载，以便充分发挥 HSDPA 卓越的数据业务能力，实现降低建网成本的目的。下面针对以上规划需求，分别估算传统 R99 建网方案和 R99＋HSDPA 混合建网方案下的网络规模，以便做一个直观的对比。

由于数据业务具有上下行不对称性，表 7-14 统一给出了各种承载的上下行流量比假设。

表 7-14 **数据业务承载上下行流量比**

	上行：下行		上行：下行
PS 64k	1：1	PS 384k	1：12
PS 128k	1：7	HSDPA	1：10

7.4.2.2 传统 R99 组网方案规模估算

1. 覆盖估算

由于规划区域要求可视电话业务的连续覆盖，需要首先进行该业务的上行链路预算，见表 7-15。

表 7-15 **CS 64k 业务上行链路预算**

参　数	符号运算
UE 最大发射功率（dBm）	21
UE 天线发射增益（dBi）	0
人体损耗（dB）	0
UE 实际每信道最大发射功率（dBm）	21
环境热噪声功率谱密度（dBm/Hz）	−174
环境热噪声功率（dBm）	−108.1567
接收机噪声系数（dB）	2.2
接收机噪声（dBm）	−105.9567
干扰余量（dB）	3

续表

参　　数	符号运算
比特速率（kbit/s）	64
处理增益（dB）	17.7815
上行信号品质要求 E_b/N_0（dB）	2.87
上行接收灵敏度（dBm）	−117.868
基站天线增益（dBi）	18
基站综合损耗（dB）	3
阴影衰落裕量（dB）	10
软切换增益（dB）	3
功率控制余量（dB）	3
穿透损耗（dB）	25
最大损耗（dB）	118.868

由最大损耗推出有关基站覆盖半径 R 的公式：

$$\log(R)=\frac{Path\_loss-k_1-k_3(Hms)-k_4\log(Hms)-k_5\log(Heff)-k_7-Clutter\_Loss}{k_2+k_6\log(Heff)}=A$$

则基站半径 $R=10^A$

代入表 7-10 中各参数的取值，得到本次覆盖规划的基站半径为 0.43km。根据表 5-5 中扇区基站覆盖面积的计算方法，可得到单基站覆盖面积＝1.95×0.43km×0.43km＝0.36 km^2，基站数量＝取整（规划面积/单基站覆盖面积）＝56（注意：部分大城市的密集城区环境恶劣，需要按 300～400m 半径布站。本案例仅是讨论规划方法，案例中涉及到的具体数值并不适合所有规划场景）。

2. 容量估算

在传统 R99 组网方案中，数据业务全部承载在 PS 64k、PS 128k 和 PS 384k 承载上，假设这三种业务承载的数据吞吐率比例为 1∶5∶10，则这三种数据业务承载的吞吐率统计如表 7-16 所示。

表 7-16　引入 HSDPA 后，R99 PS 业务承载分担情况

	比例	总吞吐率（kbit/s）	上行吞吐率（kbit/s）	下行吞吐率（kbit/s）
PS 64k	1	21 000	10 500	10 500
PS 128k	5	105 000	13 125	91 875
PS 384k	10	210 000	16 153.846	193 846.154

在 50％的上行设计负载要求下，考虑 30％的软切换比例，单小区能够同时提供 46 个等效语音信道。混合业务情况下，单小区需要同时提供语音、可视电话和 PS 64k 数据业务，因此在进行上行容量估算时，需在混合业务量和等效语音信道数之间做一些换算，根据本规划案例的上行容量需求，计算出该区域需要 276 个小区，共 92 个基站。

在计算得到满足上行容量需要的基站数后，接下来需要验算该基站规模下扇区功率是否能满足该扇区的下行容量需求。下行容量估算方法的原理是根据小区的下行混合业务量需求计算出小区需要提供的等效语音信道数；由于小区功率是一定的，因此一定覆盖范围下小区能够提供的等效语音信道数是确定的；比较小区需要提供的等效语音信道数和能够提供的等效语音信道数，如果前者小于后者，说明下行功率足够满足下行容量需求，如果前者大于后者，说明下行功率不能满足下行容量需求，这时需要通过加载频或加基站的方法来增加基站的下行容量。

在本例中，根据上行容量估算得到 276 个小区，在已知网络总的下行容量需求的情况下，单小区需要提供的下行容量可以计算得到，它等效为 118 个语音信道。而在考虑 30% 软切换比例的情况下，单小区能够提供的下行容量为 71 个等效语音信道，远远不能满足该小区的下行容量需求，需要增加基站，并进行下一轮的迭代计算，直到小区能够提供的等效语音信道数大于需要提供的等效语音信道数为止。下行容量估算的最终结果是，该区域需要提供 200 个基站（基站半径为 226m），方能满足如此大量的数据业务需求。

3. 综合估算结果

综合覆盖估算和容量估算的结果，可知本规划案例中，若采用传统 R99 的组网方案，需要提供 200 个基站方能实现设计要求。

7.4.2.3 R99＋HSDPA 的混合组网方案

1. 覆盖估算

R99＋HSDPA 混合组网方案的覆盖估算过程和结果与传统 R99 方案一样，仍然采用 CS 64k 作为上行规划方案。覆盖规划过程此处不再赘述，共需要 56 个基站来满足该区域的覆盖需求。

2. 容量估算

当采用 R99＋HSDPA 的组网方案时，原来承载在 PS 128k 和 PS 384k 上的大部分数据业务均转用 HSDPA 承载，其他少量低速数据仍采用 R99 承载。假设 R99 和 HSDPA 的数据业务吞吐率见表 7-17。

表 7-17　　HSDPA 和 R99 业务分担预测

	R99	HSDPA	总吞吐率
数据业务吞吐率（kbit/s）	84 000	252 000	336 000

在 R99 承载的数据业务中，PS 64k、PS 128k 和 PS 384k 承载的数据吞吐率比例为 1:2:1，则这三种数据业务承载的吞吐率统计见表 7-18。

表 7-18　　引入 HSDPA 后，R99 PS 业务承载分担情况

	比例	总吞吐率（kbit/s）	上行吞吐率（kbit/s）	下行吞吐率（kbit/s）
PS 64k	1	21 000	10 500	10 500
PS 128k	2	42 000	5 250	36 750
PS 384k	1	21 000	1 615.4	19 384.6

HSDPA 业务的上行承载仍采用传统的 R99 PS 64k 承载，因此在做上行容量估算时，还需考虑 HSDPA 上行流量的影响。由于 HSDPA 用户在上行方向一般会采用 PS 64k 上行业务，考虑到将 HS-DPCCH 的影响与 R99 PS 64k 业务估算相结合，相当于原有 R99 PS 64k 业务的 E_b/N_0 目标值有所上升，到达与 CS 64k 相同水平。因此，在 R99＋HSDPA 混

合组网方案下，根据汇总的上行容量需求，计算出满足该区域的上行容量需求，需要 297 个小区，共 99 个基站。

接下来将基于下行 R99 业务量计算满足下行 R99 容量需求需要的基站数。由于 HSDPA 和 R99 共载波混合组网，需要分配部分功率给 HSDPA 使用，因此在进行 R99 的下行容量估算时，需要预留部分功率给 HSDPA。预留的比例不同，将对 R99 下行容量估算产生不同影响。预留给 HSDPA 的功率越多，则 R99 获得的功率越少，并且受到的同频干扰越大，从而导致需要更多的基站，以便满足既定的 R99 业务需求。在本例中，假设预留 3W 的功率，根据 R99 的下行容量估算过程，计算得到需要 92 个 3 扇区基站，共 276 个小区，每个小区需要提供的下行 HSDPA 数据吞吐率为 252 000 × (10/11)/276 = 830.04kbit/s。

由于 HSDPA 的 AMC、HARQ 等复杂特性，目前还不存在很好的 HSDPA 容量估算公式可以使用，因此这里 HSDPA 的容量估算是通过查询大量的仿真实验得到的仿真数据表来获得，查系统仿真结果表得到 3W 功率可支持的 HSDPA 流量小于 500kbit/s，不满足上述小区的 HSDPA 下行流量需求，因此需要提高 HSDPA 的分配功率，功率调整步长为 1W，重新进行 R99 下行容量估算和 HSDPA 流量计算，直到同时满足 R99 和 HSDPA 容量需求为止。

在本例中，当分配 6W 的功率供 HSDPA 使用时，计算得到需要 123 个基站来满足 R99 的下行容量需求，此时每个小区需要提供的下行 HSDPA 数据吞吐率为 252 000 × (10/11)/(123 × 3) = 620.84kbit/s，通过查系统仿真结果表，在本规划案例复杂的无线环境下 6W 功率可支持的 HSDPA 流量为 600～800kbit/s（此为举例证），可满足要求。因此，下行容量估算的最终结果为 123 个基站（基站半径为 289m）。

3. 综合估算结果

综合覆盖估算和容量估算的结果，可知本规划案例中，若采用 R99＋HSDPA 的混合组网方案，只需要提供 123 个基站，相比起原传统 R99 组网方案的 200 个基站规模，极大地降低了建网成本。

虽然本节估算示例中的数据不代表真实建网中的实际参数，但是从表 7-19 中可以得到，在承载数据业务较重的话务模型情况下时，引入 HSDPA 前后的网络规模会有很大变化，HSDPA 可以节约更多的移动数据服务成本。

表 7-19　　HSDPA 引入前后网络规模对比

对比项目	R99 单独承载	R99＋HSDPA 混合组网
覆盖规划需求	56 个基站	56 个基站
上行容量规划需求	276 个小区/92 个基站	297 个小区/99 个基站
下行容量规划需求	600 个小区/200 个基站	369 个小区/123 个基站
网络总规模	200 个基站，基站半径 226m	123 个基站，基站半径 289m

分析 HSDPA 对网络规模的影响，主要有以下两点：

- 如果被规划区域话务模型是以数据为主，并且将大部分数据业务由 HSDPA 承载，则引入 HSDPA 后可以减小网络规模，大幅节约建网成本；
- 对于以语音、低速 PS 业务为主的远郊、农村等区域，主要是以解决网络覆盖为主，引入 HSDPA 提升数据吞吐率对此类区域无太大意义，因此此类区域不适合建设 HSDPA 网络。

7.5　HSDPA组网方案

7.5.1　系列化基站

为了适应实际组网场景中的应用，设备商推出系列基站整体解决方案，包括各种大容量室内（外）宏基站、各种微基站、大容量基带池（BBU）和大功率射频拉远站（RRU）等，如图 7-17 所示。

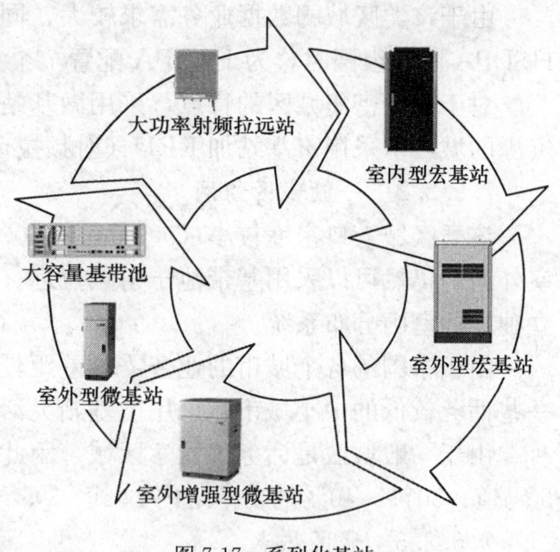

图 7-17　系列化基站

不同型号的系列化基站设备既有通用性又各有专长，例如同一个设备厂商的各个型号的基站设备中的主要单板都可以通用，有统一的后台网管等；有的型号设备具有大功放适于广覆盖，有的型号设备可以容纳更多的基带处理资源，有助于解决热点地区的容量问题。系列化基站适应多种场景下的网络建设需求，根据被规划区域的无线环境、业务流量等，选择表 7-20 中相应的资源组合，实现完善的 R99＋HSDPA 的 WCDMA 网络覆盖。

表 7-20　　各类覆盖地区 HSDPA 配置与承载能力需求

场　　景	基站选型	HSDPA 码资源分配	HSDPA 功率资源分配	组网运营时每载扇承载 HSDPA 流量能力（Mbit/s）（取值与环境相关）
密集城区的室外覆盖	宏基站、微基站	5～7 码道	30%～50%	0.5～1.5
一般城区的室外覆盖	宏基站、微基站	5 码道	30%	0.5～1.2
室内覆盖信号源	微基站、微微基站、基带池、pico 设备	10～14 码道	50%以上	3～6

基于系列化基站在不同场景中的应用，表 7-20 分析了在 R99/HSDPA 同频组网的情况下，如何划分两者在码资源和功率资源上的比例。如 7.2.2.1 节、7.2.2.2 节所述，码资源和功率资源可以采用静态或动态的分配方式，在建网初期以静态为主，这样也有利于对 HSDPA 的吞吐率有较为准确的估计，网络成熟运营后使用动态分配，以便达到更高的资源利用效率。

7.5.2　室外 HSDPA 组网解决方案

对于室外 HSDPA 覆盖，在建网初期采用“密集城区全网引入，一般城区重点引入”的策略，在有明显业务需求的一般城区采用全网引入的方式也是可行的。由于通过软升级即可实现 HSDPA 在 R99 网络基础上部署，因此即使在城区全网引入也不会带来建网成本的明显增加，有助于提升城区内 HSDPA 用户在移动中获得良好的服务感受。

7.5.2.1　密集城区组网

该类区域人口密度大（大于 30 000～50 000 人/km^2），对数据业务需求量大，每载扇承载的用户数目多。需要选用大容量基站作为主设备，对于解决类似上海徐家汇、北京王府井这类超密集城区非常合适。同时，如果需要室外基站覆盖室内，则需要更密集的布站，预留更大的基带资源。因此采用大容量基站、基带池作为该区域组网的主力站型，辅以射频拉远补盲。在城区也常使用大量微基站构建蜂窝网络，以解决容量需求，因而形成了宏基站和微基站的分层网络：宏蜂窝解决覆盖问题，微蜂窝解决容量问题。

由于该类区域的数据业务需求较大，同时也是语音业务非常重要的区域，因此在R99/HSDPA同频组网时，为HSDPA配置7个SF_{16}码资源、50%的功率。

对于部分密集城区的盲点，采用微基站作密集城区疏忙、补盲。在不易找到充足的机房资源的城区，采用宏基站加RRU（射频拉远）方式进行覆盖，该方案易于灵活组网。

7.5.2.2　一般城区组网

该类区域人口密度较小（5 000～15 000人/km^2），采用中等容量的宏基站、微基站进行室外组网仍然可以采用基带池＋射频拉远。此区域的室内用户一般由室外基站覆盖，不会建立独立的室内分布系统。

由于中国的各个城市的业务需求差距较大，对密集、一般城区的分类容易模糊，因此在一些话务较低的中小城市，采用微基站灵活组网。

由于一般城区是话务欠发达区域，因此HSDPA的码资源、功率资源的占有比例控制在5码道、30%～40%的功率之内。

7.5.2.3　城区热点

在城区规划中难免会出现局部区域的覆盖、容量受限的情况，采用微基站、微微基站进行补盲、疏忙。对没有室内分布系统，且有大量HSDPA需求的位置，采用放置微微基站（Pico设备）的方案。目前Pico设备的HSDPA功能支持15码道，能够提供3～6Mbit/s的室内吞吐率。

某些需要补盲、疏忙的区域，考虑是否附近存在富裕的基带资源，采用射频拉远或者微微基站的方式解决该区域的覆盖。由于直放站会对施主基站产生较大影响，且干扰不易控制，因此在HSDPA业务实施城区补盲、疏忙时，尽量避免使用直放站组网，通过使用微微基站或者射频拉远代替。

HSDPA是在R99的网络拓扑上升级组网的，R99网络是WCDMA网络的基础，引入HSDPA后主要体现在对有限的码资源、功率资源的分配上，会对整个网络性能有所影响。因此在具体组网方案中需要确定合适的网络参数，尤其是HSDPA的资源分配参数。表7-20中列出了不同场景下的HSDPA资源配置值，在具体网络规划时可作为指导。

7.5.3　室内HSDPA组网解决方案

室内是3G业务尤其是数据业务的重点区域，可采用宏基站、微基站、基带池、微微基站作为信号源。对于超过40层的重点建筑，需要采用基带池作为整栋建筑的信号源。原因是HSDPA在室内覆盖时需要小区分裂，每个小区不能覆盖较多的楼层，为的是避免HSDPA的功率攀升和容量瓶颈问题。例如上海陆家嘴的金茂大厦，就需要采用大量基带资源解决高层建筑的室内信号源问题。对于一般建筑，采用微基站作为信号源，在个别需要开通HSDPA的楼层也可采用放置微微基站的方案完成HSDPA覆盖。

对于典型的HSDPA需求室内环境，如贵宾会议厅、候机楼、高级写字楼等，采用较高的 HSDPA 资源分配比例，例如 7～10 码道配置、50％的功率，或者采用一个单独频点建立 HSDPA 室内系统。室内系统 HSDPA 业务的传输问题也非常关键，需要根据现有传输网络剩余容量情况和升级传输的难易程度分析，如果剩余容量不多，可采用分路传输方案。这样能够降低传输成本，满足数据业务量快速提升的要求。

室内 HSDPA 组网策略概括为：按需配置，重点区域，分区覆盖，推荐异频。

- 按需配置：根据实际情况确定是否利用已有的室内分布覆盖系统做 HSDPA 覆盖，是否使用同频，是否选用 Pico 设备做信号源，以及选择何种资源分配策略。
- 重点区域：首先确定目标楼宇的 HSDPA 需求区域。对于有 HSDPA 业务需求的重点室内位置做 HSDPA 规划，而不必像 R99 那样把信号均匀分布在整个楼宇的各个角落。
- 分区覆盖：每个 HSDPA 小区负责事先规划好的区域。如果与其余室内系统共享分布式覆盖系统，则一个 HSDPA 小区不能覆盖太多楼层，以避免分布式天线之间的耦合造成功率攀升，以及 HSDPA 小区容量不足等问题。如果不能与其余室内系统共享分布式覆盖系统，则使用 Pico 设备对目标区域单独组网进行覆盖；如果进行小区分裂重构，需要支持 HSDPA 功能的基带板，对原有分布式系统影响不大。
- 推荐异频：在已经存在室内分布覆盖系统的楼宇中增加 HSDPA 覆盖时，无论是否共用室内分布覆盖系统，优先使用异频配置 HSDPA。这样做能够提供较大的 HSDPA 吞吐率，减少对原有系统的影响，并且规划简单可靠。

7.6 参考文献

1 韩玮，孙慧霞 . HSDPA 流量和覆盖研究 . 邮电设计技术，2005.5

2 韩玮 . 中兴通讯定制 HSDPA 组网策略 . 通信世界，2005.7

3 黄萍，韩玮 . WCDMA 系统中支持高速下行包接入业务的网络规划方法，专利申请号 200510086221.6

4 周兆捷，韩玮 . WCDMA R99 与 HSDPA 混合组网解决方案 . 通信产业报，2006.5

5 3GPP. TS 25.104 V6.1.0 -Base Station（BS）radio transmission and reception（FDD），2003.3

6 韩玮，孙慧霞，卢彤九 . WCDMA 分层组网研究 . 电信网技术，2004.11

第 8 章　HSDPA 网络无线性能

HSDPA 的引入将对现有 R99 网络产生影响，对 HSDPA 网络无线性能的研究可以为网络规划和优化提供有力支撑。

本章从理论和实际出发，着重研究了 HSDPA 的链路性能和系统性能。

8.1 节介绍链路性能，首先介绍了 CQI 与导频质量的关系，接下来介绍 HSDPA 引入的三个新的信道（HS-PDSCH，HS-SCCH，HS-DPCCH）的链路性能，从仿真和实测的角度研究三种信道的覆盖以及它们同 R99 相关业务的覆盖对比。

8.2 节分析和研究了 HSDPA 网络的系统性能，主要包括多用户分集增益、扇区吞吐率、用户吞吐率、引入 HSDPA 对 R99 网络的影响、同频 HS-DSCH 服务小区变更性能分析和往返时间等。

8.1　链路性能

8.1.1　CQI 与导频质量的关系

HSDPA 用户通过上报 CQI 来反馈下行信道的质量，Node B 参考这个反馈值来调整传输块大小和调制方式，这会直接影响到用户的下行吞吐率。从这个角度来看，研究 CQI 与导频质量的关系就显得非常重要。

根据 4.3 节，HS-PDSCH 码道发射功率和导频发射功率有如下关系：

$$P_{HS\_PDSCH} = P_{CPICH} \cdot MPO \cdot \Delta \tag{8-1}$$

其中 P_{HS_PDSCH}、MPO、P_{CPICH}、Δ 均为线性值。由此可以计算 HS-PDSCH 信道码片级和符号级信噪比（SIR）。

码片级 SIR：

$$\left(\frac{E_c}{N_0}\right)_{HS\_PDSCH} = \frac{P_{HS\_PDSCH}}{N_0} = \frac{P_{CPICH} \cdot MPO \cdot \Delta}{N_0} = \left(\frac{E_c}{N_0}\right)_{CPICH} \cdot MPO \cdot \Delta \tag{8-2}$$

N_0 为 UE 接收到的总干扰加热噪声。

符号级 SIR：

$$\left(\frac{E_s}{N_0}\right)_{HS\_PDSCH} = 16 \cdot \left(\frac{E_c}{N_0}\right)_{HS\_PDSCH} = 16 \cdot \left(\frac{E_c}{N_0}\right)_{CPICH} \cdot MPO \cdot \Delta \tag{8-3}$$

为了研究问题的方便，以下采用对数值讨论问题，MPO、Δ 在以下转为 dB 值。因此，符号级 SIR ：

$$\left(\frac{E_s}{N_0}\right)_{HS\_PDSCH} = \left(\frac{E_c}{N_0}\right)_{CPICH} + MPO + 10\log_{10}(16) + \Delta \tag{8-4}$$

根据 4.3.1 节，在平坦瑞利衰落信道和单天线 Rake 接收机的条件下，仿真表明有以下近似结果成立：

$$CQI \approx 4.5 + \left(\frac{E_s}{N_0}\right)_{HS\_PDSCH} \tag{8-5}$$

根据式（8-4）和（8-5）可以得出：

$$CQI \approx \left(\frac{E_c}{N_0}\right)_{CPICH} + MPO + 10\log_{10}(16) + 4.5 + \Delta \tag{8-6}$$

由于

$$N_0 = (1-\gamma) \cdot I_{or} + I_{oc} + n_o \tag{8-7}$$

所以

$$\left(\frac{E_c}{N_0}\right)_{CPICH} = \frac{(E_c)_{CPICH}}{(1-\gamma) \cdot I_{or} + I_{oc} + n_o} \tag{8-8}$$

I_{or}是引入 HSDPA 后本小区接收总功率（从 UE 侧接收来看）；I_{oc}是邻小区干扰（从 UE 侧接收来看）；n_o为热噪声；γ为正交因子。

设置如下的场景并通过式（8-8）可以得到 CQI 与 E_c/N_0 的拟合曲线。

- 系统配置 5 条 HS-PDSCH 码道，1 条 HS-SCCH 码道，导频配置 10%功率，HSDPA 静态配置 20%功率（4W），MPO 为 3dB；
- 选取外场密集城区单站场景，周围邻区关闭，单 HSDPA 用户（第 6 类终端）激活 PS 业务进行 FTP 下载，以 30km/h 速度径向远离基站，实时采集导频以及 CQI 上报信息。

如图 8-1 是是测试路线上 CQI 与导频 E_c/I_0 的对比曲线，图 8-2 是 CQI 与导频 E_c/N_0 的对比曲线。

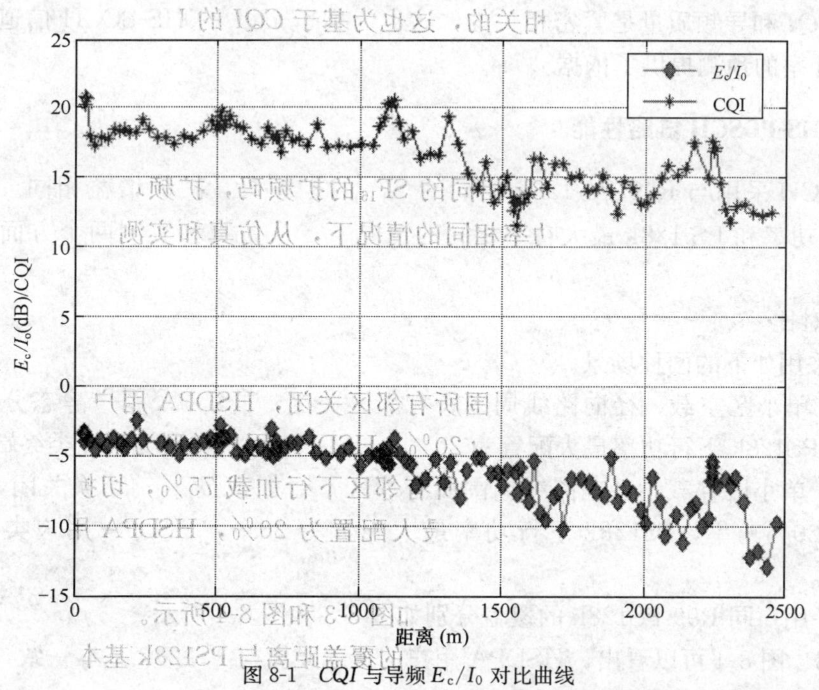

图 8-1　CQI 与导频 E_c/I_0 对比曲线

通过对测试数据的统计分析和曲线拟合，在整个测试路线上导频 E_c/N_0 均值为 −4.3dB，上报 CQI 均值为 15.7。在导频 E_c/N_0 为 −4.3dB，MPO 为 3dB 时，通过式（8-4）计算 HS-PDSCH 信道的 E_s/N_0 为 10.7dB。查阅 4.3.1 节 HSDPA 链路仿真曲线可知，E_s/N_0 = 10.7dB 在 $BLER$ = 10%情况下对应的 CQI 大约为 15.0，与实测统计 CQI 均值 15.7 非常接近。

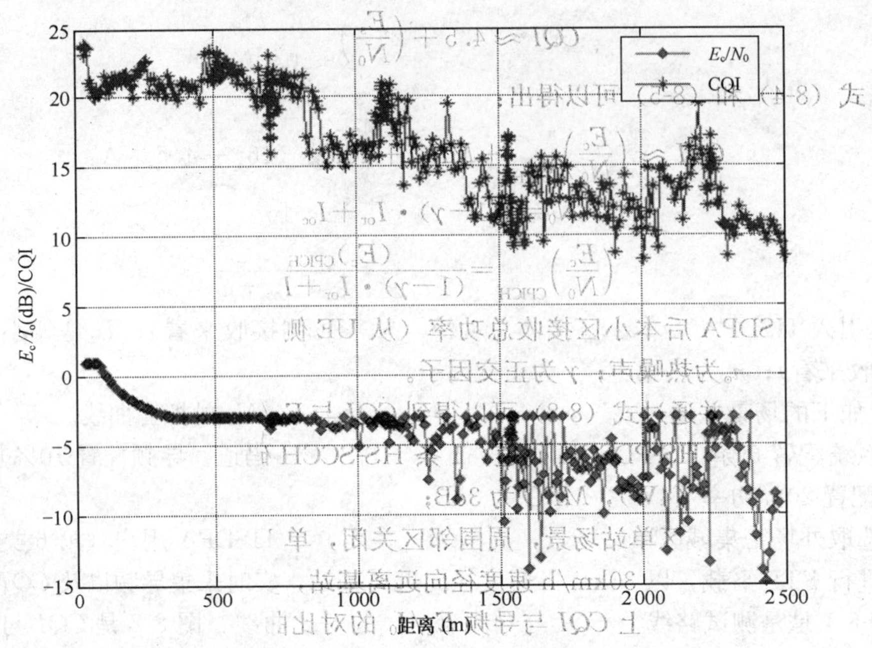

图 8-2 CQI 与导频 E_c/N_0 对比曲线

可见，CQI 和导频质量是紧密相关的，这也为基于 CQI 的 HS-SCCH 信道外环功控和实际用户吞吐率的预测提供了依据。

8.1.2 HS-PDSCH 链路性能

HS-PDSCH 采用与 R99 PS 128k 相同的 SF_{16} 的扩频码，扩频增益相同。本节在 HS-PDSCH 静态功率和 PS 128k 最大功率相同的情况下，从仿真和实测两个方面对比两者的覆盖。

1. 仿真对比

仿真中采用如下的两种场景。

场景 1：单小区空载，径向路线周围所有邻区关闭，HSDPA 用户静态分配 20%（即 4W）功率，PS128k 下行功率最大配置为 20%，HSDPA 用户类型为第 6 类终端。

场景 2：单小区空载，径向路线周围所有邻区下行加载 75%，切换关闭，HSDPA 用户静态分配 20%功率，PS128k 下行功率最大配置为 20%，HSDPA 用户类型为第 6 类终端。

HSDPA 用户同 R99 PS128k 的覆盖分别如图 8-3 和图 8-4 所示。

由图 8-3、图 8-4 可以看出，HSDPA 用户的覆盖距离与 PS128k 基本一致，在小区的边缘 HSDPA 的吞吐率明显优于 PS128k。

2. 实测对比

采用如下场景。

场景 1：密集城区，单小区空载，径向路线周围所有邻区关闭，HSDPA 用户静态分配 20%功率，PS128k 下行功率最大配置为 20%，HSDPA 终端类型为第 6 类。

场景 2：密集城区，单小区空载，径向路线周围所有邻区下行加载 75%，切换关闭，

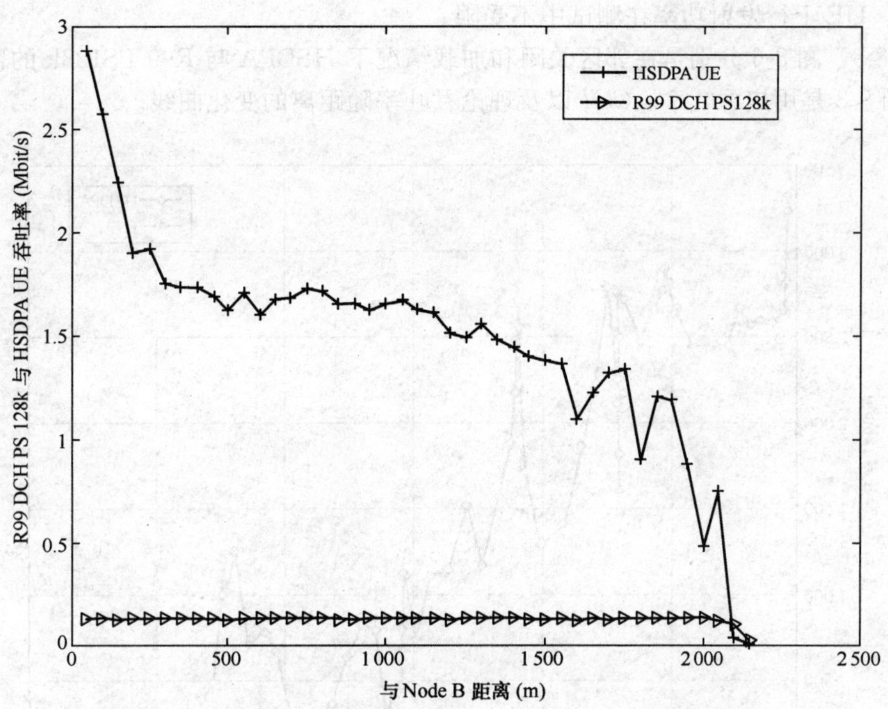

图 8-3　单站空载，邻区关闭，H 分配 20％功率与 PS128k 覆盖结果对比

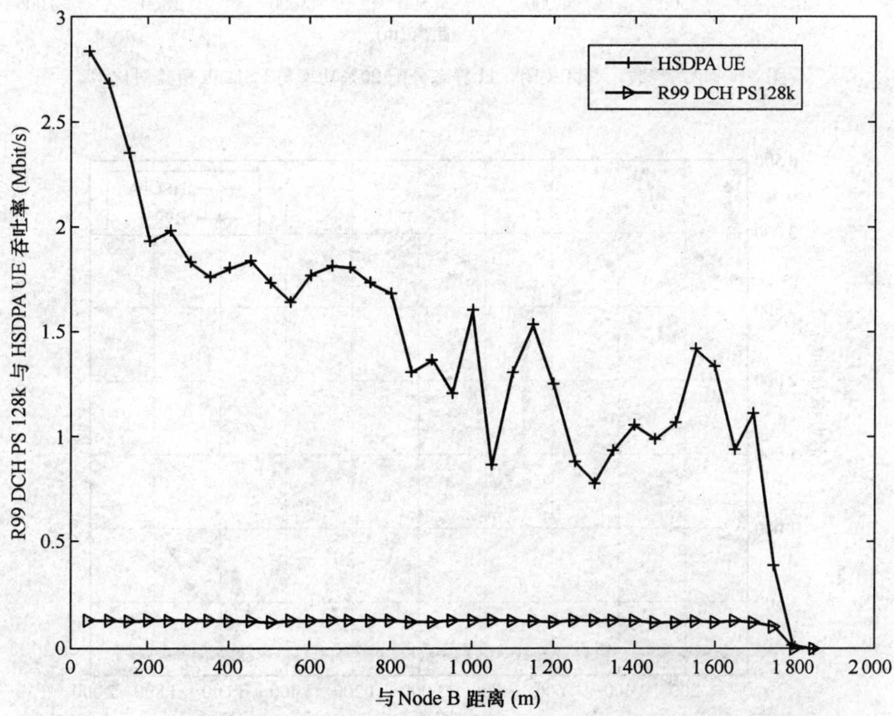

图 8-4　单站空载，邻区下行加载 75％，H 静态分配 20％功率与 PS128k 覆盖对比

HSDPA 用户静态分配 20％功率，PS128k 下行功率最大配置为 20％，HSDPA 终端类型为第 6 类。

备注：UE上行发射功率在测试中不受限。

如图8-5、图8-6分别是在邻区关闭和加载情况下HSDPA与R99 PS128k的覆盖对比；图8-7、图8-8是用户吞吐率、*CQI*以及理论吞吐率随距离的变化曲线。

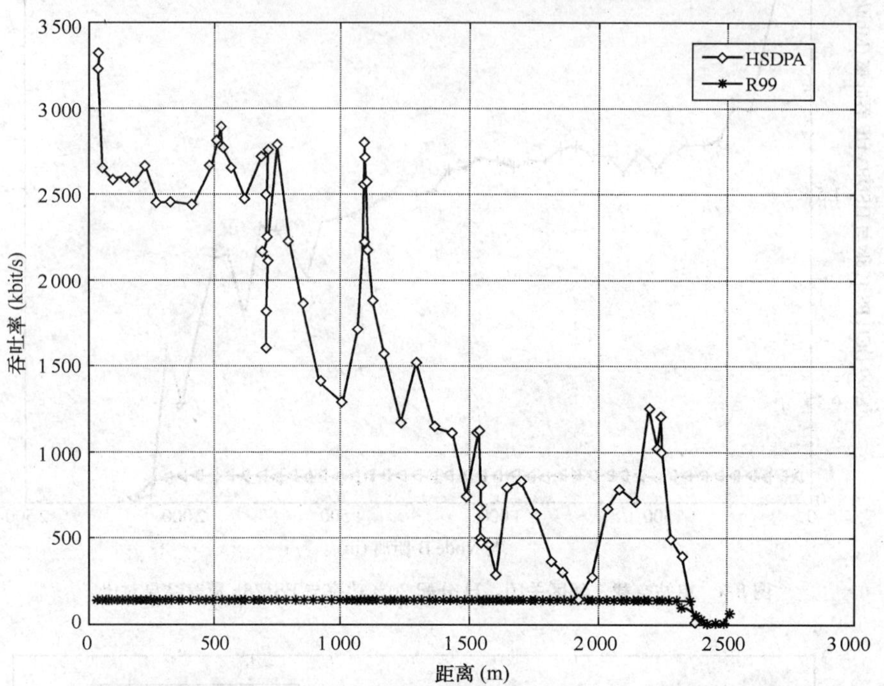

图8-5　单站空载，邻区关闭，H静态分配20%功率与PS128k覆盖对比

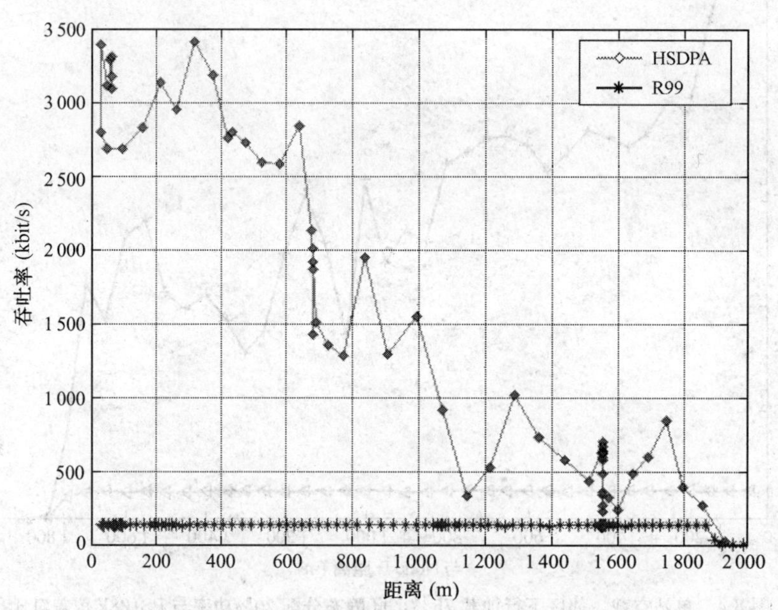

图8-6　单站空载，邻区加载75%，H静态分配20%功率与PS128k覆盖对比

针对不同的HSDPA功率分配场景，继续进行了多组实测，数据见表8-1。

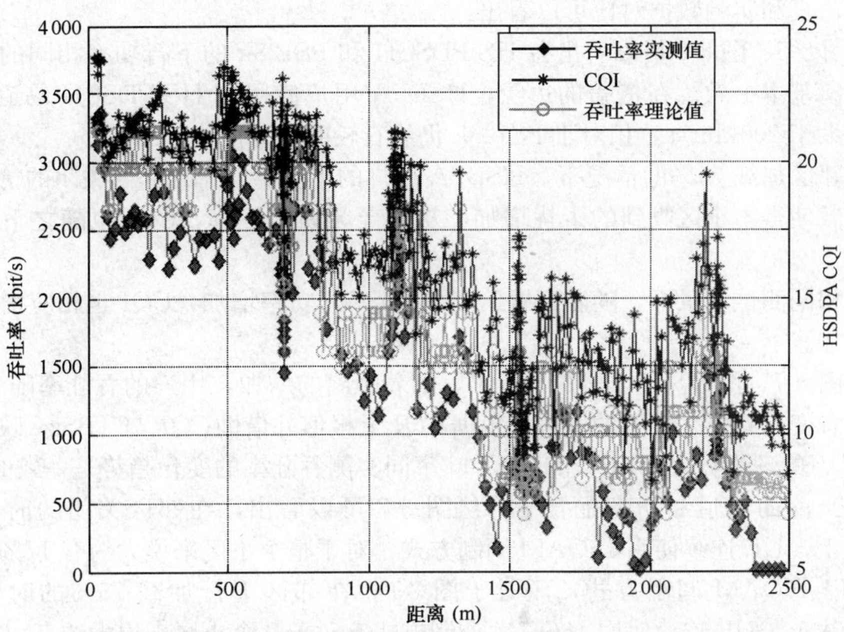

图 8-7　单站空载，邻区关闭，H 静态分配 20%功率，用户吞吐率，CQI 以及理论吞吐率随距离的变化

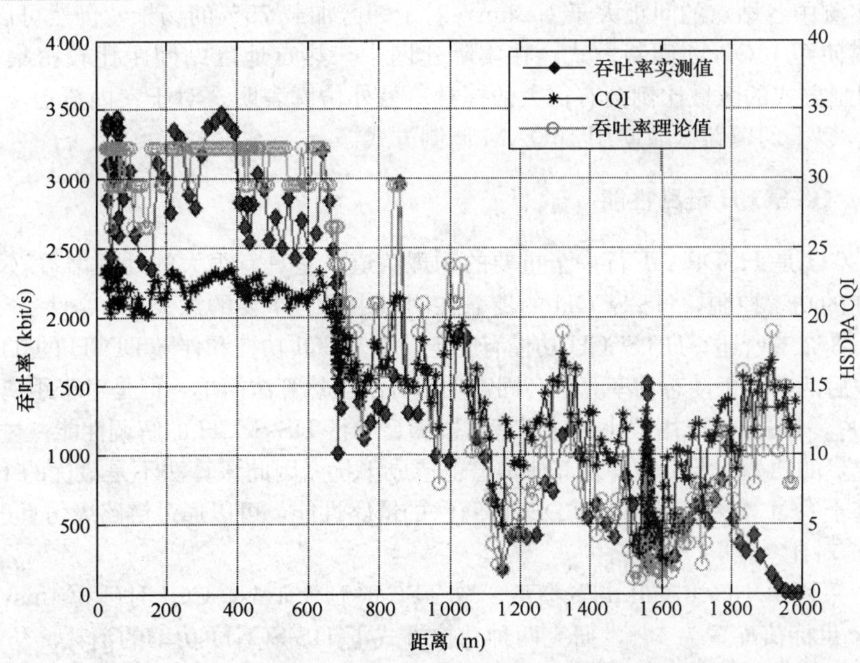

图 8-8　单站空载 H 分配 20%功率，邻区加载 75%，用户吞吐率，CQI 以及理论吞吐率随距离的变化

表 8-1　　多种场景下单站单用户外场测试结果汇总

功率配置百分比	单小区空载邻区关闭 HSDPA 用户平均吞吐率（kbit/s）	单小区空载邻区加载 75%HSDPA 用户平均吞吐率（kbit/s）
20%	1 634	1 347
30%	1 745	1 432
50%	1 875	1 550

从以上仿真和实测数据对比可以看出：

(1) 由图 8-5、图 8-6 可以看出在 HS-PDSCH 和 PS128k 的下行功率相同的情况下，两者的覆盖距离基本一致。在覆盖的边缘，HSDPA 用户使用的 HS-PDSCH 码道数减少到 1 个，吞吐率大于 200kbit/s，相对于 PS128k 仍然有较明显的优势。

(2) 在邻区加载 75%的情况下，HSDPA 用户的平均吞吐率比邻区关闭的情况低，主要由于邻区加载使得本小区收到的干扰增加，从而导频质量下降，*CQI* 也随之下降，使得吞吐率下降。

(3) 在相同测试场景下，随着配置给 HS-PDSCH 功率增加，*CQI* 也相应增加，从而平均吞吐率增加。

(4) 由图 8-7、图 8-8 可以清楚地看出，随着距离的增加，用户的吞吐率随着 *CQI* 变化而变化，两者变化趋势是一致的。另外根据 *CQI* 上报值并借助 *CQI* 与 TBSize 映射表可以得到当前 *CQI* 下的理论吞吐率，这个理论吞吐率同实测吞吐率的变化趋势是一致的。

(5) 在当前的码道和功率配置下，从图 8-7 可以看出，在邻区关闭的时候，在小于 1.0km 路线上，UE 连续使用 16QAM 调制方式，对于整个小区来说大约有 17%的覆盖区域 UE 可以使用 16QAM 调制方式；而对于图 8-8，在邻区下行加载 75%的时候，在小于 0.6km 的路线上，UE 连续使用 16QAM 调制方式，对于整个小区来说大约有 10%的覆盖区域 UE 可以使用 16QAM 调制方式。

(6) 实测中各站点的间距大于 1.5km，对于邻区加载 75%的场景，仍然可以做到 600m 的覆盖距离使用 16QAM 调制方式；在实际建网中，热点地区站间距比较密集，用户使用 16QAM 调制方式的区域比例会有很大的提升。另外仿真表明，对于室内覆盖场景，至少可以满足 70%以上的覆盖区域使用 16QAM 调制方式。

8.1.3 HS-SCCH 链路性能

HS-SCCH 是 HSDPA 下行一个重要的物理信道，它具有很大的处理增益（SF_{128}）并且可采用快速的功率控制，HS-SCCH 的覆盖在网络中具有重要的意义。

正如 4.3.2 节所述，HS-SCCH 功控有固定功率、CQI 功控和伴随 DPCH 的 TPC 偏置三种方式，其中后两种属于动态功率算法。固定功率分配虽然算法简单，但是对于距离基站较近的 HSDPA 用户，HS-SCCH 用很小的功率就可以满足下行 HS-SCCH 的解调性能。过多的功率一方面浪费宝贵的功率资源，另外对其他信道也造成干扰。因此该算法不是最优的 HS-SCCH 功控方式。基于 CQI 算法和基于伴随 DPCH 算法的链路性能，可以通过链路级仿真进行分析。

1. 仿真对比

仿真中采用单小区 PA 3km/h 模型，取 TPC 时延为 1ms，CQI 时延为 4ms，HS-SCCH 信道 BLER 目标值配置为 1%，研究两种功控方式下 HS-SCCH 功率的消耗。仿真结果如图 8-9 所示，功率消耗统计结果见表 8-2。

表 8-2　PA 3km/h 场景伴随 DPCH 与 CQI 算法 HS-SCCH 功率消耗对比

仿真场景	HS-SCCH Ec/Ior (dB)	
PA 3km/h	CQI 算法	伴随 DPCH 算法
	−17.55	−18.58

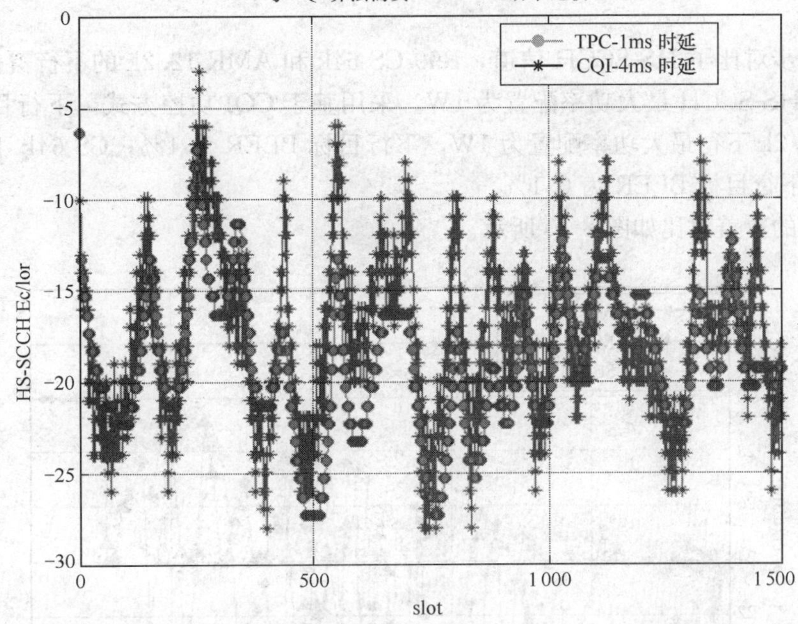

图 8-9　PA 3km/h 场景伴随 DPCH 与 CQI 算法需要的 HS-SCCH 功率比较

仿真结果表明：对于 PA 3km/h 非切换场景，当伴随 DPCH 算法的时延为 1ms，CQI 算法的时延为 4ms 条件下，基于伴随 DPCH 的功控算法比基于 CQI 的功控算法需要的功率要低 1dB 左右，可见在非切换的场景下，基于伴随 DPCH 功控算法比基于 CQI 功控算法有一定优势。但是在切换的场景下，由于服务 HSDPA 小区的 DPCH 单链路质量下降，所以伴随 DPCH 的 HS-SCCH 功控方式不易控制，而基于 CQI 的功控方式不存在这种问题。

2. 实测对比

外场进一步对三种功控算法进行对比分析。

测试例：外场单小区，TDM 方式，HSDPA 总功率为 40%，5 个 HS-PDSCH 码道，1 条 HS-SCCH，其中 HS-SCCH 功控分别采用 CQI 功控算法，固定功率算法，伴随 DPCH 功控算法，HS-SCCH 目标 BLER 设置为 1%。单 HSDPA 用户激活 PS 业务，进行 FTP 下载，沿着远离基站的径向路线以 30km/h 左右速度运动，测试中实时采集用户的下行 HS-SCCH 功率和 BLER 信息。

表 8-3 是三种功控算法方式下 HS-SCCH 消耗的平均功率以及 HS-SCCH 信道 BLER 均值和方差对比。

表 8-3　三种功控算法下 HS-SCCH 消耗的平均功率与 HS-SCCH 信道 BLER 均值方差对比

	平均功率（dBm）	平均 BLER（%）	BLER 方差（%）
CQI 算法	19.3	0.95	0.0265
伴随 DPCH 算法	18.1	1.05	0.0219
固定功率	33.0	0.15	0.0104

从表 8-3 可以看出，固定功率算法实际上是一种“过”控方式，其 BLER 均值比目标值小很多；两种动态功率调整方式的外环功控效果比较理想，BLER 均值很接近目标值，方差

也较小，基于伴随 DPCH 的算法好于基于 CQI 的功控算法 1dB 左右，这与仿真结论是一致的。

下面进一步对比了 HS-SCCH 信道，R99 CS 64k 和 AMR 12.2k 的下行覆盖。

测试例：HS-SCCH 最大功率配置为 1W，采用基于 CQI 功控方式，下行目标 BLER 为 1%；AMR12.2k 下行最大功率配置为 1W，下行目标 BLER 为 1%；CS 64k 下行最大功率配置为 2W，下行目标 BLER 为 0.1%。

它们三者的覆盖对比如图 8-10 所示。

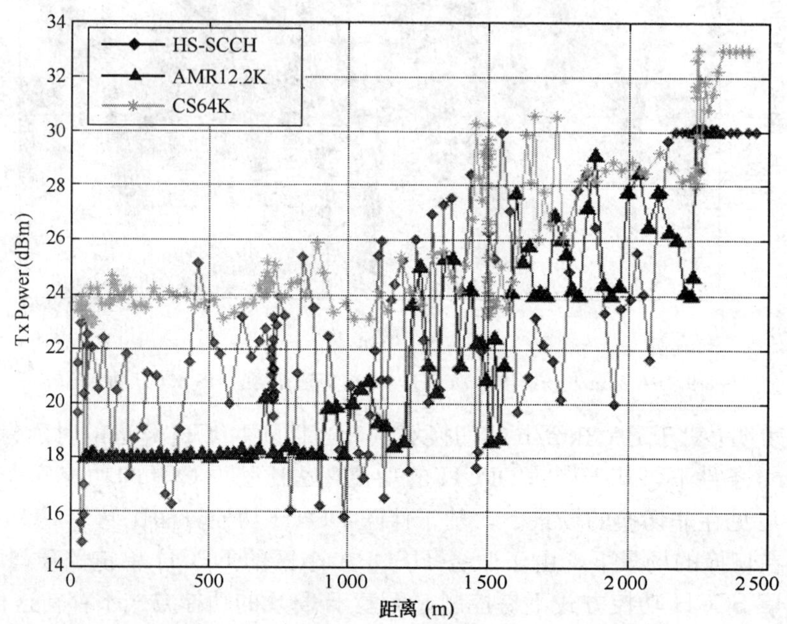

图 8-10 单小区 HS-SCCH 同 R99 AMR 12.2k，CS64k 下行覆盖对比

从图 8-10 可知在当前的网络参数配置下，HS-SCCH 信道与 R99 AMR12.2k 业务以及 CS 64k 业务可以达到相同覆盖；另外在小区的边缘，HS-SCCH 的下行发射功率达到 1W 左右，比 4.3.2 节 VA30 信道条件下仿真结果 1.4W 稍小，这是在仿真和实测误差的合理范围之内，同时也可以为下行 HS-SCCH 功率预留提供参考。

8.1.4 HS-DPCCH 链路性能

HS-DPCCH 是 HSDPA 上行一个重要的物理信道，它使用 SF_{256} 的扩频因子。可以通过调整 ACK/NACK/CQI 相对于 UL-DPCCH 的功率偏移来调整 HS-DPCCH 的覆盖。

1. 仿真对比

首先通过仿真给出 ACK/NACK/CQI 达到误块率要求所需要的偏移值（偏移值的定义可以参考 7.3.2 节）。

在 PA 3km/h 场景下，仿真结果表明随着偏移值的增加，HS-DPCCH 信道的上行解调性能也是逐渐提高，不同的配置对上行业务 E_b/N_0 值的造成抬升不同，进而对上行覆盖影响程度是不同的，详细的分析可以参考 7.3.2 节。

如图 8-11、图 8-12 分别为 P（ACK→DTX/NACK）随 ACK/NACK 域偏移值的变化

（图中BLER代表P（ACK→DTX/NACK），即ACK被误判为DTX或NACK的概率）以及BLER（CQI）随CQI域偏移值的变化。

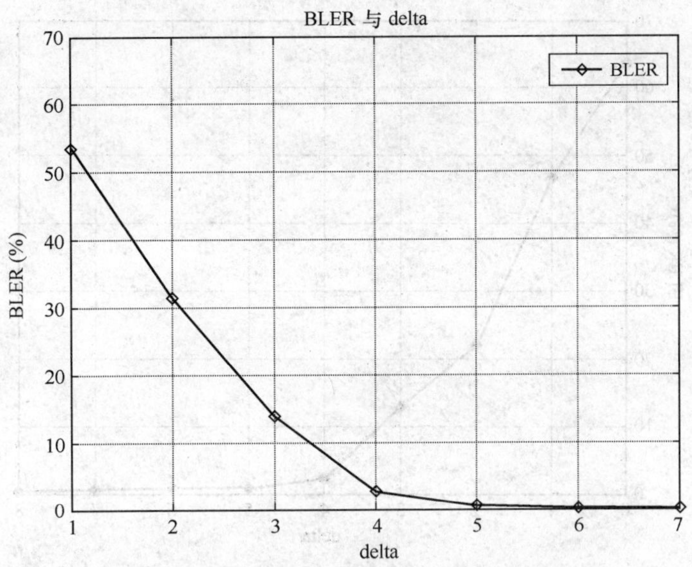

图 8-11　P（ACK→DTX /NACK）随 ACK/NACK 域偏移值（delta）的变化

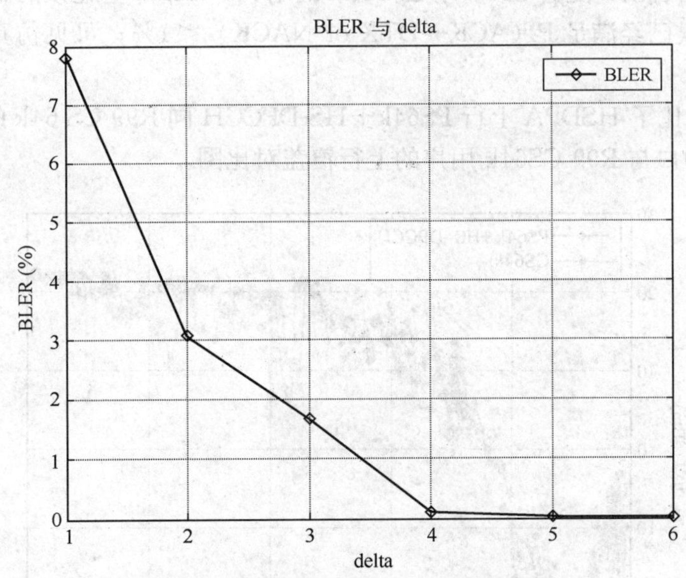

图 8-12　BLER（CQI）随 CQI 域偏移值的变化

可见在 ΔACK＝ΔNACK＝5 的时候已经满足 P（ACK→DTX/NACK）＜1%，达到性能要求。类似的也可以得出在 ΔCQI＝4 的时候也可以达到 BLER（CQI）＜1% 的性能要求。

2. 实测结果

针对上行 HS-DPCCH 三个域的偏移，在实际单小区环境作了进一步的验证。固定 ΔCQI＝4，然后 ΔACK 和 ΔNACK 从 0 到 8 进行遍历，在保证下行信道质量足够好的前提下，观测上行 P（ACK→DTX or NACK）。

测试结果如图 8-13 所示。

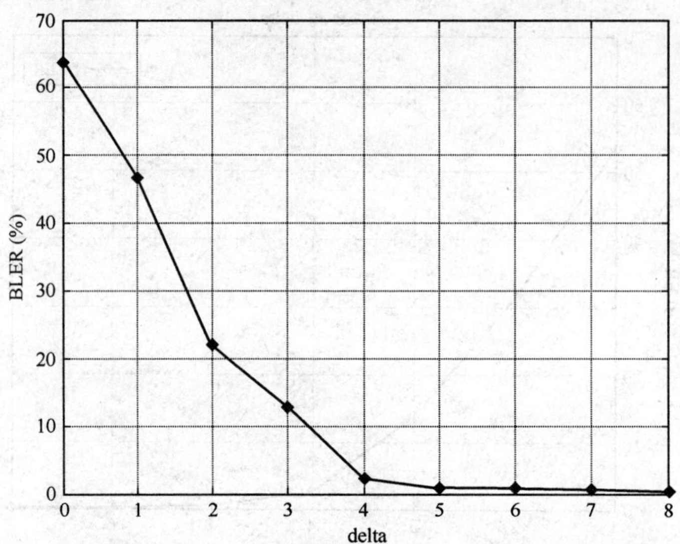

图 8-13　P（ACK→DTX or NACK）随 ΔACK（ΔNACK）变化曲线

从图 8-13 可以看出，随着 ΔACK，ΔNACK 的增大，BLER 呈递减的趋势，当 ΔACK＝ΔNACK＝5 的时候已经满足 P（ACK→DTX or NACK）＜1%；可见仿真结果与实测结果吻合。

外场进一步对比了 HSDPA 上行 PS64k＋HS-DPCCH 同 R99 CS 64k 的上行覆盖。如图 8-14 是 HSDPA 用户与 R99 CS64k 用户的上行覆盖对比图。

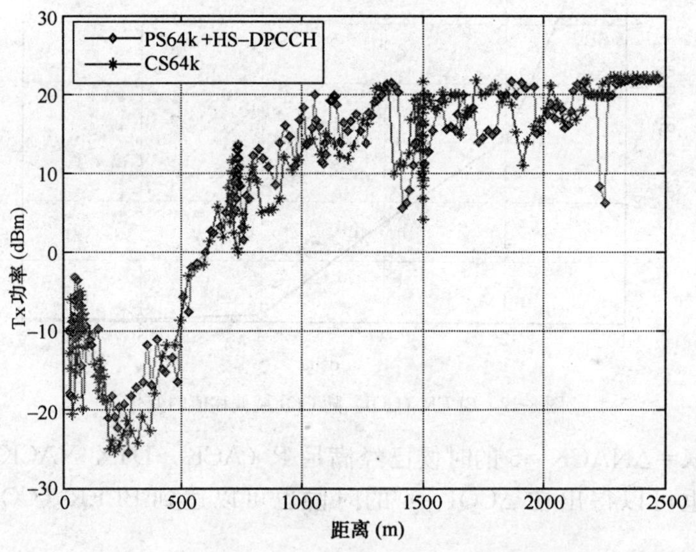

图 8-14　HSDPA 用户同 R99 CS64k 用户上行覆盖对比

测试条件：

(1) 外场单小区径向路线，HS-DPCCH 的偏移值设置为 ΔCQI＝4，ΔACK＝ΔNACK＝

5，HSDPA 用户签约为 UL64kbit/s/DL2048kbit/s，HSDPA 上行 PS 64k 的 BLER 目标值设置为 5%，CS64k 上行 BLER 目标值设置为 0.1%，HS-PDSCH 以及 CS 64k 下行功率配置足够大，保证下行不先受限。

(2) HSDPA 用户激活以后，上行上传数据保证上行 DPCH 速率维持在 64kbit/s 左右。

可见在 ΔCQI=4，ΔACK=ΔNACK=5 配置下，可以使得 HSDPA 同 R99 CS64k 的上行覆盖达到一致。

8.2 系统性能

8.2.1 多用户分集增益

这里要研究的多用户分集增益是指在多个用户情况下比例公平调度算法相对于公平服务时间调度算法小区吞吐率的提高程度。

多用户分集增益是 HSDPA 系统中提高小区吞吐率的重要手段。比例公平调度算法不仅考虑用户之间服务的公平性，并还考虑了信道质量，尽量调度一些信道条件相对较好的用户，避免调度处于深衰落的用户，而公平服务时间则只考虑了服务时间的公平性，没有考虑信道质量，所以比例公平算法相对于公平服务时间是有增益的。这个增益的大小与速度、信道类型以及比例公平调度算法公平性有关。

多用户分集增益定义如下：

$$\text{分集增益}=\frac{\text{PF 算法小区吞吐率}-\text{RR 算法小区吞吐率}}{\text{RR 算法小区吞吐率}} \tag{8-9}$$

下面通过仿真研究调度算法公平性以及运动速度对多用户分集增益的影响。仿真中使用 PF1、PF2 两种调度算法（其中：PF1 基于传输块大小和 CQI 的 $TB_SIZE*\frac{CQI}{Th}$算法；PF2 基于 CQI 的$\frac{CQI}{Th}$算法，PF1 的公平性比 PF2 的公平性要差一些）。

表 8-4 是详细的仿真条件。

表 8-4　仿真条件

序　号	条　目	参数配置
1	传播模型	COST231 Okumura-Hata
2	小区半径	1000m
3	HS-SCCH 码道配置	1
4	HSDPA 功率配置	6W
5	HS-DSCH 码道配置	5
6	平均每扇区用户数	1～5
7	UE 运动速度	3km/h
8	调度器	PF1/PF2
9	信道模型	PA3
10	UE 接收机类型	单天线 Rake 接收机

公平性不同的 PF 算法对多用户分集增益的影响，如图 8-15 所示。

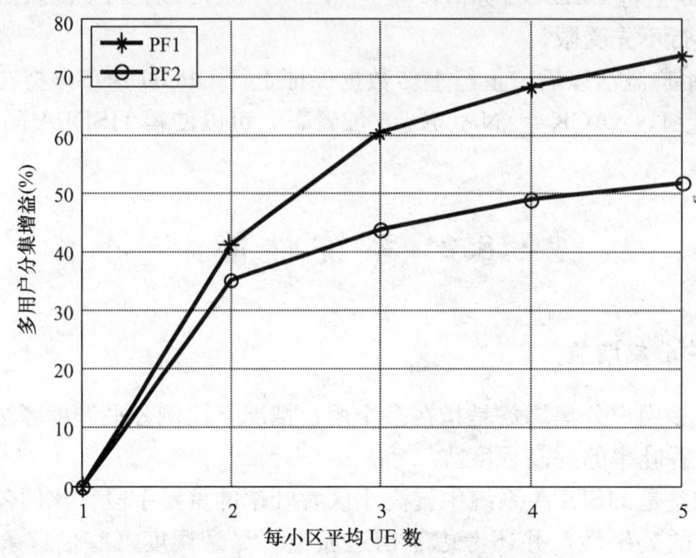

图 8-15　不同 PF 调度算法的多用户分集增益

可见在本仿真条件下，随着 UE 数的增加，多用户的分集增益也逐步增加，在用户数大于 5 以后，多用户分集增益趋于平缓，多用户的增益在 35%～75%之间；在相同的用户数下，PF1 的多用户分集增益要比 PF2 高一些，主要原因在于 PF1 算法的公平性要差一些，有更多机会调度信道质量好的用户。

下面研究不同运动速度对多用户分集增益的影响。信道条件还是 PA，调度算法为 PF2，其他仿真条件不变，仿真结果如图 8-16 所示。

可以看出，用户运动速度对多用户分集有很大影响，在 3～5km/h 时多用户分集增益达

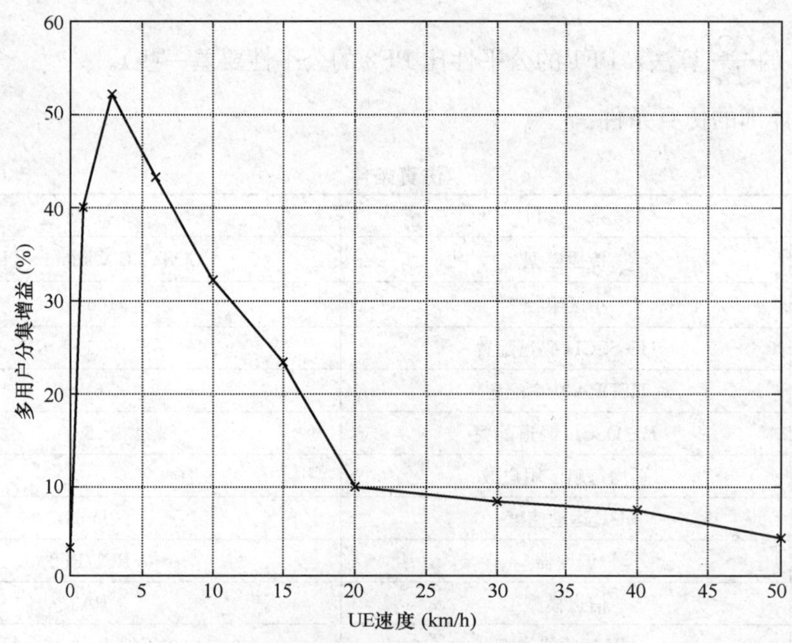

图 8-16　5 用户分集增益随运动速度的变化

到最大，5km/h 后随着运动速度的增加多用户分集增益开始下降。

综述，多用户分集增益与 PF 算法的公平性以及用户运动速度有关。公平性越差多用户分集增益越大，用户运动速度在 3～5km/h 时多用户分集增益最大，在 5km/h 后随着速度的增加多用户分集增益下降显著。

8.2.2 扇区吞吐率

8.2.2.1 扇区吞吐率理论值

扇区物理层吞吐率是指 Node B 的一个扇区在单位时间内成功发送给 UE 的比特数。该指标用户是“看”不见的。为使该指标“可见”，3GPP 定义了 Node B MAC-hs 层吞吐率，要求 Node B 每 100ms 上报一次每一个优先级队列在 MAC-hs 层成功传输的比特数（HS-DSCH Provided Bit Rate）。这样，RNC 就可“看见”Node B 物理层的运转状况。

在不同码道配置下，扇区吞吐率理论值如表 8-5 所示。

表 8-5　理论最高扇区吞吐率

配置的码道数	理论最大扇区吞吐率（Mbit/s）	支持的最大传输块大小（bit）	假定使用的 UE 类型
5	4.689	9 377	第 10 类
10	9.259	18 517	第 10 类
10	9.377	9 377+9 377	第 10 类
15	13.976	27 952	第 10 类
15	14.066	9 377+9 377+9 377	第 10 类

备注：表中第二列的吞吐率是通过第三列的传输块除以 2ms 得到的。另外最后一行是码分情况下 3 个用户同时在线的扇区吞吐率。通常所说的 13.9Mbit/s 是指 HS-PDSCH 可传输的最大的 MAC-hs 速率；14.4Mbit/s 是指最大的物理层速率。

根据参考文献［2］的 Annex A 和［3］Table 7D，假定使用了第 10 类 UE，那么理论最高扇区吞吐率如上表的第二列所示。

从上表的最后一行可知，当系统接入 3 个第 10 类 UE 时，系统可以获得最高吞吐率。这时候，必须假定下行的伴随 DPCH 信道使用了 256 的扩频因子，并假定公共信道最多占用了 7 个扩频因子为 256 的码道。

8.2.2.2 扇区吞吐率仿真值

下面研究 HSDPA 多基站同频网络的扇区吞吐率性能，表 8-6 是多基站的仿真参数。

表 8-6　多基站仿真参数

序　号	条　目	参数设置
1	UE 种类	6
2	平均每扇区 UE 个数	16
3	小区布局	7 站 3 扇区，共 21 扇区，小区半径为 1000m
4	调度器	PF
5	流控	使用
6	业务模型	FTP

续表

序　号	条　目	参数设置
7	路损模型	$L=128.1+37.6\log10(R)$　R单位 km
8	快衰	瑞利单径
9	UE分布	仿真区域内随机分布
10	反折模型	使用
11	UE运动速度	3 km/h
12	HSDPA功率/码道配置	5码道，50%功率（10W）；TDM方式 10码道，75%功率（15W）；CDM2方式 14码道，75%功率（15W）；CDM3方式

多基站多扇区仿真结果如表8-7、图8-17、图8-18、图8-19所示。

表8-7　仿真得到平均扇区吞吐率

HSDPA配置的码道数及功率	仿真得到的平均扇区吞吐率（Mbit/s）
5码道，50%功率，TDM方式	1.5662
10码道，75%功率，CDM2方式	1.7641
14码道，75%功率，CDM3方式	1.9647

仿真结果表明：在HSDPA多基站同频网络中，在5个HS-PDSCH码道、50%功率配置下多基站的扇区平均吞吐率在1.56Mbit/s左右；而在10个HS-PDSCH和14个HS-PDSCH码道、75%配置下，扇区平均吞吐率分别为1.76Mbit/s和1.96Mbit/s，提高程度并不明显。

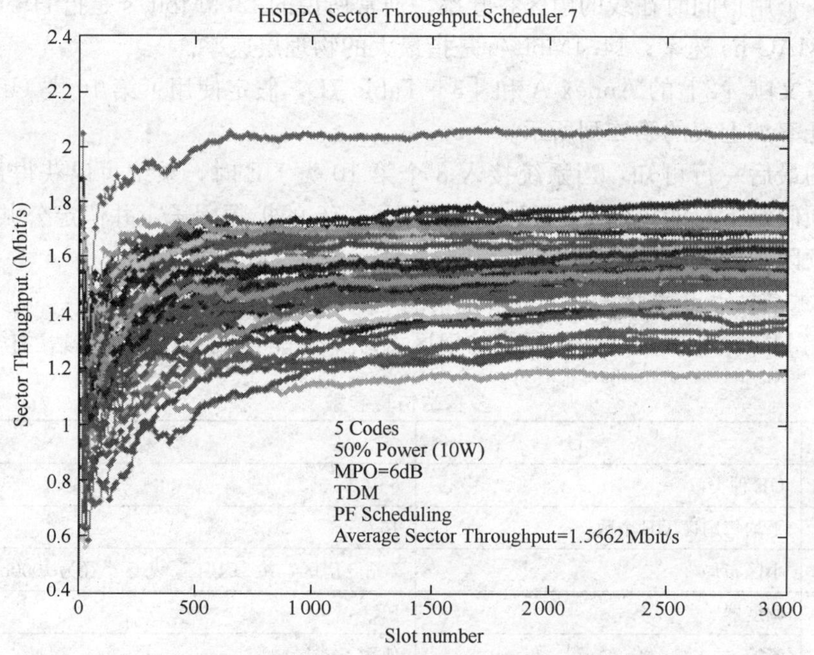

图8-17　5码道，50%功率配置下16个用户的仿真结果

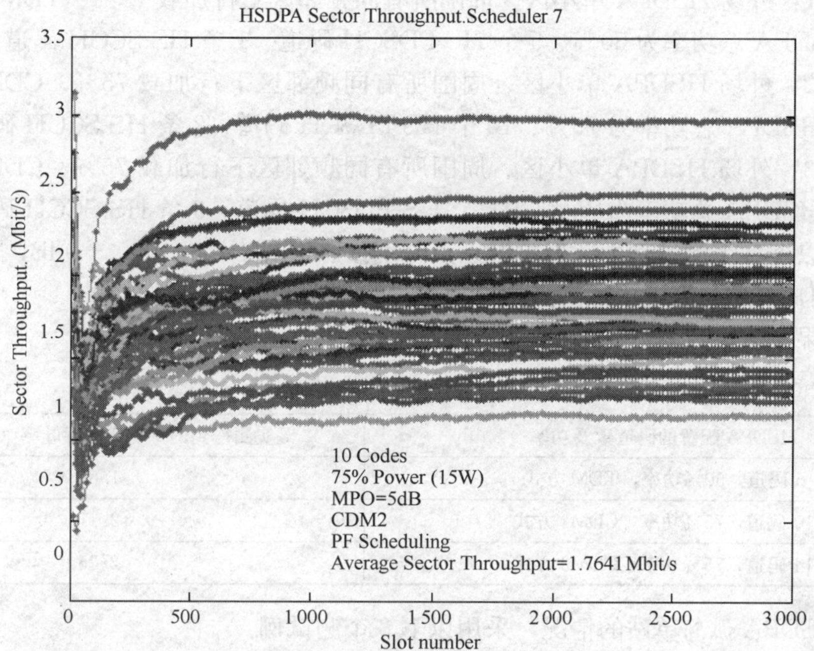

图 8-18　10 码道，75%功率配置下 16 个用户的仿真结果

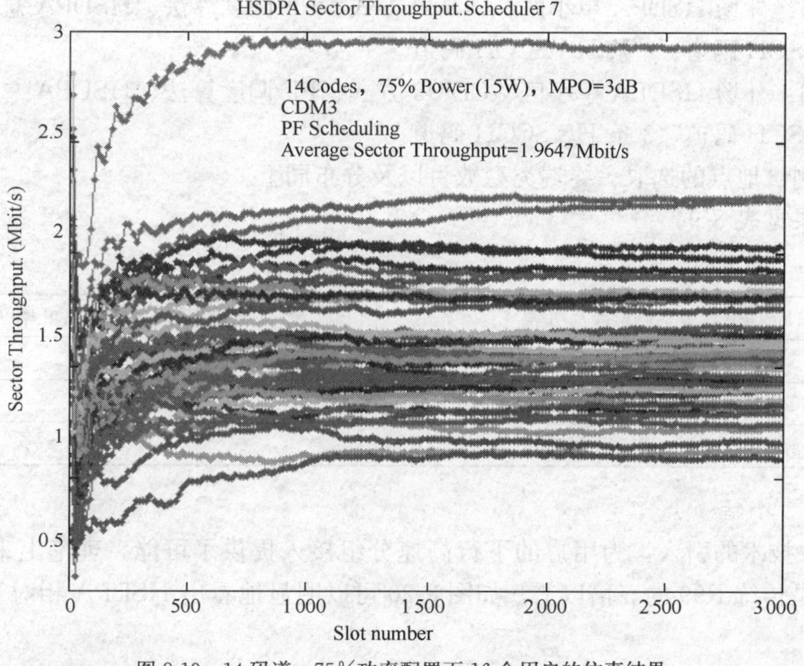

图 8-19　14 码道，75%功率配置下 16 个用户的仿真结果

8.2.2.3　扇区吞吐率实测值

HSDPA 扇区吞吐率与无线环境和资源相关，为了得到实际网络中 HSDPA 扇区吞吐率性能，着重对比了 HSDPA 多站同频组网和 HSDPA 孤岛单站两种情况的扇区吞吐率。

对于 HSDPA 多站同频组网的情况，采用以下 3 个测试例。

测试例 1：外场 HSDPA 单小区、周围所有同频邻区下行加载 75%、TDM 方式、PF 调度算法、HSDPA 总功率为 50%、5 个 HS-PDSCH 码道、1 条 HS-SCCH 码道。

测试例 2：外场 HSDPA 单小区、周围所有同频邻区下行加载 75%、CDM2 方式、PF 调度算法、HSDPA 总功率为 75%、10 个 HS-PDSCH 码道、2 条 HS-SCCH 码道。

测试例 3：外场 HSDPA 单小区、周围所有同频邻区下行加载 75%、CDM3 方式、PF 调度算法、HSDPA 总功率为 75%、14 个 HS-PDSCH 码道、3 条 HS-SCCH 码道。

备注：以上三个测试例中，近中远三点分别按照 $E_c/I_0=-6\text{dB}$，-9dB，-12dB 选取，使用 16 个用户，用户在近中远三点均匀分布，终端类型为 6 类。

测试结果见表 8-8。

表 8-8　　16 个 UE 接入扇区吞吐率

HSDPA 配置的码道数及功率	实测得到的平均扇区吞吐率（Mbit/s）
5 码道，50%功率，TDM 方式	1.65
10 码道，75%功率，CDM2 方式	2.11
14 码道，75%功率，CDM3 方式	2.25

对于 HSDPA 孤岛单站的情况，采用以下 3 个测试例。

测试例 4：外场 HSDPA 单小区、TDM 方式、PF 调度算法、HSDPA 总功率为 50%、5 个 HS-PDSCH 码道、1 条 HS-SCCH 码道。

测试例 5：外场 HSDPA 单小区、CDM2 方式、PF 调度算法、HSDPA 总功率为 75%、10 个 HS-PDSCH 码道、2 条 HS-SCCH 码道。

测试例 6：外场 HSDPA 单小区、CDM3 方式、PF 调度算法、HSDPA 总功率为 75%、14 个 HS-PDSCH 码道、3 条 HS-SCCH 码道。

备注：测试地点的选取、终端类型数目以及分布同上。

测试结果见表 8-9。

表 8-9　　16 个 UE 接入扇区吞吐率

HSDPA 配置的码道数及功率	实测得到的平均扇区吞吐率（Mbit/s）
5 码道，50%功率，TDM 方式	2.51
10 码道，75%功率，CDM2 方式	3.72
14 码道，75%功率，CDM3 方式	5.01

8.2.2.4　小结

HSDPA 技术的引入，为用户的下行高速分组接入提供了可能。理论上来说，HSDPA 的频谱效率是传统 R99 的 5 倍以上，如图 8-20 可以明显地看出 HSDPA 相对于 R99 的吞吐率优势。

对于 HSDPA 多站同频组网，仿真和实测数据表明，在配置 5 个 HS-PDSCH 码道、50%功率的时候，HSDPA 的扇区吞吐率在 1.6Mbit/s 左右，而在 10 个 HS-PDSCH 和 14 个 HS-PDSCH 码道、75%功率配置下，扇区的吞吐率在 2.1Mbit/s 左右，可见增加码资源和功率资源，扇区吞吐率的提高并不明显，但是这对于 R99 实际运行网络中平均 800kbit/s 左右扇区吞吐率仍然有明显的优势。

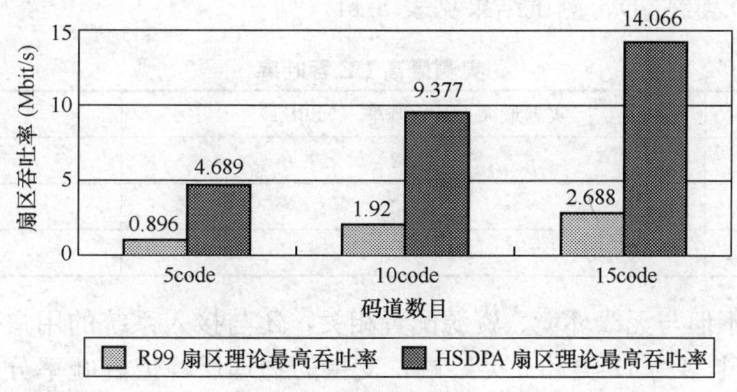

图 8-20 HSDPA 同 R99 扇区理论最高吞吐率对比

对于 HSDPA 孤岛单站情况，随着配置给 HSDPA 用户的码资源和功率资源的增加，吞吐率的增加是很可观的。HSDPA 多站同频组网扇区吞吐率与 HSDPA 孤岛单站的扇区吞吐率对比如图 8-21 所示。

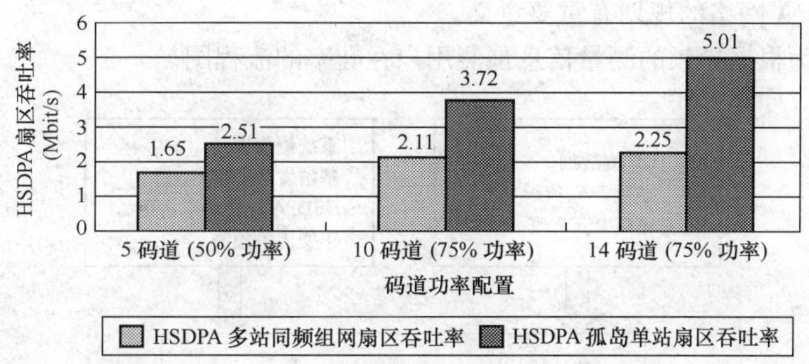

图 8-21 HSDPA 扇区吞吐率仿真值，实测值以及 R99 扇区吞吐率实测值对比

HSDPA 孤岛单站测试情况类似于室内覆盖场景。室内覆盖系统通常使用独立的频点，由于不存在邻区干扰，信道条件优越，在相同的配置下扇区的吞吐率有更大的优势，比如对于 14 个 HS-PDSCH 码道的配置，扇区的平均吞吐率可以达到 5Mbit/s 以上。

8.2.3 用户吞吐率

8.2.3.1 用户吞吐率理论值

UE 吞吐率是指 UE 在单位时间内成功收到的比特数。如表 8-10 所示，码道数越多，UE 的吞吐率越大。

表 8-10　理论最高 UE 吞吐率

配置的码道数	理论最大 UE 吞吐率（Mbit/s）	支持的最大传输块大小（bit）	假定使用的 UE 类型
5	4.689	9377	第 10 类
10	9.259	18517	第 10 类
15	13.976	27952	第 10 类

8.2.3.2 用户吞吐率实测值

同样 HSDPA 用户吞吐率与无线环境和资源相关。室内实测中采用 TM500 测试仪（业界广泛采用的第 10 类终端），测试结果见表 8-11。

表 8-11　　实测最高 UE 吞吐率

配置码道数	实测最大 UE 吞吐率（Mbit/s）	测试 UE
5	4.52	TM500
10	8.50	TM500
15	13.01	TM500

UE 的吞吐率不但与无线环境、资源配置相关，还与接入系统的用户数目相关。目前商用的 HSDPA 数据卡多为 12 类和 6 类终端，支持的物理层峰值吞吐率分别为 1.8Mbit/s 和 3.6Mbit/s。如果 HSDPA 用户数目较多，则每用户平均速率下降，但在支持的用户数和平均吞吐率方面比 R99 DCH 承载 PS 业务仍然有很大的优势。

8.2.3.3　单用户吞吐率性能预期

由于$\left(\frac{E_s}{N_0}\right)_{HS_PDSCH}$跟导频质量有直接关系，通过$\left(\frac{E_s}{N_0}\right)_{HS_PDSCH}$就可以预测用户的吞吐率，这对 HSDPA 网络的规划有重要意义。

如图 8-22 为根据导频的测量信息预测用户吞吐率的流程图。

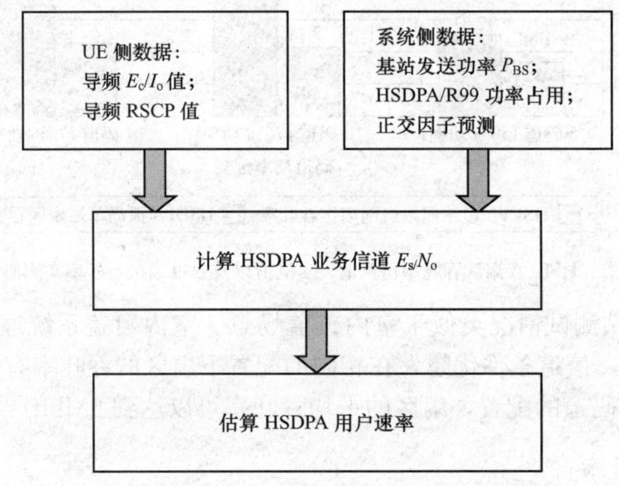

图 8-22　用户吞吐率预测流程图

假设：$I_{o,before}$是引入 HSDPA 前的接收总功率（从 UE 侧接收来看）；I_o为引入 HSDPA 后接收总功率（从 UE 侧接收来看）；I_{or}是引入 HSDPA 后本小区接收总功率（从 UE 侧接收来看）；I_{oc}是邻小区干扰（从 UE 侧接收来看）；n_o为热噪声；N_0为 UE 接收总功率减去本小区接收功率正交的部分；$P_{BS_None_Hsdpa}$是未引入 HSDPA 时的扇区发射总功率；P_{BS_Hsdpa}是引入 HSDPA 后的小区发射总功率；$P_{Hs-dsch}$是 HSDPA 获得的下行功率资源；P_{CPICH}是扇区导频发射功率；$RSCP$（E_c）是接收的导频码片功率；γ为正交因子。

那么有如下的推算过程：

线性域：
$$I_o = I_{o,before} \cdot \left(\frac{P_{BS\_Hsdpa}}{P_{BS\_None\_Hsdpa}}\right) \tag{8-10}$$

对数域：
$$I_o = I_{o,before} + 10\log_{10}\left(\frac{P_{BS\_Hsdpa}}{P_{BS\_None\_Hsdpa}}\right) \tag{8-11}$$

另在对数域有：$$E_c/I_{o,\text{before}}=E_c-I_{o,\text{before}} \tag{8-12}$$

且 $$E_c=RSCP_{\text{CPICH}} \tag{8-13}$$

对数域：$$I_{o,\text{before}}=RSCP_{\text{CPICH}}-E_c/I_{o,\text{before}} \tag{8-14}$$

接收总噪声干扰（对数域）：

$$I_o=RSCP_{\text{CPICH}}-E_c/I_{o,\text{before}}+10\log_{10}\left(\frac{P_{\text{BS\_Hsdpa}}}{P_{\text{BS\_None\_Hsdpa}}}\right) \tag{8-15}$$

同样通过类似的方法可以得到本小区干扰（对数域）：

$$I_{or}=RSCP_{\text{CPICH}}-10\cdot\log_{10}\left(\frac{P_{\text{CPICH}}}{P_{\text{BS\_Hsdpa}}}\right) \tag{8-16}$$

由 $$I_o=I_{or}+I_{oc}+n_o \tag{8-17}$$

则邻小区干扰为：$$I_{oc}=I_o-I_{or}-n_o \tag{8-18}$$

类似地，HSDPA 的 HS-DSCH 码片级能量：

$$E_{\text{C\_HSDPA}}=RSCP_{\text{CPICH}}+10\cdot\log_{10}\left(\frac{P_{\text{Hs-dsch}}}{P_{\text{CPICH}}}\right) \tag{8-19}$$

因此 HSDPA 的 HS-DSCH 的符号级信噪比：

$$E_s/N_0=10\cdot\log_{10}\left(\frac{16\times E_{\text{C\_HSDPA}}}{(1-\gamma)\cdot I_{or}+I_{oc}+n_o}\right) \tag{8-20}$$

其中 16 是由于扩频码为 SF_{16}。

因此，只要从测试过程中获得导频的 $RSCP_{\text{CPICH}}$、$(E_c/I_{o,\text{before}})_{\text{CPICH}}$、$P_{\text{BS\_None\_Hsdpa}}$、$P_{\text{BS\_Hsdpa}}$、$P_{\text{Hs-dsch}}$等功率配置，就可以通过公式推算 HS-DSCH 的信号级信噪比 E_s/N_0，进而查链路曲线可以得到 HSDPA 用户的吞吐率。

下面对 8.1.2 节的第一种实测场景进行了预测。实测吞吐率与预测吞吐率的对比曲线如图 8-23 所示。

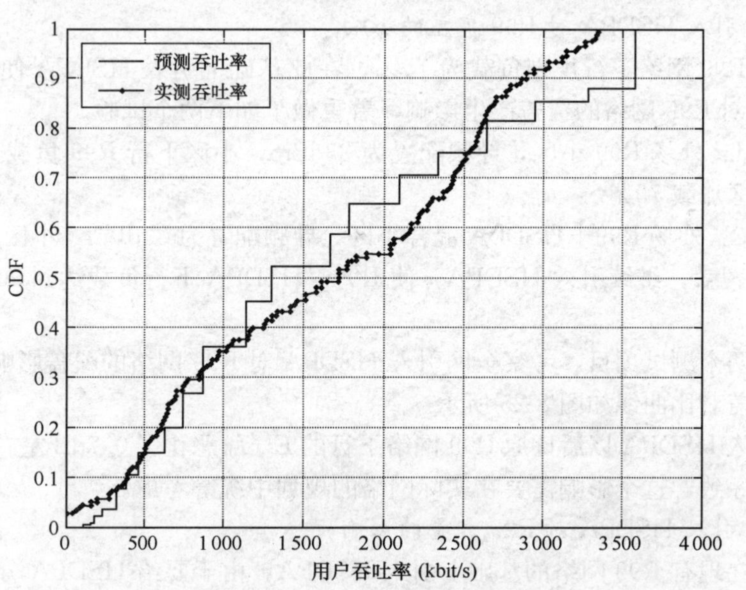

图 8-23 实测吞吐率与预测吞吐率对比

由图 8-23 可见，实测结果同预测结果比较吻合。实际网络中可以依据此方法来预测 HSDPA 用户的吞吐率，为网络的规划提供有意义的参考。

8.2.3.4　小结

用户理论峰值吞吐率和实测吞吐率的对比如图 8-24 所示。

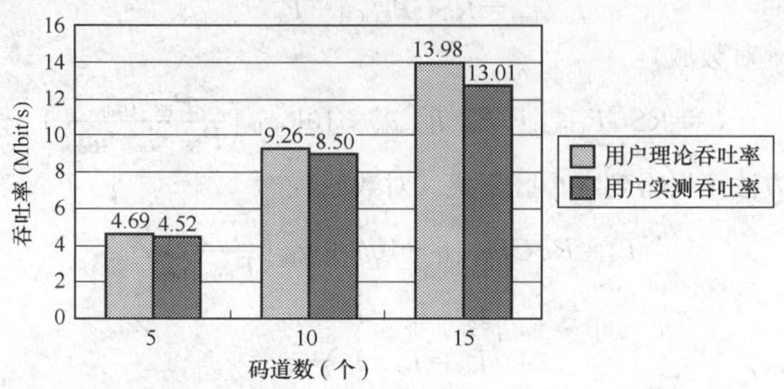

图 8-24　用户的理论吞吐率和实测吞吐率的对比

可以看出，实验室实测吞吐率跟理论吞吐率很接近，证明 HSDPA 系统确实是一种可实现的宽带无线接入系统。

外场实际环境中的 HSDPA 用户的吞吐率也可以通过 8.2.3.3 节的方法进行预测，为网络的规划提供一些先验的参考数据。

8.2.4　引入 HSDPA 对 R99 网络的影响

如果 HSDPA 与 R99 使用同一个载频，将面临着共享功率、共享扩频码资源的问题。在前面的 7.2 节已经详细讨论过 HSDPA 与 R99 的资源分配策略、互操作策略等，并且有了详尽的仿真结果。本章将通过实测数据来阐述引入 HSDPA 对 R99 网络覆盖和容量的影响。

8.2.4.1　引入 HSDPA 对 R99 覆盖的影响

如果现有 R99 网络下行规划负载为 75%，在此基础上引入 HSDPA 使小区的下行负载达到 90%，这对 R99 网络的覆盖产生影响，着重做了如下两个试验。

测试场景 1：外场 R99 小区，导频配置为 33dBm，小区下行 R99 负载达到 75%的网络覆盖，周围邻区加载 75%。

测试场景 2：外场 R99＋HSDPA 混合小区，导频配置为 33dBm，小区下行 R99 负载达到 75%的网络覆盖，继续引入 HSDPA，使 R99＋HSDPA 下行负载达到 90%，周围邻区加载 90%。

通过以上两个测试项目，考察全网引入 HSDPA 对 R99 网络的覆盖影响。

两者的覆盖对比曲线如图 8-25 所示。

可见，引入 HSDPA 以后比原 R99 网络下行的 E_c/I_0 恶化了 0.7dB 左右，同 7.2.1.2 节分析结果基本一致，这个影响需要在实际网络的规划中统筹考虑。

8.2.4.2　引入 HSDPA 对 R99 容量的影响

同样如果在现有 R99 网络的基础上引入 HSDPA，由于要给 HSDPA 分配一定的码资源和功率资源，必然会给 R99 的容量也带来影响。

首先研究原有 R99 网络下行规划 75%负荷时 R99 的容量，然后研究原有 R99 网络下行规划负荷 75%时继续引入 HSDPA 使网络达到 90%负荷时 R99 的容量。重点设计了以下两

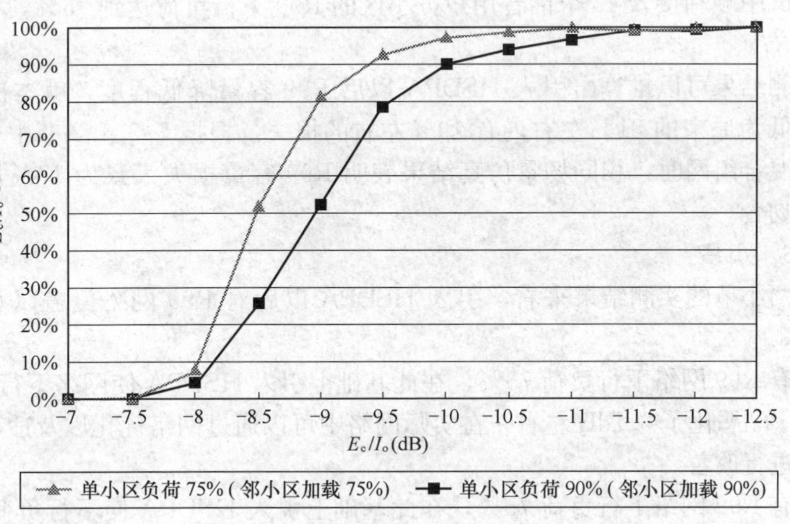

图 8-25　引入 HSDPA 后跟原 R99 网络导频 E_c/I_0 对比

个测试场景。

测试场景 1：外场单纯 R99 小区，导频配置为 33dBm，R99 准入门限设置为 75%，周围邻区下行加载 75%，在小区的近中远三点依次接入话音用户直到不能接入为止，记录最终接入的用户数以及资源受限的情况。

测试场景 2：外场单纯 R99 小区，导频配置为 33dBm，R99 准入门限设置为 75%，周围邻区下行加载 90%，HSDPA 配置 5 条 HS-PDSCH 码道，1 条 HS-SCCH 码道。接入一个 HSDPA 用户，不进行数据下载。然后在小区的近中远三点依次接入话音用户直到不能接入为止，此时 HSDPA 用户开始数据下载，并适当调整其位置使小区的负荷达到 90%左右，记录最终保持的用户数以及资源受限的情况。

备注：近中远三点分别按照 $E_c/I_0=-6$dB，-9dB，-12dB 选取；测试中连续播放音乐，保证话音激活。

通过以上测试，可以定量的分析引入 HSDPA 以后对 R99 容量的影响。实测结果如表 8-12、表 8-13 所示。

表 8-12　　场景 1 R99 话音用户容量

	接入 R99 话音用户数（个）			
	近　点	中　点	远　点	合　计
R99 话音用户	16	18	18	52
HSDPA 用户	—	—	—	—

实际测试中顺利接入 52 个话音用户，小区的 R99 下行负荷达到 75%。

表 8-13　　场景 2 R99 话音用户容量

	接入 R99 话音用户数（个）			
	近　点	中　点	远　点	合　计
R99 话音用户	12	14	16	42
HSDPA 用户	1	—	—	1

实际测试中顺利接入 42 个话音用户，小区的 R99 下行负荷达到 75%，小区的总负荷维持在 90%左右。

根据实测结果可以推算出引入 HSDPA 以后 R99 容量降低程度，就本次的测试结果来看容量的降低为原来的 81%左右，有 19%左右的损失。根据 7.2.4.2 节中分析，在对 R99 和 HSDPA 混合组网时，相同场景仿真结果表明 R99 容量损失大致为 17%，可见实测与仿真结果比较吻合。

8.2.4.3 小结

从上述两小节的实测结果来看，引入 HSDPA 以后对 R99 网络覆盖以及容量都将产生一定的影响。

(1) 原有 R99 网络下行负荷 75%，在此基础上引入 HSDPA 使网络下行负荷达到 90%，网络导频 E_c/I_0 恶化了 0.7dB 左右。在实际网络中可以通过网络优化以及适当增加导频功率配比等方法进行改善。

(2) 原有 R99 网络下行负荷 75%，在此基础上引入 HSDPA 使下行负荷达到 90%，引入后原有 R99 小区比引入 HSDPA 之前有 19%左右的容量损失。对实际 R99 网络来说，引入 HSDPA 以后可以将原有 DCH 承载的大多数 PS 业务转到 HSDPA 承载，一方面可以给用户带来更高的吞吐率，另一方面节省的 DCH 资源可以用来承载更多的 CS 业务，来弥补由于 HSDPA 引入导致 CS 用户数目的降低。

8.2.5 同频 HS-DSCH 服务小区变更性能分析

同频 HS-DSCH 服务小区变更（简称为 H 服务小区变更）和 R99 软切换在流程上的根本差异在于 H 服务小区变更是一种“硬”切换，在小区变更过程中会导致业务数据中断，影响 QoS 要求较高的业务（如流媒体等）。本节重点分析减少甚至避免由 H 服务小区变更所导致的业务数据中断，提高用户业务感受。

H 服务小区变更主要有两种方式：一种是 Node B 内部的小区变更，另外一种是 Node B 之间的小区变更，小区变更过程如图 8-26、图 8-27 所示，信令流程可以参考 4.5 节。

对于 Node B 内 H 服务小区变更：一旦提供服务的 RNC 决定需要在同一 Node B 内从源 HS-DSCH 服务小区变更到目标 HS-DSCH 小区，该 RNC 就会给 Node B 发送“无线链路重配准备（radio link reconfiguration prepare）”消息，并会给 UE 发送“物理信道重配（physical channel reconfiguration）”消息，在“激活时刻”，即从源小区到目标小区进行变更时，源小区中止对 UE 数据的传输，目标小区通过 MAC-hs 调度器开始向 UE 传输数据。

Node B 内 H 服务小区变更可能存在以下两种情况。

如果 Node B 支持小区间 MAC-hs 实体共享，那么在小区变更过程中，UE 在源小区的 MAC-hs 缓冲区中的 PDU 数据和 HARQ 管理区的状态可以与目标小区共享，这样物理层传输可以保持而不需要触发 RLC 层和高层重传。而且由于 MAC-hs 数据缓冲区有一定的 MAC-d PDU 缓存，小区变更可以不引起业务传输的中断。但是，由于 HS-PDSCH 信道不支持软切换，小区变更瞬间，邻小区干扰会导致信道质量下降，下行吞吐率也不可避免地出现降低。

如果 Node B 不支持小区间 MAC-hs 实体共享，在执行小区变更的时候，需要复位源小区中 UE 的 MAC-hs 实体，这样该 UE 在源小区所有缓存的 MAC-d PDU 被全部清空，与此

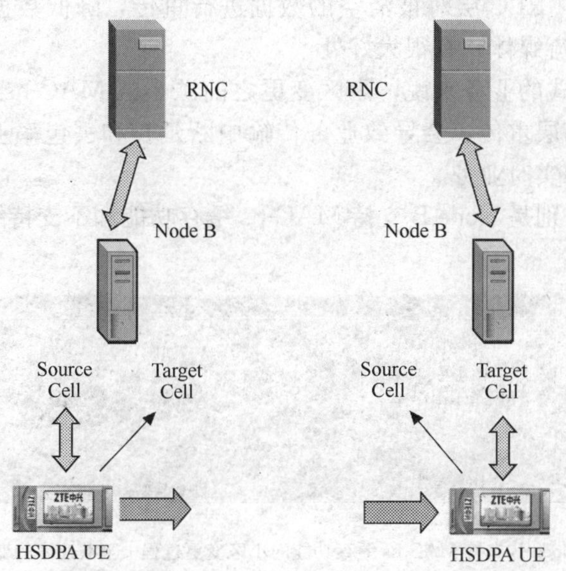

图 8-26　Node B 内 H 服务小区变更

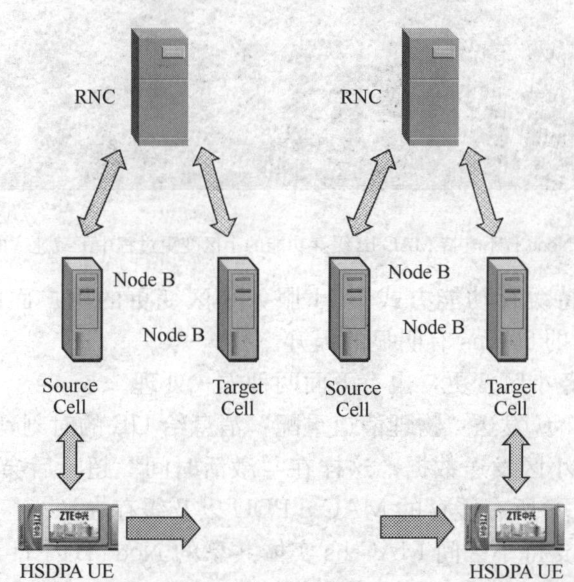

图 8-27　Node B 间 H 服务小区变更

同时目标小区中 MAC-hs 的流控单元开始从提供服务的 RNC 处请求数据，在激活时间超时后，目标小区向 UE 发送数据。这里又分为如下两种情况。

• 对于 RLC-AM 模式来说，这些被清空的 MAC-d PDU 可以通过 RNC 的 RLC 层重传来恢复。当 RLC 层检测到先前转发给源小区的 MAC-d PDU 没有得到确认，就会发起重传，即把源小区删除的 MAC-d PDU 传给新的目标小区。为了减少在这一阶段引起的数据传输的延迟，在 UE 收到 RNC 发送的 MAC-hs reset 之后，立刻向 UTRAN 发送 RLC 状态报告。这样可以加快 RNC 中 RLC 层对被清空的数据进行重传，降低数据中断时间，尤其对实时性要求高的业务（如流媒体）有很大好处。

• 对于 RLC-UM 模式的业务来说，小区变更之前源小区 MAC-hs 中被删除的 MAC-d PDU 将丢失，必须等待高层重传，会导致业务传输中断延长和丢包率上升，特别不利于用 UDP 高层协议的流媒体等实时业务。

如图 8-28、图 8-29 分别是 Node B 支持 MAC-hs 缓存功能和不支持缓存功能的小区变更过程中速率的变化。

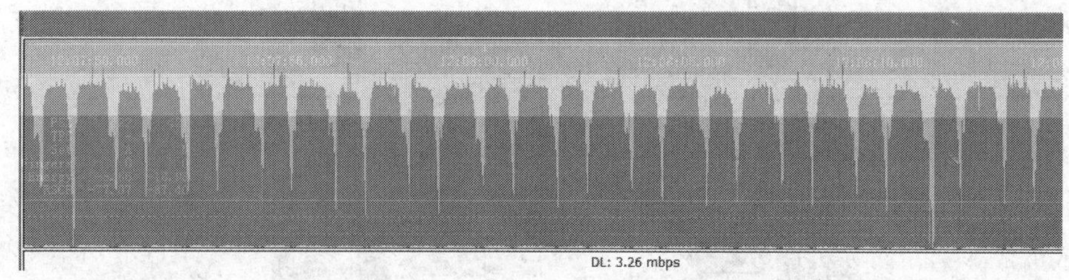

图 8-28　Node B 支持 MAC-hs 缓存功能的小区变更过程中下载速率的变化

图 8-29　Node B 不支持 MAC-hs 缓存功能的小区变更过程中下载速率的变化

实测结果表明，支持缓存功能方式下 H 服务小区变更的用户面的数据中断时间达到 40ms 左右，相对于原来的 500ms 有明显的提升。

对 Node B 间 H 服务小区变更，也有下面两种方式处理。

• 一种方式是在 RNC 发送“物理信道重配”消息给 UE 的时刻到“激活时间”超时时刻之间，RNC 只会向源小区发送数据，这样在“激活时间”超时后会复位源小区中 UE 的 MAC-hs，这样导致该 UE 所有缓存的 MAC-d PDU 以及缓存在源小区的 MAC-d PDU 都会被清空，这种情况同不支持小区间 MAC-hs 实体共享的 Node B 内 H 服务小区变更的情况类似。

• 另外一种方式是在 RNC 发送“物理信道重配”消息给 UE 的时刻到“激活时间”超时时刻之间，RNC 会向源小区和目标小区发送数据，目标小区 MAC-hs 会进行数据缓存。在激活时间超时以后会复位源小区中 UE 的 MAC-hs，该 UE 在源小区 MAC-hs 所有缓存的 MAC-d PDU 和没有收到 ACK 的 MAC-hs PDU 被全部清空，但是目标小区可以立刻向 UE 发送先前缓存的数据，可以一定程度上降低用户面数据的中断时延。这对实时性要求高的业务（如流媒体）有很大好处。

图 8-30、图 8-31 分别是两种方式下 Node B 间小区变更过程吞吐率实测结果。

实测结果表明，同时发送数据方式的 H 服务小区变更的用户面数据中断时间达到

图 8-30 Node B 间小区变更过程中向源小区以及目标小区同时发数据的情况

图 8-31 Node B 间小区变更过程中只向源小区发数据的情况

160ms 左右，相对于原来的 1200ms 有明显的提升。

HSDPA 各种切换情况下的用户面数据中断时间统计如图 8-32。

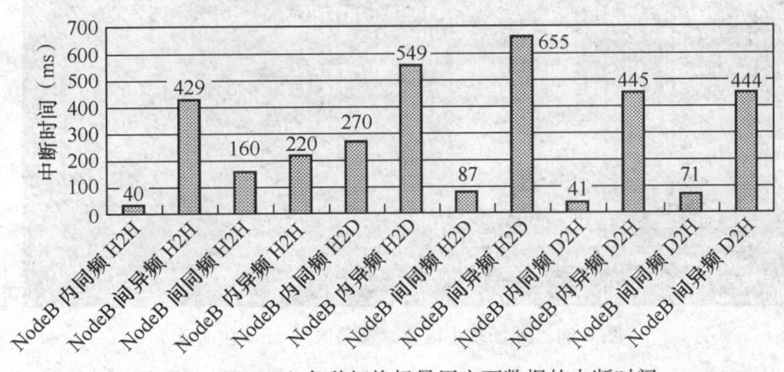

图 8-32 HSDPA 各种切换场景用户面数据的中断时间

HSDPA 的引入可以提供高速下行分组业务，由于自身并不支持软切换，在发生小区变更和信道切换的过程中，会出现短暂的业务中断，这对于实时性要求高的业务来说，中断时间的长短具有关键的意义，它会直接影响用户的业务感受。在协议的框架范围内，设备制造商可以做积极的探索，并在实现中考虑一些改进措施，尽量来弥补 HSDPA 这个小“缺陷”。

8.2.6 往返时间（RTT）

HSDPA 的时延小，码道复用效率高，非常适合承载低速但时延要求苛刻的业务，如以在线游戏为主的交互类业务和以 VOIP 业务为主的低速流类业务。网络侧的时延性能主要以 RTT 指标来衡量。

在 WCDMA 系统中，往返时间定义为小的数据包（比如 32Byte）从用户到服务器，然后从服务器返回所需要的时间，如图 8-33 所示。

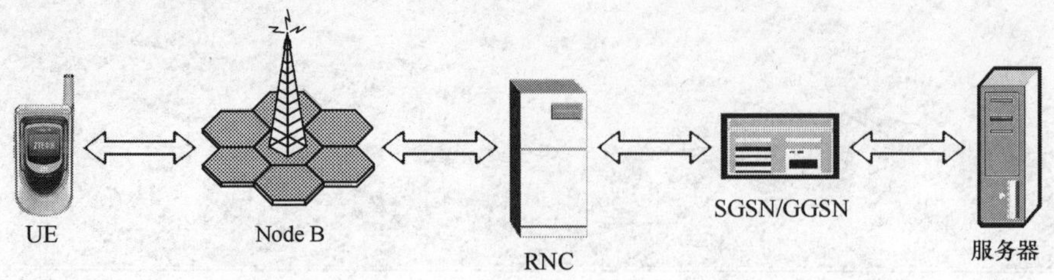

图 8-33　往返时间（RTT）示意图

影响 RTT 时延的主要包括以下几个方面：UE 内部的处理时延；Node B 的处理时延；空中时延；Iub 口的时延；RNC 的内部处理时延；Iu 口以及核心网的时延；PS 服务器、因特网传输及处理时延。

其中，HSDPA 降低了空口的下行时延，并通过流控和调度算法降低了 Iub 口和 NodeB 内部时延。Ping 包 32Bytes，R99 协议的 RTT 时延在 150ms 左右，而 HSDPA 可以降低到 70ms。如图 8-34 测试结果表明多小区移动场景下的 RTT 时延平均可以达到 82ms。

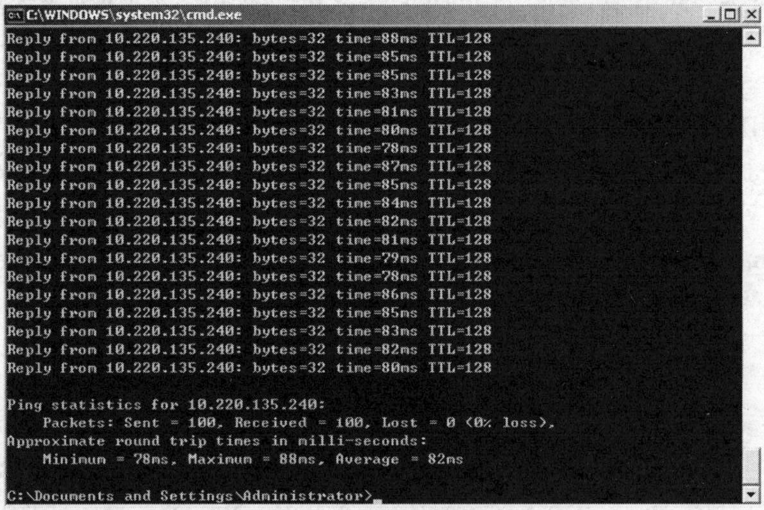

```
C:\WINDOWS\system32\cmd.exe
Reply from 10.220.135.240: bytes=32 time=88ms TTL=128
Reply from 10.220.135.240: bytes=32 time=85ms TTL=128
Reply from 10.220.135.240: bytes=32 time=85ms TTL=128
Reply from 10.220.135.240: bytes=32 time=83ms TTL=128
Reply from 10.220.135.240: bytes=32 time=81ms TTL=128
Reply from 10.220.135.240: bytes=32 time=80ms TTL=128
Reply from 10.220.135.240: bytes=32 time=78ms TTL=128
Reply from 10.220.135.240: bytes=32 time=87ms TTL=128
Reply from 10.220.135.240: bytes=32 time=85ms TTL=128
Reply from 10.220.135.240: bytes=32 time=84ms TTL=128
Reply from 10.220.135.240: bytes=32 time=82ms TTL=128
Reply from 10.220.135.240: bytes=32 time=81ms TTL=128
Reply from 10.220.135.240: bytes=32 time=79ms TTL=128
Reply from 10.220.135.240: bytes=32 time=78ms TTL=128
Reply from 10.220.135.240: bytes=32 time=86ms TTL=128
Reply from 10.220.135.240: bytes=32 time=85ms TTL=128
Reply from 10.220.135.240: bytes=32 time=83ms TTL=128
Reply from 10.220.135.240: bytes=32 time=82ms TTL=128
Reply from 10.220.135.240: bytes=32 time=80ms TTL=128

Ping statistics for 10.220.135.240:
    Packets: Sent = 100, Received = 100, Lost = 0 (0% loss),
Approximate round trip times in milli-seconds:
    Minimum = 78ms, Maximum = 88ms, Average = 82ms

C:\Documents and Settings\Administrator>
```

图 8-34　外场多小区连续覆盖区域 ping 包时延

如果采用 HSDPA/HSUPA 承载低速交互类或流类业务，RTT 可以降低到 40～50ms，考虑增加的 VOIP 声码器时延，可以把端到端时延控制在 150ms 以内，满足［10］对 CS 业务的时延要求，使其承载 VOIP 业务成为可能。

8.3　参考文献

1　Harri Holma、Antti Toskala. High Speed Radio Access for Mobile Communications. WILEY. 2002.06：144～146

2　3GPP. TS 25.321 V5.12.0 -Medium Access Control（MAC）protocol specification. 3GPP，2005.09：53

3　3GPP. TS 25.214 V5.11.0 -Physical layer procedures（FDD）. 3GPP，2005.06：33

4 3GPP. TS 25.213 V5.6.0 -Spreading and modulation (FDD). 3GPP, 2005.06: 8
5 3GPP. TS 25.433 V5.14.0 -UTRAN Iub interface Node B Application Part (NBAP) signalling. 3GPP, 2006.03: 292
6 3GPP. TS 25.331 V5.16.0 -Radio Resource Control (RRC). 3GPP, 2006.03: 38
7 3GPP. TS 23.107 V6.4.0 -Quality of Service (QoS) concept and architecture. 3GPP, 2006.03: 22
8 3GPP. TS 25.212 V5.10.0 -Multiplexing and channel coding (FDD). 3GPP, 2005.06: 61
9 3GPP. TS 25.306 V5.13.0 -UE Radio Access capabilities. 3GPP, 2005.12: 20
10 3GPP. TR 25.853 V4.0.0 -Delay budget within the access stratum. 3GPP, 2001.04

第 9 章　HSDPA 中的传输技术探讨

3G 业务需要通过传输网进行承载，一方面传输网技术的发展为 3G 业务的传输方式和接口类型提供了丰富的选择；另一方面传输网为了适应 3G 业务和未来新的移动通信网络的需求而不断自我发展。引入 HSDPA 后，更高的业务量和业务 QoS 需求对传输网络的带宽和技术提出了更高的要求。下面将从业务需求角度出发，探讨 HSDPA 的引入对传输网络的要求，分析现有传输网络可能存在的问题并提出若干可能的解决方案，为传输网络的规划提供指导。

本章 9.1 节从话务模型角度提出了 HSDPA 传输的需求；接着在 9.2 节对现有的传输组网技术进行阐述；在 9.3 节分析了 HSDPA Iub 口传输解决方案，最后 9.4 节介绍 Iub 带宽预算方法。

9.1　HSDPA 传输概述

9.1.1　现有传输组网概况

3G 传输网络主要包括三个方面：

- 核心网 CN 内各类网元接口间的互联
- RNC 与核心网 CN 之间的 Iu 口传输
- RNC 和 Node B 之间的 Iub 口传输

通常，移动传输网络可分为接入层、汇聚层和骨干层，如图 9-1 所示。接入层主要完成

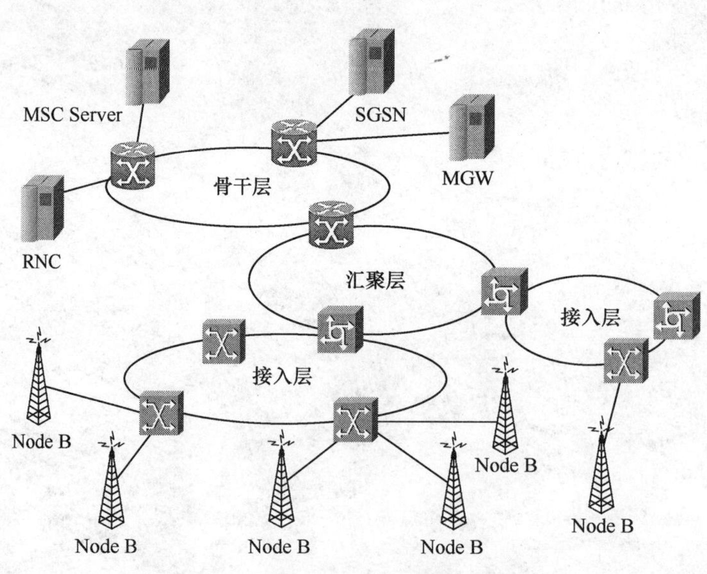

图 9-1　WCDMA 传输网络的一般模型

各种类型用户的接入；汇聚层负责汇集分散的接入点，完成数据复用、数据传送、数据交换功能，提供流量控制和用户管理功能；骨干层完成整个网络的高速信息交互，实现和骨干网络的互联。由于RNC数量较少，常与CN设备部署于同一机房，组建传输网时可将RNC规划到骨干层。Node B处于网络的边缘，数量庞大且分散在城乡各处，与RNC之间的业务连接通过城域传输网来完成，处于传输网的接入层和汇聚层。在实际的业务传输中，基站设备全部直接由城域光传输网进行覆盖是不现实的，需要考虑采取多种方式来解决接入问题。

从全球情况来看，传输网的情况非常复杂，不同的传输组网技术和接口体制在各个地区都有应用，甚至同一地区不同运营商的传输网差异也很大。但从总的趋势来看，运营商都希望降低网络建设成本和运维成本，特别是对那些主要通过租赁固网运营商的传输来承载移动业务的运营商而言，提高传输资源利用率、降低传输租赁费用尤其重要（如香港、澳门等地区单条E1的月租费在人民币8 000～10 000元左右，运营商运维成本非常高）。

从国内情况来看，各主要运营商基本都有自建的传输网。骨干传输网多数都已升级到MSTP（Multiple-Service Transport Platform，多业务传送平台），可以支持IP、SDH、ATM等多种接入方式，这部分传输只需根据容量需求考虑扩容问题。汇聚及接入层传输网目前仍然主要是SDH，尚未全网升级到MSTP；运营商在接入层上基本都有自己的接入点，重点楼宇基本都实现了光纤到楼，局部点上可能会由于历史原因或受限于城市建设条件存在租赁的情况。许多现网接入点上一般都有6～8条E1，2G站点一般使用1～2条E1，因此存在4～6条E1的富裕资源（个别高话务点上的富裕资源较少）。接入层以及接入末端将是数量最多的3G接口Iub的主要接入方式，需要既满足网络初期的业务需求，还要具备良好的扩展性和升级能力，因此接入层历来是3G传输的焦点。

3G业务尤其是在HSDPA引入后，业务量受新业务、资费政策等的影响非常大，存在一定的不确定性，一些重点区域的业务量甚至会超出预测。下面将根据话务模型来重点分析HSDPA引入后的Iub口上的业务承载需求，探讨可能存在的问题及相应的解决方案。

9.1.2 Iub口传输需求

按照业务的QoS特性[1]，3G业务在Iub口上可以简单地分为三种类型：①R99 CS业务包括话音以及可视电话，属于实时业务，对时延要求较高；②R99 PS业务，主要承载中低速数据业务；③HSDPA业务，在网络初期HSDPA仍将以承载高速数据业务为主。R99 PS和HSDPA业务目前主要是非实时业务，没有保证速率，对时延不敏感。

第6章中描述了3G网络中的业务模型和话务模型，并给出了不同时期不同场景中话音、可视电话和R99 PS业务的话务模型预测以及网络中引入HSDPA之后的话务模型预测，根据话务模型的预测结果可以评估3G业务对Iub的传输需求和引入HSDPA后对传输的影响。考虑到HSDPA引入后，高业务量主要发生在密集城区的室外和室内，以下将主要分析这两种情况下的Iub口业务需求。

9.1.2.1 密集城区的室外覆盖

以下是密集城区的室外覆盖在不引入HSDPA时对R99业务的需求，如表9-1所示（该表数据来源可参见第6章）。

密集城区典型室外宏基站覆盖面积为0.5km²左右，由此单个基站的上述业务对传输的带宽需求计算结果如表9-2所示。传输带宽计算中考虑了基站所需的信令传输需求、传输效率、链路负荷和系统冗余等因素，详细过程参见第 9.4 节。

表 9-1　R99 网络密集城区业务需求

时期	用户密度（用户/km^2）	话音渗透率	忙时话音话务量（Erl/用户）	可视电话渗透率	忙时可视电话话务量（mErl/用户）	R99 PS 渗透率	忙时 R99 PS 吞吐率（kbps/用户）
初期	1 200	100%	0.03	5%	0.75	15%	0.32
发展期	3 600	100%	0.4	8%	1.5	30%	0.48
稳定期	7 500	100%	0.45	10%	3.4	50%	0.96

表 9-2　R99 网络密集城区不同时期室外单站传输带宽需求

时期	信令传输带宽（kbit/s）	R99 CS 传输带宽（kbit/s）	R99 PS 传输带宽（kbit/s）
初期	332.8	687.7	457.6
发展期	676	2 039.7	2 059.2
稳定期	676	4 240.6	8 236.8

从图 9-2 可以看出，在不引入 HSDPA 的情况下，网络初期密集城区室外覆盖单个 Node B 的总业务传输带宽需求并不高，这主要是因为在国内，3G 网络建设初期用户数较少；网络中期时总的业务传输需求在 4Mbit/s 左右，PS 业务的总传输带宽约占一半左右；网络进入稳定期后，PS 业务量快速增长并成为网络中的主要业务量，总传输带宽超过 12Mbit/s，按目前 3G 基站站址的传输一般预留 4～6 条 E1 的情况，满足 R99 网络长期发展的需求存在一些压力。

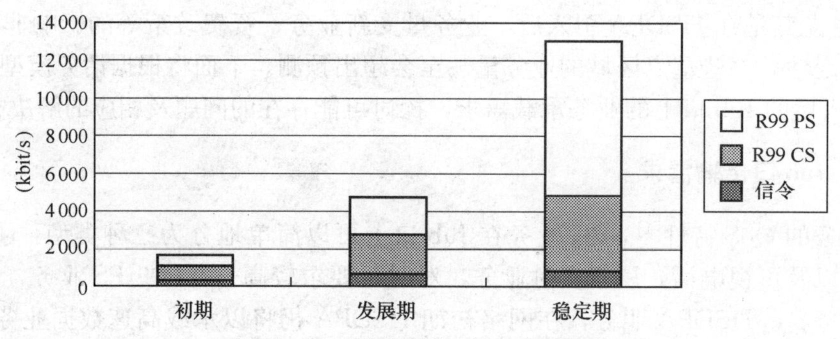

图 9-2　R99 网络密集城区传输带宽需求

下面再来考查引入 HSDPA 后的业务需求和 Iub 口传输带宽需求。引入 HSDPA 对 R99 CS 业务话务模型可以认为影响不大。总用户群中可分为两类，一类是 R99 终端，另一类是 HSDPA 用户（以数据卡用户为主）。第 6 章中给出了 HSDPA 引入后的 HSDPA 用户比例和相应的单用户业务需求，如表 9-3 所示。

表 9-3　HSDPA 网络密集城区数据业务需求

时期	用户密度（用户/km^2）	HSDPA 用户比例	HSDPA 渗透率	忙时 HSDPA 吞吐率（kbit/s 用户）	R99 用户比例	R99 PS 渗透率	忙时 R99 PS 吞吐率（kbit/s 用户）
初期	1 200	5%	100%	0.96	95%	15%	0.32
发展期	3 600	15%	100%	2.4	85%	30%	0.48
稳定期	7 500	20%	100%	9.6	80%	50%	0.96

表 9-3 中，HSDPA 用户比例表示 HSDPA 数据卡用户的比例，此类用户的业务渗透率应为 100%，即凡是购买 HSDPA 数据卡的用户都会使用 HSDPA 业务。根据上述业务需求可以计算引入 HSDPA 后 Iub 口带宽需求如表 9-4 所示。

表 9-4　HSDPA 网络密集城区不同时期室外单站传输带宽需求

时期	信令传输带宽（kbit/s）	R99 CS 传输带宽（kbit/s）	R99 PS 传输带宽（kbit/s）	HSDPA 传输带宽（kbit/s）
初期	332.8	666.9	434.2	62.4
发展期	676	1 812.2	1 749.8	1 404
稳定期	676	3 537.3	6 864	15 600

从图 9-3 可以看出，网络中引入 HSDPA 业务后，总的业务需求随网络的发展增长非常快。尽管初期因为 HSDPA 用户数非常少，单站的总带宽需求仍然很小，但到网络发展期，HSDPA 和 R99 CS 业务量都有较大增长，单站的总传输需求在 5Mbit/s 左右。

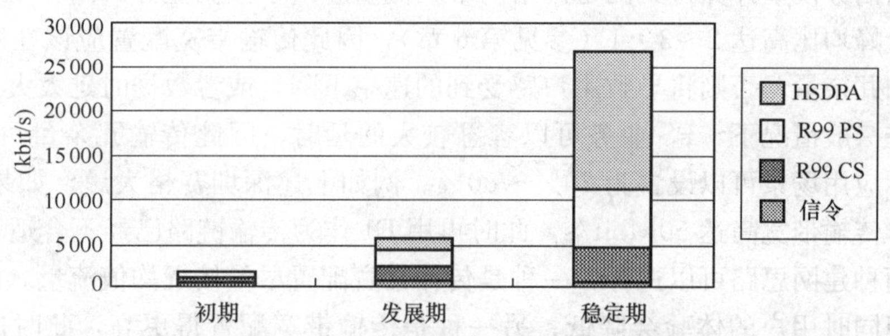

图 9-3　HSDPA 网络密集城区传输带宽需求

由于 HSDPA 网络可提供更高的下行带宽，随着资费的降低以及更丰富的基于 HSDPA 的手持终端的出现，预计数据业务量的增长将呈现与互联网类似的指数级增长（目前欧美地区的互联网业务量年增长率已经达到 100%）[2]。从图中可以看出，在网络发展的稳定期，HSDPA 业务量将超过 R99 PS 业务量在总的网络业务量中占主要比例，单站总传输带宽需求超过 25Mbit/s。按现有传输资源预留情况，无法满足 HSDPA 网络的长期传输需求。由于现有 SDH 接入层在 155M 环路上每个接入点的 2M 资源在 7～8 个（155M 环路上接入点数一般在 7～8 个，环路上总的 2M 资源为 63 个），网络扩容和优化调整也将比较困难。因此密集城区在网络发展的后期需要考虑如何提高接入层传输资源利用率或采用其他的传输手段来承载 QoS 要求不高的业务（如 HSDPA 和 R99 非实时业务）。

9.1.2.2　室内覆盖

第 6 章中分析了 HSDPA 室内覆盖的重要性，并给出了相应的 HSDPA 话务模型以及业务预测，如表 9-5 所示。

表 9-5　不同室内场景的数据业务模型

区　域	用户密度（/1 000m²）	业务渗透率	每用户吞吐率（kbps/BH）	吞吐率（kbps/1 000m²）	下行吞吐率（kbps/1 000m²）
写字楼	80	75%	2.4	146.52	117.216
会展中心	84	50%	2.4	41.03	82.06

续表

区　域	用户密度（/1 000m²）	业务渗透率	每用户吞吐率（kbps/BH）	吞吐率（kbps/1 000m²）	下行吞吐率（kbps/1 000m²）
室内体育场馆/会议中心	250	50%	2.4	305.25	244.2
民航机场	126	50%	2.4	153.85	123.08
宾馆酒店	8 用户/10 客房	50%	2.4	6.5/10 客房	4.2/10 客房
娱乐场所	133	10%	0.814	10.83	8.664

室内覆盖的总业务传输需求由覆盖区域的面积所决定。高档商务写字楼的室内面积从几万平方米到几十万平方米。以深圳赛格大厦为例，建筑面积 170 000 m^2，考虑 85%实用面积，按照上表计算，单站 Iub 接口需要带宽约计 33Mbit/s，即需要 E1 数量约计 18 条；以联想深圳研发大厦为例，建筑面积 48 000 m^2，考虑 85%实用面积，按照上表计算，单站 Iub 接口需要带宽约计 8Mbit/s。

以上根据话务模型计算得到的是网络的平均流量。由于数据业务的高突发特性，移动网络的数据流量峰均比高达 2～3∶1（参见第 6 章），因此传输带宽配置应该在网络平均流量的基础上增加冗余量，否则将导致用户感受到的速率下降，或者数据时延太大，从而影响用户体验。但在一般情况下，PS 业务可以容忍较大的延时，因此传输冗余量可以不必太大，一般根据实际应用场景可以设置为 20%～50%。例如上述深圳赛格大厦，如果按照 50%的冗余量配置，传输带宽高达 50Mbit/s，此时再用 E1 作为传输链路已经不合适了。因此，移动运营商有两种建网思路可以选择：一种是传输带宽配置尽量接近均值流量，此时传输网络投资减少，但同时用户的体验会降低；另一种是传输带宽配置得更高，此时用户的体验更高，网络竞争力更强，但传输网络投资也更大。

综上所述，大容量室内覆盖的 Iub 接口流量会远远大于室外宏蜂窝覆盖的流量。不同容量室内覆盖的 Iub 接口流量差异跨度较大，从几兆到几十兆不等。这给传输方案和介质选择带来一定的难度。从现有传输网的情况来看，重要的楼宇（如写字楼、会展中心、机场、宾馆酒店等）都有光纤到楼的资源，可提供足够的 2M 资源，基本不存在端口压力。但是基于 SDH 的接入方式无法对多个楼宇的室内业务做有效汇聚，传输网接入层的带宽整体压力依然很大。

通过以上对传输需求的分析，可以得到以下结论，没有引入 HSDPA 的密集城区中短期总的 3G 业务传输单站需求在 2～4Mbit/s，长期需求可达 12Mbit/s 以上，现有传输网可以满足中短期的 Iub 口接入需求，长期来看存在一些压力；引入 HSDPA 之后，密集城区高话务区域总的 3G 业务传输单站需求最高可达 25Mbit/s 以上，室内覆盖的业务传输需求最高可达几十兆，SDH 传输资源将出现很大压力且扩容和优化调整困难。考虑到密集城区的高业务量需求，可以通过缩小网络规划的半径来减少单站的 Iub 口传输需求，但仍无法解决传输网的带宽压力，需要考虑提高传输资源利用率的问题或引入其他传输手段（如能否合理利用城域 IP 网来分担 3G 中的非实时业务）。

下面将介绍目前传输组网中最主要的 SDH、ATM、IP 和 MSTP 技术的主要特性和应用方式，然后针对上述 3G 业务传输需求分析所提出的问题，结合不同的传输组网技术特性，探讨可能的解决方案。

9.2 传输组网技术

现有的传输网络和技术主要有 PDH、X.25、FR（Frame Relay，帧中继）、SDH、ATM、IP、xDSL、微波、LMDS（Local Multipoint Distribution System，本地多点分配业务）、FSO（Free Space Optical，自由空间光通信）、卫星等，其中 PDH、X.25、FR 技术是比较老的传输技术，且极少用于接入无线设备；xDSL 是一种利用现有固网丰富的铜双绞线资源的技术，其种类比较多，有 ADSL、VDSL、IDSL（ISDN Digital Subscriber Line，ISDN 数字用户线）和 SDSL（Symmetric Digital Subscriber Line，对称数字用户线）等，可以承载 ATM 和 IP 业务；微波、LMDS、FSO 和卫星属于无线传输技术，多用于地面接入存在困难或不经济的特殊场合；SDH、ATM 和 IP 是 Iub 传输组网中将应用到的主要技术。

9.2.1 SDH

SDH 全称同步数字体系[3]（Synchronous Digital Hierarchy）。SDH 规范了数字信号的帧结构、复用方式、传输速率等级、接口码型特性，提供了一个国际支持框架，在此基础上发展并建成了一种灵活、可靠、便于管理的世界电信传输网。这种传输网易于扩展，适于新电信业务的开展，并且使不同厂家生产的设备互通成为可能，这正是网络建设者长期以来追求的目标。

SDH 的主要优点有：

• 使北美、日本和欧洲三个地区性的标准在 STM-1 及其以上等级获得了统一。数字信号在跨越国界通信时不再需要转换成另一种标准，因而第一次真正实现了数字传输体制上的世界性标准。

• 统一的标准光接口能够在基本光缆段上实现横向兼容，允许不同厂家的设备在光路上互通，满足多厂家环境的要求。

• SDH 采用同步复用方式和灵活的复用映射结构。各种不同等级的码流在帧结构净负荷内的排列是有规律的，而净负荷与网络是同步的，因而只需利用软件即可使高速信号一次性直接分插出低速支路信号，也就是所谓的一步解复用特性。要从 155Mbit/s 码流中分出一个 2Mbit/s 的低速支路信号，采用了 SDH 的分插复用器 ADM 后，可以利用软件直接一次分出 2Mbit/s 的支路信号，避免了对全部高速信号进行逐级分解后再重新复用的过程，省去了全套背靠背的复用设备。所以 SDH 的上下业务十分容易，网络结构和设备都大大简化，而且数字交叉连接的实现也比较容易。

• SDH 帧结构中安排了丰富的开销比特，这些开销比特大约占了整个信号的 5%，可利用软件对开销比特进行处理，因而使网络的运行、管理和维护能力都大大加强。

SDH 物理媒介可以是电缆、光纤。SDH 信号的速率等级表示为 STM-N，其中 N 是正整数。目前 SDH 只能支持一定的 N 值，即 N 只能为 1、4、16 和 64，其中最基本、也是最重要的模块信号是 STM-1，其速率是 155.52Mbit/s，更高等级的 STM-N 信号是将基本模块信号 STM-1 经过字节间插后得出，STM-4 等级的速率为 622.08Mbit/s，STM-16 等级的速率为 2 488.32Mbit/s，STM-64 等级的速率为 9 953.28Mbit/s。

SDH 帧结构如图 9-4 所示。SDH 的帧频为 8 000 帧/秒，这就是说信号帧中某一特定字节每秒被传送 8 000 次，那么该字节的比特速率是 8 000×8bit=64kbit/s，也就是一路数字

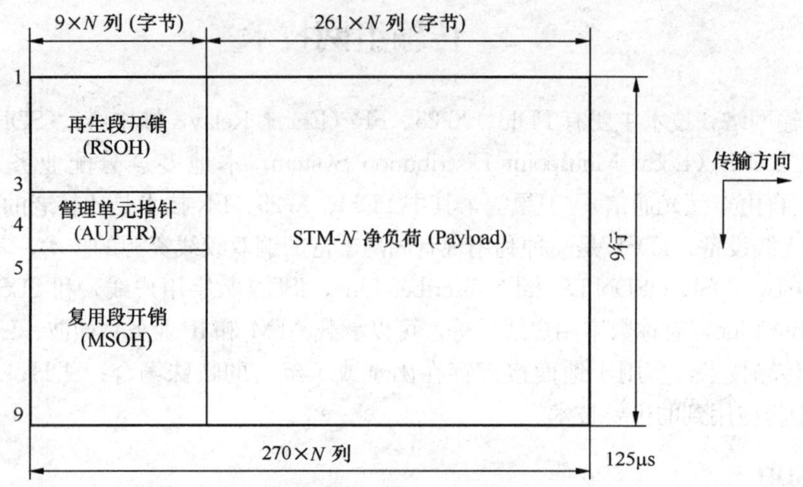

图 9-4　SDH 帧结构示意图

电话的传输速率。以 STM-1 等级为例，其速率为 270（每帧 270 列）×9（共 9 行）×64kbit/s（每个字节 64kbit）=155 520kbit/s=155.52Mbit/s。

如上所述，各种不同等级的码流通过分插复用器可以很方便地插入到 SDH 帧中，此过程需经过映射、定位校准和复用三个步骤：

（1）映射。相当于一个对信号打包的过程，它使不同的支路信号和相应的 n 阶虚容器（VC-n）同步。

（2）定位校准。即加入调整指针，用来校正支路信号频差和实现相位对准。

（3）复用。即字节间插复用，用于将多个低阶通道层信号适配进高阶通道或将多个高阶通道层信号适配进复用段层。

我国规定的 SDH 复用结构如图 9-5 所示。

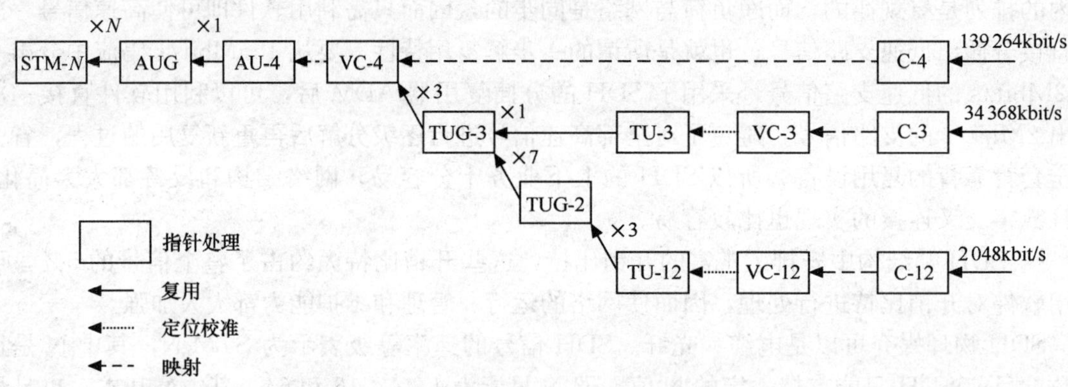

图 9-5　我国规定的 SDH 复用结构示意图

在我国 2G 移动接入普遍采用 SDH 传输网，3G 完全可以与 2G 接入共用同一张 SDH 网。典型的 3G 移动接入网 SDH 传输模型如图 9-6 所示。图中，采用 E1 接口的 Node B 数据映射到 SDH VC-12 虚容器中进行传输；采用 STM-1 接口的 Node B 数据映射到 VC-4 虚容器中进行传输。

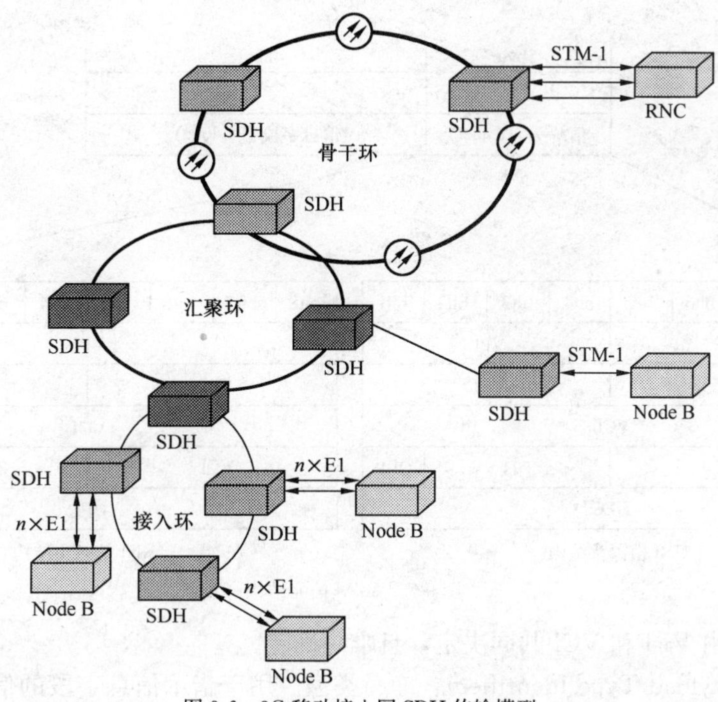

图 9-6　3G 移动接入网 SDH 传输模型

9.2.2　ATM

ATM（Asynchronous Transfer Mode，异步传输模式）是为满足宽带综合业务数据通信，在分组交换技术的基础上迅速发展起来的通信新技术，可以实现语音、数据、图像、视频等信号的高速传输，这是国际电信联盟 ITU-T 制定的标准。

ATM 是一种传输模式，在这一模式中，信息被组织成信元，由于包含来自某用户信息的各个信元不需要周期性出现，这种传输模式是异步的。

ATM 信元是固定长度的分组，共有 53 个字节，分为 2 个部分。前面 5 个字节为信头，主要完成寻址的功能；后面的 48 个字节为信息段，用来装载来自不同用户、不同业务的信息。话音、数据、图像等数字信息都要经过切割，封装成统一格式的信元在网中传递，并在接收端恢复成所需格式。ATM 信元头结构有两种类型，分别应用于不同的场合，具体结构如图 9-7 所示。其中用户网络接口 UNI（User Node Interface）用于端设备与用户设备处，负责连接 ATM 端点设备与 ATM 交换机；网络到网络接口 NNI（Network Node Interface）用于网络设备之间，负责连接两个 ATM 交换机。

ATM 信元头字段含义：

- GFC（Generic Flow Control）：通用流量控制。如图 9-7 所示，GFC 仅在 UNI 信头存在，因为 ATM 只在端设备与用户设备处进行流控制，以减少网络过载的可能性。
- VPI（Virtual Path Identifier）：虚通道标识符。在 ATM 中，若干虚通路（VC）组成一个虚通道（VP），并以 VP 作为网络管理单位，相当于 X. 25 中的逻辑信道群号（LCGN）。
- VCI（Virtual Circuit Identifier）：虚通路标识符。类似于 X. 25 中逻辑信道号（LCN），用于标志一个 VPI 群中的唯一呼叫，在呼叫建立时分配，呼叫结束时释放。在

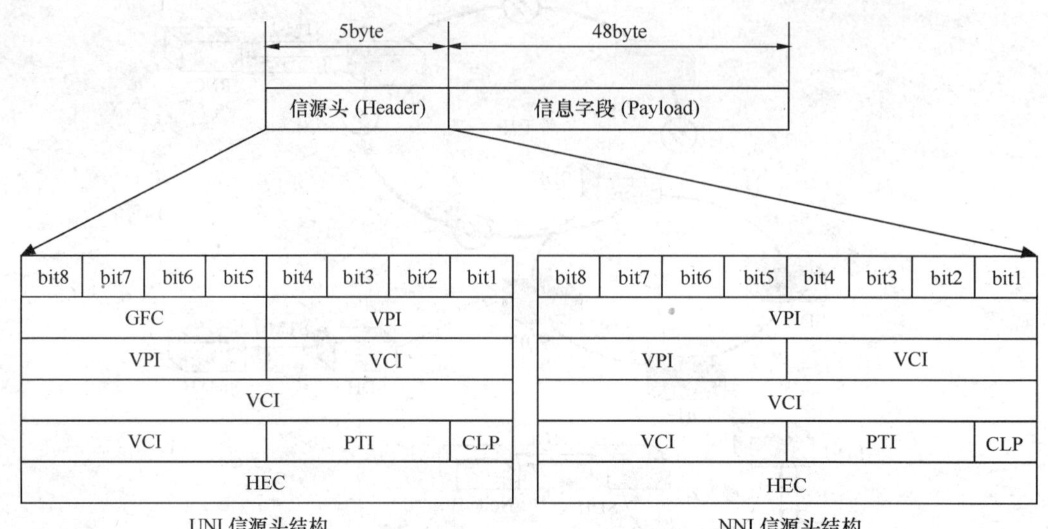

图 9-7　ATM 信元结构

ATM 中的呼叫由 VPI 和 VCI 共同决定，且唯一确定。

• PTI（Payload Type Identifier）：净荷类型。用于指示信息字段的信息是用户信息还是网络信息。

• CLP（Cell Loss Priority）：信元抛弃优先级。当 CLP 为“1”时，表示当网络拥塞时可以抛弃该信元；相反，不能抛弃 CLP 为“0”的信元。

• HEC（Header Error Control）：信头差错控制。为了提高处理效率（同时传输线路条件允许如此），ATM 仅进行信头差错控制，以防 VPI/VCI 差错，即呼叫间“串话”。

ATM 信元可以直接在导线上或光纤上发送，同时也可以封装在其他传输系统的有效载荷里发送。也就是说，ATM 被设计成与传输介质无关。例如，ATM 信元可以封装在前面所述的图 9-4 所示的 SDH 帧净负荷中。

大多数应用不希望直接和信元发生联系，所以在 ATM 层上还定义了一层，允许用户发送比信元大的分组。ATM 接口分解这些分组，按照信元单独传输，并且在另一端重组它们。这一层就是 ATM 适配层 AAL（ATM Adaptation Layer，ATM 适配层）。AAL2 就是其中的一种 AAL 适配类型。

AAL2 的设计思想是将用户信息进行分组，分成若干个长度可变的微信元，再将其适配到 53 个字节的 ATM 信元中。这样在一个 ATM 信元里可以同时装入多个不同的业务流，一个 ATM 信元不再仅是一种业务流分组，也就是说一个 ATM 连接可以支持到多个 AAL2 的用户信息流，即用户信息流在 AAL 层上复用。这种设计思想带来了两个好处：（1）对压缩后的语音业务流降低了拆装时延，且提高了效率；（2）节约了 ATM 中 VPI、VCI 的资源。

ATM 网络从本质上说是面向连接的。意味着一条虚通路需要在进行数据传输之前被建立。ATM 存在两种类型的连接方式：虚通道（VP），它是由虚通道标识（VPI）来确定的；虚通路（VC），它是由 VPI 和虚通路标识（VCI）共同确定的。这是为数据传输确定路径的两个主要元素。

ATM 交换，也就是信元交换，综合了电路交换和分组交换的优点，它一方面用“有标志的电路”代替“定位置的电路”，因而能灵活地分配带宽；另一方面是取消了复杂的差错控制和流量控制，使传输时延大大降低。ATM 交换机的基本结构如图 9-8 所示，由四部分组成：入线处理和出线处理部件、ATM 交换单元和 ATM 控制单元。其中 ATM 交换单元完成交换的实际操作（将输入信元交换到实际的输出线上去）；ATM 控制单元控制 ATM 交换单元的具体动作（VPI/VCI 转换、路由选择）；入线处理对各入线上的 ATM 信元进行处理，使它们成为适合 ATM 交换单元的形式；出线处理则是对 ATM 交换单元输出的信元进行处理，使它们成为适合在线路上传输的形式。

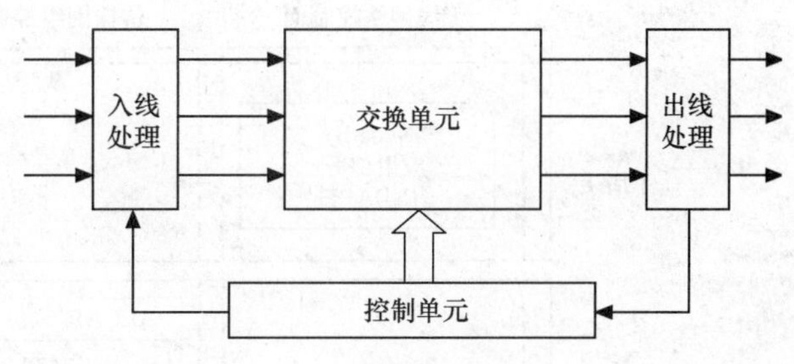

图 9-8　ATM 交换机基本结构

AAL2 交换是指在每一个 VC 中都有多个 AAL2 的连接，在 ATM 信元中表现为 48 字节净负荷中除了 3 字节 AAL2 的头信息之外，还专门有 1 个字节的用户 CID（Channel Identifier）指示符，通过 CID 区分不同流向的业务。

在 R99 协议中，规定采用 ATM 作为 Iub 接口协议。在 R5 协议中引入了 IP 作为承载协议，但仍然保留了 ATM 作为接口协议。根据实际运营商传输网络的实际情况，一般有两种使用方法：一是采用 ATM 交换机组建 ATM 交换网络，连接 RNC 和 Node B；二是传输网络直接采用 SDH，仅在 Node B 和 RNC 的接口处应用 ATM 技术，ATM 信元在 SDH 网络中进行透传。其中，第一种方法适用于已经有比较完善的 ATM 网络的运营商，例如欧洲和日本。这些地区已经部署了比较完善的 ATM 网络，WCDMA 可以直接利用这些资源，从而省去 IMA 等的转换环节，而且可以直接利用 ATM 的统计复用特性进行传输汇聚。但是，ATM 网络具有建网成本高、管理和维护复杂、系统交换能力不强等局限性，而且随着技术的发展，整个通信网络正在向着全 IP 技术演进，因此对于中国等 ATM 网络不发达的地方，没有必要新建 ATM 网络。

WCDMA Iub 口业务数据通过 AAL2 映射入 ATM 信元的过程如图 9-9 所示。

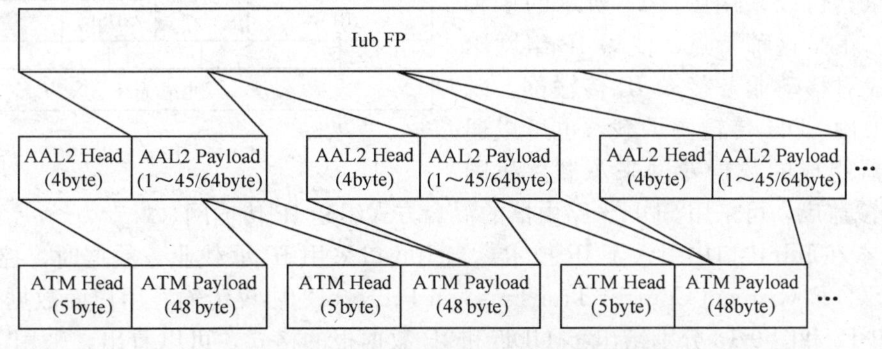

图 9-9　Iub 口业务数据映射入 ATM 信元过程

传输层采用 ATM 技术时，Iub 接口协议栈如图 9-10 所示。其中，控制面信令采用 AAL5 进行业务适配，并通过 SSCOP（Service Specific Connection Oriented Protocol，业务特定面向连接协议）协议实现信令的可靠传输；用户面数据通过 AAL2 进行业务适配。传

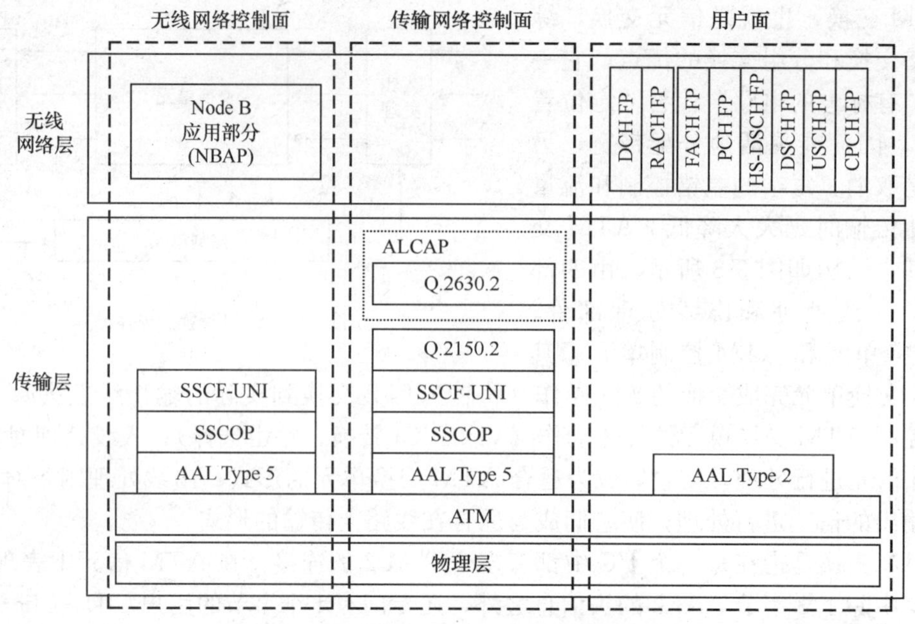

图 9-10　传输层采用 ATM 时的 Iub 协议栈[4]

输层控制面采用 ALCAP（Access Link Control Application Part，接入链路控制应用部分）协议进行 AAL2 连接管理。

9.2.3　IP

IP（Internet Protocol）即网际协议，为因特网的核心协议，其采用 TCP 或者 UDP 协议作为传输协议，并不断发展完善。现在一般用 IP 来代表因特网的所有技术，简称 IP 技术。IP 技术是一种基于非连接的分组交换技术，其传输的变长 IP 包在 IPv4 中依靠 32 位的 IP 目的地址进行分组的传输。

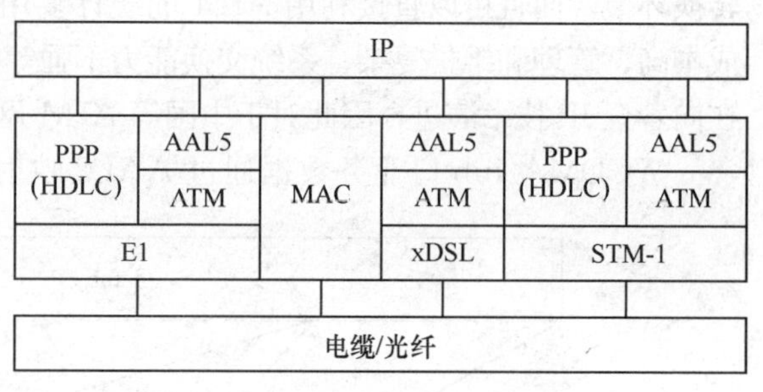

图 9-11　IP 承载方式

IP 是一种网络层协议，对底层承载并没有特殊要求，可以采用图 9-11 所示的多种承载方式。正是这种特点，使得 IP 组网十分灵活。针对移动业务接入 IP 传输网，既可以直接采用 SDH 传输网承载，也可以通过由路由器组成的数据专网来承载。我国 SDH 网络覆盖广，可采用 SDH＋路由器的混合方式组建 IP 传输网。

R5 版本在 Iub 接口中引入了 IP 技术。当 Iub 口采用 IP 承载业务数据时，控制面信令链路采用 SCTP（Stream Control Transmission Protocol）协议传输，用户面数据采用 UDP 传输。图 9-12 和图 9-13 分别给出了 UDP 和 IP 数据报的格式。可以看出，采用 UDP 协议封装之后，每一个数据报需要增加 20 个字节的 IP 报头和 8 个字节的 UDP 报头，总共需要 28 个字节的开销。图 9-14 给出了物理链路采用 E1 时用户面协议的封装过程。

由于 IP 技术可以灵活地使用各种承载技术组网，相对于 ATM 等技术来说成本更低；同时由于 IP 技术标准化程度高，使得网络便于管理和维护。随着路由器技术的不断发展，

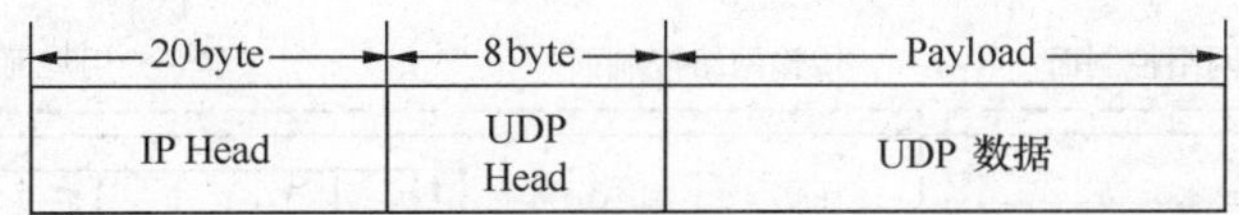

图 9-12　UDP 数据报格式

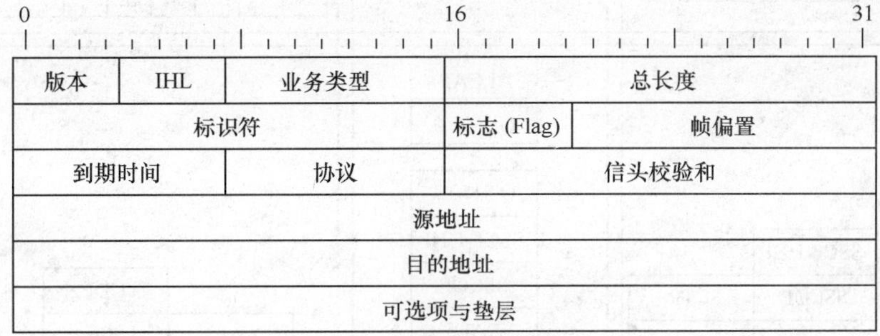

图 9-13　IP 数据报头格式

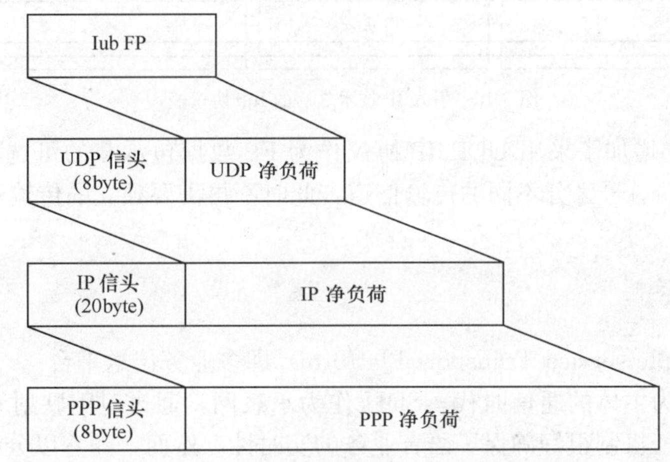

图 9-14　业务数据到 IP/PPP E1 的映射过程

线速路由器已取代传统的路由器，使 IP 网络流量处理能力远远大于采用 ATM 等传统交换技术的网络。IP 技术的主要问题是还没有完善的 QoS 管理机制，不太适合实时业务传输；另外 IP 技术本身不能提供传输网络所能提供的快速网络保护机制，需要通过网络路由重选实现故障恢复，恢复时间较长。对于可靠性要求很高的电信网络还需要结合传统的 SDH 等网络技术进行组网。另外，IP 网通常不能提供时钟同步信号，因此目前采用纯 IP 技术组建 3G 传输网络还存在较大困难。

从 3G 组网来看，R5 协议仅仅规定了 Iub 接口可以采用 IP 协议。总体上看，3G 传输网络的演进趋势是全 IP 化，传输网络统一到采用全 IP 的数据网。但根据传输网络的实际情况，可以在建网初期采用基于 SDH 技术的传统 TDM 网络作为承载，仅在 RNC 和 CN 的接口处应用 IP，并逐步向全 IP 演进。

当 Iub 接口引入 IP 技术之后，协议栈如图 9-15 所示。可以看出，R5 网络中仍然保留了 ATM 协议栈，在实际组网时可以根据实际情况进行选择。其中，控制面信令既可以采用 R99 的 SSCOP 协议传输，也可以采用 SCTP/IP 协议传输；用户面数据在原先的 AAL2/

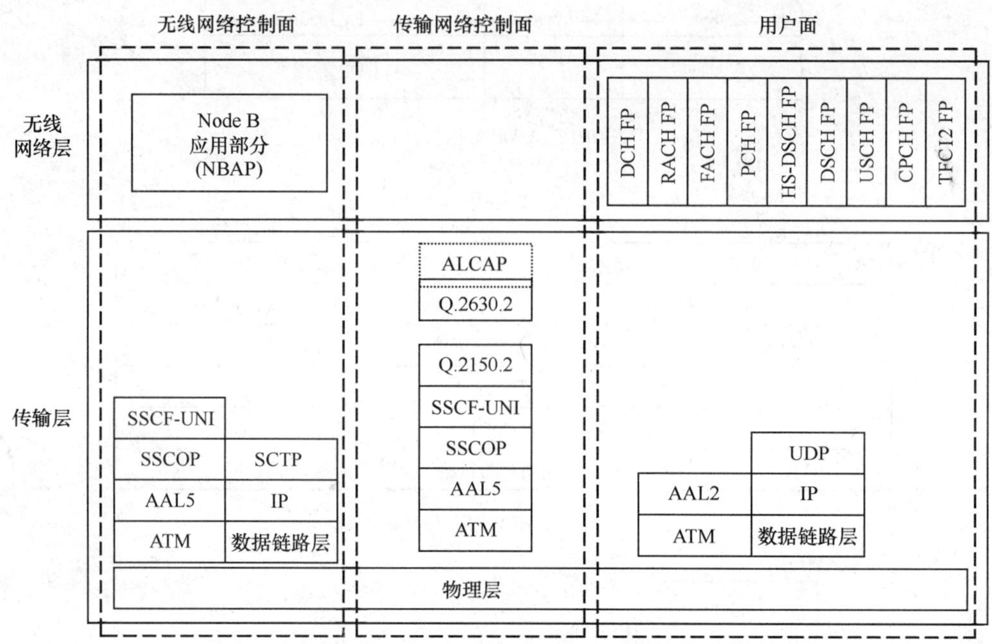

图 9-15　引入 IP 技术之后的 Iub 协议栈[4]

ATM 协议的基础上增加了采用 UDP/IP 协议作为 FP 数据包承载的可选项。当采用 UDP/IP 时，通过 UDP 端口号区分不同的传输信道，此时不再需要独立的传输层控制面协议进行链路管理。

9.2.4　MSTP

MSTP（Multiple-service Transport Platform）即多业务传送平台。

在以语音业务为主体的通信时代，SDH 作为承载网，通过时隙映射和交叉连接功能以及端到端的质量保证机制很好确保了语音业务的实时性。然而，随着以分组交换为传输机制的 IP 数据业务的大幅度高速发展，时分交换机制的 SDH 网络很难在满足语音业务的同时实现高效率的承载 IP 业务。

MSTP 对传统的 SDH 设备进行了改进，具有在 SDH 帧格式中提供不同颗粒的多业务、多协议的接入、汇聚和传输能力，是目前城域传输网最主要的实现方式之一。

MSTP 最大特点体现在对以太网业务的处理上。初期的 MSTP 具有以太网透传功能，设备具有较好的带宽保证特性和安全性，但带宽利用率较低，组网灵活性不够。随着业务需求和技术发展，MSTP 逐渐具备二层交换功能，可实现基于以太网链路层的数据帧交换，提供了更大的组网灵活性，适合于用户数量多但业务量小且带宽动态变化的以太网业务接入。

现阶段 MSTP 技术的主要特征是引入了中间的智能适配层，可支持多点到多点的连接，具有可扩展性，支持用户隔离和带宽共享，支持服务质量（QoS）、服务等级协议（SLA）增强、阻塞控制以及公平接入。

MSTP 可以有三种实现方式，图 9-16 所示。

(1) 基于二层交换和 ATM 的 MSTP

由于引进了二层交换处理模块，实现了基于以太网二层交换的业务汇聚、带宽共享及以

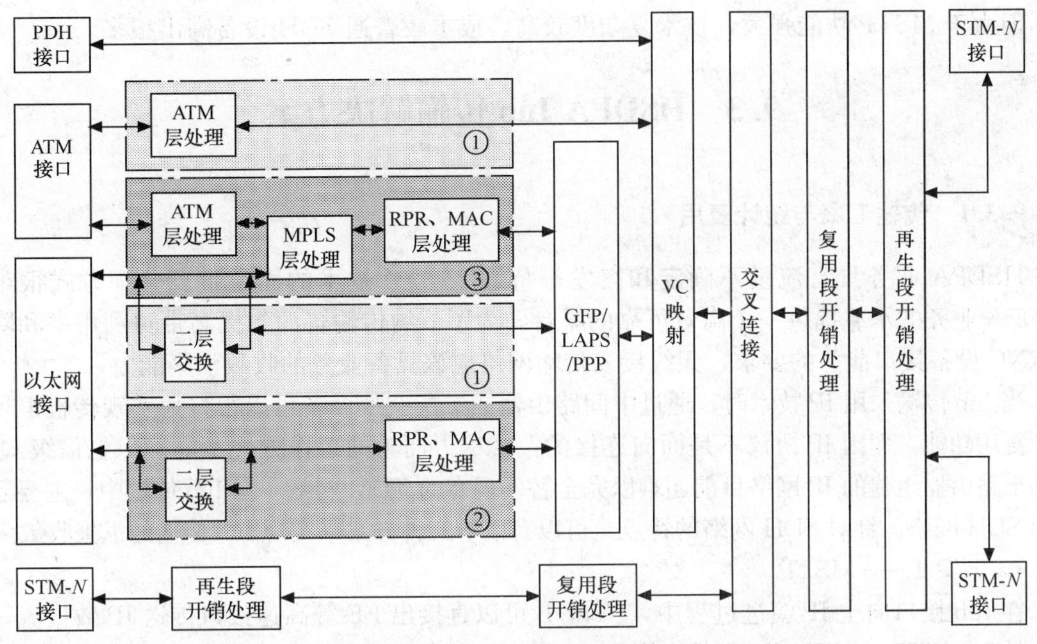

图 9-16 MSTP 的三种实现方式

太网共享环等功能，显著提高了端口和带宽的利用效率。

(2) 内嵌 RPR 功能的 MSTP

内嵌 RPR（Resilient Packet Ring，弹性分组环）功能的 MSTP 支持环内的带宽共享和统计复用，结合空间重用技术（Spatial Reuse Protocol，SRP），使得环网的带宽利用效率得到很大提高；通过快速的环网保护机制实现了 50ms 的电信级保护公平算法，实现了环路带宽的公平利用；内嵌 RPR 可以将基于端口、VLAN ID、VLAN 优先级、MAC 地址等不同特征的业务分类映射进 A、B、C 三种业务等级；通过设置，实现与不同等级业务相对应的 QoS 保证。

(3) 内嵌 MPLS 功能的 MSTP

通过在 MSTP 中内嵌 MPLS（Multi-Protocol Label Switching，多协议标签交换）功能，可以较好地实现 VLAN 地址扩展；提供电路端到端的 QoS 保证；提供新型以太网业务（如 L2 VPN），灵活控制带宽颗粒。有些还将 RPR 与 MPLS 技术进行融合。

MSTP 技术的引入，给运营商带来了崭新的运营思路：

(1) 充分利用原有的 SDH 网络，采用 64k、N×64k、2M、34M 和 155M 电路开展语音业务，也可以开展 TDM 专线业务和图像传输业务；

(2) 只需在原有 SDH 设备上增加以太网处理单元，就可以提供以太网透传、L2 交换、灵活的 VLAN 划分、全双工流量控制、优先级控制、以太网带宽共享等功能；

(3) 只需在原有 SDH 设备上增加 ATM 处理单元，就可以提供 ATM VP/VC 交换、ATM 统计复用、VP-Ring 保护、多种形式的流量控制等功能；

(4) 所有业务，包括 TDM、以太网和 ATM，都可以共享 SDH 经典的保护制式；

(5) 只需在原有 SDH 设备上增加 RPR 处理单元，就可以提供数据业务的统计复用、真正实现业务分级和公平带宽处理等。

但由于 MSTP 功能强大，技术复杂度较高，成本较普通 SDH 设备高出很多。

9.3 HSDPA Iub 传输解决方案

9.3.1 传输汇聚与统计复用

HSDPA 业务具有流量不确定和突发等特性，TDM 技术的固定带宽分配方式很难为 HSDPA 业务的承载提供一个高效可靠的平台。为了节约传输资源、提高带宽利用率和降低对 RNC 设备接口能力的要求，无线接入传输网络应该具备业务的收敛汇聚能力。

当 Iub 传输采用 IP 技术时，通过中间路由器或二层交换设备可以很好地实现传输汇聚和统计复用功能。但因 IP 协议不是面向连接的，其尽力而为的运作方式不能确保电信级 QoS，故基于路由器组建的 IP 网络目前还难以完全替代现有的 TDM 网络。在 Iub 传输中，主要还是利用 SDH 网络。针对 SDH 网络的特点，可以有以下三种方案来实现 Iub 传输的汇聚收敛。

- 方案 1——MSTP

在 Iub 接口向全 IP 演进过程中，Node B 可以直接出 FE 等高速接口传送 IP 数据流，直接连接到 MSTP；利用 MSTP 的内嵌 RPR 环，根据业务分类，对语音业务传送提供 QoS 保障，对数据业务实现弹性环网带宽统计复用，通过 RPR 提供的公平机制保证每个基站节点业务都能够接入到网络上。

Iub 主要采用 ATM 技术时，可以在传输网络的接入层或者汇聚层采用 MSTP 设备，将来自 Node B 的承载从 E1 中的 ATM 数据流中解析出来，利用 VP-RING 技术进行统计复用，然后采用 STM-1 等高速通道，将数据传送至 RNC，如图 9-17 所示。此种应用方式下，MSTP 既具有 ATM 交换机等同的功效，又具有 SDH 传送功能。

通过利用 MSTP 的 RPR 或 VP-RING 技术提供的统计复用功能，在不影响传输质量的前提下，能够节省传输带宽，减轻汇聚层以及骨干层传输带宽压力。复用后的数据通过 STM-1 等高速链路，适于在骨干层传输，简化了电路调配。

此方案的优点是可以充分利用现有 2G 传输网络，但升级或部署 MSTP 的成本较高。MSTP 提供的 ATM 低速接口（IMA）的规模一般较小。

- 方案 2——Hub-Node B

相邻的若干 Node B 通过 E1/STM-1 接口进行自组网，通过 Hub-Node B 连接接入层或汇聚层传输网络，再通过 STM-1 接口连接 RNC。Hub-Node B 提供 ATM 交换功能，实现多个 Node B 的数据业务流量进行统计复用，如图 9-18 所示。Hub-Node B 还可以提供 AAL2 交换功能。通过采用 AAL2 交换，将多个带宽利用率不高的 VCC 中的数据集中到一个 VCC 中，可以更充分地利用 AAL2 的小包串联功能，能够提高带宽利用效率，由于 Hub-Node B 主要应用于末端，接入汇聚的节点较少，此时 AAL2 交换所带来的汇聚效率提供有限。此外，AAL2 交换需要新增交换信令 ALCAP 的支持，增加了网络配置的复杂度。

Hub-Node B 汇聚方案利用 Node B 设备自组网，成本较低。但相对于采用传输设备组网来说，缺乏对网元的传输备份通道，网络可靠性较差，主要适合于传输网络不发达、希望低成本快速建网的新兴运营商。

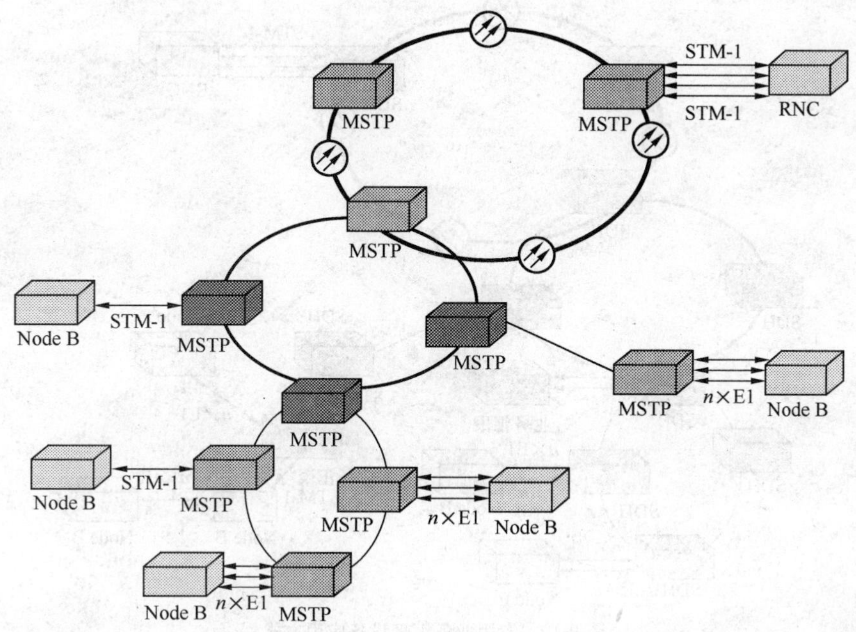

图 9-17　使用 MSTP 组建 Iub 传输网

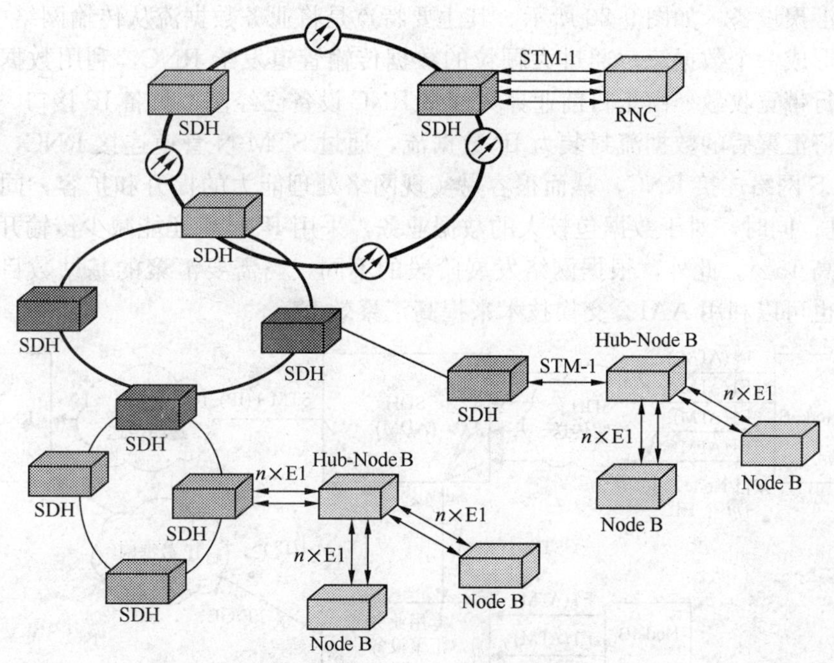

图 9-18　使用 Hub-Node B 组建 Iub 传输网

- 方案 3——专用业务汇聚设备

该方案在充分利用 SDH 网络的基础上，在接入层或汇聚层节点增加业务汇聚设备。该汇聚设备提供 IMA 功能，提供 AAL2 交换功能，还提供 IP 路由功能，支持 SDH 接口，如图 9-19 所示。

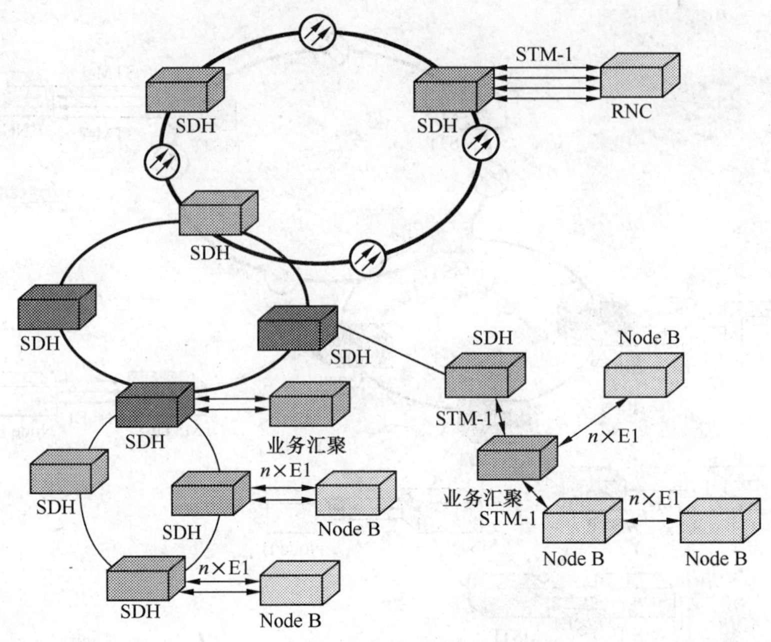

图 9-19　专用业务汇聚设备应用方式

方案 3 的基本思想是在不改变现有 SDH 传输网结构的情况下，在业务集中的节点处增加专用业务汇聚设备，如图 9-20 所示。其主要特点是将业务数据流从传输网络中分离出来，通过交换后形成一个数据流，通过大颗粒的数据传输管道发给 RNC，利用数据网络的统计复用特性进行带宽收敛。由于目前业界大容量 RNC 设备已经基本具备 IP 接口，业务汇聚设备可以直接将汇聚后的数据流封装为 IP 数据流，通过 STM-N 管道连接 RNC，或者直接利用城域 MPLS 网络连接 RNC，从而很容易实现网络处理能力的提升和扩容，同时便于全网向全 IP 演进；同时，对于数据包较大的数据业务，采用 IP 技术还能减少传输开销，传输效率最大能提高 15%。此外，根据网络发展阶段的不同，当需要汇聚的基站数目较多时，业务汇聚设备也可以利用 AAL2 交换技术来提高汇聚效率。

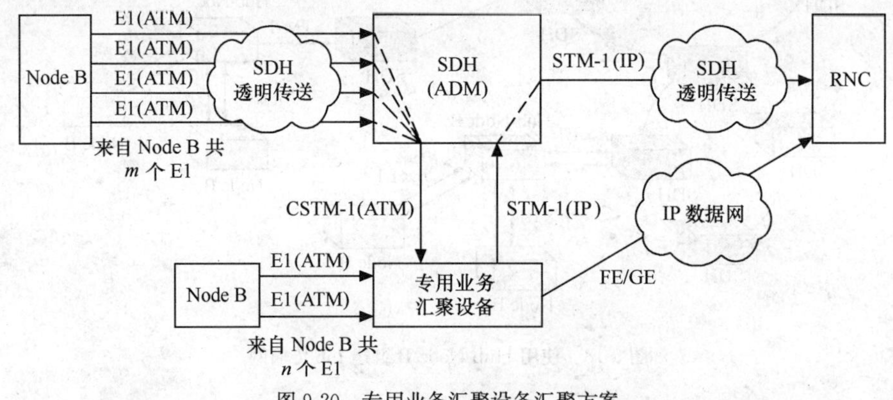

图 9-20　专用业务汇聚设备汇聚方案

各种传输汇聚方案进行带宽收敛的主要原理都是利用了数据交换技术带来的统计复用特性。能够带来带宽压缩的主要因素有：

(1) 压缩数据业务峰均比。本书第 6 章提到，移动数据业务的峰均比高达 2～3：1，在流量高峰时带宽要求较多，但在其他时间内带宽利用率不高。通过将多个基站的业务汇聚到一起，能够起到削峰填谷的作用，从而能够更好地满足用户峰值流量要求，又能够降低传输带宽冗余，减少总带宽需求。

汇聚效率评估：以前述密集城区室外应用为例，网络发展到后期，单站数据业务带宽需求可达10～15Mbit/s。假定有10个基站的单站平均业务带宽需求12Mbit/s，无汇聚时，每个基站都需要预留较高的峰值冗余（如25%），总传输带宽需求10×（12×（1+25%））=150Mbit/s；采用汇聚设备后，总的峰均比降低，预留的峰值冗余可以相应减少，比如10%，此时总传输带宽需求（10×12）×（1+10%）=132Mbit/s，汇聚效率为（150－132）/150=12%。当汇聚的节点更多、峰均比更低时，汇聚效率也更高。

(2) 在语音业务为主的场景下，通过汇聚后同样能够减少传输带宽需求。即在相同阻塞率情况下，多个Node B汇聚后的带宽需求小于各Node B单独的带宽需求之和。

汇聚效率评估：假设有5个Node B，每个Node B话务量为100Erl，需带宽2Mbit/s（假设每个传输单元需200kbit/s带宽），业务阻塞率为0.02，查Erlang-B表，每个Node B需113个传输单元，5个Node B共需565Erl。如果采用MSTP汇聚，则收敛后共需514个传输单元。减少带宽投资约10%。

(3) 减少传输资源碎片。一般传输网络配置的最小单位是E1。当Node B的传输链路要求不是E1的整数倍时，就会造成带宽的浪费。采用汇聚设备能够降低这种浪费。在初期Node B业务量较低时，单站业务量较低，此时传输碎片比例可能达到20%以上。通过汇聚较多Node B的数据流，能够基本消除资源碎片。

(4) 适应话务量批量转移。在相邻Node B的忙时分布呈现不一致时，例如住宅区和商业区相邻的区域，往往忙时呈现互补特性，此时汇聚后的传输带宽需求能够大量减少。具体汇聚效率取决于话务量分布特征，一般在城郊结合部可达10%～40%。

(5) 提高承载效率。当汇聚设备采用AAL2交换技术时，通过将多个VCC中的业务流汇聚到一个大话务量业务流，能够充分发挥AAL2的短包串接功能，最高能够提高带宽利用率大约15%。当汇聚设备采用IP作为承载时，对于以长包为主的PS业务也能够提高大约15%效率。

综合考虑上述因素，根据网络具体情况，采用传输汇聚方案总体汇聚效率最大可达50%以上。几种汇聚方案的主要对比如表9-6所示。

表9-6　　不同业务汇聚方案比较

	ATM交换机	Hub-Node B	专用业务汇聚设备
主要技术特点	采用ATM交换机构建ATM交换网络	采用Hub-Node B实现自组网	在传输节点处增加业务汇聚设备
优点	(1) 有完善的QoS管理 (2) 技术成熟	(1) 组网成本低 (2) 管理维护简单	(1) 专用设备提供较大的处理能力 (2) 便于实现全IP演进
缺点	(1) ATM设备成本高，管理维护复杂 (2) ATM设备处理能力低，网络扩展性差	不具备保护机制，网络可靠性差	采用专用设备增加维护复杂性
适用场景	已经拥有完善的ATM网络的地区，如欧洲	对网络可靠性要求不高的运营商	(1) 主要依靠租用传输，成本高 (2) 铺设光纤困难，主要依靠微波等窄带传输的运营商

下面以一个具体的案例来介绍一下传输汇聚的效果。

在印度，由于土地是私有的，运营商要建设自己的光纤传输网非常困难。因此，印度传输主要依靠微波通信来解决，包括小城市之间，也是采用微波设备组网。如图 9-21 所示。微波设备价格昂贵，而且带宽较小，因此在进行传输组网时必须充分考虑传输汇聚问题。对于话务量较低的小城市，可以采用 Hub-Node B 汇聚方案进行汇聚；而在数据流量较大的中型城市之间，或者经过几级汇聚之后，由于 Hub-Node B 处理能力一般不高，此时可以考虑采用独立的业务汇聚设备进行业务汇聚。

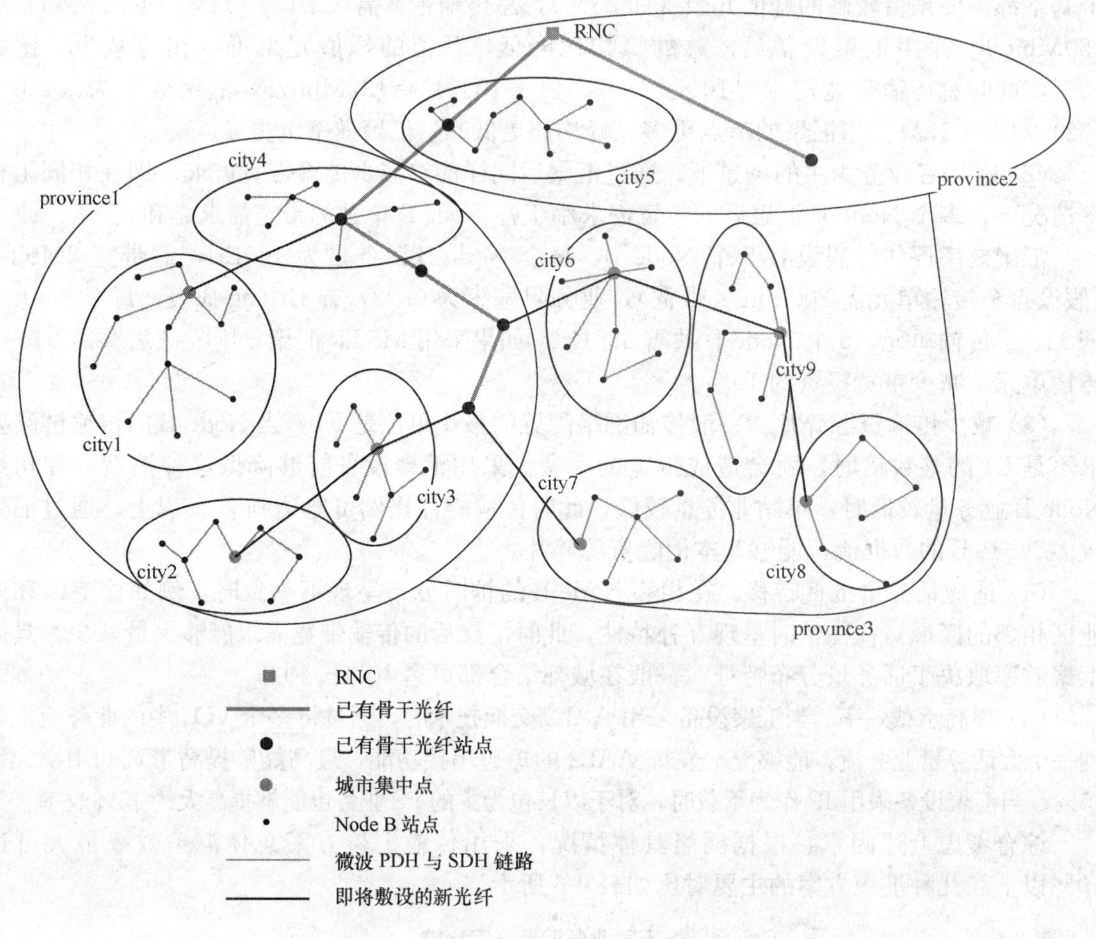

图 9-21　印度某运营商微波组网图

9.3.2　分路传输

前面提到，IP 技术具有成本低、处理能力强的优势，是整个电信网络的发展方向。但同时故障恢复时间长，业务质量保证策略不完善，因此目前 IP 技术更适合于承载 3G 数据业务。此外，IP 技术属于异步技术，现有技术条件下，采用 IP 网络传递时钟信号的 PTP 时钟技术还不够成熟且精度受中间节点数限制，纯 IP 组网技术还无法很好地解决 Node B 到 RNC 的时钟同步问题。

为了解决上述问题，可以采用分路传输解决方案。所谓分路传输，指的是 RNC 和 Node B 根据所建立业务的类型、QoS 参数以及链路特征参数要求，在 Iub 口采用不同的物理链路承载业务。一般而言，对于实时性无要求或者要求不严格的数据业务可以选择低成本的 IP 网络承载（例如城域数据网或者是 DSL 接口），降低传输成本；而对于控制信令、语音和实时数据业务可以选择 E1/T1 等低速链路来承载。如图 9-22 所示。Node B 同步时钟源可以从 E1/T1 线路获取。

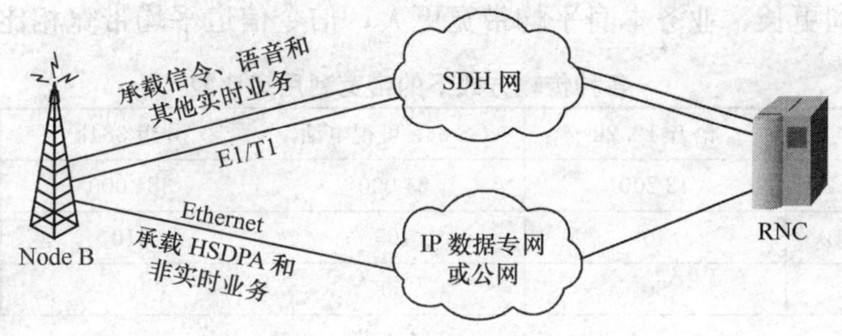

图 9-22 分路传输模型

分路传输方案对于单站点业务容量超过 8×E1/T1 的 Node B 站点推荐使用。主要适合于解决室内覆盖的 Node B 站点和提供汇聚级联功能的 Node B 节点。

分路传输方案的优点：

- 减少扩容 E1/T1 链路数量的维护工作量，以及减少 E1/T1 线路的建设和租用成本。
- 适合于平滑扩容的建网策略。早期 HSDPA 业务流量少，可以配置少量 E1/T1；在 Iub 口负载增长到一定门限值时，需要考虑扩容 Iub 接口；此时可根据站点规划策略，决定大容量站点通过以太网接口分流 HSDPA 业务，小容量站点仍然可以通过增加 E1/T1 接口扩容。
- 实时业务与非实时业务分开，能够在充分保障业务的 QoS 的同时，降低传输成本。
- 保留 E1/T1 线路，Node B 能够获得稳定的定时同步信号，保证网络稳定运行。

由于目前的分路传输方案技术成熟度较低，距离大规模商用还需要一定时间，因此在 HSDPA 初期业务量不大的情况下，优先采用其他 Iub 传输解决方案。

采用分路传输时，E1 链路上既可以保留 ATM 传输技术（即采用 ATM/IP 双协议栈），也可以在窄带链路上统一应用 IP 技术。控制面信令一般继续采用现有的窄带链路传输，用户面数据既可以选择 AAL2/ATM，也可以选择 UDP/IP。一般实时业务统一采用窄带分支，而非实时业务采用成本较低的宽带 IP 分支。

9.4 Iub 传输带宽的预算

本节提供了一种工程上实用的 Iub 接口传输带宽的计算方法。

9.4.1 传输带宽利用率

业务数据包在传输过程中，需经过多个协议层的封装，每一个协议层都会加入一个协议头，形成传输开销。表 9-7 列举了采用 E1 传输时，ATM 和 IP 传输方式下带宽利用率（＝业务速率/物理带宽）。从表中可以看出，HSDPA 业务使用 IP 承载时带宽利用率最高，语音业务使用 IP（无压缩）承载时带宽利用率最低。

除按照协议开销计算传输效率之外，还需要考虑呼叫保持过程中伴随的信令信道的带宽。典型信令信道速率为 3.4kbit/s，以语音业务为例，典型通话时长为 60 秒，呼叫建立时间为 5～6 秒。假定信令信道在呼叫建立过程中全部占用（实际占用速率由信令数据包的大小和数目确定），在呼叫保持过程中，信令信道主要承载极少的非接入层数据和以事件触发为主的 UTRAN 专用测量数据（如切换过程中的邻区测量结果等）。信令信道的平均占用带宽约为 3.4kbit/s×5/60＝0.3kbit/s，为 12.2kbit/s 话音信道的 2.5%。对数据业务来说，由于平均激活时间更长，业务本身平均带宽更大，信令信道平均带宽相比来说就更小。

表 9-7　　各种传输方式下的带宽利用率比较

业务类型	语音 12.2k	CS 64k 可视电话	分组 384k	HSDPA（注 3）
业务速率（bit/s）	12 200	64 000	384 000	7 680
FP 典型包长（字节）	40	165	510	1 024
FP 包个数/秒	50	50	100	1
ATM 承载				
ATM 信元数/FP 包	1	4	12	24
ATM 开销（注 1）	9	36	108	216
ATM 速率（bit/s）	19 600	80 400	494 400	9 920
带宽利用率	62.2%	79.6%	77.7%	77.4%
IP 承载				
需要 IP 包数	1	1	1	1
IP 开销（注 2）	36	36	36	36
IP 数据速率（bit/s）	30 400	80 400	436 800	8 480
带宽利用率	40.1%	79.6%	88%	90.1%

注 1：ATM 承载时总开销字节＝AAL2 协议头字节＋ATM 协议头

注 2：IP 承载时总开销字节＝UDP 协议头字节＋IP 协议头字节＋PPP 协议头字节

注 3：对于 HSDPA，由于速率等级很多，难以用通常的计算方法计算。考虑到通常的处理方法是 RNC 将多个数据块串连起来组成长度不超过 1 024 字节的 FP 包，此时每一个 FP 包中的信息去掉 RLC、MAC 等开销，净荷内容为 960 个字节。因此此处按照一个 FP 包计算。但实际上还有部分 FP 包长度小于 1 024 字节，因此实际带宽利用率比计算结果稍小。

以上带宽利用率计算仅考虑了业务信道的传输封装开销。实际上每一个用户还需要包含一条信令链路；另外，AAL2 在处理过程中，还可以进行小包串连，效率还会有一定提升；对语音业务，以 FP 典型包长 40 字节为例，AAL2 的小包复用效率提升在 10%左右。

综合上述比较，ATM 承载不同业务的效率在 60%～80%，对于平均数据包较小的语音业务，承载效率相对较低。IP 的承载效率同样与业务类型有关，承载语音业务的效率比 ATM 低，但对平均数据包较大的数据业务特别是 HSDPA 业务，则比 ATM 承载效率要高。

9.4.2　Iub 传输带宽预算

为了便于工程实施，将 Iub 接口流量主要分为 CS 业务流量、R99 PS 业务流量、HSDPA PS 业务流量三个部分。此外，还要考虑小区公共信道、控制面信令信道、操作维护通道所需要的传输带宽。

其中，CS 业务包括 AMR 语音业务和可视电话业务，可以根据实际话务模型采用 ErlangB 模型估算 Iub 带宽。

R99 PS 业务和 HSDPA 数据业务的估算则比较复杂，系统可以根据忙闲情况动态调整速率，没有类似于 CS 业务的阻塞概念。为了简化工程实施，考虑到数据业务的突发性特点，将传输带宽配置高于系统平均吞吐率，以便部分满足峰值带宽要求。为此，引入了

“PS 峰值冗余系数”概念，其含义为系统传输带宽配置高于话务量的百分比。即：

PS 业务传输带宽需求＝PS 业务平均带宽×（1＋PS 峰值冗余系数）

其中，PS 业务平均带宽需求可以根据话务模型得到。

Iub 流量估算流程如图 9-23 所示。

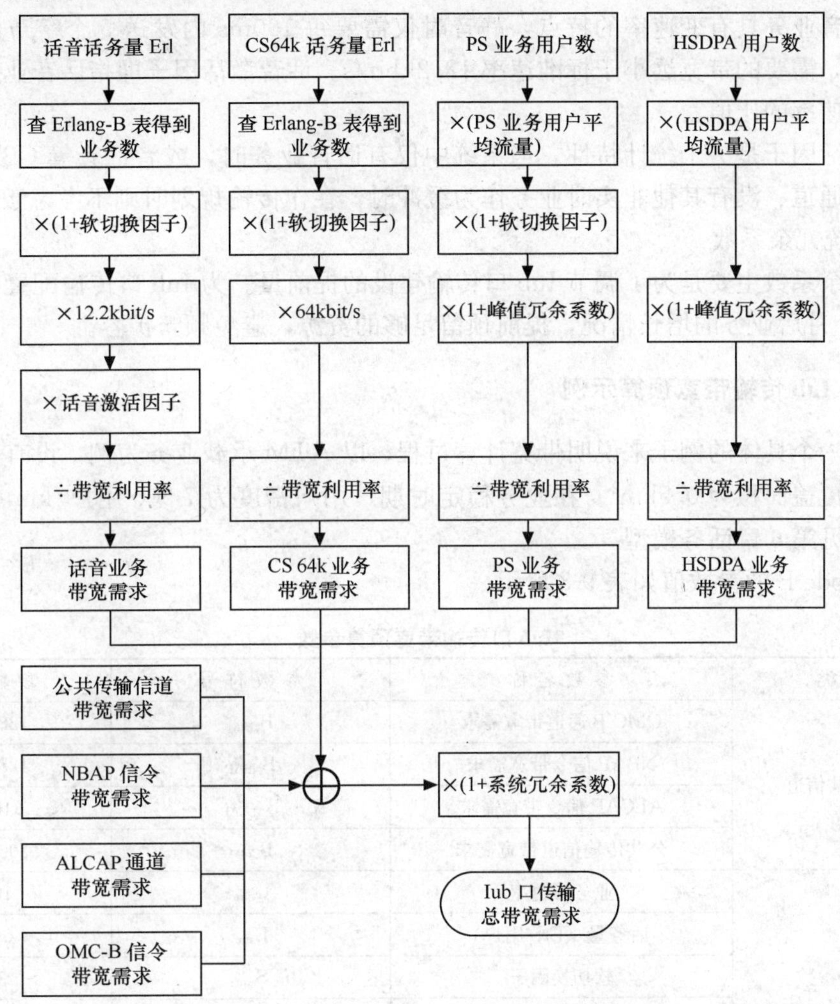

图 9-23 单 Node B Iub 口传输带宽预算过程

其中用到的关键参数说明如下。

（1）软切换因子

指某业务发生基站内软切换的概率（比例）。软切换时该业务在 Iub 口存在两条或以上承载，需要的带宽相应增加。因此，计算带宽需求时需考虑软切换因子。

软切换因子主要跟业务种类相关。CS 业务一般软切换比例为 30%～40%，而高速 PS 业务进行软切换的概率较小，用户移动到小区边缘时，一般先进行降速，而且数据用户一般移动性较低，因此可以认为总体上 PS 业务软切换比例较低，例如可以设置为 10%。此外，软切换因子还与网络拓扑相关，例如热点地区小区半径较小，切换概率一般大于广覆盖区域；此外，对于采用基带池实现大范围连续覆盖时，小区间切换变成了更软切换，此时不影响 Iub 接口速率。

(2) 带宽利用率

由于根据话务模型得到的是业务速率，最终需要封装为适合传输的数据。封装过程中产生的开销与所采用的传输技术有关。

(3) 话音激活因子

由于话音业务具有变速率的特点，静音时仅需要每 160ms 内发送 5 个字节的舒适噪声控制包即可，需要的带宽远小于标准速率 12.2kbit/s。话音激活因子即指话音业务实际占用带宽与标准速率的比值。

话音激活因子是一个统计特性。当系统中仅有话音业务时，或者话音等 CBR 业务占用独立的传输通道、没有其他非实时业务作为缓冲时，在作传输规划时则不考虑激活因子。

(4) 系统冗余系数

系统冗余系数主要是为了调节 Iub 口传输建设的提前量。为 Iub 口传输配置资源时要考虑到 3～6 个月后业务的增长情况，提前预留足够的资源，避免频繁扩容。

9.4.3 Iub 传输带宽预算示例

下面以一个具体的例子来说明带宽计算过程。以 ATM 承载业务为例，设有一个密集城区宏基站，覆盖面积为 0.5km²。在业务稳定时期，用户密度为 7 500 用户/km²。话务模型详细参数参见第 6 章话务模型。

单个 Node B 的参数值如表 9-8 所示。

表 9-8　　Iub 口传输带宽预算参数

分　类	参数名称	参数符号	参数取值
信令和公共信道	OMC-B 通道带宽需求	B_{OAM}	128kbit/s
	NBAP 信令带宽需求	B_{NBAP}	128kbit/s
	ALCAP 信令带宽需求	B_{ALCAP}	64kbit/s
	公共传输信道带宽需求	B_{COM}	200kbit/s
话音业务参数	业务渗透率	U_{amr}	100%
	话务量（Erl/用户）	E_{amr}	0.045
	软切换因子	S_{amr}	35%
	话音激活因子	R_{amract}	0.6
	带宽利用率	BR_{amr}	62.5%（注 1）
CS 64k 业务参数	业务渗透率	U_{VP}	10%
	话务量（mErl/用户）	E_{VP}	3.375
	软切换因子	S_{VP}	35%
	带宽利用率	BR_{VP}	75%（注 1）
R99 PS 业务参数	业务渗透率	U_{PS}	50%
	平均用户流量	AVR_{PS}	960bit/s
	软切换因子	S_{PS}	10%
	峰值冗余系数	R_b	25%
	带宽利用率	BR_{PS}	75%（注 1）

续表

分　类	参数名称	参数符号	参数取值
HSDPA 业务参数	业务渗透率	U_{HS}	20%
	平均用户流量	AV_{HSDPA}	9 600bit/s
	峰值冗余系数	R_b	25%
	带宽利用率	BR_{HS}	75%（注 1）
用户数		N_{user}	3 750
阻塞率		R_{CFail}	0.02
系统冗余系数		R_{BAK}	30%

注 1：上表中所采用的不同业务的带宽利用率综合考虑了协议开销、信令信道开销以及网络中的平均情况。由于在 ATM 承载时，除了 AMR 话音业务带宽利用率较低，带宽利用率按 62.5%计算，其余业务带宽利用率很接近，统一采用 75%。

采用图 9-23 过程和表 9-8 的参数，计算单个 Node B 的 Iub 传输带宽预算如表 9-9。

表 9-9　单个 Node B Iub 传输带宽计算

类　别	计算公式	结　果
公共信道带宽	$B_{OAM}+B_{NBAP}+B_{ALCAP}+B_{COM}$	520kbit/s
话音业务带宽需求	Erlang$B$（$N_{user}\times U_{amr}\times E_{amr}$，$R_{CFail}$）×（1＋$S_{amr}$）×12.2kbit/s×$R_{amract}/BR_{amr}$	2 375kbit/s
CS 64k 业务带宽需求	Erlang$B$（$N_{user}U_{VP}\times E_{VP}$，$R_{CFail}$）×（1＋$S_{VP}$）×64kbit/s/$BR_{VP}$	346kbit/s
R99 PS 业务带宽需求	$N_{user}\times U_{PS}\times AVR_{PS}\times(1+S_{PS})\times(1+R_{PS})/BR_{PS}$	3 300kbit/s
HSDPA 业务带宽需求	$N_{user}\times U_{HS}\times AVR_{HS}\times(1+R_b)/BR_{PS}$	12 000kbit/s
总带宽需求	（2 375kbit/s＋346kbit/s＋3 300kbit/s＋12 000kbit/s＋$B_{COM}+B_{NBAP}+B_{ALCAP}+B_{OAM}$）×（1＋$R_{BAK}$）	24 103kbit/s

9.5　本章小结

本章对比分析了 HSDPA 引入对网络传输带宽需求的影响，在网络发展到一定阶段后密集城区以及室内等高话务量区域对传输带宽需求较高，现有传输组网技术可能无法满足带宽和 QoS 的要求，需要考虑业务汇聚并兼顾实时业务和非实时业务 QoS。此外，通过分析现有 SDH/TDM 传输组网的典型演进技术 MSTP、IP 等，提出了几种可行的能够兼顾 QoS 和时钟同步等要求的业务汇聚方案，并给出了工程化的 Iub 口传输带宽计算方法，为 HSDPA 引入后的传输网络规划提供指导。

9.6　参考文献

1　3GPP. TS22.105 V6.3.0 - Services and service capabilities. 3GPP，2005.03

2　http：//telecom.chinabyte.com/216/2226216.shtml

3　韦乐平．光同步数字传输网．北京：人民邮电出版社，1998

4　3GPP. TS25.430 V4.4.0 - UTRAN Iub Interface：general aspects and principles. 3GPP，2002.10

第 10 章　WCDMA HSDPA 网络规划软件和 3GSS 仿真平台

无线网络规划和优化是个庞大的系统工程，使用优秀的软件工具可以事半功倍。本章将介绍多种无线网络规划与优化软件，包括无线数据采集、测试与分析类软件、网络工程仿真类软件、系统仿真研究类软件。其中着重分析了工程类仿真（AIRCOM、TEMS）和研究类仿真（3GSS）软件的特点，两者之间的优势互补可以为 HSDPA 网络仿真解决方案提供有力的支撑。

本章在 10.1 节介绍网络规划中使用的软件分类，并在接下来的 10.2 节和 10.3 节中介绍有关测试和工程类仿真的常用软件，在 10.4～10.6 节重点介绍网络规划系统仿真软件 3GSS 的特点与应用。

10.1　网络规划软件工具简介

随着移动通信网络高速发展，用户数量和新业务不断增加，建设和保持高质量的网络对运营商来说变得非常关键。移动通信网络的运营效率和运营收益最终取决于网络质量与网络容量，因此成功地规划与设计无线网络对于部署高质量的网络至关重要。工欲善其事，必先利其器，选择有力的网络规划工具成为其中关键的因素之一。

图 10-1 指出了在网络规划中主要使用的网络规划工具。在网络研究、规划设计和网络维护的全过程中，除了网络规划工具外，还需要使用网络优化工具。

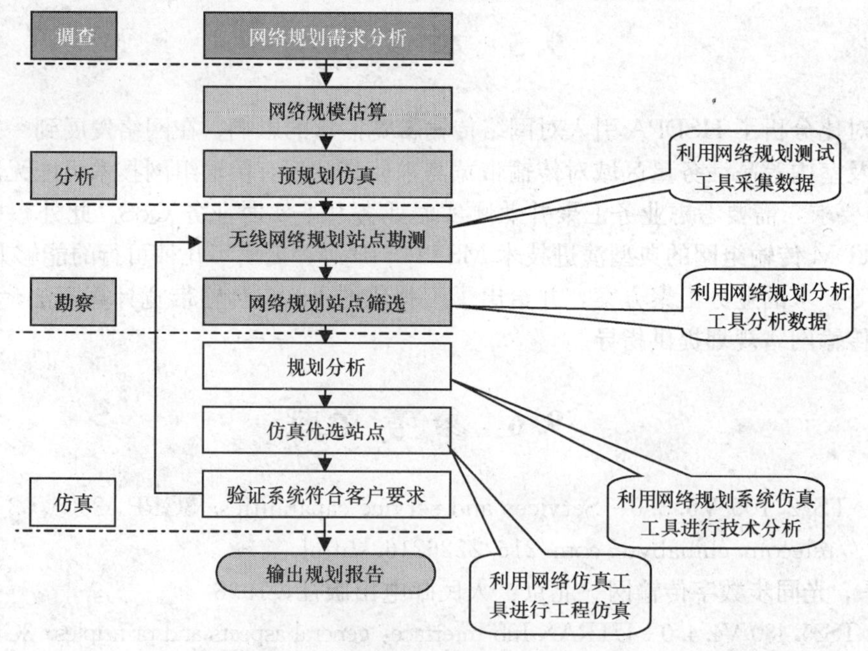

图 10-1　网络规划流程中的工具使用

表 10-1 中介绍的各类网络规划工具不仅仅适用于网络建设初期规划，在后期的网络优化中也有非常重要的作用。

表 10-1　　　　各类网络规划软件的特点与用途

分类	工　具	软件举例	简　介
规划工具	网络规划仿真软件	Aircom Asset3G	覆盖预测，性能预测，扰码规划，邻区规划，传播模型校正等
	网络系统仿真	ZTE WiNOM 3GSS	支持 WCDMA HSDPA，用于覆盖仿真，容量仿真，算法仿真分析，标定 HSDPA 各网络参数
	微模型软件	Volcano; Wavesight; Win-prop	用于室内和小覆盖范围（如密集城区）的网络仿真，提高网络仿真精度
	传播模型测试发射机	ZTE ZX-WCT	可以发射导频信号和连续波信号。用于传模测试和覆盖预测
网优工具（数据采集）	Scanner 接收机	Agilent E6455C	支持频谱扫描测试、信道测试和连续波测试等
	测试手机和数据卡	测试手机 QualcommTM6250、ZTE F866 和测试数据卡 ZTE MF330 等	数据采集终端
	测试软件	ZTE WiNOM RNT	通过路测采集无线网络性能数据，用于查找和定位网络故障
	自动监测工具	TEMS Automatic	按遍历覆盖的原则放在网络中或机动车上（出租或公交），自动采集和检测网络性能
	协议采集	TEK K15	各接口协议海量采集和分析
	基站测试仪	TEK YBT250	基站设备测试
网优工具（数据处理）	路测数据分析软件	ZTE WiNOM RNA	与测试工具结合，统计和分析网络性能，查找网络故障
	网优子系统（网络性能分析）	ZTE WiNOM WOP	主要基于网管性能数据、告警数据和配置数据，分析系统运行状态和网络性能，自动监控、调整优化网络

引入 HSDPA 之后，在网络规划工具中需要新添加许多算法的增强功能，例如功率分配、码资源分配、分组调度等算法。HSDPA 的网络规划与系统算法更加紧密的联系在一起，这是以往的工程类仿真软件所欠缺的。因此，在 HSDPA 的网络规划中，贴近算法研究的网络规划系统仿真平台就成为一种有力的工具，利用该平台可以在工程仿真之前对被规划场景进行技术分析，预估关键参数，为下一步的工程化仿真提供参考方案和参数建议，在工程仿真进行中和结束后对相关技术问题提供解决方案，并对最终方案的容量、覆盖等技术指标进行精确评估。

目前业界流行的网络规划软件有设备制造商自己开发的，也有第三方提供的。下面将介绍几款典型的无线网络规划工具，如 WiNOM RNT/RNA，具有先进的无线测试与分析功能，可以直接帮助实现网络设计和部署目标；又如网络规划系统仿真平台 WiNOM 3GSS，为网络解决方案研究提供有力的仿真支撑，为工程化的网络仿真提供技术指导，其 WCDMA HSDPA 版本已经经过了广泛的验证。

10.2　测试与分析工具软件

良好的网络规划是从详尽的勘测与数据分析开始的，需要合适的测试工具支持。通常，测试工具需要具有通用的外接设备能力，可以与第三方测试仪器互联，能够实时采集数据，并进行快速、准确和深入的分析。本节将以商用软件 WiNOM RNT/RNA 为例介绍网络规划测试分析工具的特点。

10.2.1　无线网络测试软件 WiNOM RNT

WiNOM RNT 是一款专业的无线网络测试软件，能够实时、准确地采集并显示网络的各种数据，以便用户快速了解网络性能、诊断网络故障。支持 WCDMA、TD-SCDMA、GSM、PHS 等多种网络技术。其使用界面如图 10-2 所示。

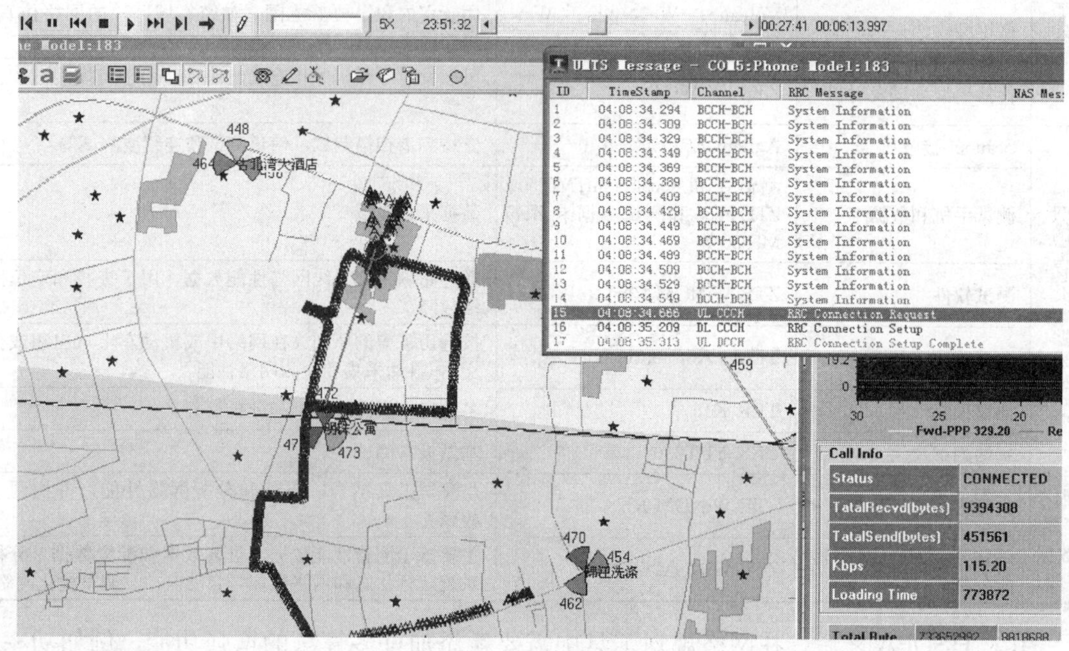

图 10-2　WiNOM RNT 使用界面

WiNOM RNT 汇集了众多无线网络规划优化专家的丰富经验，在实际网络中得到了充分验证，是一款成熟、优秀的专业测试工具[1]。

WiNOM RNT 的主要特点：

- 支持符合高通串行数据控制协议的终端，能快速智能地完成终端的检测与配置。
- 支持多台终端同时测试，并能对各终端进行独立控制与显示。
- 具有强大的消息分析功能：支持 RRC、NAS 消息的彻底解码、过滤以及分类显示，并能对分段传输的系统信息块进行拼装。
- 快速准确地采集终端诊断测试数据和 GPS 定位数据，通过地理化、图形、表格等多样形式，动静结合地显示层 1、层 2、层 3 的数据。
- 强大的业务测试功能：支持语音、数据业务自动测试计划的定制，能智能分析语音呼叫失败的原因，快速定位问题所在。

10.2.2　无线网络分析软件 WiNOM RNA

WiNOM RNA 是一款专业的网络优化分析软件，它可以基于路测数据和其他辅助数据，从多种视角对移动网络进行多种图形化、智能化分析，从而快速高效地实施网络优化[2]。

WiNOM RNA 支持 WCDMA、TD-SCDMA、GSM 等多种网络技术。其使用界面如图 10-3 所示。

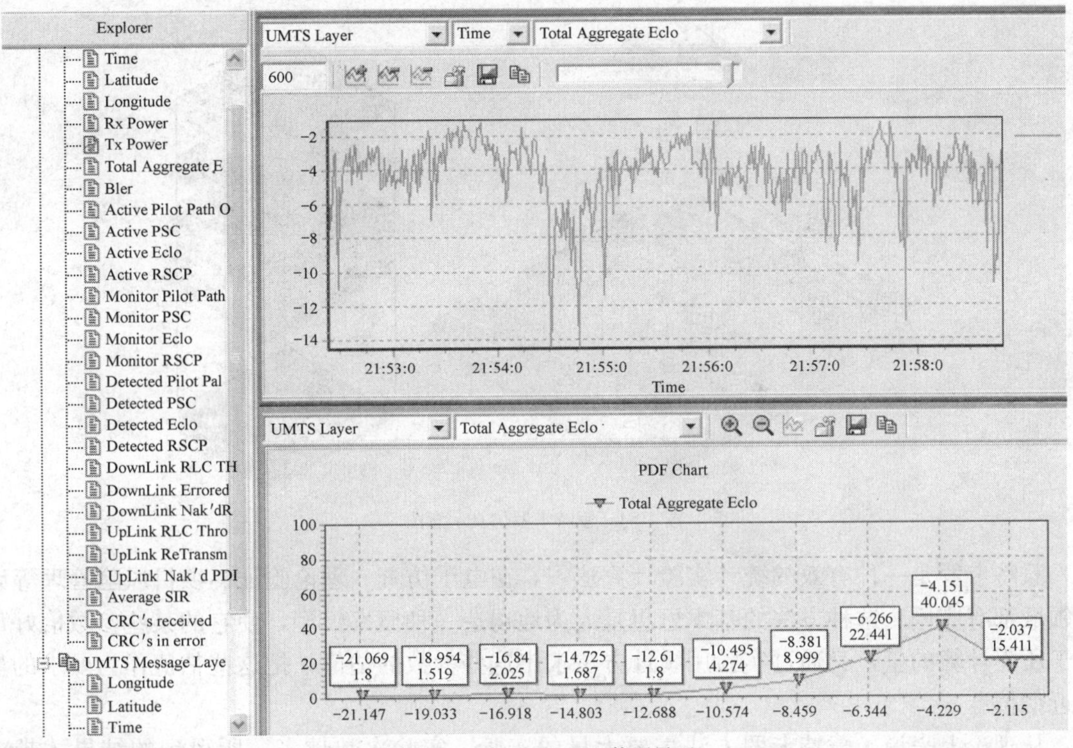

图 10-3　WiNOM RNA 使用界面

WiNOM RNA 的主要特点：

- 提供丰富而实用的分析参数项；
- 具有强大的消息分析功能：支持 RRC、NAS 消息的彻底解码，并能对分段传输的系统信息块进行拼装；
- 数据分析以路测数据为主，结合站点信息和 GIS 信息，进行综合全面的分析；
- 采用以地理化、图形、表格为基础，动静相结合的多样分析方法；
- 具有灵活可定制的统计和报表功能；
- 全面兼容 Agilent 的路测设备的测试数据。

10.3　网络工程仿真软件

10.3.1　蒙特卡罗仿真

本章要介绍的仿真软件 AIRCOM、TEMS、3GSS 都是基于相同的仿真机制，也就是蒙特卡罗原理。蒙特卡罗仿真在无线仿真中的应用通常都是采用大量的随机撒点分布用户和多次快照（Snapshot）统计平均完成对无线网络的仿真进程，如图 10-4 所示。蒙特卡罗方法得名于欧洲著名赌城，摩纳哥的蒙特卡罗。1777 年，法国 Buffon 提出用投针实验的方法求圆周率，这被认为是蒙特卡罗方法的起源。因为赌博游戏与概率的内在联系，第二次世界大战时美国曼哈顿计划中把这种方法称为蒙特卡罗方法[5]。

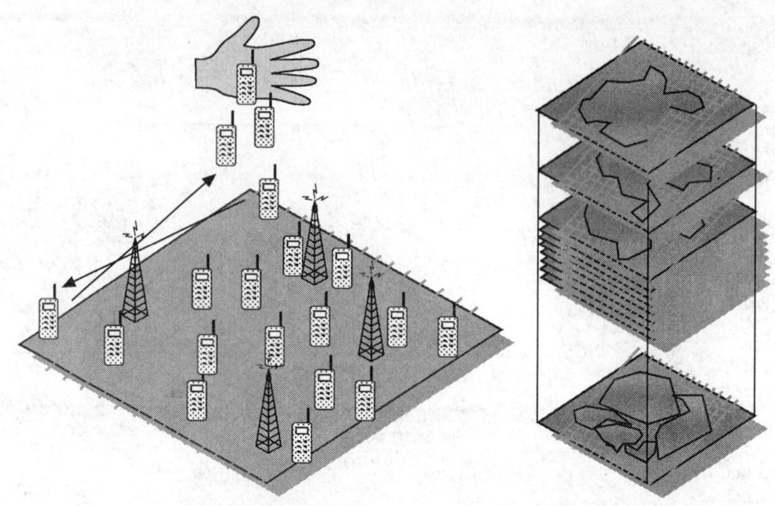

图 10-4　蒙特卡罗仿真示意图

蒙特卡罗是一种有效的统计实验计算法[5]，在电子仿真、理论验证、项目风险管理等诸多领域都有应用。这种方法的基本思想是人为地构造一种概率模型，使它的某些参数恰好重合于所需计算的量，又通过实验用统计方法求出这些参数的估值，把这些估值作为要求的量的近似值。

从理论上来说，蒙特卡罗方法需要大量的实验。实验次数越多，所得到的结果才越精确。计算机技术的发展，使得蒙特卡罗方法在最近十年得到快速的普及。现代的蒙特卡罗方法，已经不必亲自动手做实验，而是借助计算机的高速运转能力，使得原本费时费力的实验过程，变成了快速和轻而易举的事情。它不但用于解决许多复杂的科学方面的问题，也被无线仿真人员经常使用。借助计算机技术，蒙特卡罗方法实现了两大优点：一是简单，省却了繁琐的数学推导和演算过程，使得一般人也能够理解和掌握；二是快速。简单和快速，是蒙特卡罗方法在现代仿真学中获得应用的基础。

蒙特卡罗是一种静态仿真，不能模拟系统在时间上的进度，以及与时间相关的速度、移动位置等。虽然与动态仿真相比，蒙特卡罗仿真机制不能完全贴切模拟无线系统的实际变化，但是由于大量的迭代循环仍然可以使得仿真结果逼近真实情况，因此在无线仿真中仍然具有较高的参考价值。

10.3.2　AIRCOM 仿真软件

在目前的工程性仿真规划软件中，第三方软件占了相当的比例。国内的设计院和运营商大多使用第三方软件进行规划，其中应用较为广泛的是 AIRCOM Enterprise。AIRCOM Enterprise 是英国 AIRCOM 公司推出的一款业界知名的无线网络仿真软件[3][4]，基于蒙特卡罗机制进行大量 Snapshot 仿真，其仿真结果可以为无线网络工程实施提供指导。该软件根据预先设置的话务模型，用户被随机地分布在指定区域里，每个用户被指派了随机的位置和业务类型，以及移动特性、移动终端类型、上下行速率、业务激活状态，然后进行系统性能仿真，并提供网络性能分析报告，帮助网络设计人员从多方面对网络性能进行综合分析、对比和优化。

根据运营商的规划需求和参数设置，可以使用 AIRCOM 进行 HSDPA/R99 无线网络的仿真。下面的案例是对某城市的规划区域进行仿真，列举了几个典型的输出图，并简述其含义。

10.3.2.1 RSCP

导频覆盖强度图反映了各个地理位置处的 UE 接收到的平均导频功率 RSCP 值，如图 10-5 所示。从图中可以看出，主要的规划区域的导频强度都在 −90dBm 以上，网络质量较高。根据 8.2.4 节的 HSDPA 无线性能测试，导频强度超过 −90dBm 时，系统可以达到较高的 R99 和 HSDPA 容量。

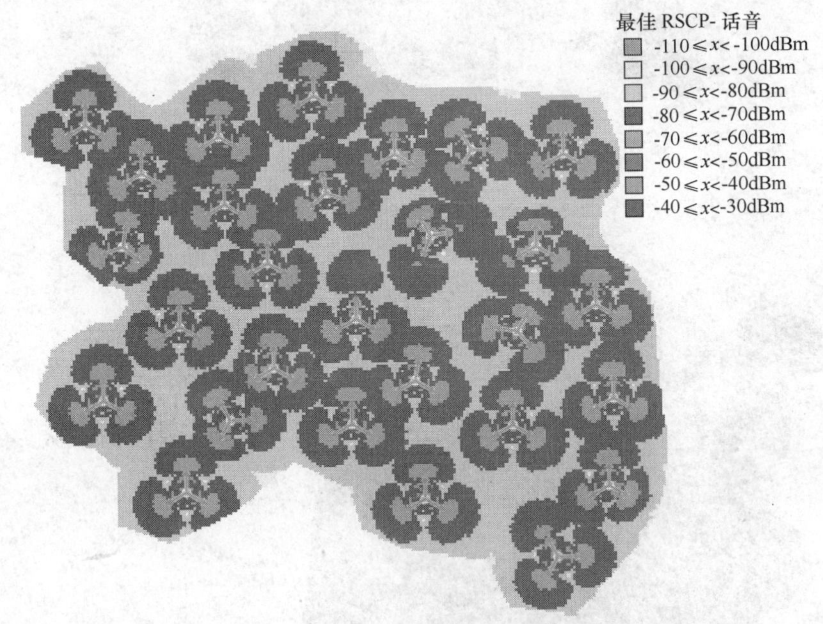

图 10-5 导频覆盖强度图

10.3.2.2 导频 E_c/I_0

导频覆盖效果的好坏一方面取决于导频的信号强度，另一方面取决于导频信号质量即 E_c/I_0。前者仅仅考虑了信号的绝对强度，而后者考虑了全网的干扰水平。通过对案例城市的导频 E_c/I_0 仿真结果分析（参见图 10-6），可以看出规划区域内的导频 E_c/I_0 多数高出 −13dB，网络质量较好。根据有关导频 E_c/I_0、MPO、HS-PDSCH 的 E_s/N_0 之间的内在关系，可快速准确地预估出 HSDPA 的用户吞吐率。

10.3.2.3 HSDPA 用户速率

HSDPA 有效服务速率表示某一位置上的用户可以得到的 HSDPA 下行速率，从图 10-7 可以看到，多数 HSDPA 用户速率都在 600kbit/s～1Mbit/s 之间。

通过 AIRCOM 对 HSDPA 网络仿真后的输出描述，可以看出，这类工程性软件紧密结合被规划区域的真实情况，通过仿真可以得到无线网络状况的各项指标，能够直接指导网络工程建设。

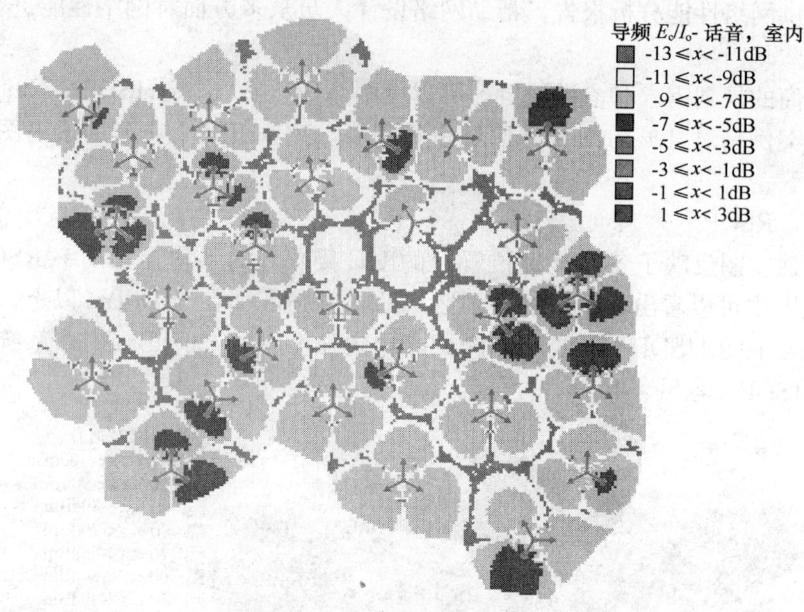

图 10-6　导频 E_c/I_0

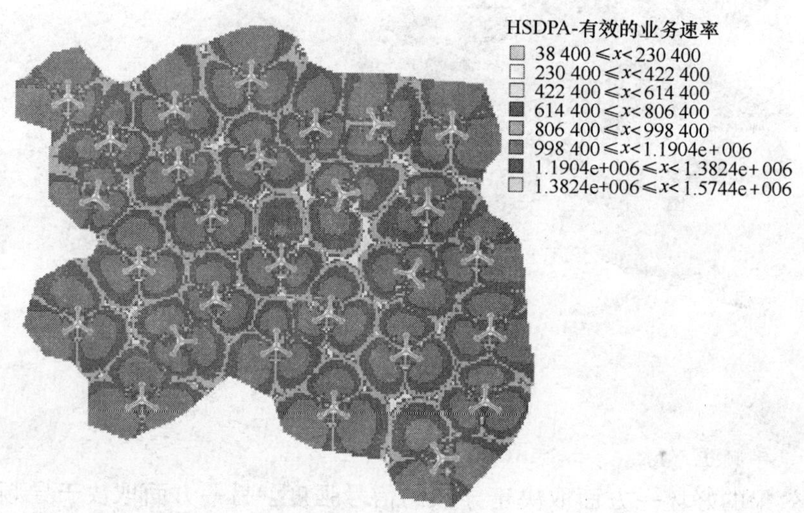

图 10-7　HSDPA 有效服务速率

10.3.3　TEMS 仿真软件

TEMS 网络规划与优化系列化工具软件，可以进行外场测试、数据分析、工程仿真等方面的工作。其中，TEMS CellPlanner Universal（TCPU）是网络规划工程仿真软件，其最新版本可以支持对 HSDPA 的网络仿真[8]。本节以 TCPU 为例介绍 TEMS 软件在 WCDMA HSDPA 规划方面的特点。

TCPU 的输出内容全面，包括 HSDPA 各个信道的信号质量、各峰值速率使用情况、接入用户情况等。本节通过 TCPU 关于 HSDPA 的几个典型仿真，介绍 TCPU 的网络仿真功能[8]。

10.3.3.1 HS-SCCH 覆盖

TCPU 可以进行 HS-SCCH 的覆盖仿真。HS-SCCH 是一条关键的下行信令信道，必须保证 HS-SCCH 的解码成功率足够高才能使得 HSDPA 正常通信。TCPU 可以通过预设 HS-SCCH 的 E_c/I_o 等参数，得到 HS-SCCH 的覆盖仿真图，以便评估 HSDPA 的信令覆盖，确定每个小区的信令覆盖区域。

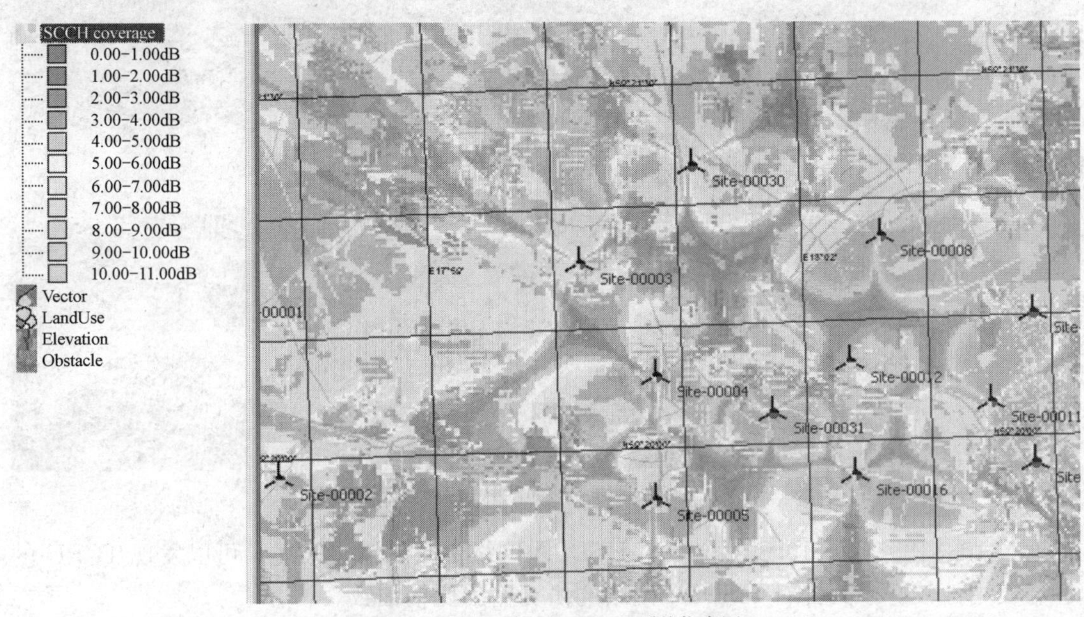

图 10-8 TCPU 的 HS-SCCH 覆盖仿真图

10.3.3.2 HSDPA 峰值速率

TCPU 可以进行 HSDPA 的峰值速率仿真。仿真图上每个点的峰值速率与该点的 HSDPA 信噪比、UE 类型等因素相关，还与链路仿真有关。

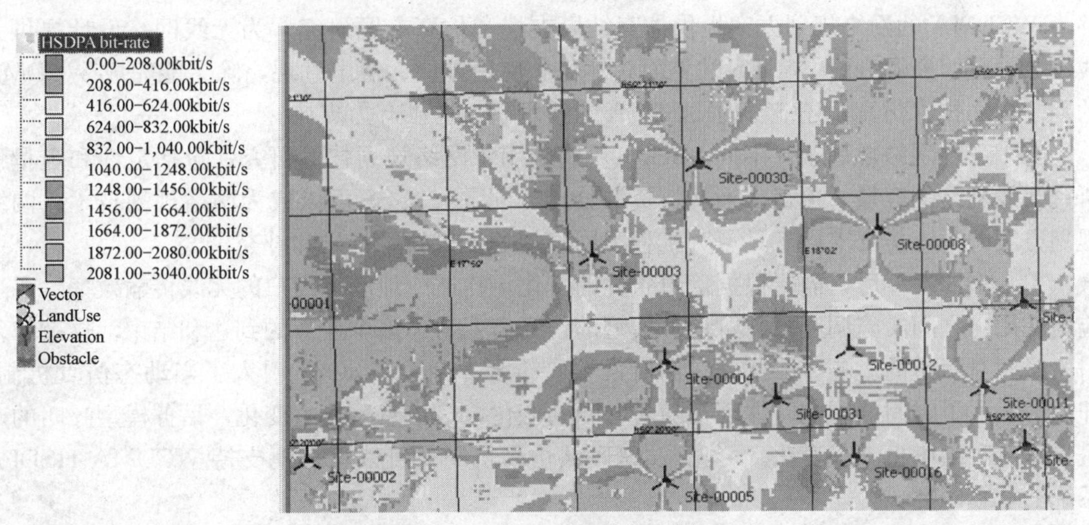

图 10-9 TCPU 的 HSDPA 峰值速率仿真图

10.3.3.3 每扇区服务 HSDPA 用户数目

每个服务小区可以为一定数目的 HSDPA 用户提供目标服务速率，这与系统的资源分配比例、参数配置、业务需求、用户模型等相关。TCPU 可以提供每扇区获得服务的 HSDPA 用户数目，见图 10-10 所示。此外，TCPU 也可以输出每扇区被阻塞服务的 HSDPA 用户数目的仿真结果。

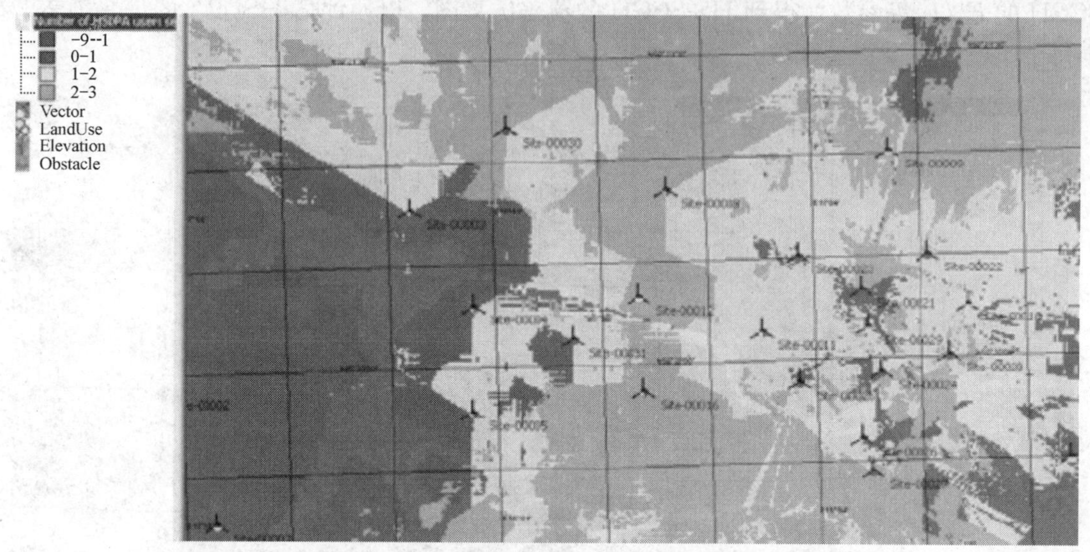

图 10-10　每扇区服务的 HSDPA 用户数目仿真图

通过 10. 3. 3. 1 节～10. 3. 3. 3 节的 HSDPA 网络仿真的输出描述，可以发现 TCPU 的工程性、实用性较好，其针对 HSDPA 网络的仿真输出比较细致。

10. 4　网络规划系统仿真平台 3GSS 介绍

3GSS 是 ZTE WiNOM 系列软件之一，是针对 WCDMA 网络规划的系统仿真平台，能够为 WCDMA 的网络规划方案提供仿真结果支撑和仿真专题研究，为无线网络设计提供无线参数设置、资源分配。3GSS 的界面人性化、使用方便、输出直观，除了能完成 WCDMA 的网络规划技术仿真，还能够对 HSDPA 的技术研究提供有力支持。

与工程性网络规划软件不同，3GSS 更适合用于网络规划技术研究，包括定性和定量地研究无线网络的容量、覆盖、干扰、资源分配等问题。3GSS 可以成为网络规划技术、网络规划方案的系统仿真支撑工具，为工程类网络规划提供技术指导和补充。

引入 HSDPA 后，需要根据信道条件的变化，自适应地调节用户的无线传输效率，自适应地在用户之间实施调度；并且话务模型的仿真需要考虑多个业务的到达和结束，这就必须引入时间对信道的影响。因此，在原有的蒙特卡罗基础上，3GSS 引入了半动态仿真机制，即部分引入了时间的影响，体现在随着时间的变化，信道衰落发生变化，话务模型呼叫的产生、维持和结束也动态变化。可见，3GSS 从仿真机制上可以可靠地支持 WCDMA HSDPA 系统的仿真研究。

3GSS 采用的蒙特卡罗仿真特点是通过大量的循环迭代，确保仿真结果具有收敛性和可靠性。在每个时隙（Slot），3GSS 都需要重新进行一次仿真流程，基本流程如图 10-11 所示，主要包括：

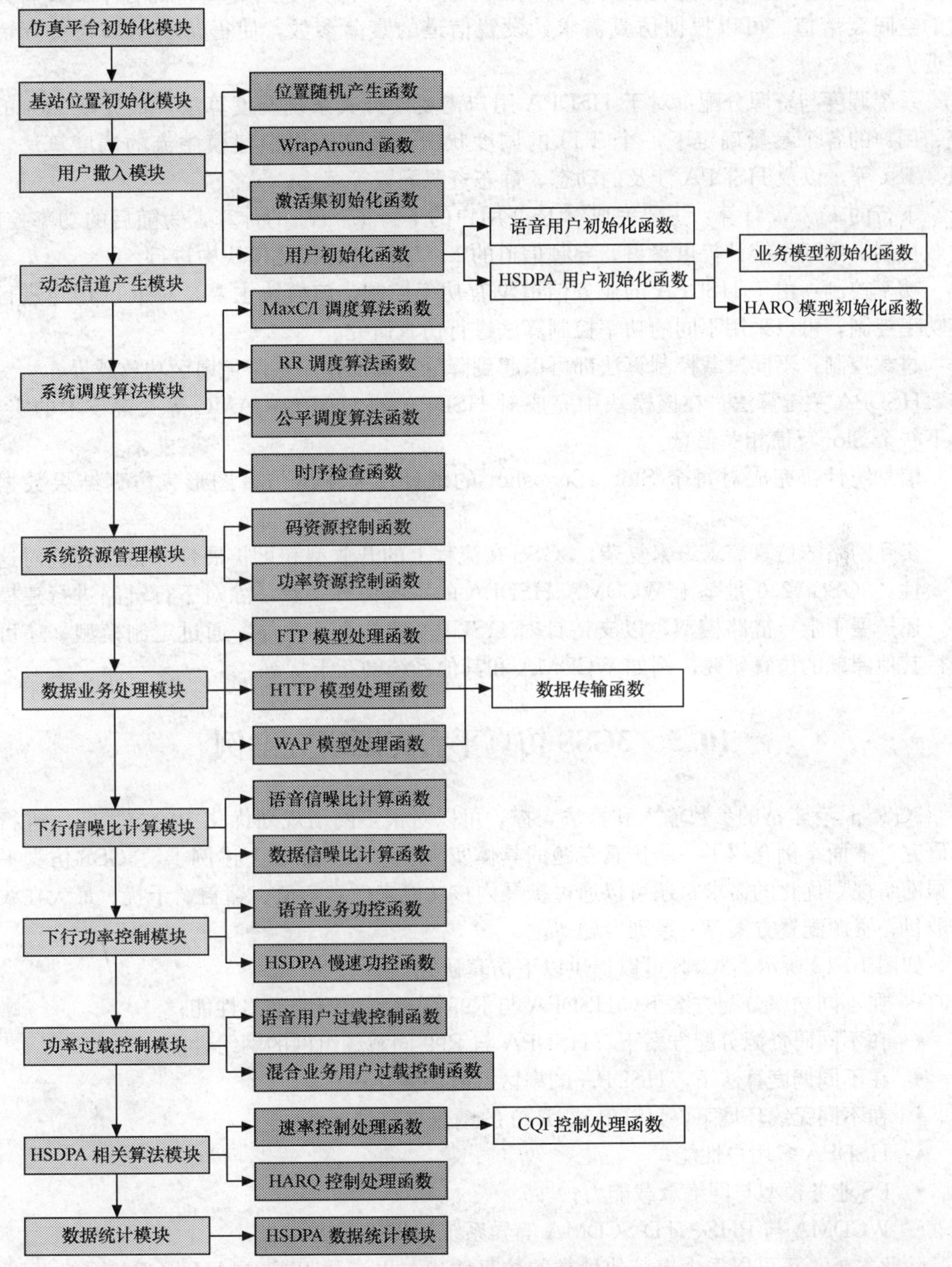

图 10-11　3GSS 系统仿真流程图

基站信息初始化：在第一个 Slot 中进行，在该次快照的其余 Slot 中不需要再初始化。基站信息初始化主要完成对每个基站/扇区的相关变量的赋予初值，根据系统输入参数确定小区拓扑等。

信道衰落产生：当系统设置为移动信道环境时，该模块产生本 Slot 的各个 UE 所处位置的空间衰落值。可以根据仿真需求，设置信道的衰落参数，使得仿真结果与实际情况接近。

系统调度与资源分配：对于 HSDPA 用户需要设计其系统调度算法，根据该 Slot 的系统、用户的各个参量确定下一个 TTI 的调度状况。在该模块中建模主流的调度算法，如 PF、RR 等，以及 HSDPA 涉及的动态、静态资源配置等算法。

下行的 E_b/N_0 计算：主要完成对 R99 用户的下行 E_b/N_0 的计算，为随后的功率控制、过载控制、中断率统计提供参量。导频信道的 E_c/I_0 计算也在此模块中进行。

功率控制：由于 HSDPA 的业务信道没有功率控制，该模块主要是对 R99 用户进行快速功率控制，可以采用不同的功率控制算法进行仿真研究。

过载控制：不同过载控制算法都可以起到降低负载的作用，避免扇区功放越界。

HSDPA 关键算法：在该模块中完成对 HSDPA 的 HARQ、AMC 等关键技术的实现，为下一个 Slot 反馈相关信息。

信息统计：完成对每个 Slot、Snapshot 的统计，为输出仿真图形、仿真结果数据做统计。

实际网络的仿真需求纷繁复杂，3GSS 在流程上的开放型和可扩展性非常适合应对这种多变性。3GSS v2.0 是基于 WCDMA HSDPA 的系统仿真工具，除对下行链路进行建模之外，还扩展了上行链路模型，以支持针对 HSUPA 的仿真。此外，通过定制模型，还可以进行其他课题的仿真研究，例如 WCDMA 和其他系统的互干扰等。

10.5 3GSS 仿真平台专题研究案例

3GSS 具有丰富的参数输入和算法支撑，可以对很多网络规划优化中的技术问题进行仿真研究，下面举例介绍了一些仿真专题的具体实施和结果。除了下述例子，3GSS 仿真平台根据网络规划优化的需求，还可以通过扩展内核功能来仿真容量、覆盖、干扰、最大在线用户数目、资源配置方案等一系列专题[7]。

如图 10-12 所示，3GSS 可以提供以下仿真研究：

- 在不同功率分配方案下，HSDPA 与 R99 同载频组网的网络性能；
- 在不同码资源分配方案下，HSDPA 与 R99 同载频组网的网络性能；
- 在不同调度算法下，HSDPA 的扇区吞吐率变化；
- 在不同无线环境下，HSDPA、R99 的覆盖与容量；
- HSDPA 多用户性能；
- PS 业务模型与网络承载能力；
- WCDMA 与 PHS、TD-SCDMA 等异系统间相互干扰。

除此之外，还可以派生出其他种类的仿真输出，以满足 WCDMA HSDPA 网络 KPI 研究需求。如 10.4 节所述，3GSS 主要有两大方面的应用，第一是 HSDPA 技术在网络规划方面的理论研究分析，第二是对网络中关键参数的定量分析。以下将结合 3GSS 的两大特点，列举几个典型仿真案例。

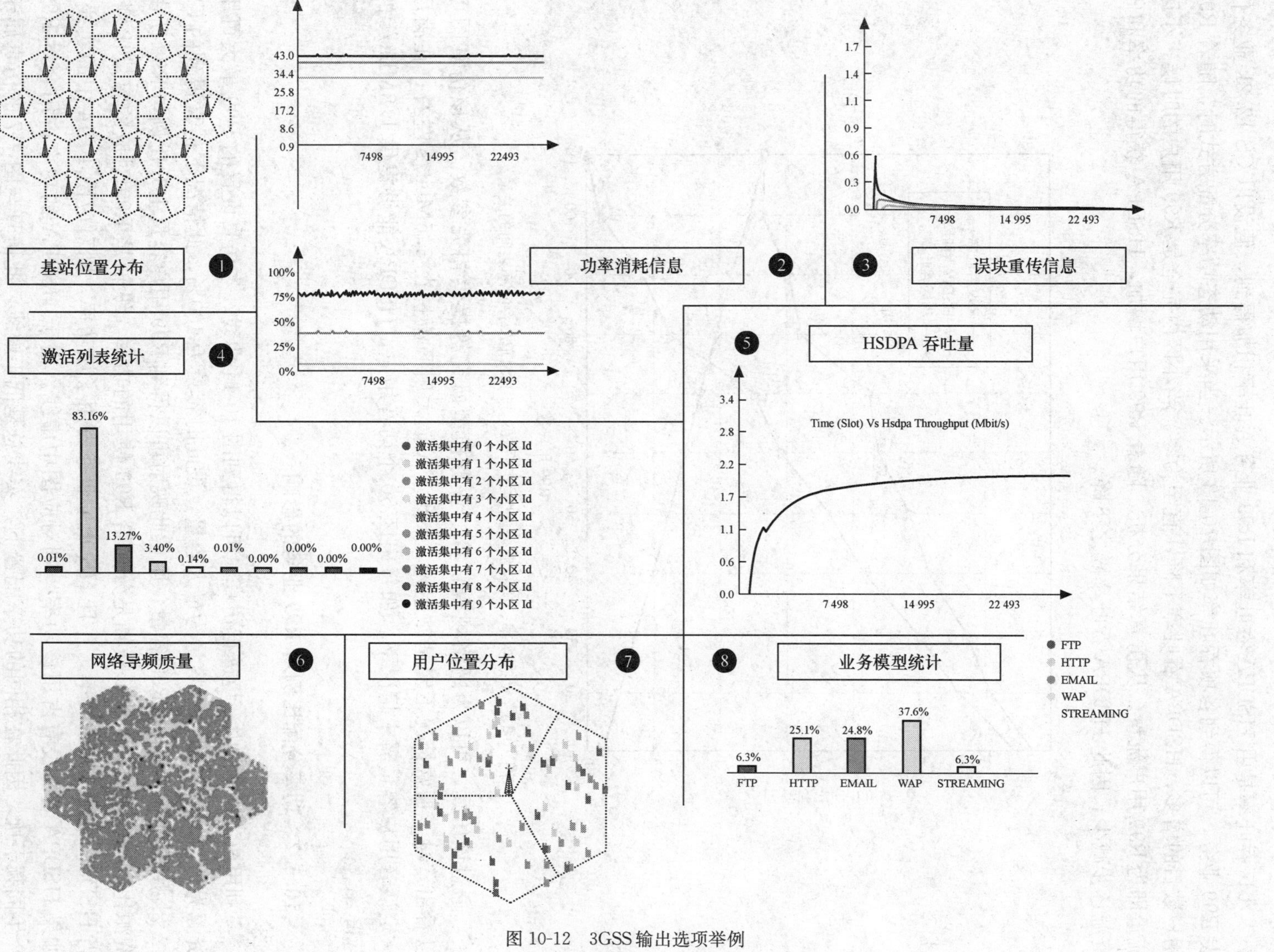

图 10-12　3GSS 输出选项举例

10.5.1　HSDPA 与 R99 动态资源分配

小区吞吐率是由 HSDPA 吞吐率和 R99 业务吞吐率相加得到，假设以 CS 12.2k 业务代表 R99 业务，可以得到各项吞吐率如图 10-13 所示。当采用动态功率分配方式时，随着 R99 用户数目的增多，HSDPA 吞吐率下降，直至为零。当小区内完全是 R99 用户的时候，小区流量即为 R99 用户流量。从仿真结果分析，随着 R99 用户增加，HSDPA 获得的功率和码资源逐步减少，因此 HSDPA 吞吐率随之下降。

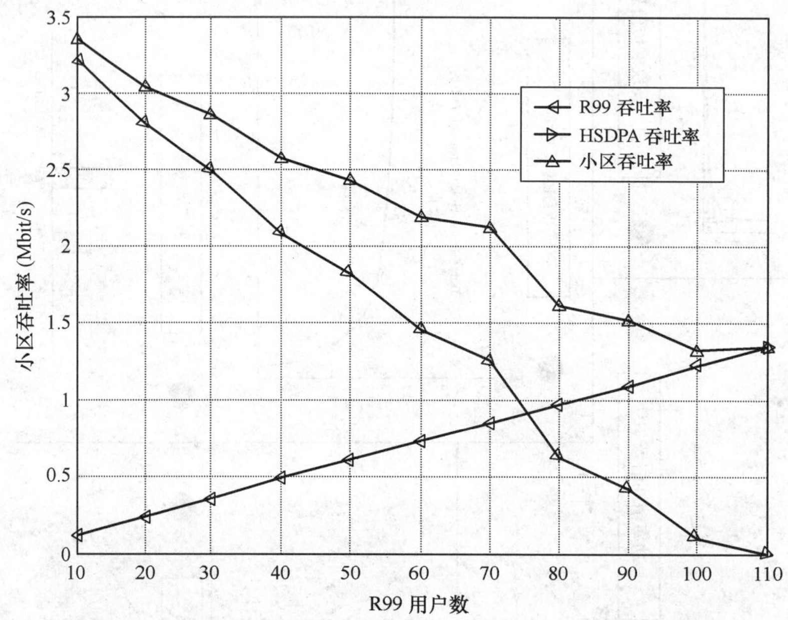

图 10-13　动态功率、码资源分配方式下 R99 与 HSDPA 吞吐率之间的关系

通过该仿真，可以为网络规模估算、业务模型研究等提供相关参数。从该仿真图可以看出，对于通常情况下宏基站组网，HSDPA 最大扇区流量在 3.5Mbit/s 左右；在满足一定话音用户容量需求情况下，如每扇区 50 个话音用户，HSDPA 能够提供 1.8Mbit/s 的吞吐率。

10.5.2　功率分配比例对 R99 业务的影响

利用 3GSS 对室内环境进行仿真，可以得到图 10-14 曲线。本仿真设置的 R99 最大可用资源为 70%，对应的 R99 容量为最大容量，设此时容量为 100%，此情况下仿真得到的 CS 12.2k 用户对应 100%的 R99 容量，则依此映射可以得到 R99 用户容量上升比例与 R99 所占资源比例的关系仿真曲线。横轴是分配给 R99 使用的功率，纵轴是 R99 对应的容量比例。当 HSDPA 分到一定的功率，并且 HSDPA 业务占用了该功率，则对应图 10-14 中的实线；如果 HSDPA 业务没有占用该功率，则对应图中虚线。由于 HSDPA 的功率占用会对 R99 产生同频干扰，因此在相同的功率配置下，实线总是低于虚线。此仿真与图 7-7 的仿真属于同一类仿真，只是仿真场景设置不同。图 7-7 是针对室外宏基站场景仿真，图 10-14 是对室内微基站场景仿真。

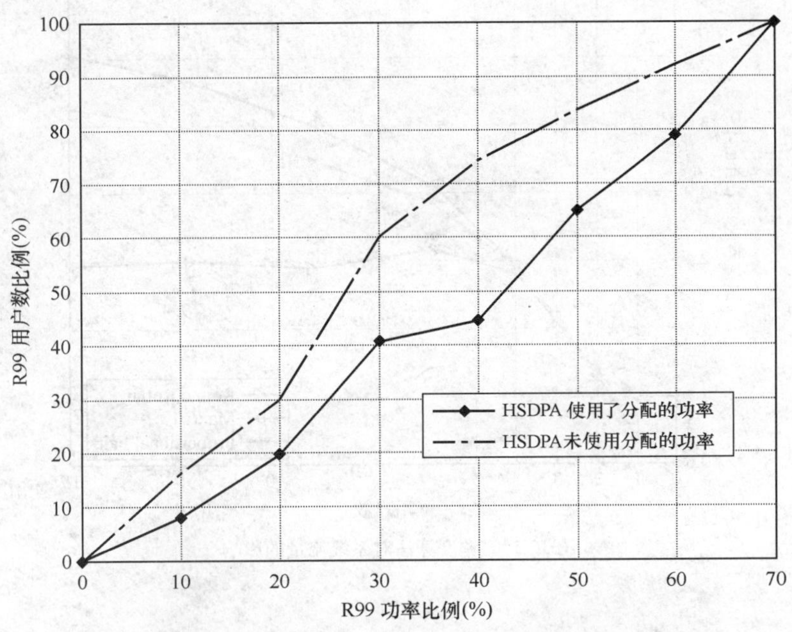

图 10-14　HSDPA 功率分配比例对 R99 容量的影响

该仿真结果揭示了不同功率分配和占用情况下，HSDPA 对 R99 容量造成的影响幅度，为实际工程仿真的参数配置提供了依据。例如，引入 HSDPA 后，若在覆盖不变的情况下 R99 容量下降不能超过其最大容量的 20%，则分配给 R99 业务的功率不能低于扇区总功率的 60%。该仿真结果可作为 AIRCOM 等工程仿真软件的参数设置参考。根据具体规划无线场景不同，3GSS 可提供一系列的仿真值作为工程仿真软件的输入参数。

10.5.3　调度算法对网络流量的影响

为了对比不同调度算法对 HSDPA 吞吐率的影响，利用 3GSS 仿真了三种 HSDPA 主流调度算法。由于本仿真设置在单个基站情况下，所有码资源都可以提供给 HSDPA 使用，并且限制了单个 TTI 最大可支持用户数目为 4（CDM4）。因此在 1～4 个 HSDPA 用户时候，三种算法是没有区分的。随着用户数目的增加，可以得到图 10-15 的对比分析。根据本仿真可以提供调度算法的选择参考，考察不同无线环境下，调度算法对扇区吞吐率的影响，确定网络规划实施具体方案。例如根据本仿真，PF 调度算法比 RR 调度能够增加 30%～50%的吞吐率增益（具体结果与 PF 调度算法参数、HSDPA 参数配置、无线环境相关）。在第三方 HSDPA 工程仿真软件（例如 AIRCOM）不具备调度算法配置功能的情况下，可采用 3GSS 的仿真结果作为对第三方 HSDPA 工程仿真软件输出结果的修正依据，校准最终的网络规划输出方案。

通过 10.5.1 节～10.5.3 节对 3GSS 的仿真输出结果的描述，可以发现 3GSS 具有下列特点：对无线环境能够进行抽象建模；与 HSDPA 核心技术的结合更为紧密；能够定量与定性分析 HSDPA 对常规无线网络规划的影响。因此 3GSS 的优势在于对网络规划技术方案、无线参数、无线性能的研究。

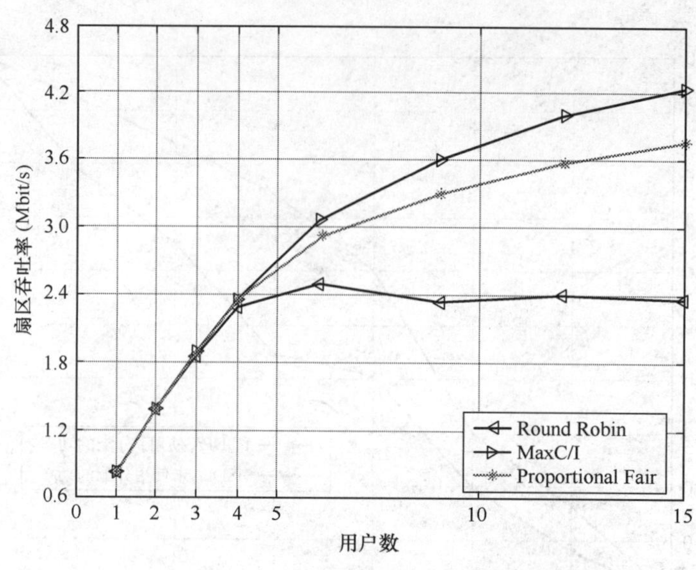

图 10-15　调度算法对系统流量的影响

10.6　3GSS 的特点与优势

3GSS 与 AIRCOM、TCPU 等网络规划工具的共同之处是，其仿真机制都是基于蒙特卡罗仿真机制的，采用了大量随机撒点分布用户和多次快照统计平均来完成对无线网络的仿真进程。通过执行很多次的用户接入网络计算，分析统计的结果，其中的大量迭代循环使得仿真结果较为接近实际情况。

通过 10.5 对 3GSS 的具体案例描述，可以发现 3GSS 和 AIRCOM、TCPU 在功能上是各有侧重的，仿真的对象和用途也不尽相同。

3GSS 是一款适合网络规划技术研究的系统仿真工具，适合研究算法对无线网络的影响。3GSS 主要用于研究无线网络规划理论方案，例如，通过仿真可确定在密集城区、一般城区采用何种网络资源配置参数，这些参数可作为 AIRCOM、TCPU 等工程类仿真软件的输入参考，进而最终指导实际商用网络的建设。3GSS 不是一款工程类仿真软件，例如，暂时还不能引入电子地图，而是采用理想小区拓扑进行无线网络建模，其基本网络模型可参考文献［6］中对蜂窝网络拓扑的描述。

AIRCOM 和 TCPU 都属于典型的工程类仿真软件，通过仿真可得到具体网络模型下的具体网络状况和相关工程数据，并通过对其的相关优化，实现在网络覆盖、容量、质量及建网成本间的良好平衡，从而可以在网络建设和升级扩容的各阶段中采取最佳的建设方案，实现网络效益的最大化。

从表 10-2 可以看出，3GSS 在功能上与 AIRCOM、TEMS 之间有着较大差异，这正说明它们之间存在很强的互补性。通过 3GSS 仿真获得的理论值，可以作为 AIRCOM、TEMS 仿真的输入参数，并对后者的仿真有着指导性作用；同时，AIRCOM、TEMS 的仿真结果，也是对 3GSS 仿真方案的一种验证。

表 10-2　　　　　　　　3GSS 与其他网络规划仿真软件的比较

比较项目	3GSS	AIRCOM	TEMS	3GSS 的特点
对算法的支持情况	非常深入	一般	一般	3GSS 对功率分配、码资源分配、负荷控制等算法进行建模；具有丰富的算法扩展性
对电子地图支持	无	有	有	3GSS 按照理想规则网络建模
输出结果	参数、算法对无线网络的影响分析仿真报告	可实施的实际工程报告	可实施的实际工程报告	3GSS 偏重技术方案研究、网络规划参数研究；AIRCOM、TEMS 偏重工程性

总之，3GSS 系统仿真平台侧重研究无线技术、系统参数配置和网络解决方案。3GSS 使用灵活、功能丰富、运行快速，既适用于对网络规划技术做深入研究，也可作为工程实施人员的现场仿真工具。

10.7 参考文献

1 尹建华，吴龙涛．ZXPOS RNT1 在 WCDMA 无线网络优化中的应用．通信世界，2006.03

2 王博．WCDMA 网优分析软件 RNA1 使用经验浅谈．通信产业报，2006.07

3 AIRCOM International Ltd. ASSET3g User Reference Guide. 2006.03

4 AIRCOM International Ltd. User Guide UMTS _ Static _ Simulations _ 5 1. 2006.03

5 http://pm.csai.cn/risk/200603221338481736.htm

6 3GPP. TS 25.942 V5.3.0 - Radio Frequency (RF) system scenarios. 3GPP，2004.06

7 韩玮，周兆捷．中兴通讯 3GSS 系统仿真平台——WCDMA HSDPA 网络规划研究利器．电信技术，2006.06

8 http://www.ericsson.com/tems

9 Ericsson，TCPU _ HSDPA _ UserGuide，2005.06

第 11 章　无线接入网演进

前面各章节主要阐述了 HSDPA 的基本原理和关键技术、关键算法、无线性能、业务应用和网络规划与优化。HSDPA 是目前 WCDMA 无线接入网演进中的一个重要阶段，但绝不是最终阶段。来自于最终用户的移动业务需求和运营商的运营需求是现有网络架构和技术继续演进的主要驱动力。

虽然现有各种标准化组织如 3GPP 在标准制定过程中已经比较多地考虑了以上两方面需求，但来自于主流移动运营商的声音表明[1]，现有技术和标准仍未充分反映未来的移动业务和运营需求。以下将首先介绍主流移动运营商对 NGMN 的理解和定义，然后分别从网络架构和技术两方面讨论无线接入网的演进趋势。

11.1　NGMN 概况

全球主流移动运营商包括 Vodafone、T Mobile、Orange、KPN、Sprint-Nextel 等在 2004 年底发起对下一代移动网络（NGMN，Next Generation Mobile Network）的研究（NTT DoCoMo 和中国移动于 2006 年加入该组织），并于 2006 年 6 月在德国发布了 NGMN 的白皮书[1]，提出了一个 3G 之后（HSPA 和 EVDO 之后）移动运营商认为的宽带移动网络总体目标。在文献［1］中详细阐述了 NGMN 的初衷和动机：

(1) 现有移动网络的能力还不够强，标准不停演进，但主要性能指标如速率提升太慢，性价比甚至无法与 xDSL 等相比；

(2) 现有移动网络标准地域性太强，不利于全球范围的业务互连互通；

(3) 对各种标准化组织中的工作的不满（进度迟缓、没有很好地反映移动运营商的需求、标准中折衷和妥协过多、知识产权不清晰）。

因此 NGMN 希望提出一个能够反映移动运营商需求的高性价比的 B3G 宽带移动网络目标，以便更强力地影响厂商和标准化组织的工作。

NGMN 的研究范围目前主要集中在接入网和核心网，总体架构是基于分组交换的核心网和创新的无线接入技术，包括业务需求、网络性能目标、应用场景和基本的技术建议。NGMN 主要考虑的原则包括：

(1) 尽可能重用现有网络资源（频谱、站点、天馈等）；

(2) 整体网络性能要极有竞争力（性价比高、低时延、高速率）；

(3) 对现有 HSPA 的演进没有影响，但 NGMN 引入时间取决于现有网络发展和产业化进程；

(4) 期望建立新的知识产权（IPR）规则，以便产业链各方能够更透明地预测 IPR 成本。

11.1.1 NGMN 的需求和目标

NGMN 认为未来主要业务需求[1]是：

（1）实时业务：即时消息；

（2）流类业务：视频流；

（3）同步业务：可视电话、多媒体会议等；

（4）异步业务：高速交互业务、高优先级的电子商务、E-Mail（VPN）、M2M（Machine to Machine）业务；

（5）基于安全的业务：VPN/病毒、蠕虫防护、高 QoS 类的业务；

（6）广播/组播业务：公共安全、体育热点、移动电视。

NGMN 将所有业务和运营需求归纳为 10 类。考虑到要非常好地满足所有需求对业界来说可能是非常大的挑战，需要一些折衷，因此把所有需求做了优先级分类，如图 11-1 所示。

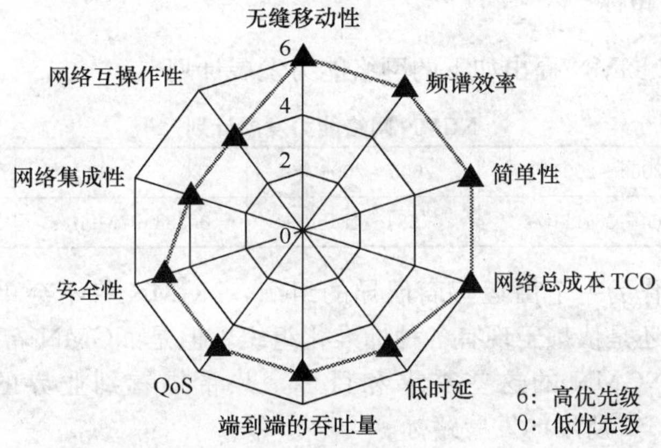

图 11-1 NGMN 业务和运营需求优先级

（1）不可折衷的需求：包括无缝移动性、频谱效率、简单性和网络总成本（TCO，Total Cost of Ownership）。

（2）强烈期望的需求：低时延、端到端的吞吐量、QoS、安全性。

（3）可以做折衷的需求：网络集成性（同时支持多种接入技术）、与现网的互操作。

以上需求反应到下一代网络的功能/性能点上，NGMN 确定了如表 11-1 的建议目标。

表 11-1 NGMN 功能/性能目标

功能/性能	基本的目标	期望的目标
移动性	120km/h 无缝移动性	各种环境下的无缝移动（多种技术混合组网）
上行速率	峰值速率 30～50Mbit/s（20MHz）	峰值速率＞50Mbit/s，平均每用户速率＞20Mbit/s;
下行速率	峰值速率＞100Mbit/s（20MHz）	峰值速率＞100Mbit/s，平均每用户速率＞40Mbit/s;
往返时延	核心网＜10ms，无线网＜20ms，端到端＜30ms	核心网＜5ms，无线网＜10ms，端到端＜20ms
频谱效率	HSPA/EVDO 的 3～5 倍	HSPA/EVDO 的 6～8 倍
安全性	内置 VPN 加密、防病毒的安全话音	自动安全防卫

续表

功能/性能	基本的目标	期望的目标
广播/组播	支持所有网络中的广播/组播/单播	—
支持实时/流类业务	基于PS的实时、会话类和流类业务	—
其他，包括漫游、业务能力、计费、统一的用户数据、IPv4/IPv6、核心网的吞吐量能力、开放的标准和架构等	—	—

除上述功能/性能的目标建议外，NGMN还从提高网络建设和运营的角度，在以下方面提出了提高性价比的要求，包括基础设施共享、低传输承载成本、平均每兆字节数据的成本要与xDSL相当、支持有效的路由机制、有效的FMC、有效的运营与业务管理（类似IMS）、有效的用户接入管理以及全分组的业务等。

11.1.2 NGMN路标

基于现有技术，NGMN提出如下的网络能力发展计划[1]。

表11-2 NGMN网络能力发展计划

2002～2003年	2003～2004年	2005～2006年	2007～2009年	NGMN
64～144kbit/s	64～384kbit/s	0.384～4Mbit/s	0.384～7Mbit/s	20Mbit/s到50Mbit/s以上

需要指出的是，作为一个由运营商倡导的组织，NGMN将不会单独成立标准化组织，相关标准化工作主要还是依赖于现有各种标准化组织，但是NGMN希望产业链各方和标准化组织能充分考虑NGMN的这些需求和目标，并希望看到业界的联合和合作。为此NGMN提出了如图11-2所示的发展路标。

图11-2 NGMN发展路标

11.2 无线接入网网络构架演进

从前面NGMN的目标可以看出，无线接入网演进的总的要求是更高的数据速率和更低的业务时延以及更低的建设成本和运维成本。从这些需求来看，未来的无线接入网总的演进趋势是网络层级和网元数量将会减少，即网络扁平化，如图11-3所示。网络扁平化后一方面可以减少业务数据在网路中经过的路径长度，从而降低业务时延，提高业务QoS；另一方面减少网元数量、简化组网和网络管理，从而降低网络总成本（TCO，Total Cost of Ownership），建设成本和运维成本。以下分别考查现有WCDMA网络的几个演进阶段在网络架构上的这种变化。

现有无线接入网网络架构如前面 2.2 节所述。基于现有 HSDPA 网络架构的下一步演进主要是通过引入 HSUPA 提高网络的上行速率，以适应 HSDPA 引入后网络下行流量大幅提高后的高速上行业务需求。HSUPA 引入后的 HSPA 网络将完全保持现有网络架构，网络升级可以通过软件以及少量的新增硬件来实现，有利于充分利用已有网络资源，减少网络升级的投资。

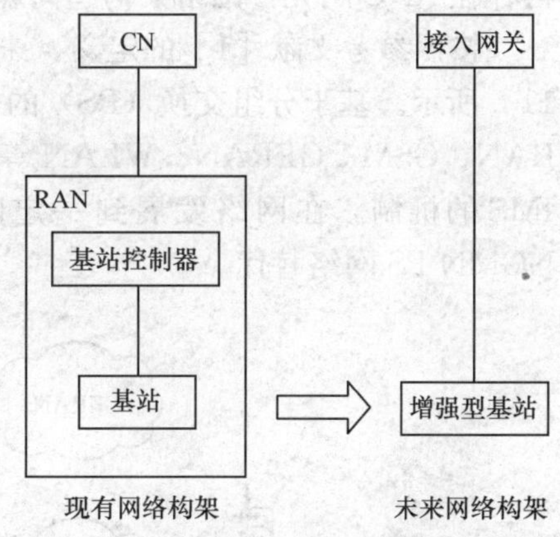

图 11-3　无线接入网系统构架演进趋势

HSPA 网络虽然大幅提升了 R99 的网络能力，但仍无法满足人们对下一代网络的期望。为此，在 3GPP 中，目前已经成立专门的可行性研究工作组，研究对 HSPA 网络的进一步增强，也即 HSPA＋。目前该工作组尚未确定 HSPA＋网络架构，在 3GPP R7 中仅提出了如下的初步需求：

(1) 更高频谱效率、峰值速率和更低的时延；

(2) 能够与未来长期演进的 LTE 网络和现有 GSM/EDGE 网络互操作；

(3) 支持共享信道上仅 PS 工作模式；

(4) 后向兼容 R99 和 HSPA 终端；

(5) 能够很简单地基于现有网络来升级。

从上述需求来看，HSPA＋逐步接近 NGMN 的目标，可能成为 HSPA 网络演进的一个阶段，但在具体的区域市场中，不同运营商可以采用不同的网络发展战略，HSPA＋并非是网络演进的必经之路。

目前与 NGMN 确定的目标网络最接近的是 3GPP 中确定的 LTE 网络和 3GPP2 中确定的 AIE 网络。3GPP 中，关于 LTE 的可行性研究已经基本完成，开始进入标准制定阶段。目前 LTE 中确定的网络架构如图 11-4 所示。

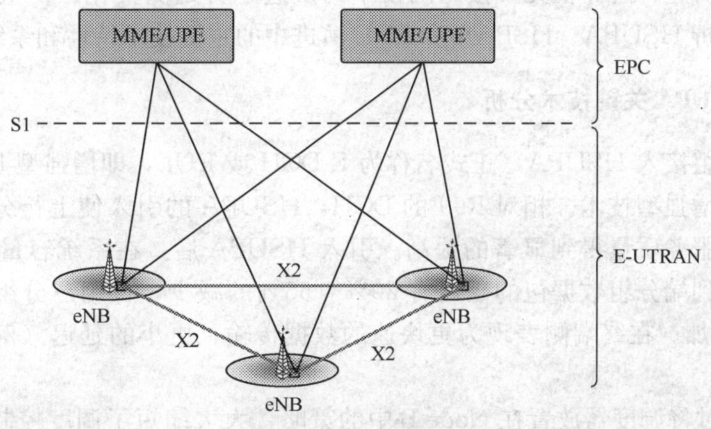

图 11-4　LTE 网络架构

图 11-4 中，eNB 为 LTE 网络中的增强 NodeB，而基站控制器 RNC 中与无线资源管理功能将转移到增强型基站（eNode B）上去，其他功能如 PDCP 功能与 SGSN 功能一起将转移到 GGSN 上，成为接入网关（aGW），这样在未来的无线接入网络 E-UTRAN 中，将不

再存在 RNC 网元，网络架构趋向扁平化。

按照参考文献［1］的定义，未来的 NGMN 将是一个可与现有网络共存的系统，如图 11-5 所示。基于分组交换（PS）的 NGMN 核心网可同时接入现有所有无线接入网络（UT-RAN、GSM、GERAN、WLAN 等等）和以后 NGMN 无线接入网络。业务控制采用类似 IMS 的机制。在网络发展到一定阶段，现有的所有核心网 CS 网络全部逐步淡出，被 NGMN PS 网络替代。

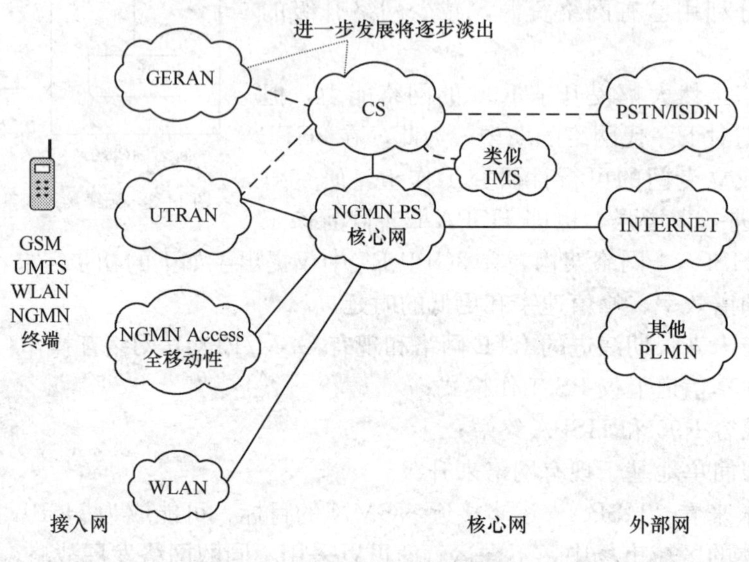

图 11-5　NGMN 网络架构

11.3　无线接入网技术演进

如 1.2.2 节所述，总体上无线接入网技术的演进趋势是宽带化、IP 化和上下行非对称等。以下简要分析 HSUPA、HSPA+和 LTE 演进中的主要技术特性和系统性能。

11.3.1　HSUPA 关键技术分析

高速上行分组接入 HSUPA（正式名称为 E-DCH 或 EUL，即增强型上行链路技术）是一种上行传输的增强型技术。相对 R99 的 DCH，HSUPA 的引入使上行分组的接收性能有了明显的改善，服务质量得到显著的提高。引入 HSUPA 后，在系统容量上大约有 50%～70%的增加，端到端分组数据包的延迟有 20%～55%的减少，在用户分组呼叫上行流量上有大约 50%的增加。在终端侧表现为更快速的数据传输、更小的延迟（例如可以支持更流畅的游戏交互）。

HSUPA 通过将调度器放置在 Node B 中的策略，大大缩短了调度控制信令和 UE 响应的时延，从而可以更快速、精确、有效地控制小区负载，使小区负载总是处于十分接近预设负载门限的水平。结合 HARQ、更短的 TTI 等关键技术，HSUPA 使 UE 能够以尽可能多的功率分配给 E-DCH，从而提供了更大的上行吞吐率，充分利用了有限的功率和带宽资源。

HSUPA 技术是 WCDMA 上行链路的增强型技术，可以应用于无线游戏、交互类型业务、基于流媒体的视频业务、数据上载业务等。

HSUPA 与 HSDPA、R99 DCH 关键技术特点比较如表 11-3 所示，在随后的章节中将详细分析 HSUPA 的关键技术。

表 11-3　HSUPA/HSDPA/R99 DCH 技术特点对比[2][3][4][5]

技术特点	HSUPA（E-DCH）	HSDPA	R99 DCH
扩频因子	可变	固定	可变
快速功率控制	支持	不支持	支持
自适应调制	不支持	支持	不支持
Node B 快速调度	支持	支持	不支持
快速 HARQ	支持	支持	不支持
软切换	支持	不支持	支持
TTI 长度（ms）	10、2	2	80、40、20、10

11.3.1.1　HARQ 协议

在 HSUPA 中，HARQ 技术被应用到了物理层，从而减小了高层信令传输的时延，进一步提升了系统性能。在 HARQ 重传机制中，UE 发送一个数据包，当 Node B 正确接收并且 CRC 校验正确后，就会返回一个正确解码指示 ACK，否则发回误块指示 NACK。UE 在没有收到 ACK 时，需要将相应的数据包在物理层重传。

11.3.1.2　宏分集合并

当 UE 从一个小区移动到另一个小区的信号覆盖范围内时，需要经历服务小区变更的软切换过程。HSUPA 中引入软切换技术后，减小了 UE 对临近小区的干扰，并为上行数据传输带来了宏分集增益。

当 UE 处于软切换状态时，如果 UE 所有激活集中的 Node B 都不能正确解码相同的数据包，并且发送 NACK 时，UE 才会进行物理层重传；否则，只要 UE 激活集中有一个 Node B 正确接收并解码了某个数据包，并发送回确认信号 ACK，UE 即使接到激活集中其他 Node B 的非确认信号 NACK，也将不会执行重传操作。可见，采用宏分集合并技术为 HSUPA 系统带来了显著的性能增益，有效地提高了系统吞吐率，降低了重传次数，节约了系统资源。

11.3.1.3　更短的传输间隔

HSUPA 采用了 TTI 为 2ms/10ms 的帧结构。2ms 短的帧结构可以使给定的时间内物理层的重传次数得到增加，从而增强链路的效率和吞吐率，还有效地降低了传输时延。

11.3.1.4　基于 Node B 的快速调度

HSUPA 采用了基于 Node B 的分布式调度策略。在 R99 系统中，采用的是集中式的调度方式，调度器位于 RNC 中。由 RNC 中的调度器集中并行地调度各个小区中的各个 UE。这种集中调度方式的缺点是带来显著的调度时延。为了提供快速的调度，HSUPA 将调度器放到 Node B 中，由于采用了物理层的快速测量上报和调度控制机制，使得调度器能够更加有效地控制各个 UE 的上行发射功率和数据速率，同时更加充分地利用上行的干扰资源，提高上行空中接口的数据吞吐率。

HSUPA 小区中的 UE 各自拥有自己的码道和功率资源，在码道和功率资源上没有排他性，但是小区上行的干扰上限限制了小区上行的容量。因此，在 HSUPA 中，UE 的业务优先级是调度算法主要考虑的因素。HSUPA Node B 调度器根据小区内各个 UE 的业务需求、小区的上行干扰程度以及 Node B 自身的处理负荷向 UE 发送绝对授权（AG）和相对授权（RG），UE 在 AG 的范围内发射上行功率，并根据 RG 进行功率调整。具有高优先级的业务或 UE 可以获得更多的调度资源（上行发射功率），从而具有更高的上行吞吐率。

11.3.2 HSPA＋

HSPA＋是 HSPA 的增强，兼容原有 HSDPA 和 HSUPA 网络，是 3GPP 网络演进方向之一。在 R7 中对 HSPA＋的目标和技术特性尚在可行性研究中，目前基本确定载波和多址方式将与 HSPA 完全一致，载波带宽仍为 5MHz，多址方式仍为 WCDMA。系统性能目标如下。

(1) 吞吐率。下行峰值吞吐率为 40Mbit/s，上行峰值吞吐率为 10Mbit/s。

(2) 时延要求。用户面的 RTT（UE 经 RNC 到 UE）小于 20ms，从省电模式到激活状态小于 50ms，RRC 空闲到连接状态小于 100ms。

(3) 优化的 VoIP 支持能力，支持相当于 2 倍 R99 网络的话音容量。

(4) 增强的多媒体广播和组播业务。

针对以上目标，可能在 HSPA＋中采用的技术包括：

- 先进接收机，如 G-Rake 等；
- MIMO，在信道独立前提下，可以成倍地提高系统吞吐率；
- 高阶调制，如 64QAM 调制可以将现有的 16QAM 频谱效率提高 50％。

11.3.3 LTE

LTE 总体目标是开发一个框架，来支持 3GPP 无线接入技术向更高速率、更低时延和优化的分组性能演进。主要包括以下技术特性和目标[6]。

- 下行 100Mbit/s 和上行 50Mbit/s 峰值速率；
- 更高的频谱效率（例如，HSPA 的 2～4 倍）；
- 更低的业务时延（10ms 以下）和快速信令；
- 多频段支持（900MHz，1 800MHz，2.1GHz，2.5GHz）；
- 可调载波带宽（［1.25,］2.5，5，10，［15,］20MHz）；
- 在保持原有布站基础上提高“小区边缘比特率”。

LTE 将使用下行 OFDM 技术（上行 SC-FDMA），调制方案采用 QPSK、16QAM 和 64QAM，上行和下行 MIMO 和发射分集支持基本的 2×2 配置。采用这些技术后，在 20MHz 带宽条件下，下行峰值速率可达到 100Mbit/s（上行 50Mbit/s），这比现行的 HSDPA/HSUPA 和将来的 HSPA＋更具有吸引力。为提高无线资源利用率，未来的增强型基站将没有软切换（上行和下行都没有），并且主要使用共享信道（HS-DSCH 和 E-DCH）。

11.4 其他无线接入技术

为便于读者了解除上述 UMTS 网络中主要演进技术之外的其他无线接入技术，以下介绍能提供移动无线接入服务的其他技术。

1. AIE

空中接口演进（AIE）是CDMA2000 1x EV-DO Rev. B/C/D等版本的总称。相对CDMA2000 1x EV-DO Rev. A的前向（即下行）3.07Mbit/s和反向（即上行）1.8Mbit/s的峰值速率，CDMA2000 1x EV-DO Rev. B的前向和反向峰值速率分别达到了73.5Mbit/s和27Mbit/s。

实际上，AIE中的“1x”已失去了“单载波（即1.25MHz)”的意义，只当作一个名称保存了下来。AIE使用了1.25～20MHz的多个载波。

CDMA2000 1x EV-DO Rev. B已于2006年5月正式发布，预计于2008年正式商用。它的前向数据信道使用了64QAM调制技术和多载波技术[7]。

2. MIMO-LAS-CDMA

由于LAS码具有良好的自相关性和互相关性（“零干扰窗”）[8]，LAS-CDMA是一种频谱效率非常高的多址接入技术。LAS-CDMA再加上MIMO技术，则可足与AIE和LTE匹敌。

3. WiMAX

由于协议构架和网络结构尚不完善，WiMAX中的IEEE 802.16e标准通常当作是电信网的一种补充，而不是竞争性的技术。

几种宽带无线接入技术归纳为表11-4。

表11-4　几种宽带无线接入技术的比较

无线接入技术	下行峰值速率（Mbit/s）（20MHz带宽条件下）	上行峰值速率（Mbit/s）（20MHz带宽条件下）	最大运动速度（km/h）	关键技术（都有AMC和HARQ）
HSPA+	40（5MHz带宽下）	10（5MHz带宽下）	120	CDMA、64QAM、MIMO
LTE	100	50	500	OFDM/OFDMA、MIMO、64QAM
CDMA 2000 1x EV-DO Rev. B	73.5	27	500	MC-CDMA、64QAM
CDMA 2000 1x EV-DO Rev. C	100	50	500	MC-CDMA、64QAM、MIMO
CDMA 2000 1x EV-DO Rev. D	200	100	500	OFDM/OFDMA、MIMO、64QAM
IEEE 802.16e-2005	60（FDD）	60（FDD）	120	OFDM/OFDMA、MIMO、64QAM
IEEE 802.20	75（FDD）	75（FDD）	250	OFDM/OFDMA、MIMO、64QAM
LAS-CDMA	100（FDD）	50（FDD）	120	LA和LS正交码、多载波、MIMO、16QAM、64QAM

11.5 本章小结

通过本章对无线接入网网络架构和技术的演进趋势分析可以看出，网络架构总的演进趋势是扁平化、分组化，有利于降低未来网络的CAPEX（Captial Expenditure）和OPEX

(Operational Expenditure)，提供更灵活业务支撑能力；通过引入多种关键技术（如MIMO、高阶调制、OFDM等），现有HSDPA网络将继续向具有更高的频谱效率、提供更高的数据速率和更低的时延方向发展。总之，HSDPA向HSPA、HSPA+/LTE逐步演进后，网络将能够满足未来移动宽带业务需求，现有的HSDPA网络具有广阔的发展空间和强大的竞争力。

11.6 参考文献

1 NGMN White paper Version 2 0，http：//www. ngmn-cooperation. com/index. html

2 Harri Holma，Antti Toskala. HSDPA/HSUPA FOR UMTS，WILEY. 2006. 04

3 3GPP. TR 25. 896 v6. 0. 0 Feasibility Study for Enhanced Uplink for UTRA FDD

4 3GPP. TR 25. 211 v6. 5. 0 Physical Channels and Mapping of Transport Channels onto Physical Channels (FDD)

5 3GPP. TR 25. 321 v6. 4. 0 Medium Access Control (MAC) Protocol Specification (Release 6)

6 3GPP TR25. 913 v7. 0. 0，Requirements for Evolved UTRA (E-UTRA) and Evolved UTRAN (E-UTRAN)

7 苏信丰．UMTS空中接口与无线工程概论．北京：人民邮电出版社，2006. 6：243～246

8 http：//www. myfaq. com. cn/A/2003-12-30/66950. html

本书缩略语

16QAM	16 Quadrature Amplitude Modulation	16QAM 调制
1G	1st Generation Mobile Communications System	第一代移动通信系统
2G	2nd Generation Mobile Communications System	第二代移动通信系统
3G	3rd Generation Mobile Communications System	第三代移动通信系统
3GPP	3rd Generation Partnership Project	第三代（移动通信）合作组织
3GSS	3G System Simulation	（中兴通讯）3G 系统仿真平台

A

AAA	Authentication，Authorization，Accounting	鉴权、授权、计费
AAL1	ATM Adaptation Layer type 1	ATM 适配层类型 1
AAL2	ATM Adaptation Layer type 2	ATM 适配层类型 2
AAL5	ATM Adaptation Layer type 5	ATM 适配层类型 5
ACIR	Adjacent channel interference ratio	邻道干扰比
ACLR	Adjacent channel leakage ratio	邻道泄漏比
ACS	Adjacent channel selectivity	邻道选择性
ADC	Analog-Digital Converter	模数转换器
A-DPCH	Adjoint Dedicated Physical Channel	伴随专用物理信道
AG	Absolute Grant	绝对授权
AGPS	Assisted Global Positioning System	网络辅助的 GPS 定位
AIE	Air Interface Evolution	空中接口演进
AICH	Acquisition Indication Channel	捕获指示信道
ALCAP	Access Link Control Application Part	接入链路控制应用部分
ALOHA	Additive Link On-line Hawaii system	一种随机接入系统
AMC	Adaptive Modulation and Coding	自适应调制编码
AMPS	Advanced Mobile Phone System	高级移动电话系统
AMR	Adaptive Multiple Rate	自适应多速率
AOD	Audial On Demand	音频点播
AP	Access Point	接入点
AP	Access Preamble	接入前导
ARQ	Automatic Repeat Request	自动重发请求
ATM	Asynchronous Transfer Mode	异步传输模式

AuC	Authentication Center	鉴权中心

B

BCCH	Broadcast Control Channel	广播控制信道
BCH	Broadcast Channel	广播信道
BER	Bit Error Rate	误比特率
BHCA	Busy Hour Calling Attempt	忙时试呼次数
BHSA	Busy Hour Session Attempt	忙时发起的会话数
BLER	Block Error Rate	误块率
BPSK	Binary phase shift keying	二进移相键控
BSC	Base Station Controller	基站控制器
BSS	Base Station Subsystem	基站子系统
BSSAP	Base Station Subsystem Application Part	基站子系统应用部分
BTS	Base Transceiver Station	基站收发信台

C

CC	Chase Combine	Chase 合并
CCCH	Common Control Channel	公共控制信道
CCH	Control Channel	控制信道
CCPCH	Common Control Physical Channel	公共控制物理信道
CCTrCH	Coded Composite Transport Channel	编码合成传输信道
CDM	Code Division Multiplexing	码分复用
CDMA	Code Division Multiple Access	码分多址接入
CI	Cell Identity	信元（小区）识别
CIOD	Co-ordinate Interleaved Orthogonal Design	坐标间交织正交设计
CG	Charging Gateway	计费网关
CN	Core Network	核心网络
CPCH	Common Packet Channel	公共分组信道
CPICH	Common Pilot Channel	公共导频信道
CQI	Channel Quality Indicator	信道质量指示符
CRC	Cyclic Redundancy Code	循环冗余码
CRC	Cyclic Redundancy Check	循环冗余校验
CRCI	Cyclic Redundancy Check Indication	循环冗余校验指示
CS	Circuit Switch	电路交换域
CTC	Cross Talk Cancellation	串扰消除
CTCH	Common Traffic Channel	公共业务信道

D

DCCH	Dedicated Control Channel	专用控制信道

DCH	Dedicated Channel	专用信道
DL	Downlink (Forward link)	下行链路（前向链路）
DLL	Dynamic Linked Library	动态链接程序库
DPCCH	Dedicated Physical Control Channel	专用物理控制信道
DPCH	Dedicated Physical Channel	专用物理信道
DPDCH	Dedicated Physical Data Channel	专用物理数据信道
DRT	Delay Reference Time	延时参考时间
DRX	Discontinuous Reception	非连续接收
DSCH	Downlink Shared Channel	下行共享信道
DS-CDMA	Direct-Sequence Code Division Multiple Access	直接序列码分多址
DTCH	Dedicated Traffic Channel	专用业务信道
DTX	Discontinuous Transmission	非连续发送

E

EDGE	Enhanced Data rates for GSM Evolution	GSM 用的增强型数据速率
EIR	Equipment Identity Register	设备识别寄存器
EMC	Electro Magnetic Compatibility	电磁兼容性
ETSI	European Telecommunications Standards Institute	欧洲电信标准组织
EV-DO	Evolution-Data Only	演进—仅有数据

F

FACH	Forward Access Channel	前向接入信道
FDD	Frequency Division Duplex	频分双工
FDMA	Frequency Division Multiple Access	频分多址
FE	Fast Ethernet	快速以太网
FEC	Forward Error Correction	前向纠错
FP	Frame Protocol	帧协议
FR	Frame Relay	帧中继
FT	Fair Throughput	公平吞吐率调度
FTP	File Transfer Protocol	文件传输协议

G

GBR	Gross Bandwidth Request	总带宽请求
GBR	Guaranteed Bit Rate	保证比特率
GE	Gigabit Ethernet	吉比特以太网
GERAN	GSM/EDGE Radio Access Network GSM/EDGE	无线接入网
GGSN	Gateway GPRS Support Node	网关 GPRS 支持节点
GMSC	Gateway Mobile-services Switching Center	网关移动业务交换中心

GPRS	General Packet Radio Service	通用分组无线业务
GPS	Global Position System	全球定位系统
GSM	Global System for Mobile communications	全球移动通信系统
GSN	GPRS Support Node	GPRS 支持节点

H

HARQ	Hybrid Automatic Retransmission Request	混合自动重传请求
HS-DPCCH	High Speed Dedicated Physical Control Channel	高速专用物理控制信道
HS-DSCH	High Speed Downlink Shared Channel	高速下行共享信道
HS-PDSCH	High Speed Physical Downlink Shared Channel	高速物理下行共享信道
HS-SCCH	High Speed Shared Control Channel	高速共享控制信道
HSDPA	High Speed Downlink Packet Access	高速下行链路分组接入
HSPA	High Speed Packet Access	高速分组接入
HSUPA	High Speed Uplink Packet Access	高速上行链路分组接入
HLR	Home Location Register	归属位置寄存器
HSS	Home Subscriber Server	本地用户服务器/归属签约服务器

I

IEEE	Institute of Electrical and Electronics Engineers	电气和电子工程师学会
IIP	Interface Information Processor	接口信息处理器
IM	Interactive modulation	交调
IMEI	International Mobile station Equipment Identity	国际移动终端设备标识
IMS	IP Multimedia Sub-system	IP 多媒体子系统
IMSI	International Mobile Subscriber Identity	国际移动用户标识
IMT-2000	International Mobile Telecommunication 2000	国际移动通信系统 2000
IP	Internet Protocol	互联网协议
IR	Incremental Redundancy	增量冗余
ISDN	Integrated Services Digital Network	综合业务数字网
ISI	Inter-Symbol Interference	码间串扰
ITU	International Telecommunications Union	国际电信联盟（国际电联）

K

KPI	Key Performance Indication	关键性能指标

L

L1	Layer 1 (physical layer)	第一层（物理层）
L2	Layer 2 (data link layer)	第二层（数据链路层）

L3	Layer 3 (network layer)	第三层(网络层)
LAS-CDMA	Large Area Synchronous-Code Division Multiple Access	大区域同步码分多址接入
LMDS	Local Multipoint Distribution System	本地多点分配业务
LOS	Line Of Sight	视距
LTE	Long Term Evolution	长期演进

M

MAC	Media Access Control	媒体接纳控制
MAP	Mobile Application Part	移动应用部分
MBMS	Multimedia Broadcast Multicast Service	多媒体广播/多播业务
MGW	Media Gate-Way	媒体网关
MIMO	Multiple Input Multiple Output antennas	多入多出天线
MMS	MultiMedia Service	多媒体业务
MOCN	Multiple Operator Core Network	多运营商核心网
MPO	Measure Power Offset	测量功率偏移值
MS	Mobile Station	UE(终端)
MSC	Mobile services Switching Center, Mobile Switching Center	移动交换中心
MSC	Server Mobile Switch Center Server	移动交换中心服务器
MSTP	Multiple-Service Transport Platform	多业务传送平台

N

NBAP	Node B Application Protocol	节点B应用协议
NCC	Network Control Center	网络控制中心
NLOS	Not Line Of Sight	非视距
NRT	Non-Real Time	非实时

O

OFDM	Orthogonal Frequency Division Multiplexing	正交频分复用
OMC	Operations & Maintenance Center	操作与维护中心
OTDOA	Observed Time Difference of Arrival	可观察到达时间差分
OVSF	Orthogonal Variable Spreading Factor (codes)	正交可变扩频因子(码)

P

PA	Performance Analysis	性能分析
PA	Pre-Amplifier	前置放大器
PAR	Peak to Average Ratio	峰均值比
P-CCPCH	Primary Common Control Physical Channel	主公共控制物理信道

P-CPICH	Primary Common Pilot Channel	主公共导频信道
P-SCH	Primary Synchronization Channel	主同步信道
PCCH	Paging Control Channel	寻呼控制信道
PCH	Paging Channel	寻呼信道
PCPCH	Physical Common Packet Channel	物理公共包信道
PCU	Packet Control Unit	分组控制单元
PDA	Personal Digital Assistant	个人数字助理
PDCP	Packet Data Convergence Protocol	包数据集中协议
PDP	Packet Data Protocol	分组数据协议
PDSCH	Physical Dedicated Shared Channel	物理专用共享信道
PDSCH	Physical Downlink Shared Channel	物理下行共享信道
PDU	Protocol Data Unit	协议数据单元
PF	Proportional Fair	比例公平
PHS	Personal Handyphone System	个人便携电话系统
PI	Performance Indication	性能指标
PICH	Page Indication Channel	寻呼指示信道
PLMN	Public Land Mobile Network	公用陆地移动网络
PIR	Packet Insert Rate	分组插入率
PMP	Point to Multi-Point	点对多点
PPP	Point-to-Point Protocol	点到点协议
PRACH	Physical Random Access Channel	物理随机接入信道
PS	Packet-Switched domain	分组交换域
PSTN	Public Switched Telephone Network	公用电话交换网

Q

QAM	Quadrature Amplitude Modulation	正交幅度调制
QoS	Quality of Service	服务质量
QPSK	Quaternary Phase Shift Keying	四相移频键控

R

RAB	Radio Access Bearer	无线接入承载
RACH	Random Access Channel	随机接入信道
RAN	Radio Access Network	无线接入网
RANAP	Radio Access Network Application Part	无线接入网络应用部分
RB	Radio Bearer	无线承载
RF	Radio Frame	无线帧
RG	Relative Grant	相对授权
RLC	Radio Link Control	无线链路控制
RNC	Radio Network Controller	无线网络控制器

RNS	Radio Network Subsystem	无线网络子系统
RR	Round Robin	轮循调度
RRC	Radio Resource Control	无线资源控制
RRM	Radio Resource Management	无线资源管理
RRU	Regenerative Repeater Unit	再生中继单元（射频拉远）
RSCP	Received Signal Code Power	接收信号码功率
RSSI	Received Signal Strength Indicator	接收信号强度指示
RTP	Real-time Transport Protocol	实时传输协议
RTCP	Real-time Transport Control Protocol	实时传输控制协议
RTT	Radio Transmission Technology	无线传输技术
RTWP	Received Total Wide band Power	接收总带宽功率
RX	Receive	接收器
RV	Redundancy Version	冗余版本

S

SAW	Stop and Wait	停等协议
SCCH	Synchronization Control Channel	同步控制信道
SCCP	Signalling Connection Control Part	信令连接控制部分
S-CCPCH	Secondary Common Control Physical Channel	第二公共控制物理信道
S-CPICH	Secondary Common Pilot Channel	第二公共导频信道
SC-FDMA	Single Carrier-Frequency Division Multiple Access	单载波频分多址接入
SDH	Synchronous Digital Hierarchy	全称同步数字体系
SDSL	Symmetric Digital Subscriber Line	对称数字用户线
SDU	Service Data Unit	服务数据单元
SF	Spreading Factor	扩频因子
SGSN	Service GPRS Supporting node	服务 GPRS 支持节点
SIR	Signal to Interference Ratio	信干比
SMLC	Serving Mobile Location Centre	服务移动位置中心
SMS	Service Management System	业务管理系统
SMS	Short Message Service	短信息服务
SNR	Signal to Noise Ratio	信噪比
SR	Selective Retransmission	选择性重发
SRP	Spatial Reuse Protocol	空间重用技术
SRNC	Serving Radio Network Controller	服务无线网络控制器
SRNS	Serving Radio Network Subsystem	服务无线网络子系统
S-SCH	Secondary Synchronization Channel	第二同步信道
STM-1	Synchronous Transfer Mode 1	同步传输模式 1
SPI	Scheduling Priority Indicator	调度优先级指示

T

TA	TEMS Automatic	TEMS 网络规划与优化软件之一
TB	Transmission Block	传输块
TCH	Traffic Channel	业务信道
TCM	Trellis Coded Modulation	网格编码调制
TCP	Transmission Control Protocol	传输控制协议
TCPU	TEMS Cell Planner Universal	TEMS 网络规划与优化软件之一
TDD	Time Division Duplex	时分双工
TDM	Time Division Multiplex	时分复用
TDMA	Time Division Multiple Access	时分多址接入
TDOA	Time Difference of Arrival	到达时间差分
TD-SCDMA	Time Division-Synchronous Code Division Multiple Access	时分—同步码分多址接入
TFC	Transport Format Combination	传输格式合并
TFCI	Transport Format Combination Indicator	传输格式合并指示
TI	TEMS Investigation	TEMS 网络规划与优化软件之一
TPC	Transmit Power Control	发射功率控制
TTI	Transmission Time Interval	传输时间间隔
TX	Transmit	发送

U

UDP	User Datagram Protocol	用户数据报协议
UE	User Equipment	用户设备
UL	Uplink (Reverse link)	上行链路（反向链路）
UMTS	Universal Mobile Telecommunications System	通用移动通信系统
U-TDOA	Uplink-Time Difference Of Arrival	上行链路到达时间差分定位
UTRAN	Universal Terrestrial Radio Access Network	通用地面无线接入网

V

VC	Virtual Channel	虚通道
VLR	Visitor Location Register	拜访位置寄存器
VOD	Video On Demand	视频点播
VOIP	Voice Over IP	IP 语音

W

WAN	Wide Area Network	广域网
WAP	Wireless Access Protocol	无线接入协议
WAP	Wireless Application Protocol	无线应用协议
WCDMA	Wideband Code Division Multiple Access	宽带码分多址
WiMAX	Worldwide Interoperability for Microwave Access	全球微波接入互操作性
WLAN	Wireless Local Area Network	无线局域网
WWW	World Wide Web	万维网

附　　录

1. HSDPA 各种类型终端的物理层能力（见附表 1）

附表 1　　FDD HS-DSCH 物理层能力级

UE 能力级	支持的最大 HS-DSCH 码道数	最小 TTI 间隔	支持的最大传输块（bit）	总软比特数
Category 1	5	3	7 298	19 200
Category 2	5	3	7 298	28 800
Category 3	5	2	7 298	28 800
Category 4	5	2	7 298	38 400
Category 5	5	1	7 298	57 600
Category 6	5	1	7 298	67 200
Category 7	10	1	14 411	115 200
Category 8	10	1	14 411	134 400
Category 9	15	1	20 251	172 800
Category 10	15	1	27 952	172 800
Category 11	5	2	3 630	14 400
Category 12	5	1	3 630	28 800

上表摘自于 3GPP TS 25.306，其中，11、12 类只能支持 QPSK 调制，而其他类型的终端都可以支持 16QAM 目前商用的 HSDPA 终端主要是 12 类（峰值速率 1.815Mbit/s）和 6 类（峰值速率 3.649 Mbit/s）。

2. HSDPA 各种类型终端的 RLC 层 和 MAC-hs 层能力（见附表 2）

附表 2　　RLC 和 MAC-hs 能力

UE 能力级	最大的 RLC 层实体	RLC AM and MAC-hs 最小缓冲区大小（kB）
Category 1	6	50
Category 2	6	50
Category 3	6	50
Category 4	6	50
Category 5	6	50
Category 6	6	50
Category 7	8	100
Category 8	8	100
Category 9	8	150

续表

UE 能力级	最大的 RLC 层实体	RLC AM and MAC-hs 最小缓冲区大小（kB）
Category 10	8	150
Category 11	6	50
Category 12	6	50

上表摘自于 3GPP TS 25.306。

3. 能力级为 12 类 HSDPA 终端的 CQI 映射表（见附表 3）

附表 3　　能力级为 12 类 HSDPA 终端的 CQI 映射表

CQI 值	传输块大小	HS-DSCH 的码道数	调制方式	参考功率偏移 Δ	*N*IR	XRV
0	N/A	超出范围				
1	137	1	QPSK	0	4 800	0
2	173	1	QPSK	0		
3	233	1	QPSK	0		
4	317	1	QPSK	0		
5	377	1	QPSK	0		
6	461	1	QPSK	0		
7	650	2	QPSK	0		
8	792	2	QPSK	0		
9	931	2	QPSK	0		
10	1 262	3	QPSK	0		
11	1 483	3	QPSK	0		
12	1 742	3	QPSK	0		
13	2 279	4	QPSK	0		
14	2 583	4	QPSK	0		
15	3 319	5	QPSK	0		
16	3 319	5	QPSK	−1		
17	3 319	5	QPSK	−2		
18	3 319	5	QPSK	−3		
19	3 319	5	QPSK	−4		
20	3 319	5	QPSK	−5		
21	3 319	5	QPSK	−6		
22	3 319	5	QPSK	−7		
23	3 319	5	QPSK	−8		
24	3 319	5	QPSK	−9		
25	3 319	5	QPSK	−10		
26	3 319	5	QPSK	−11		
27	3 319	5	QPSK	−12		
28	3 319	5	QPSK	−13		
29	3 319	5	QPSK	−14		
30	3 319	5	QPSK	−15		

上表摘自于 3GPP TS 25. 214。

4. 能力级为 1～6 类 HSDPA 终端的 CQI 映射表（见附表 4）

附表 4　　能力级为 1～6 类 HSDPA 终端的 CQI 映射表

CQI 值	传输块大小	HS-DSCH 的码道数	调制方式	参考功率偏移 Δ	*NIR*	*XRV*
0	N/A	超出范围				
1	137	1	QPSK	0	9 600	0
2	173	1	QPSK	0		
3	233	1	QPSK	0		
4	317	1	QPSK	0		
5	377	1	QPSK	0		
6	461	1	QPSK	0		
7	650	2	QPSK	0		
8	792	2	QPSK	0		
9	931	2	QPSK	0		
10	1 262	3	QPSK	0		
11	1 483	3	QPSK	0		
12	1 742	3	QPSK	0		
13	2 279	4	QPSK	0		
14	2 583	4	QPSK	0		
15	3 319	5	QPSK	0		
16	3 565	5	16-QAM	0		
17	4 189	5	16-QAM	0		
18	4 664	5	16-QAM	0		
19	5 287	5	16-QAM	0		
20	5 887	5	16-QAM	0		
21	6 554	5	16-QAM	0		
22	7 168	5	16-QAM	0		
23	7 168	5	16-QAM	－1		
24	7 168	5	16-QAM	－2		
25	7 168	5	16-QAM	－3		
26	7 168	5	16-QAM	－4		
27	7 168	5	16-QAM	－5		
28	7 168	5	16-QAM	－6		
29	7 168	5	16-QAM	－7		
30	7 168	5	16-QAM	－8		

上表摘自于 3GPP TS 25.214。

5. 能力级为 10 类 HSDPA 终端的 CQI 映射表（见附表 5）

附表 5　　能力级为 10 类 HSDPA 终端的 CQI 映射表

CQI 值	传输块大小	HS-DSCH 的码道数	调制方式	参考功率偏移 Δ	NIR	XRV
0	N/A	超出范围				
1	137	1	QPSK	0	28 800	0
2	173	1	QPSK	0		
3	233	1	QPSK	0		
4	317	1	QPSK	0		
5	377	1	QPSK	0		
6	461	1	QPSK	0		
7	650	2	QPSK	0		
8	792	2	QPSK	0		
9	931	2	QPSK	0		
10	1 262	3	QPSK	0		
11	1 483	3	QPSK	0		
12	1 742	3	QPSK	0		
13	2 279	4	QPSK	0		
14	2 583	4	QPSK	0		
15	3 319	5	QPSK	0		
16	3 565	5	16-QAM	0		
17	4 189	5	16-QAM	0		
18	4 664	5	16-QAM	0		
19	5 287	5	16-QAM	0		
20	5 887	5	16-QAM	0		
21	6 554	5	16-QAM	0		
22	7 168	5	16-QAM	0		
23	9 719	7	16-QAM	0		
24	11 418	8	16-QAM	0		
25	14 411	10	16-QAM	0		
26	17 237	12	16-QAM	0		
27	21 754	15	16-QAM	0		
28	23 370	15	16-QAM	0		
29	24 222	15	16-QAM	0		
30	25 558	15	16-QAM	0		

上表摘自于 3GPP TS 25. 214。